改訂新版

# Google Cloud
ではじめる
[実践] データ
エンジニアリング
入門

饗庭秀一郎、下田倫大、西村哲徳、
寶野雄太、山田 雄 [著]

技術評論社

## ●免責

### ・記載内容について

本書に記載された内容は、情報の提供だけを目的としています。したがって、本書を用いた運用は、必ずお客様自身の責任と判断によって行ってください。これらの情報の運用の結果について、技術評論社および著者はいかなる責任も負いません。

本書に記載がない限り、2024年10月現在の情報ですので、ご利用時には変更されている場合もあります。以上の注意事項をご承諾いただいた上で、本書をご利用願います。これらの注意事項をお読みいただかずにお問い合わせいただいても、技術評論社および著者は対処しかねます。あらかじめ、ご承知おきください。

### ・商標、登録商標について

本書に登場する製品名などは、一般に各社の登録商標または商標です。なお、本文中に™、®などのマークは省略しているものもあります。

# はじめに

　2012年頃に「データサイエンティスト」というワードが華々しく登場し、併せて「ビッグデータ」という言葉にも注目が集まり早10年が過ぎました。さらにIoT（Internet of Things：モノのインターネット）やAI（Artificial Intelligence：人工知能）の台頭により、これからのビジネスにデータ活用は不可欠であるという共通認識も形成され始めていると感じます。データがますます重要になっていく一方で、データ活用を支える「インフラ」であるデータ基盤に注目が集まる機会は多くありません。多くの場合、データの保管能力や処理能力にのみ焦点が当たりがちですが、データの重要性が認識されるにしたがい、データ基盤に求められる要件も増加の一途をたどっています。たとえば、データの管理やセキュリティ、より高度な分析である機械学習に関する要件といったものが挙げられます。すべての要件に関する知識を押さえることは難しく、体系だったデータ基盤に関する説明を目にする機会もあまりありません。

　データ基盤を構築、管理する技術領域全般を**データエンジニアリング**と呼びます。データエンジニアリングを駆使し、ビジネスに価値をもたらすのが**データエンジニア**と呼ばれる比較的新しい専門職です。データ活用を進めるという観点では、データ基盤が重要であるのと同じくらい、データエンジニアの存在も重要となります。データ基盤やデータエンジニアの存在により、データサイエンティストやアナリストは、信頼性のあるデータに対して、効率的な分析を行うことができるようになります。

　本書は、非常に広い概念を含む「データ基盤」に求められる要件を明らかにしつつ、以下のような方々をおもな対象として体系だったデータ基盤についての理解を整理できるように構成してあります。

- すでにソフトウェアコードはある程度書けるが、**実践的にデータエンジニアリングへの入門をしたい方**
- SQLを利用した分析を行っているが、**データ基盤がどういう形なのか興味がある方**
- すでにGoogle Cloudをデータ基盤として利用しているが、**自社の設計について体系的に理解したい方、より良くする方法を探している方**

　本書はデータエンジニアリングの業務について、一般的な知識を整理しつつ、Googleが提供するクラウドインフラのサービスであるGoogle Cloud上でどのように構築するのか説明していきます。Google Cloudで構築するデータ基盤の最も大きな特徴は、マネージドサービスとして提供されておりスケーラブルであることです。マネージドサービスであるため、データ基盤の運用における負荷は削減され、本来の目的であるデータ活用に対してより多くの時間を割くことができます。また、スケーラブルであるため、データ基盤の規模が小さいときから拡

大していっても同じような構成をとり続けることができます。これらの特徴から、Google Cloudによるデータ基盤はその立ち上げから、大規模な実運用までを一貫してカバーできます。また、データ活用に対するエコシステムも整っているため、データ基盤上に蓄えられたデータの活用までもカバーできます。

## 本書の構成

本書は全部で11章から構成されています。

それぞれの章は独立しており、各章を自身の好きな順番で読み進めることができます。1章では、データ基盤の全体像とGoogle Cloudで提供されているサービスとデータ基盤のコンポーネントとの関係性を説明しています。多くの方はまず1章を一読されたあとに、興味のある章を読み進めていくことをお勧めします。

続いて、以下で示すデータ基盤における一般的な概念や要求、課題について説明し、それらをカバーするGoogle Cloud上のプロダクトやソリューションについて説明するという流れをとっています。

- データウェアハウスの意義と、分析を行ううえで最低限知っておきたい仕組み、利用方法（2章）
- データウェアハウスの構築、設計、管理（3章）
- データレイク、データレイクハウスの意義と構築（4章）
- ELT/ETL処理のコンセプト、実装（5章）
- ワークフローとデータパイプライン（6章）
- セキュリティとコスト管理、制限（7章）
- データ集約（8章）
- ビジネスインテリジェンスの意義と、その実現方法（9章）
- リアルタイム分析のコンセプトと実装（10章）
- 発展的な分析 地理情報分析と機械学習、非構造データ分析（11章）

各章、後半の解説に進むにつれ、ハンズオンや裏側の深い仕組みの話題が増えるので、「データ分析が主たる業務である」という方や、「プロジェクトを起こす決裁をとりたいので、データ基盤の要件と概要だけ知りたい」、という方は各章において前半だけを読み進めてもよいでしょう。

また、章の間にあるコラムは、知らなくてもいいが知っておくと面白いもの、役立つものを掲載しています。本書のメインとする「データエンジニアリングを知る、学ぶ」ではないため、コラムとした内容が多くなっていますが、より知識を深め、役立つ情報を掲載しました。

## 第一版からの改訂内容

本書は2021年2月に発売された第一版をもとに、2024年10月最新のGoogle Cloudのサービスの情報、データ基盤に求められる要件の変化、およびさまざまなデータ基盤設計における実践経験を持つ著者のノウハウをより多く反映した内容となっています。具体的には、以下の修正を加えています。

- 全面的な文章の読みやすさの向上、最新情勢への更新（古い内容の削除を含む）
- 4章、5章、11章の時代に即した全面的な改訂
- Google Cloudの新サービスの反映：Dataform、Dataplex、BigLake、Datastream、Vertex AI、Geminiなど
- 各種Google Cloudの新機能の反映、アーキテクチャへの反映：BigQuery、Dataflow、Pub/Sub、Cloud Composer、Lookerなど
- 第一版で好評であったコラムの増強（3コラム）および最新化

Gitの統計データでは、130以上のコミット、800以上の追加と350以上の削除を行っています。第一版を手に取った方も得るものがあるようにしたつもりです。

## 本書全般を通じた注意事項

本書はGoogle Cloudの基礎的な説明については割愛しています。本書で説明している内容を追随するには、Google Cloudのアカウントを用意する必要があります。本書を通じて、以下のような事前設定や知識、作業環境が必要となります。

- Googleアカウントの取得
- Google Cloudプロジェクト（データが実際に保存されたり、処理を行うコンピューティングのためのリソースを格納する環境）の作成[注1]
- Google Cloud上の請求アカウントの設定[注2]
- Cloud Shell[注3]もしくはgcloudコマンドラインツール[注4]設定済みのローカル環境

Google Cloudには、毎月一定の使用量が無料になるAlways Free（特定のプロダクトのみ）

---

注1　公式ドキュメント - プロジェクトの作成と管理
　　　https://cloud.google.com/resource-manager/docs/creating-managing-projects?hl=ja
注2　公式ドキュメント - プロジェクトの課金の有効化、無効化、変更
　　　https://cloud.google.com/billing/docs/how-to/modify-project?hl=ja
注3　公式ドキュメント -Cloud Shellのドキュメント
　　　https://cloud.google.com/shell?hl=ja
注4　公式ドキュメント -gcloud CLIの概要
　　　https://cloud.google.com/sdk/gcloud?hl=ja

や新規アカウント作成者に$300分の無料クレジットの付与注5といったプログラムが提供されています。本書で提供するサンプルの多くはAlways Freeの無料枠に収まるものですが、Always Freeでカバーされていないプロダクトも一部含まれています。予期せぬコストの発生を回避するためにも、サンプルを実行する前には、各プロダクトの価格やAlways Freeの適用範囲を確認することをお勧めします。また、サンプルの実行後には速やかに環境を削除することも忘れないようにしてください。

　本書に掲載しているスクリーンショットはすべて執筆時点のものです。Google Cloudは、ユーザーの利便性を向上させるため次々と新しい機能を追加しています。そのため、掲載しているGoogle Cloudの各サービスの画面のスクリーンショットと実際の画面に差異が生じている場合もありますのでご注意ください。

## サンプルコード

　本書では、Pythonのプログラム、シェル上のコマンド、SQLなどがサンプルコードとして登場します。サンプルコードは以下のURLで公開しています。

　　https://github.com/ghmagazine/gcp_dataengineering_book_v2

　必要に応じてダウンロードして利用してください。

## 謝辞

　本書執筆において、レビューにご協力をいただきました、高村哲貴さん、堤崇行さん、千川浩平さん、牧允皓さん、中井悦司さんをはじめとしたみなさまに感謝申し上げます。

---

注5　公式ドキュメント - 無料トライアルおよび無料枠のサービスとプロダクト
https://cloud.google.com/free?hl=ja

# 目次

はじめに ……………………………………………………………………………………… iii

## 第1章 データ基盤の概要 1

**1.1 データ基盤に取り組む意義** …………………………………………………… 1

**1.2 データ基盤とは** …………………………………………………………………… 3

　**1.2.1** データ基盤に対する要求の変遷 ……………………………………… 3

　**1.2.2** データ基盤の全体像 ……………………………………………………… 7

**1.3 Google Cloud上で構築するデータ基盤** ……………………………… 13

　**1.3.1** クラウド環境のメリット ………………………………………………… 13

　**1.3.2** Google Cloud上で提供されるデータ基盤に関連したプロダクト ………… 14

**1.4 まとめ** ……………………………………………………………………………… 15

## 第2章 データウェアハウスの概念とBigQueryの利用方法 17

**2.1 DWHとは** ………………………………………………………………………… 17

**2.2 BigQueryのコンセプト** ……………………………………………………… 19

**2.3 DWHとしてのBigQueryの基本操作** …………………………………… 21

　**2.3.1** BigQueryサンドボックスの利用 ……………………………………… 21

　**2.3.2** BigQueryコンソールを理解する ……………………………………… 21

　**2.3.3** クエリを実行する ………………………………………………………… 23

　**2.3.4** クエリの応用 ……………………………………………………………… 29

　**2.3.5** その他BigQuery Studioの便利な機能 ……………………………… 30

**2.4 BigQueryユーザー向けのクエリの最適化** …………………………… 31

　**2.4.1** 必要なカラムのみ選択する ……………………………………………… 31

　**2.4.2** パーティション分割・クラスタ化を利用するクエリ ……………… 32

　**2.4.3** LIMIT句の利用 …………………………………………………………… 33

　**2.4.4** 結合のコストを抑える …………………………………………………… 34

**2.4.5** クエリ結果のキャッシュと明示的なテーブル指定による
永続化を利用する ································· 34

**2.4.6** クエリプランの可視化 ························· 39

## 2.5 BigQueryの内部アーキテクチャを理解する ············ 41

**2.5.1** BigQueryの内部構造 ······················ 42

## 2.6 まとめ ···································· 49

`Column` データアナリストを楽にするBigQueryの便利機能 ·········· 49

`Column` BigQueryとGoogleにおける大規模データ処理の歴史 ········ 53

# 第3章 データウェアハウスの構築 54

## 3.1 データウェアハウスに求められるさまざまな要件 ·········· 54

## 3.2 BigQueryの課金モデル ······················· 55

**3.2.1** BigQueryコンピューティングの料金 ·············· 55

**3.2.2** BigQueryストレージの課金モデル ··············· 56

## 3.3 BigQueryエディション ······················· 57

**3.3.1** オートスケーリング ······················ 58

**3.3.2** BigQueryエディションの選び方 ················ 61

## 3.4 高可用性、Disaster Recovery計画 ················· 61

**3.4.1** BigQuery可用性担保の仕組み ················· 61

**3.4.2** メンテナンス、クラスタアップデート ·············· 63

**3.4.3** Disaster Recovery計画 ···················· 63

## 3.5 用途別の影響隔離 ·························· 67

**3.5.1** スロットスケジューリングのしくみ ··············· 68

**3.5.2** ワークロードの分離 - オンデマンド料金とBigQueryエディション ······ 72

## 3.6 サイジング ····························· 75

**3.6.1** サイジング - オンデマンド料金 ················ 76

**3.6.2** サイジング - BigQueryエディション ·············· 77

**3.6.3** ストレージのサイジング ···················· 78

## 3.7 目的環境別の影響隔離 ························ 79

## 3.8 テーブルを設計する ························· 79

**3.8.1** パーティション分割・クラスタ化 ··············· 79

**3.8.2** マテリアライズドビューの利用 ················· 83

**3.8.3** 検索インデックスの利用 ···················· 86

**3.8.4** 主キーと外部キーの利用 ···················· 89

**3.9** テーブル設計以外のクエリ最適化 ......................................................... 90

**3.10** データの投入 ............................................................................................. 91

    **3.10.1** バルクロード ............................................................................... 91

    **3.10.2** 外部データソース ......................................................................... 92

**3.11** バックアップとリストア ........................................................................ 94

    **3.11.1** BigQueryにおけるデータリストア - タイムトラベル機能 ...... 95

    **3.11.2** BigQueryにおけるデータリストア - テーブルスナップショット ...... 100

**3.12** BigQueryにおけるトランザクションとDMLの最適化 ............... 103

**3.13** DMLの最適化 ............................................................................................. 107

**3.14** 外部接続の最適化 - Storage APIの利用とBI Engineの利用 ...... 109

    **3.14.1** Notebookの場合やHadoop/Sparkコネクタの場合 ............... 109

    **3.14.2** BIツールの場合 ............................................................................. 110

**3.15** データマートジョブの設計最適化 ........................................................ 110

    **3.15.1** データマート作成クエリの最適化 ............................................. 110

    **3.15.2** データマート作成ジョブの流れの最適化 ................................. 113

**3.16** BigQueryのモニタリング ...................................................................... 115

**3.17** 環境の削除 ................................................................................................. 119

**3.18** まとめ ........................................................................................................... 120

    **Column** データを効率的、安全に共有する ........................................... 122


# 第4章 レイクハウスの構築 128

**4.1** レイクハウスの概要 ................................................................................. 128

    **4.1.1** データウェアハウスとデータレイク ......................................... 128

    **4.1.2** データウェアハウスとデータレイクの課題 ............................. 134

    **4.1.3** レイクハウスの登場と利点 ......................................................... 136

**4.2** Google Cloudでのレイクハウスアーキテクチャ ........................... 137

    **4.2.1** ストレージ層 ................................................................................. 138

    **4.2.2** データ処理エンジン層 ................................................................. 139

    **4.2.3** データガバナンス層 ..................................................................... 139

**4.3** BigLake ....................................................................................................... 139

    **4.3.1** BigLakeの機能概要 ..................................................................... 140

    **4.3.2** BigLakeテーブルの作成と利用 ................................................. 143

    **4.3.3** オブジェクトテーブル - レイクのオブジェクトをクエリする ...... 146

**4.4 Dataplex** 150
    **4.4.1** データカタログ 151
    **4.4.2** ドメインに基づくデータ管理とセキュリティ 156
    **4.4.3** データディスカバリ（データ検知） 159
    **4.4.4** データリネージ 164
    **4.4.5** データプロファイリング 165
    **4.4.6** データ品質チェック 167
**4.5** 環境の削除 170
**4.6** まとめ 171
    **Column** マルチクラウドでのクラウドデータ基盤の利用 172

# 第5章 ETL/ELT処理 175

**5.1** ETL/ELTとは 175
**5.2** ETL/ELT処理を実施するサンプルシナリオ 176
**5.3** サンプルシナリオ実施用の環境の構築 177
**5.4** BigQueryでのELT 181
    **5.4.1** BigQueryの作業用テーブルの作成とユーザー行動ログのロード 182
    **5.4.2** テーブルの結合、集計とその結果の挿入 183
    **5.4.3** 作業用テーブルの削除 185
**5.5** BigQueryでのETL 186
    **5.5.1** dauテーブルの再作成 187
    **5.5.2** 一時テーブルの作成とデータ集計結果の挿入 187
**5.6** Dataformで開発、運用するELTパイプライン 189
    **5.6.1** Dataformの構成要素 190
    **5.6.2** 環境準備 192
    **5.6.3** 依存関係の確認とSQLXファイルの実行 196
    **5.6.4** SQLの定期実行方法 198
    **5.6.5** Dataform本番環境での推奨事項 201
**5.7** DataflowでのETL 206
    **5.7.1** dauテーブルの再作成 207
    **5.7.2** 環境準備とプログラムの作成 207
    **5.7.3** Dataflowのジョブの実行 211
    **5.7.4** Dataflowの本番環境で考慮する点 214

**5.8** サンプルシナリオ実施用の環境の破棄 ..................................... 215

**5.9** その他のETL/ELT処理の実施方法 ..................................... 215

**5.10** ETLとELTの各手法の使い分け ..................................... 216

**5.11** まとめ ..................................... 217

> Column　Apache BeamとDataflowの関係は？ ..................................... 217

> Column　データの前処理を行うための機能 ..................................... 219

# 第6章　ワークフロー管理とデータ統合　222

**6.1** Google Cloudのワークフロー管理とデータ統合のための
サービス ..................................... 222

**6.2** Cloud Composerの特徴 ..................................... 223

> **6.2.1** Cloud Composer環境と構成コンポーネント ..................................... 223

> **6.2.2** DAGとワークフロー管理 ..................................... 224

**6.3** Cloud Composerでのワークフロー管理 ..................................... 226

> **6.3.1** プロジェクトの設定 ..................................... 226

> **6.3.2** DAGの作成 ..................................... 229

> **6.3.3** タスクの概要 ..................................... 231

> **6.3.4** DAGの登録と実行 ..................................... 234

> **6.3.5** 本番環境の勘所 ..................................... 237

**6.4** Cloud Data Fusionの特徴 ..................................... 239

> **6.4.1** ノード ..................................... 240

**6.5** Cloud Data Fusionでのワークフロー管理 ..................................... 241

> **6.5.1** プロジェクトのセットアップとインスタンスの作成 ..................................... 241

> **6.5.2** パイプライン作成の準備 ..................................... 244

> **6.5.3** パイプラインの作成 ..................................... 247

> **6.5.4** パイプラインの実行 ..................................... 258

> **6.5.5** スケジュールの設定 ..................................... 263

> **6.5.6** メタデータとデータリネージの確認 ..................................... 264

**6.6** Cloud Composer、Cloud Data Fusion、Dataformの比較と
使い分けのポイント ..................................... 267

**6.7** まとめ ..................................... 269

> Column　Google Cloudにおけるジョブオーケストレーションの選択肢 ..................................... 269

# 第7章 データ分析基盤における セキュリティとコスト管理の設計　273

**7.1** Google Cloud のセキュリティサービス ……………………………… 273

**7.2** Google Cloud のリソース構成と
エンタープライズ向けの管理機能 ……………………………………… 274

**7.3** IAM を利用した BigQuery のアクセス制御 ……………………… 278

**7.3.1** プロジェクト単位のアクセス制御 ……………………………… 278

**7.3.2** データセット単位のアクセス制御 ……………………………… 279

**7.3.3** テーブル単位のアクセス制御 …………………………………… 280

**7.3.4** テーブル行単位のアクセス制御 ………………………………… 280

**7.3.5** テーブル列単位のアクセス制御 ………………………………… 281

**7.3.6** マスキングを使ったデータの保護 ……………………………… 283

**7.3.7** IAM Conditions による制御 …………………………………… 284

**7.3.8** 承認済みビューの活用 …………………………………………… 284

**7.3.9** 承認済みデータセットの活用 …………………………………… 285

**7.3.10** 承認済みルーティンの活用 …………………………………… 285

**7.4** IAM と Access Control List（ACL）を利用した
Cloud Storage のアクセス制御 …………………………………… 285

**7.5** VPC Service Controls を利用したアクセス制御と
データ持ち出し防止 ………………………………………………… 286

**7.5.1** サービス境界での Google Cloud リソースの分離 ………… 287

**7.5.2** 承認済みの Cloud VPN または Cloud Interconnect への
サービス境界の拡張 ……………………………………………… 288

**7.5.3** インターネットからの Google Cloud リソースへのアクセス制御 ……… 289

**7.6** 監査 ……………………………………………………………………… 290

**7.6.1** Cloud Logging での監査 ……………………………………… 290

**7.6.2** Cloud Logging の利用方法 …………………………………… 291

**7.6.3** Cloud Logging のエクスポート ……………………………… 295

**7.6.4** Cloud Logging の集約シンクによる監査対応 …………… 296

**7.6.5** INFORMATION_SCHEMA での監査 ……………………… 297

**7.6.6** Cloud Asset Inventory を利用したアセットの監査 ……… 299

**7.7** Security Command Center を利用したデータリスクの
検知と自動修復 ……………………………………………………… 299

**7.8** 組織のポリシーサービスの適用 ························ 300

**7.9** アクセス管理とコスト管理の設計 ························ 301

    **7.9.1** プロジェクト分割のベストプラクティス ·················· 301

    **7.9.2** BigQuery オンデマンド料金を使用した際のコスト制限 ·········· 305

    **7.9.3** BigQuery エディションを使用した際のコスト制限 ············ 305

**7.10** まとめ ··················· 306

  **Column** データ暗号化とデータ損失防止 ······················ 306


# 第**8**章 BigQueryへのデータ集約   **311**

**8.1** BigQuery へデータ集約を行うメリット ····················· 311

**8.2** BigQuery へのデータ集約の方法 ······················· 312

**8.3** BigQuery Data Transfer Service（BigQuery DTS） ········· 314

    **8.3.1** BigQuery DTS が対応しているデータソース ·············· 314

    **8.3.2** Amazon S3 から BigQuery へのデータ転送 ·············· 316

    **8.3.3** 転送に利用するデータの配置 ····················· 316

    **8.3.4** AWS 上の設定 ························· 317

    **8.3.5** BigQuery DTS の設定 ····················· 317

    **8.3.6** BigQuery DTS を利用するうえでのポイントや注意 ·········· 320

    **8.3.7** 転送設定の削除 ························· 322

**8.4** CDC を利用したデータレプリケーション
（Datastream for BigQuery） ·················· 322

    **8.4.1** PostgreSQL から BigQuery へのデータ転送 ············· 324

    **8.4.2** Datastream for BigQuery の設定 ················ 325

    **8.4.3** Datastream for BigQuery の開始 ················ 333

    **8.4.4** Datastream の削除 ····················· 335

**8.5** BigQuery へのデータパイプライン構築 ··················· 335

    **8.5.1** 簡易データパイプラインの課題 ··················· 338

    **8.5.2** データパイプライン構築のための Google Cloud 上のソリューション ··· 338

**8.6** サービス間連携による BigQuery へのデータ連携 ·············· 340

    **8.6.1** Google アナリティクス 4 から BigQuery へのデータエクスポート ····· 341

    **8.6.2** Firebase から BigQuery へのデータエクスポート ··········· 342

**8.7** まとめ ··················· 345

  **Column** Firebase を用いたデータ分析の活用方法 ················· 345

# 第9章 ビジネスインテリジェンス 349

## 9.1 BIとBIツール 349
### 9.1.1 BIとは 349
### 9.1.2 BIツールに求められる要件 350
### 9.1.3 Google Cloudで利用できるおもなBIツール 350

## 9.2 コネクテッドシート 351
### 9.2.1 データへのアクセス 352
### 9.2.2 ピボットテーブルでの分析 355
### 9.2.3 グラフの作成とダッシュボードとしての活用 359
### 9.2.4 データの更新 360

## 9.3 Looker Studio/Looker Studio Pro 362
### 9.3.1 データへのアクセス 363
### 9.3.2 グラフの作成 365
### 9.3.3 ダッシュボード 368

## 9.4 Looker 373
### 9.4.1 Looker (Google Cloud コア) 375
### 9.4.2 Lookerの機能概要 376
### 9.4.3 データへの接続設定 377
### 9.4.4 ビューとモデルの定義 378
### 9.4.5 Gitに変更をPush 384
### 9.4.6 Exploreとグラフの作成 385
### 9.4.7 ダッシュボードの作成 387
### 9.4.8 アクセス制御 390
### 9.4.9 アクションへつなげるLookerの機能 392

## 9.5 BIツールと親和性の高いBigQueryの機能 394
### 9.5.1 BigQuery BI Engine 394
### 9.5.2 マテリアライズドビュー 396

## 9.6 Gemini in Looker 400
## 9.7 まとめ 400
**Column** リモート関数による拡張 402

# 第10章 リアルタイム分析 405

**10.1** リアルタイム分析とユースケース ································ 405

**10.2** リアルタイム分析基盤に求められるもの ···················· 406

**10.3** Google Cloudを利用したリアルタイム分析基盤の
アーキテクチャ ········································· 406

**10.4** Pub/Sub ·········································· 407

    **10.4.1** Pub/Subとは ··································· 407

    **10.4.2** スキーマの適用 ······························· 409

    **10.4.3** メッセージの重複と順序 ························ 410

    **10.4.4** エクスポートサブスクリプション ················ 411

**10.5** Dataflow ········································· 411

    **10.5.1** パイプライン ································· 412

    **10.5.2** Dataflowにおけるストリーミング処理 ··········· 416

    **10.5.3** テンプレート ································· 420

    **10.5.4** Dataflow Prime ······························ 421

**10.6** BigQueryのリアルタイム分析機能 ····················· 423

    **10.6.1** BigQueryへのリアルタイムデータ取り込み ········ 423

    **10.6.2** マテリアライズドビューとBI Engine ············ 424

**10.7** リアルタイムタクシーデータを用いた
リアルタイム分析基盤の構築 ························ 425

    **10.7.1** タクシーのリアルタイム位置情報の取得用サブスクリプションの作成 ··· 425

    **10.7.2** Dataflowで1分集計値をリアルタイムにBigQueryに格納 ·········· 427

    **10.7.3** セッションウィンドウを使った処理 ·············· 434

    **10.7.4** Pub/SubのBigQueryサブスクリプションでBigQueryに簡単に出力 ··· 437

    **10.7.5** Lookerでリアルタイム集計値を可視化 ············ 438

    **10.7.6** 環境の削除 ··································· 440

**10.8** まとめ ··········································· 441

> **Column** Dataflowのアーキテクチャと分散処理におけるコンピュート、
> ストレージ、メモリの分離 ························ 443

# 第11章 発展的な分析 - 地理情報分析と機械学習、非構造データ分析 446

**11.1** Google Cloudによる発展的な分析 ···································· 446

**11.2** BigQueryによる地理情報分析 ·································· 447

**11.2.1** 地理情報分析とは ················································ 447

**11.2.2** BigQuery GISによる地理情報分析の基本 ················ 449

**11.2.3** BigQuery GISによる位置情報の集計処理 ··············· 457

**11.2.4** BigQuery GISの活用のまとめ ······························ 460

**11.3** Google Cloud上での機械学習 ································ 461

**11.3.1** Google Cloud上での機械学習 ····························· 461

**11.3.2** BigQuery MLとVertexAIの関係性 ······················ 462

**11.3.3** 機械学習のプロセスとBigQuery MLのメリット ········· 463

**11.3.4** BigQuery MLで実現する機械学習 ······················· 465

**11.3.5** BigQuery MLでの構造化データに対する機械学習 ······ 466

**11.3.6** 2項ロジスティック回帰による分類 ······················· 467

**11.3.7** AutoML ·························································· 472

**11.3.8** 構造化データに対するAutoMLの利用の流れ ············ 473

**11.3.9** 学習済みモデルを利用した非構造化データに対する機械学習 ····· 476

**11.3.10** Natural Language APIを利用した自然言語処理 ········· 478

**11.3.11** VisionAPIによる画像のタグ付け ·························· 482

**11.3.12** BigQuery MLからのGeminiの利用 ······················ 487

**11.3.13** BigQuery MLの実践的な使い方 ·························· 490

**11.4** まとめ ································································ 498

**Column** Pub/Subのアーキテクチャ ································ 498


索引 ······································································· 502


著者紹介 ··································································· 511

# 第1章 データ基盤の概要

データ基盤は、データ活用のためのインフラストラクチャと言えます。データ基盤を正しく取り扱えるようになるために、データ基盤への要求の変遷（とコンポーネント）を正しく理解する必要があります。本章では、データ基盤に対する要求を整理し、データ基盤とは何か、どのようなコンポーネントが含まれているのかといったことを説明します。本章を読むことで、データ基盤の全体像を理解し、続く章での説明のより深い理解につながります。

## 1.1 データ基盤に取り組む意義

　本書はデータ基盤について解説しています。IoT（Internet of Things：モノのインターネット）やAI（Artificial Intelligence）といった華々しく注目も集める領域が多くある中で、なぜデータ基盤について学ぶ必要があるのでしょうか。それは、データ活用のためのインフラとして、データ基盤の重要性が増しているからにほかなりません。

　ここ数年でデータ活用の重要性は劇的に高まっています。デジタル化やグローバル化による産業構造の変化や、スタートアップによる革新的かつ破壊的な新ビジネスの台頭といったビジネス環境の急激な変化から、多くの企業ではビジネスの進め方そのものの見直しを迫られています。その結果、競争力の強化や業務の効率化、新規事業の創出を目的として、数多くの企業がデジタルトランスフォーメーション（Digital Transformation：DX）を中期経営計画に盛り込むなど、その取り組みに注力しています。デジタルトランスフォーメーションとは何かについては、本題から外れますので、ここでは「デジタル技術やデータ活用を推進する取り組みの総称」として話を進めます。つまり、多くの企業ではデータ活用がビジネス活動のうえで鍵となりつつあるのです。

　データ活用が重要と聞くと、機械学習をはじめとする分析技術やその応用に注目が集まります。しかし、そういった出口にばかり目を向けるだけでは、データ活用は進んでいきません。データを扱うためのインフラ、すなわちデータ基盤も分析技術と同じくらい、いや、分析技術以上に重要であると言っても過言ではないでしょう。なぜなら、データ活用を進めるうえでは、デー

タが適切に管理されており、適切な権限のもと自由に利用できる状態が必要だからです。アプリケーションを構築するうえで土台となるインフラストラクチャが重要であるように、データ活用の重要性が増せば増すほど、データ基盤の重要性も増してきます。

実際に、経済産業省の『「DX推進指標」とそのガイダンス』[注1]では、以下の3要素をデジタルトランスフォーメーションに求めるITシステムの要件としています。

1. データをリアルタイムなどの使いたい形で使えるか
2. 変化に迅速に対応できるデリバリースピードを実現できるか
3. データを、部門を超えて全社最適で活用できるか

（経済産業省『「DX推進指標」とそのガイダンス』より引用）

3つの要素のうち、1.と3.の項目はデータ基盤と密接に関わることからも、データ活用におけるデータ基盤の重要性が理解できます。なぜデータ基盤が重要であるかについて、図1.1のようなケースを取り上げてもう少し深堀りしてみます。

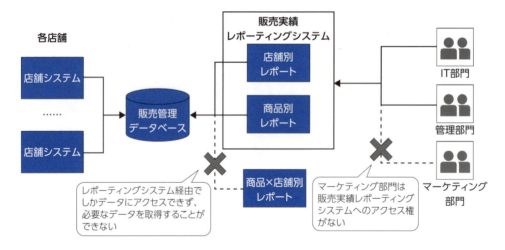

図1.1　ITシステムがデータ活用を阻害しているケース

図1.1は全国展開している小売業を想定しています。そのような企業は、全国の店舗で発生した売上を集計し、各部署で必要な分析を行ったうえで、分析結果をもとに商品開発や販売促進のためのアクションを起こす、といったことに取り組んでいるはずです。図1.1では、収集したデータをもとに、販売管理レポーティングシステム上で、店舗別や商品別の販売実績のレポートを確認できるようになっているとします。

いま、ある商品のキャンペーン施策をマーケティング部門が実施したと仮定します。マーケティ

---

注1　https://www.ipa.go.jp/digital/dx-suishin/ug65p90000001j8i-att/dx-suishin-guidance.pdf

ング部門としては、キャンペーンの施策の効果をいち早く確認し、改善できる点があればキャンペーン期間中に追加の施策を実施したいと考えているでしょう。ここで、最初の問題が生じます。マーケティング部門は販売実績を管理するレポーティングシステムへのアクセス権を持っておらず、IT部門に依頼をして分析に必要となるデータを取得する必要があります。ルールにしたがい、IT部門に依頼を行うのですが、マーケティング部門として今回の施策の効果を分析するために必要な商品×店舗別のレポートは作られていないことが発覚します。IT部門の担当者からは、新たなレポートを作成するための工数を用意できず、店舗別レポートと商品別レポートを提供するのでそこから必要なデータをマーケティング部門側で作成してほしいと言われます。そして、ようやく提供されたデータを見ると、店舗別レポートと商品別レポートで出力されている項目を利用してもマーケティング部門が欲しいデータは作成できない可能性が高いとわかります。そうこうしているうちにキャンペーンは終了してしまい、データ分析はやや不完全な形で、かつキャンペーン終了後の振り返りという形でしか行うことができませんでした。

この例は少し極端ではありますが、大なり小なり似たような問題を抱えている組織は多いようです。とくに変化の早い現代社会においては、図1.1のような状況を是正していくことが競争力の源泉ともなり得ると考えられます。このように、データ活用を進めるうえでは、データ基盤として「早く、正しく、確実に」データを集める機能に加えて、「適切な権限管理のもとでデータ基盤が開放されている」という状態が重要だとわかります。

# 1.2 データ基盤とは

続いて、データ基盤の登場からデータ活用の重要性が高まるにつれ、データ基盤の機能に対する要求もどのように変遷していったのか、その結果、主流となっているデータ基盤の全体像がどうなったのかについて説明します。とくにデータ基盤に対する要求の変遷とその背景について押さえることで、データ基盤に含まれる各コンポーネントそれぞれの位置付けをより正しく理解できるようになるでしょう。

## 1.2.1 データ基盤に対する要求の変遷

まず、図1.2に示したようなシンプルなデータ基盤のモデルを見ていきましょう。

図1.2 シンプルなデータ基盤

　業務システムで発生したデータソースをビジネスロジックを含めて加工し、業務システムで利用するデータベースとは異なるデータベースに格納します。ここでのビジネスロジックとは、たとえば商品の売れ行きを把握するために行う、ある日の販売実績に対する商品IDごとの集計や前年比較などのさまざまな集計処理です。それらはすべてビジネスユーザーが求める要件によって決められます。そして、そのデータをビジネスアプリケーションから利用することで、データ活用を行います。図1.2のような状態は、データ基盤というよりは、情報系システムと呼ぶ方が馴染み深いかもしれません。それでも、りっぱなデータ基盤の一種であると言えます。重要なポイントとしては、データ活用の出口としてのビジネスアプリケーションを企画する段階で、そのアプリケーションに必要なデータを特定し、準備する、という手順を踏む点です。図1.2のようなデータ基盤も状況によっては十分うまく機能します。しかし、データの活用を進めていくうえで、次のような課題が出てくるでしょう。

1. あるデータが必要と判断してからデータを集め始めるため、データの活用に至るまでのリードタイムが長い。そのため、データを利用した施策や、施策による検証を適切なタイミングで実施しにくい
2. ビジネスアプリケーションの利用を前提としてデータを加工するため、データベースに格納されたデータはビジネスアプリケーションと密に結びつく。そのため、再利用性が低く、別の用途で利用しにくい
3. データベースはビジネスアプリケーションの利用を前提としているため、アドホックな分析を想定してデータベースを設計していない。そのため、アドホック分析に対して制限がかけられている

図1.3に課題として挙げた状況を図示しました。

1.2 データ基盤とは

図1.3 シンプルなデータ基盤の課題

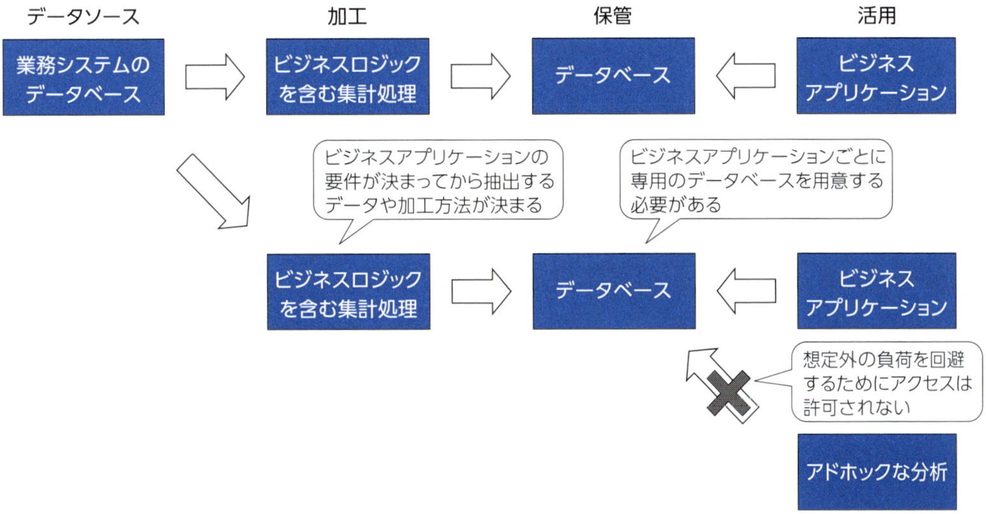

データソース　　　　　加工　　　　　　　保管　　　　　　活用

業務システムの
データベース　→　ビジネスロジック
を含む集計処理　→　データベース　←　ビジネス
アプリケーション

ビジネスアプリケーションの
要件が決まってから抽出する
データや加工方法が決まる

ビジネスアプリケーションごとに
専用のデータベースを用意する
必要がある

ビジネスロジック
を含む集計処理　→　データベース　←　ビジネス
アプリケーション

想定外の負荷を回避
するためにアクセスは
許可されない

アドホックな分析

　このような課題が出てくるため、データを利用する立場のユーザーは、データはあるはずだが利用しにくい、データを取得するために必要な手続きが煩雑かつたいへん、という認識を抱きがちです。一方、データ基盤の管理者はビジネスアプリケーションからの安定稼働を第一目的としており、ユーザーに対して積極的にデータを公開して利用を推進することを拒む傾向があります。加えて、用途が増えるたびに重複したデータ抽出ロジックを構築したり、データを保存するためにデータベースを構築したりする必要が出てくることから、コスト効率の観点からもガバナンスの観点からも良い状態とは言えなくなります。データへのアクセスや、データ分析の環境への自由なアクセスはデータ活用を促進させる第一歩となり、それを解決することがデータ基盤を構築する意義の1つとなります。

　こういった課題を解決するために、**データウェアハウス**の活用が始まります。データウェアハウスはデータベースの一種ですが、目的別や時系列に大量のデータを蓄積できる特徴があります。また、分析をおもな目的としたアーキテクチャのため、大量に蓄えたデータに対して効率的な集計や分析作業ができます。データウェアハウスは、単一のアプリケーションからの利用を想定するだけでなく、レポーティングや帳票アプリケーション、あるいはアドホックな分析に活用されるようになります。データ基盤のコンポーネントの中で最も歴史が古く、1990年代から利用が始まっています。今日においてもデータ基盤の中で中核的なコンポーネントと言えます。

　データウェアハウスに関連したコンポーネントとして**データマート**があります。データマートは、データウェアハウス上に集められたデータを目的別に事前に集計しておくことで、特定用途に対するクエリのレスポンスを向上させることを目的に構築します。これは、図1.2で示

すビジネスアプリケーションが参照するデータベースに相当するとも言えます。

　ここまでの話をもとに、図1.4にデータウェアハウス導入後のデータ基盤の全体像を示しました。図1.2との最も大きな違いとしては、業務システムから取得されるデータをデータウェアハウスに集約している点です。これにより、データの再利用性が高まるため、さまざまな用途でのデータ活用が進んでいきます。具体的には、要件に応じたレポーティングを導入するリードタイムは短縮し、アドホック分析が容易になります。また、「利用を検討するタイミングで必要となるデータを探して集め始める」から「事前に必要になりそうなデータを集めておく」という非常に大きな変化も起こり始めます。

図1.4　データウェアハウス導入後のデータ基盤

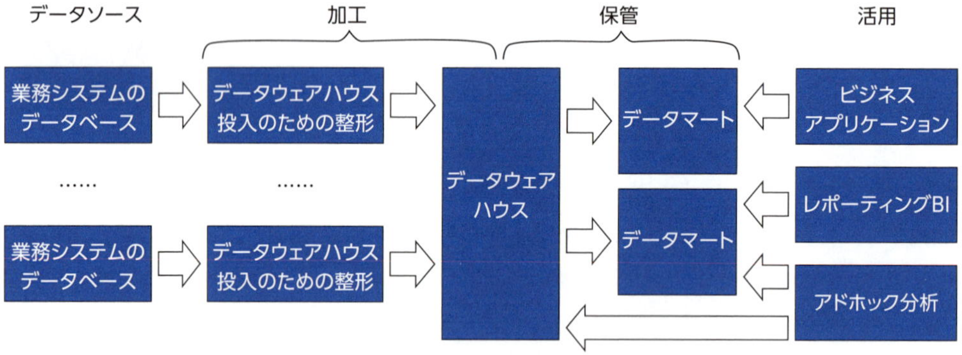

データウェアハウスの登場後、しばらくは大きな課題はありませんでした。データ活用に熱心な企業はデータウェアハウスの導入を行い、その活用を推進していきます。しかし、2010年頃を境にして、データ基盤を取り巻く環境は大きく変化していきます。この変化は大きく3つに分類できます。

　1つめは業務のシステム化の加速です。データウェアハウスが導入された当初と比べ、あらゆる業務がシステム化され、それにともない発生するデータの量も飛躍的に増え始め、データ基盤で取り扱うデータも増えるようになりました。

　2つめに、デジタルマーケティングの発展です。技術の発展から、自社ホームページやEコマースサイト上のユーザー行動を収集し、パーソナライズしたコンテンツや商品を提供できるようになってきました。パーソナライズ化したコンテンツを提供するために、従来のオフライン中心の顧客マーケティングデータとはまったく異なるデータを扱うニーズが登場してきます。CRM（Customer Relationship Management）やDMP（Data Management Platform）、CDP（Customer Data Platform）といった顧客の情報を管理し活用するプラットフォームも利用され始めます。これにより、従来は業務アプリケーション中心だったデータソースに、顧

客接点に関するデータソースが追加されるようになります。既存の業務システムはSoR（System of Record）と呼ばれ、新たに登場した顧客接点のためのシステムはSoE（System of Engagement）と呼ばれます。とくにSoEからは、顧客向けアプリケーションのログなど、業務アプリケーションと比較して大量のデータが産み出されます。

　3つめは非構造化データの急増です。業務アプリケーションで取得されるデータはデータベースで扱うことが前提となっているため、表や列できれいに整理された状態で管理されています。このようなデータを構造化データと呼びます。一方、画像や自然言語、音声といった表形式で表現できないデータは非構造化データと呼ばれます。商品マスタに含まれる商品画像や商品説明、SNSに投稿される口コミ、カスタマーセンターへの問い合わせなど、身の回りに非構造化データは溢れています。顧客接点のデジタル化により、非構造化データを取り扱う必要性が急増しました。

　このような分析ニーズの拡大と、それにともなって取り扱うデータが多様化したことにより、統合データ環境を目的として構築されたデータウェアハウスは性能の限界を迎えるようになりました。その結果、データウェアハウスを用途別に分割したり、情報系システムと密結合させたりするなど、従来のデータベースと類似した用途で使われ始めます。そのため、データは1ヵ所に統合されずに分断して保存され、データ活用が阻害される状態が起きます。**データのサイロ化**と呼ばれる状態です。

　次節で、このような変化を受けて、データ基盤に求められるようになった要件と、それがどのように実現されていったかを説明していきます。それらは、今日におけるデータ基盤の重要なコンポーネントとなります。

## 1.2.2 データ基盤の全体像

### データレイク

　データ基盤を取り巻く大きな環境の変化の結果、SoRからのデータのみを扱うことを前提にしたデータ基盤は、データの保管という観点でも、データの処理という観点でも要求を満たせないことがわかり始めます。前述したように、データ基盤は、非構造化データや増加するデータへの対応に迫られています。非構造化データはそもそもデータベースで取り扱えないため、データウェアハウスでも取り扱うことができません。また業務アプリケーションだけでなく、顧客接点のデータも取り扱う必要が出てくるため、データウェアハウスに頼り切ったデータ基盤は機能的にもコスト的にも限界を迎えます。そのソリューションとして、**データレイク**が登場します。

　データレイクは、規模の大小にかかわらず構造化データも非構造化データも保存できます。また、データを保存する際に整形する必要がなく、データを発生したときのまま保存できます。

さらに、データウェアハウスよりもはるかに多くのデータを保存できるようになります。データレイクから必要なデータを整形してデータウェアハウスに格納し、データ活用時はその対象や用途に応じて、データウェアハウスとデータレイクを参照する、といった使い方をします。データウェアハウスの詳細については2章と3章で、データレイクの詳細については4章で扱います。

　データレイクを中心としたアーキテクチャの普及から数年が経ち、新たな課題が発見されてきました。典型的な課題としては、データレイクに大量のデータを保管した結果、必要とするデータがすぐに取り出せないこと、データレイクのデータを整形してデータウェアハウスへ取り込ませるためのデータパイプラインの開発運用のコスト、データレイク（ファイル形式）とデータウェアハウス（テーブル形式）による管理方式の違いによるガバナンスの複雑化や不整合などが挙げられます。そこで、データレイクとデータウェアハウスの双方の強みを併せ持った新しいアーキテクチャとして**レイクハウス**が登場します。とくに構造化データ中心の従来のデータ基盤から、近年の生成AIを中心とした非構造化データ処理のニーズの急増によって、前述した課題による影響は大きくなるため、その解決策としてレイクハウスは注目されています。レイクハウスについてはデータレイクと併せて4章で説明します。

## ETL/ELT

　データソースからデータレイク、そしてデータウェアハウスやデータマートまでのデータの変換をともなう受け渡し処理は、通常、日単位や時間単位のバッチ処理で連携されます。それらの処理は**ETL**（**Extract-Transform-Load**）や**ELT**（**Extract-Load-Transform**）と呼ばれています。図1.5にETLとELTの違いについて示しました。

　ETLはデータの抽出、変換、取り込み、という順番で処理するのに対して、ELTはデータの抽出、取り込み、変換という順番で処理します。ETLとELTにはそれぞれメリットとデメリットがあるため、対象となるデータや利用可能なデータ基盤のリソースを考慮しながら選択します。ETLとELTの詳細については5章で扱います。

図1.5　ETLとELT

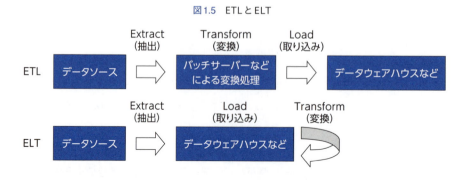

## ストリーミング処理

　一方で、バッチをベースとしたデータの連携では要求を満たせないケースも出てきました。たとえば、IoTデバイスから取得されるログ情報や位置情報を利用したリアルタイムのデータを利用したアプリケーションを構築するようなケースや、発生したデータをすぐに集計したいケースです。そのようなケースでは、**ストリーミング処理**を利用します。図1.6にバッチ処理とストリーミング処理の違いについて示しました。ある間隔でまとまった一塊のデータを取り扱うバッチ処理と異なり、ストリーミング処理ではいつ発生するかわからないデータを待ちかまえ、発生したデータをすぐに処理対象とするため、バッチ処理とは異なる技術スタックを利用する必要があります。ストリーミング処理についての詳細は10章で扱います。

　また、ストリーミング処理の一種とも言え、とくに近年で需要が増しているのが**CDC**（**Change Data Capture**）です。CDCは、あるデータベースでの変更を（ニア）リアルタイムで検知するプロセスで、異なるデータベース間でのデータの同期をとるために使われます。データ基盤の文脈では、データが発生するシステムのデータベースと、データ分析のためのデータウェアハウス間で（ニア）リアルタイムにデータの同期をとることで、より最新のデータに基づき分析を行いたいという需要に応えます。CDCに取り組むには、従来は有償のソフトウェアを必要としたため敷居が高かったのですが、近年はオープンソースのツールの普及や各プラットフォーム上でマネージドサービスが提供されたことなどにより、取り組みやすい環境が整っています。CDCについては8章で詳細を説明します。

図1.6　バッチ処理とストリーミング処理

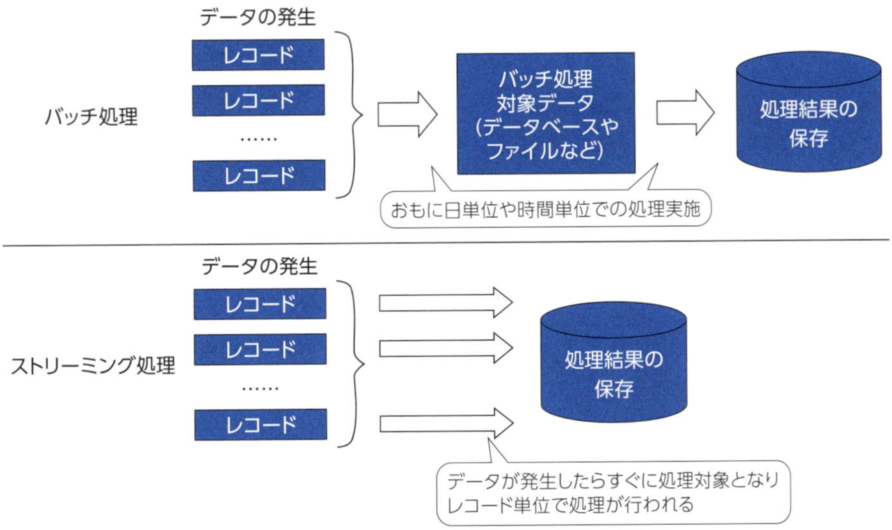

## データパイプラインとワークフロー管理

　ストリーミング処理を含むデータソースからデータ活用まで続く一連の流れを**データパイプライン**と呼びます。データパイプラインは、あるデータソースの入力から別のデータソースへの出力まで、その間の必要な変換や加工処理の集合を指します。そのため、ETLやELTもデータパイプラインを構成する一要素となります。データパイプライン内の各処理は依存関係を持つため、処理のタイミングを適切にコントロールする必要があります。依存関係を含めたデータパイプライン内の処理全体の管理を**ワークフロー管理**と呼びます。

　図1.7にデータパイプラインとワークフロー管理のイメージを示しました。図1.7に示したとおり、データパイプラインの文脈では、入力データは**データソース**、出力データを**データシンク**と呼びます。複数のデータソースから、いくつかの変換処理を経て、データシンクに至るフローを管理することが、ワークフロー管理の役割と言えます。ワークフロー管理の詳細については6章で扱います。

図1.7　データパイプラインとワークフロー管理

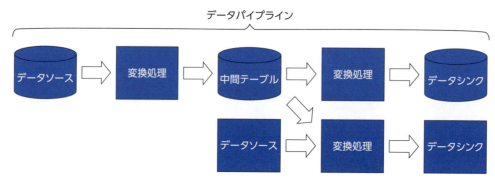

## メタデータ管理

　データ基盤がワークフロー管理を必要とする規模まで育ってくると、次に課題となるのがデータ基盤に保持されているデータの管理です。データパイプラインによって複数のデータソースから集められたデータを、データレイクやデータウェアハウスを経て利用するようになるため、いまダッシュボードで見ているデータは信頼できるデータソースから来たデータなのか、これから使おうとしているデータは目的に合致した正しいデータなのか、といったことが気になってきます。つまり、データ基盤で管理されているデータに関するデータ、**メタデータ**の管理が必要になります。

　メタデータはいくつかの種類に分類されます。最もよく利用されるのは、テーブルやカラム

に関する定義といった業務に関する**ビジネスメタデータ**とテーブルやカラムの属性やアクセス権限といったシステムに関する**テクニカルメタデータ**の2つです。また、あるデータがどのようなデータからどのような過程を経て生成されたかを表すデータどうしのつながりは**データリネージ**と呼ばれます。図1.8にメタデータ管理のイメージを示します。

　図1.8では、例として購買情報データ、店舗マスタ、商品マスタから購買パターン分析のためのデータを作っているとします。この例では、ビジネスメタデータに相当するのがカラム名で、テクニカルメタデータに相当するのがアクセスレベルです。メタデータを管理することで、たとえば、店舗名は店舗マスタに含まれていることが容易に発見できます。また、店舗マスタにはアクセスレベルが機密のものが含まれているため、その取り扱いに注意が必要であると容易に認識できることに加え、メタデータの情報をもとにして店舗マスタのテーブルレベルやカラムレベルでアクセスの制御を行う、といったことも実現可能となります。

　さらに、購買パターン分析用データは、購買情報データと店舗マスタと商品マスタの3つのデータを親に持つというつながりを管理するのがデータリネージです。データリネージはテーブルレベルのリネージもあれば、カラムレベルのリネージもあります。カラムレベルのリネージまで管理すると、あるデータがどのデータのどのカラムを使って構築されているかまで管理できるようになります。データへの高い信頼性を求められるような場合、データリネージは非常に有用です。このように、メタデータを検索することで必要となるデータの場所を素早く確認し、そのデータの意味や位置付けを理解しやすくし、データソースのつながりを確認できるようにしたうえで、データソースに対する適切な権限管理もできるようになるのがメタデータ管理のメリットです。近年、個人情報を始めとして、データの管理統制に対する規制も厳しくなっており、メタデータ管理の重要性にも注目が集まっています。メタデータ管理についての詳細は4章と6章で扱います。

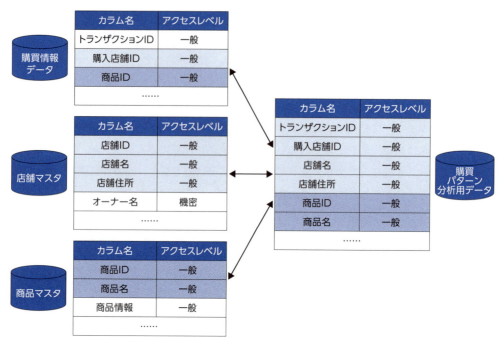

図1.8 メタデータ管理

## データ分析、ビジネスインテリジェンス、レポーティング、機械学習

　最後に、出口となるデータ活用です。いわゆる情報系システムとしての利用に加えて、ビジネスインテリジェンスやレポーティングシステムによる、データ分析やデータの可視化があります。また、SQLを利用したアドホックな分析もあるでしょう。近年では、発展的なデータ分析として機械学習に注目が集まっています。データ活用についての詳細は9章と11章で取り扱っています。

　ここまでの説明をもとにデータ基盤の全体像を図1.9で示しました。データ基盤にはさまざまな要求があり、それに応えるために多くのコンポーネントがあり、それらを連携させる必要があることがわかるでしょう。

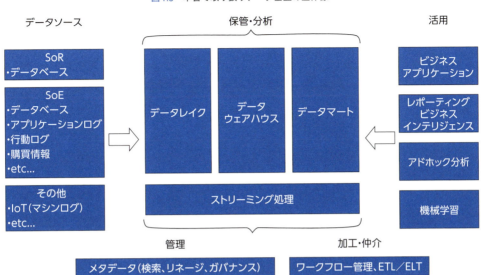

図1.9 本書で取り扱うデータ基盤の全体像

　最後に重要なポイントを説明します。それは、データ基盤構築の最初からすべてのコンポーネントを必ず用意する必要はないということです。たとえばリアルタイムなデータ活用のケースが必要でなければストリーミング処理は不要でしょうし、データレイクやデータウェアハウス自体を直接確認することでデータ基盤の全体像を十分把握できるような規模であればメタデータ管理も不要となる可能性もあります。データ基盤に求める要求に合わせて適切なコンポーネントを検討し、最適なデータ基盤を構築することが必要です。データ基盤を設計するうえで最も取り組みがいのあるポイントでしょう。

## 1.3 Google Cloud上で構築するデータ基盤

### 1.3.1 クラウド環境のメリット

　本書はGoogleの中でクラウドインフラストラクチャのサービスであるGoogle Cloud上で構築するデータ基盤について説明しますが、その前に、クラウド上にデータ基盤を構築することのメリットについて考えていきましょう。データ基盤に対する投資の意思決定の難しさの1つに、ROI（Return On Investment：投資対効果）の算出が挙げられます。データ活用そのものは企業のコア業務ではなく、データ基盤単体でのROIの算出は非常に難しくなります。

多くの場合、データ基盤は、ビジネス状況をモニタリングしつつ、課題を素早く発見し、データ分析の結果をもとにビジネス活動を改善していく、という中で使われています。そのため、データ基盤単体でのビジネス価値というのは定義しにくく、また定義したとしても定量的に測定するのは困難と言えます。そこで、クラウドの特徴である、初期投資なしで始められる点や、従量課金であるコストモデルとの相性の良さが際立ちます。大規模な初期投資なく開始し、ビジネス活動に寄り添いながら迅速にデータ活用の成果を目指すことで、投資の正当性を早いタイミングで証明していくことができます。

また、データ活用のワークロードは一般的に負荷が偏りがちです。とくにデータの規模が大きくなったときや高度な分析を行いたいといったときには、一時的に計算リソースを大きくする必要があります。そのようなときも、クラウドであれば追加の計算リソースの確保が容易であり、また、その計算リソースも従量課金で利用した分だけしか発生しないという特徴があります。投資対効果の高いデータ活用のプロセスを小さな規模から始めることができるでしょう。このように、データ基盤をクラウド上で構築することには大きなメリットがあります。

## 1.3.2 Google Cloud上で提供されるデータ基盤に関連したプロダクト

では、Google Cloudではデータ基盤のコンポーネントがどのように提供されているでしょうか。表1.1に、データ基盤のコンポーネントとGoogle Cloudで提供されるデータ基盤に関わるプロダクトやサービスをマッピングしました。

表1.1　データ基盤のコンポーネントとGoogle Cloudで提供されるデータ基盤関連のプロダクトやサービス

| データ基盤のコンポーネント名 | Google Cloud上のプロダクト、サービス名 |
| --- | --- |
| データレイク、レイクハウス | Cloud Storage、BigQuery、BigLake |
| データウェアハウス、データマート | BigQuery |
| ストリーミング処理 | Pub/Sub、Dataflow |
| データパイプライン（ワークフロー管理、ETL/ELT） | Datastream、Dataform、Workflows、Cloud Data Fusion、Cloud Composer |
| データガバナンス | Data Catalog、Dataplex |
| ビジネスインテリジェンス | Looker、Looker Studio、コネクテッドシート |
| 発展的な分析 | BigQuery GIS、BigQuery ML、Vertex AI |

表1.1からわかるとおり、1つのデータ基盤上のコンポーネントが1つのGoogle Cloudプロダクトに対応する、といったきれいなマッピングにはなっていません。それは、プロダクト

の特性や使い方によって、複数のデータ基盤のコンポーネントをカバーするからです。たとえば、BigQueryはデータウェアハウスとしての使用が基本ですが、構造化データに限ると、そのストレージのスケーラビリティからデータレイクとしても使用できます。

また、データ基盤の1つのコンポーネントに対して、異なるアプローチでソリューションを提供する複数のプロダクトが存在することもあります。たとえば、ETLのデータパイプラインを開発したいときには、Dataform、Dataflowが挙げられます。DataformはBigQuery上で完結するETL（ELT）を構築する際には便利な一方で、BigQuery以外も念頭においたETLを構築する場合にはDataflowが有力な選択肢となります。マネージドなApache Beamの実行環境であるDataflowは、バッチ処理もストリーミング処理も対応しているため幅広いETLのケースに対応することが可能です。ユースケースに応じて適切なGoogle Cloudのプロダクトを選択することが、開発効率を上げ、運用コストを下げるうえで重要となります。次章以降で、データ基盤のそれぞれのコンポーネントと、関連するGoogle Cloudのプロダクトの詳細について説明していきます。

## 1.4 まとめ

本章では、全体の導入として、データ基盤の重要性、データ基盤に求められる要求がどのように変化し、要求に合わせてデータ基盤がどのように変化してきたか、データ基盤をクラウドで構築するメリットとGoogle Cloudで提供されるサービスについて説明しました。以後の章では、データ基盤における個々のコンポーネントを取り上げ、それをGoogle Cloudで提供されるプロダクトやソリューションでどのように実現していくかについて説明していきます。

本書は章ごとに独立するように構成していますので、すでに知識がある章を読み飛ばしたり、興味を持った章から読み進めることができます。

2章ではデータ基盤の根幹をなすサービスであるBigQueryを取り上げます。おおむねほとんどのユースケースでBigQueryを利用するため、一読することをお勧めします。

3章では、データウェアハウスとしてBigQueryを利用する際の実践的な設計ポイントを取り上げ、4章ではデータレイクおよびレイクハウスとしてCloud StorageやBigQuery、BigLake、Dataplexを取り上げます。また、5章ではETL/ELTとしてDataformとDataflowを、6章ではワークフロー管理としてCloud ComposerとCloud Data Fusionを取り上げます。データ基盤を構築した経験がない方は、まずは2章、3章、4章、6章を読むことをお勧めします。データ基盤構築の基礎と関連するGoogle Cloudプロダクトについて学ぶことができます。

7章ではセキュリティやコスト管理の方法としてIAMによるアクセス制御やVPC Service

Controlsを、8章ではデータ集約としてBigQuery Data Transfer ServiceとDatastreamを取り上げます。7章、8章は、データ基盤を堅牢にし、素早くデータ活用できる状態を作るための方法について説明しています。すでにGoogle Cloud上でデータ基盤の構築を進め始めている方にもお勧めの話題となっています。

9章ではビジネスインテリジェンスとしてコネクテッドシートとLooker Studio、Lookerを、10章ではリアルタイム分析として、Pub/Sub、Dataflow、BigQueryを取り上げます。最後に11章では発展的分析として、BigQuery GIS、BigQuery ML、Vertex AIを取り上げます。データ分析をさまざまなユーザーに広げる方法や機械学習、生成AIに興味がある方は9章、10章、11章を読むことをお勧めします。

# 第**2**章 データウェアハウスの概念とBigQueryの利用方法

データウェアハウス（DWH）はデータ分析基盤の中で、整理したデータを分析する役割を担います。本章では、1章で解説したデータ基盤の重要なコンポーネントであるデータウェアハウスについて、BigQueryを利用してどのように構成できるかを説明します。

## 2.1 DWHとは

　本節では、データ基盤の重要なコンポーネントであるデータウェアハウス（DWH）について解説します。DWHの概念、歴史、DWH上での一般的なワークロードを説明します。

　DWHとは、企業内のさまざまなデータソースから収集したデータを一元的に管理し、分析に適した形で格納するためのデータベースです。レポートとデータ分析をトランザクション処理を行うデータベース（DB）から隔離し、現在および過去のデータを分析するシステムであれば、構成するデータベースの種類がPostgreSQLのような一般的なデータベースソフトウェアであっても、DWHと定義できます。

　DWHがあることで、企業は過去から現在までのデータを遡って分析し、ビジネス上の意思決定を行うことができるようになります。たとえば、今期の売上目標に対する店舗別の売上進捗などのモニタリングや、進捗が思わしくないときの原因分析などは、DWHなしでは成り立ちません。

　DWHという単語は、コンピュータ科学者のWilliam H. Inmonが「Developing the Datawarehouse」、「Building the Data Warehouse」などの著作の中で唱えたものが始まりとされています。レポートとデータ分析をトランザクションのDBから隔離し、現在および過去のデータを分析するシステムと定義されています。なお、DWHはData WareHouseの頭文字です。

　伝統的なDWHに格納されるデータは、一般的にはある程度の加工が施され、過去から現在までの長期間のデータが分析しやすい形で格納されています。本書では詳しく説明しませんが、このDWH上のデータの持ち方はデータモデリングと呼ばれ、スタースキーマやData Vaultといった整理方法があります。

上記のような格納されたデータに対し、DWH上ではSQLを利用した以下のようなワークロードが実行されます。

- **アドホック分析**：DWHでは、過去から現在に至るまでのデータが分析可能な形（テーブル）で格納されています。それらのデータを、1回限りの目的で分析、抽出し、仮説を立てるために探索的な分析を行います。たとえば、「普段見ている売上が昨対比で落ちていて気になるから、この詳細を分析し、商品や店舗の傾向を教えて」などのタスクに対応することが挙げられます。
- **定型分析**：定型的に見る指標を定め、それらに対する分析を定期的に行います。事業部のビジネス目標などのKPIに対する進捗と実績の比較や、決まった切り口でビジネスの状況をモニタリングすることで、事業の議論となるベースラインの設定に役立ちます。たとえば、切り口が決まった指標は、SQLを通じて**BIツール**と呼ばれる可視化のためのツールに表示され、これを受けてビジネスユーザーや経営層による意思決定や、**定期メールでの報告**などに利用されます。
- **バッチ処理**：データウェアハウスでは、定型の分析を高速化するために、**データマート**と呼ばれる、おもに特定用途の分析に特化したテーブルを、売上の実績データなどから作成することがあります。たとえば、1カ月ごとの売上で対一昨年実績を計算したマートや、店舗ごとの売上にまとめ直したマート、事業部別に異なる集計ロジックとKPIに対して作り直された指標などを事前に処理しておくなどが挙げられます。DWHの文脈におけるバッチ処理とは、大量のデータを一括処理し、新たなテーブルを作るジョブを定期的に回すことを指すことが大半です。

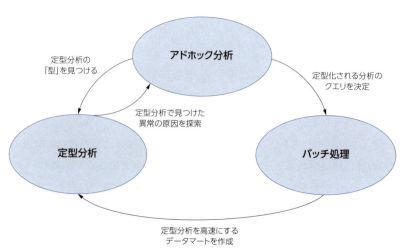

図2.1　データウェアハウス上のワークロード

上記のワークロードにて実行される SQL の多くは、「大量のレコードを持つテーブルから、特定の列 (カラム) を抽出し、すべての行を読み込んで集計する」ことになります。このような特性から、DWH はデータを列ごとにまとめて格納するカラム指向のデータフォーマットをとることが一般的です。これにより必要な列のデータのみにアクセスすることで、集計に対するパフォーマンスを最大化できます。

Google Cloud では、**BigQuery** と呼ばれるサービスを利用することで、小規模な分析から大規模なバッチ処理までを対応できる DWH 環境を簡単に構築できます。BigQuery は単なる DWH ではなく、Google Cloud で構築するデータ基盤の中核をなすサービスです。本章では、BigQuery のコンセプトと、最低限、分析を始めるための使い方について説明します。データベースや SQL の基礎知識がある方で、「入門してまずは使ってみたい、スモールスタートで始めたい」という方や、「すでに導入されている BigQuery をユーザーとして利用する」という方は、本章を読めば、分析を行うための一通りの概念について習熟できるでしょう。DWH としての本格的な設計やそのための知識については、3 章で取り扱います。

本章の後半の節では、BigQuery の裏側の仕組みを解説します。BigQuery は、DWH というカテゴリから類推される既存の DWH とは、仕組みから根本的に異なる点が多々あるため、その特徴や背後のしくみを正しく理解しておくことで、その高いパフォーマンスをより一層引き出すことができます。

## 2.2 BigQuery のコンセプト

本節では、Google Cloud のデータウェアハウスサービスである BigQuery について説明します。BigQuery は、単なる DWH ではなく、幅広い機能を持つことから **Analytics Lakehouse** と呼ばれます。

BigQuery は、Google における大規模データ分析を実現するために開発されたサービスです。BigQuery は、以下のような多くの機能を持ちます (図 2.2)。

図2.2　BigQueryの全体像

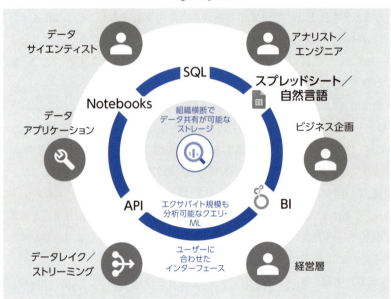

- ANSI:2011準拠の標準SQLによる分析
- 列指向フォーマットとコンピュートのスケールアウトによる、大規模なデータセットに対する分析のスケーラビリティ
- 高可用性、社内で簡単にデータ共有できるデータストレージ
- DWHの内部に組み込まれた機械学習の機能やデータレイク連携をシームレスに行えるレイクハウスとしての機能
- ビジネスインテリジェンス（Business Intelligence：BI）や自然言語インターフェースによるデータ探索
- スプレッドシートからの操作による大規模クエリ実行
- データのリアルタイム分析とストリーミング挿入
- 機械学習モデルの作成と予測

　アドホック分析はもちろん、大規模なバッチ処理に対しても非常に高い処理性能を備えます。また、単なるDWHと比べても上記のような広範囲な機能を持つ点でAnalytics Lakehouseのように呼ぶ方が正しいでしょう。これらの機能をシームレスに活用することで、社内でのデータ活用の促進につながります。レイクハウスについては、4章で詳しく説明します。

## 2.3 DWHとしてのBigQueryの基本操作

本節では、DWHとしてBigQueryを利用する場合の基本操作を解説します。データベースやSQLの基礎知識がある方で、「入門してまずは使ってみたい、スモールスタートで始めたい」という方や、「すでに導入されているBigQueryをユーザーとして利用する」という方は、本節を読めば、分析を行うための一通りの概念について習熟できるでしょう。DWHとしての本格的な設計やそのための知識については、3章で取り扱います。

### 2.3.1 BigQueryサンドボックスの利用

BigQueryには、**BigQueryサンドボックス**[注1]と呼ばれる無料でBigQueryを利用できる仕組みがあります。BigQueryサンドボックスは、Google Cloudの無料枠[注2]とは別に利用でき、クレジットカードの登録不要でBigQueryのみを試すことができます。

本章のハンズオンの多くはBigQueryサンドボックスで試せるので、初めてBigQueryを利用する方は、アカウントを作成する際に利用するとよいでしょう。BigQueryサンドボックスを利用している間は図2.3のように、BigQueryサンドボックスを利用している旨が表示されます。

図2.3　BigQueryサンドボックス環境 - サンドボックスである旨が上部に表示されている

BigQueryサンドボックスでは、機能や容量に制限があります。利用開始手順や各種制約については、ドキュメントを参照してください[注3]。

### 2.3.2 BigQueryコンソールを理解する

図2.4はBigQueryのコンソール画面です。BigQueryのナビゲーションメニューには、[分析]、

---

注1　https://cloud.google.com/blog/ja/products/gcp/query-without-a-credit-card-introducing-bigquery-sandbox
注2　https://cloud.google.com/free
注3　公式ドキュメント - BigQueryサンドボックスを有効にする
　　　https://cloud.google.com/bigquery/docs/sandbox

［移行］、［管理］の3つがあり、コンソールからアクセスできます。ここで簡単に説明します。

図2.4 BigQuery コンソールの説明

- 分析
    - **BigQuery Studio**：SQL、Pythonノートブックなどでデータ分析を行うための統合ワークスペース環境
    - **データ転送**：さまざまなデータソースからBigQueryへデータを転送する
    - **スケジュールされたクエリ**：クエリの定期実行とそれらを管理する
    - **Analytics Hub**：データを組織間、組織内で効率的、かつセキュアにやりとりする。プライバシーを保護したデータクリーンルームとしても利用できる
    - **Dataform**：SQLでのパイプラインを構築する（詳細は5章を参照）
    - **パートナーセンター**：データ活用、パイプライン開発を支援するパートナーが提供するツールやサービスを管理する
    - **オーケストレーション**：スケジュールされたPythonノートブック、Dataformなどを管理する
- 移行

- ・評価：移行計画の作成に利用できる移行元のDWHの利用状況を取得、レポート化する
- ・SQL変換：移行元のDWHをBigQueryのSQLへ自動変換する
- 管理（詳細は3章にて解説）
  - ・モニタリング：ジョブのパフォーマンス、同時実行性、スロットの利用状況などのモニタリングやジョブを探索する
  - ・容量管理：BigQueryエディション利用時のスロットを管理する
  - ・BI Engine：インメモリ分析エンジンであるBigQuery BI Engineを管理する
  - ・障害復旧：マネージド障害復旧のフェイルオーバーなどを管理する
  - ・ポリシータグ：列レベルアクセス制御、動的データマスキングに利用するポリシータグを管理する

## 2.3.3　クエリを実行する

　BigQueryの操作性を体感するために、あらかじめ用意されたデータをクエリしてみましょう。BigQueryには**一般公開データセット**と呼ばれる、すぐに使えるデータセットが公開されています[注4]。一般公開データセットを探索するには、BigQuery Studioの左画面［エクスプローラ］の横にある［+ 追加］をクリックし、［公開データセット］をクリックします（図2.5）。

図2.5　BigQueryのGUIより、一般公開データセットを追加する

---

注4　公式ドキュメント - BigQueryの一般公開データセット
　　　https://cloud.google.com/bigquery/public-data

そうすると、Marketplaceのデータ検索画面が表示されます。ここでは、検索ウィンドウに
「github」と入力し、表示された [GitHub Activity Data] を選択し、[データセットを表示] を
クリックしてサイドバーに表示します（図2.6）。

図2.6　GitHub Activity Data をデータセットにピン留め

BigQuery Studioのエクスプローラーに表示されているのはリソースの一覧です（図2.7）。
BigQueryには、おもに、以下のようなリソースがあります。

- **クエリ**：SQLエディタで作成したクエリやスクリプトの保存、共有、履歴を管理する
- **Notebooks**：作成したノートブックの保存、共有、履歴を管理する
- **データキャンバス**：自然言語でデータの検索、クエリ、可視化を行う（詳細は本章のコ
  ラムを参照）
- **外部接続**：リモート推論、連携クエリなど外部データソースへの接続を管理する
- **データセット**：BigQueryのデータセットとそのコンテンツ（表、ビュー、BigQuery
  MLモデルなど）を管理する

図2.7　BigQueryのエクスプローラー - BigQueryのリソース一覧

　ここでは、リソースとして一般公開データセットからGitHubのアクティビティデータを追加しました。このデータセットの中身を実際に見てみましょう。

　BigQueryのデフォルト課金方法である**オンデマンド課金**では、クエリでスキャンしたデータ量に対し課金されます。テーブルの中身を少し確認したい際に通常のデータベースのように、`SELECT * FROM example LIMIT 10`としてしまうと、`example`テーブルの全データ量に対してクエリが実行されるため、もったいない使い方になってしまいます（BigQueryはカラム（列）指向ストレージのため、`LIMIT`はスキャン量を減らす効果を持ちません。基本的には選択したカラムに応じ、スキャン量が決定されます）。そのような際はテーブルのプレビュー機能を利用してみましょう。左のメニューより [bigquery-public-data] プロジェクト、[github_repos] データセットの [commit] テーブルをクリックして、[ プレビュー ] を選択してください。そうすると図2.8のように画面右下にテーブルの中身をプレビューできます（CLIでも`bq head`コマンドを利用することでプレビューできます）。

**26** 第**2**章 データウェアハウスの概念とBigQueryの利用方法

図2.8 データセットのプレビュー、GUI上で完結できる

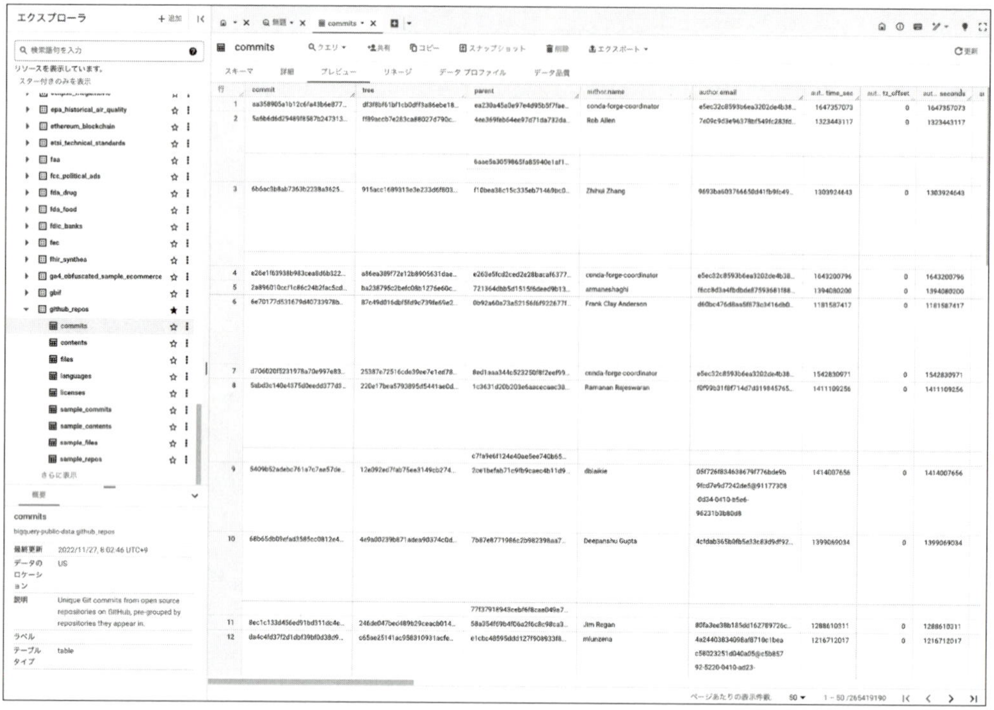

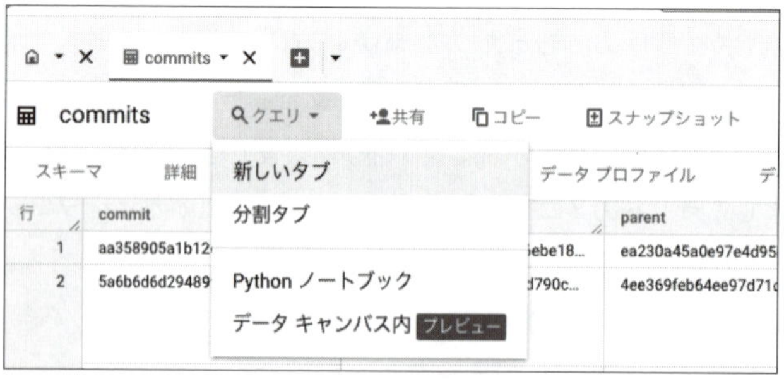

それでは、このデータをクエリしてみましょう。画面上部左にある、［クエリ］をクリック
して、［新しいタブ］を選択すると、そのテーブルに対してクエリを行うためのエディタが表
示されます（図2.9）。タブは分割することも可能です。

図2.9 プレビュー画面で［クエリ］をクリックして新しいタブでSQL用のエディタを表示

リスト2.1のクエリを実行してみましょう。GitHubの一般公開データセットをフルスキャ
ンし、そのうちauthorのemailが%@gmail%（中間一致）のものから、GROUP BYで集計を
行い、ランキングを作成します。

**リスト2.1　データセットをフルスキャンし、クエリを実行する例**

```
/*このクエリを実行すると、24.75GBが処理されます。
BigQueryサンドボックスを利用している場合は1TB/月のスキャンが利用できます。
BigQueryには、毎月1TB/月のスキャンが無料枠として提供されています。
スキャン量としては大きいので、必ずサンドボックス環境でのみ試してください。*/
SELECT
  subject,
  COUNT(subject)
FROM
  `bigquery-public-data.github_repos.commits`
WHERE author.email LIKE "%@gmail%"
GROUP BY subject
ORDER BY COUNT(subject) DESC
LIMIT 10
```

クエリを実行すると、2億行以上のテーブルレコードから、おおむね3〜4秒程度で結果が表示されるのを確認できると思います（図2.10）。一度実行されたクエリはキャッシュに保存されるため、再度同じクエリを実行すると0.1秒程度で完了します

図2.10　クエリの実行が完了

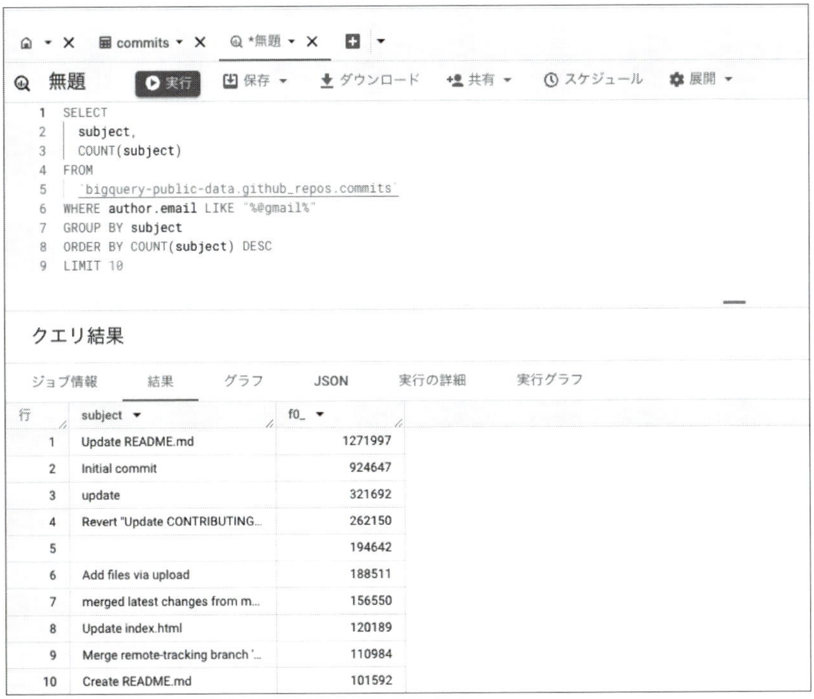

クエリ結果の下にあるグラフをクリックすると、実行結果がグラフ化（線、棒、散布図）され、分析結果を視覚的に理解できます。（図2.11）

図2.11 クエリの結果をグラフ化する

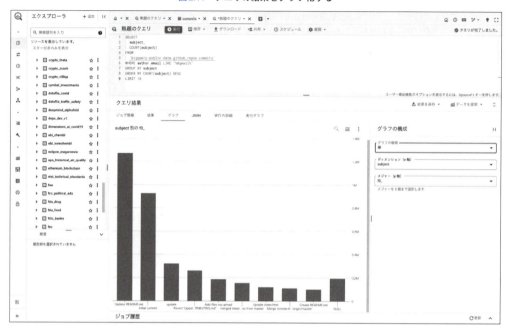

　ここでデータベースのしくみには深く触れませんが、通常、B-treeインデックスを採用しているデータベースの場合は、リスト2.1のような中間一致のフィルタに対するインデックスが利用できません。BigQueryは膨大なコンピュート環境を利用することで、データのフルスキャンを高速に実現しています。いまでこそBigQueryにはログ分析用の検索インデックスやベクトル検索用のインデックスといった機能がありますが、元々はインデックスは用意されておらず、どんな分析を行うか読めないフルスキャンが必要な場合でも、高速かつ柔軟なアドホック分析環境を提供できています。

　これは、**セルフサービス型の分析基盤**を志向して構築する際に重要なポイントです。とくに近年はデータマートをしっかりと作り込んで、それを定形レポートで見せるだけではなく、ユーザーにさまざまなデータソースを生データで渡すSoR（System of Record）領域のデータに加えて、SoE（System of Engagement）領域のデータと掛け合わせて分析することがビジネス側の要求として多くあります。このような要求に対し、分析基盤チームやIT部門はセルフサービス型のデータ分析基盤をビジネス側に渡すという手法をとるようになっています。その結果、いままでとまったく異なる分析の手法がとられたり、アドホック分析が増加したりすることでレスポンスタイムが大幅に低下するといった課題が生じます。これに対して、各部署へヒアリングやクエリのログを確認してインデックスチューニングなどを行い、課題を特定して解決まで導くのは非常に困難です。

インデックスをそもそも持たなければ、多様な分析のニーズにも対応しやすくなります。これはデータ活用が求められる近年のエンタープライズ企業にとっても、Webやゲーム業界のデータ基盤設計などにおいても大きなメリットでしょう。また、既存のDWHから移行したあとの最適化という観点で、SELECTクエリの実行にそこまで労力を費やさなくてよいという利点にもつながります。

### 2.3.4 クエリの応用

BigQueryには、以下のような、より応用的なクエリの機能が備わっています。本書はデータ基盤の書籍であるため、詳細は取り扱いませんが、データ分析者の観点では便利に扱うことができるでしょう。

- **保存済みクエリ**[注5]：書いたクエリを保存して、IAMを利用して特定のユーザー、グループに共有できるほか、変更履歴の確認、以前のバージョンへ戻したり分岐させたりできる（IAMについては7章で説明します）
- **クエリのスケジューリング**[注6]：実行したクエリをテーブルに保存するジョブを定期的に実行する
- **ユーザー定義関数**[注7]：UDF（User Defined Function：ユーザー定義関数）をSQLあるいはJavaScriptを用いて定義し、SQLから利用する。UDFを永続化し、ほかのユーザーに共有できる。UDF自体もBigQueryの分散処理の恩恵を受け高速に実行できる
- **リモート関数**：Python、Java、Goといった任意の言語でSQLから呼び出せる関数を定義できる。実行はBigQuery以外のサーバーレス環境で行われる
- **認可済みのUDF**：データセットにアクセスを許可しなくても、ユーザーやグループに対し、ユーザー定義関数を通してならテーブルにアクセスができる特殊なUDF。UDFを通してのみデータにアクセスさせることを許可する場合に利用できる
- **複数ステートメントクエリ**[注8]：複数ステートメントクエリを用いると、1回のリクエストで複数ステートメントの実行、変数の利用、IFなどの制御ステートメントを利用できる

---

注5　公式ドキュメント - クエリの保存と共有
　　　https://cloud.google.com/bigquery/docs/work-with-saved-queries
注6　公式ドキュメント - クエリのスケジューリング
　　　https://cloud.google.com/bigquery/docs/scheduling-queries
注7　公式ドキュメント - ユーザー定義関数
　　　https://cloud.google.com/bigquery/docs/user-defined-functions
注8　公式ドキュメント - 複数ステートメントクエリ
　　　https://cloud.google.com/bigquery/docs/multi-statement-queries

- **ストアドプロシージャ**[注9]：ほかのクエリから呼び出すことができるステートメントのかたまりを作成できる。UDFとは異なり、独立したステートメントとして実行される
- **マルチステートメントトランザクション**：複数のステートメントを単一トランザクションとして実行できる[注10]
- **デバッグステートメントとデバッグ関数**：ASSERT[注11]ERROR[注12]を用いてSQLやデータをテストできる
- **INFORMATION_SCHEMA**：INFORMATION_SCHEMA[注13]により、テーブル、ジョブなどのさまざまな情報を取得できる
- **BigQuery ML**：SQLだけで機械学習を実行できる、線形回帰などの基本的なモデルを作成、予測できるほか、独自のモデルを持ち込んで予測のみを行うこともできる

## 2.3.5 その他 BigQuery Studio の便利な機能

本章ではBigQuery Studio[注14]からクエリを実行する方法を説明しました。実はBigQuery Studioは単にSQLを実行するためのSQLエディタだけでなく、次のようなSQL以外の言語でも分析できる環境やユーザー同士がコラボレーションできる機能なども提供しています。

- **Pythonノートブック**：Pythonを使ってデータ分析を行うユーザーやデータサイエンティスト向けにColab EnterpriseノートブックをBigQueryのコンソールから利用できる。DataFrameの処理をSQLに変換してBigQuery上で処理するBigQuery DataFrames[注15]ライブラリもあらかじめ組み込まれている
- **Pysparkエディタ**：BigQueryではSparkストアドプロシージャ[注16]を使ってSparkの処理を実行できる。Sparkを使ってデータ処理や機械学習をするデータサイエンティスト、エンジニア向けにPySpark用のエディタを提供している

---

注9　公式ドキュメント - ストアド プロシージャ
https://cloud.google.com/bigquery/docs/reference/standard-sql/data-definition-language#create_procedure

注10　公式ドキュメント - マルチステートメントトランザクション
https://cloud.google.com/bigquery/docs/transactions

注11　公式ドキュメント - デバッグステートメント
https://cloud.google.com/bigquery/docs/reference/standard-sql/debugging-statements

注12　公式ドキュメント - デバッグ関数
https://cloud.google.com/bigquery/docs/reference/standard-sql/debugging_functions

注13　公式ドキュメント - INFORMATION_SCHEMA
https://cloud.google.com/bigquery/docs/information-schema-intro

注14　公式ドキュメント - BigQuery Studio
https://cloud.google.com/bigquery/docs/query-overview#bigquery-studio

注15　公式ドキュメント BigQuery DataFrames を使用する
https://cloud.google.com/bigquery/docs/use-bigquery-dataframes

注16　公式ドキュメント Apache Spark ストアドプロシージャを操作する
https://cloud.google.com/bigquery/docs/spark-procedures

- **アセット管理と変更履歴**：作成したクエリ、ノートブックの履歴管理、ユーザーやグループへの共有ができるので、データの利用者がBigQuery Studioという統一されたインターフェースでコラボレーションして開発、分析ができる

# 2.4 BigQueryユーザー向けのクエリの最適化

　本節では、BigQueryをユーザーとして利用する際に覚えておきたい、クエリの最適化のための主要なテクニックについて説明します。

　DWHユーザーとして、アドホッククエリを書いたり、データアプリケーションを構築したりする際には、これらを意識することでより効率的なクエリを書くことができます。BigQueryは処理を最適化する仕組みが抽象化されて動作しているため、ユーザーから見て、インフラストラクチャやミドルウェアレベルでのチューニングポイントはあまり多くありません。そのため、クエリの最適化は、移行が完了したあとにパフォーマンスやコストの最適化を目的として行う、あるいは新しいデータマート作成ジョブを書いたり、アドホッククエリを書いたりする際に意識するのがよいでしょう。

　最適化の際に、公式ドキュメントにあるクエリパフォーマンスの最適化[注17]をすべて網羅しようとするのは、労力に対する効果の観点からお勧めしません。BigQueryが提供開始されてから十数年で、格段に性能が向上している[注18]ほか、アンチパターンとされるクエリを内部で最適化するようなクエリオプティマイザの改善[注19]なども多く取り込まれており、場合によっては効果が見込めないものもあるためです。よって、最適化の際には、まず本書で取り上げる効果の高いものから試し、それからマイナーチューニングという流れを念頭に置いて公式ドキュメントを読むのがよいでしょう。

　以下では、主要なテクニックをいくつかまとめます。

## 2.4.1 必要なカラムのみ選択する

　BigQueryはファイルフォーマットにカラム指向と呼ばれるフォーマットを利用し、特定の

---

注17 公式ドキュメント - クエリ パフォーマンスの最適化の概要
　　　https://cloud.google.com/bigquery/docs/best-practices-performance-overview
注18 Awesome New Features to Help You Manage BigQuery
　　　https://youtu.be/6I5qkOvKuLE?t=2056
注19 BigQuery の仕組み：パフォーマンスを強化するサーバーレス ストレージとクエリ最適化の舞台裏
　　　https://cloud.google.com/blog/ja/products/data-analytics/inside-bigquerys-serverless-optimizations?e=48754805

カラム（列）を選択し、その中のすべての行を高速にスキャンすることに最適化されています。そのため、SELECT文で選択されたカラムのみをスキャンしクエリを実行します。逆に言えば、SELECT * ...のようにカラムをすべて選択する場合には、本来不要かもしれないカラムも含めてスキャンすることになり、処理の効率が落ちる可能性があります。クエリでは、必要なカラムのみを選択するようにしましょう。とくに、カラム指向ではないDBからBigQueryに移行する場合、クエリがすべてのカラムを選択していることがあります。このような場合にもクエリを見直すのがよいでしょう。

## 2.4.2 パーティション分割・クラスタ化を利用するクエリ

BigQueryには、**パーティション分割／クラスタ化**という、スキャンするカラムだけではなく行を絞り込むための機能があります。この機能の詳細については次章で説明しますが、パーティション分割／クラスタ化を利用している場合は、有効に動作しているかを確認しましょう。具体的には、パーティション分割／クラスタ化が適用されたカラムに対し、WHERE句などを用いて絞り込んでいるかがポイントです。（図2.12）

また、CREATE TABLEステートメントでテーブルを作成する際、パーティションを分割するPARTITION BY column_nameとともに、OPTIONS節でrequire_partition_filter=trueを設定すると、パーティション対象カラムに対するWHERE句を必須にできます。これを設定することで、BigQueryのクエリエディタにおいて、自動で該当テーブルのクエリにWHEREを利用したパーティション指定が補完されます[20]。

アドホッククエリを実行するユーザーにテーブルを開放している際には、require_partition_filter=trueを有効にしておくことでより効率的にクエリが書けるようになるため、とくにアドホック分析の対象になるテーブルに設定するとよいでしょう。

---

注20　公式ドキュメント - パーティション分割テーブルのクエリ
　　　https://cloud.google.com/bigquery/docs/querying-partitioned-tables#querying_partitioned_tables_2

図2.12　テーブルの詳細情報

### 2.4.3　LIMIT句の利用

　LIMIT句はスキャン量を減らす効果はありませんが、スロット利用量を削減する効果はあります。データを探索的に分析したり、アドホックなクエリを使っている場合に大量の結果セットを取得してしまうケースがあります。そういう場合にLIMIT句をつけておくと結果セットのサイズが大きければ大きいほどスロットの利用量の削減効果が高くなります。とくにORDER BY句などで並び替えるクエリなどは全データを見るというよりはトップ100程度を知りたいケースが多いのでLIMIT句をつけるとよいでしょう。

### 2.4.4 結合のコストを抑える

テーブルの結合はシャッフル処理をともないます。とくにデータ量が多いテーブルを結合する際にはスロットの利用量が多くなるため、以下に示すような結合コストをなるべく抑える方法を検討します。

- **結合の前にデータを削減する**：結合と集計を含むSQLは、結合の前に集計することでデータ量を削減してから結合可能なケースがある。一方で、GROUP BY句もシャッフル処理をともなうので、あまりデータ量が削減できなければ、かえってスロットの利用量が増える場合もあるのでクエリ実行グラフを確認して判断する
- **自己結合の回避**：自己結合はおもに行依存の関係を計算するために使用されるので、結合の結果、出力行数が増えパフォーマンスに影響することがある。状況によっては、ウィンドウ関数の使用を優先する
- **中間テーブルの利用**：重い結合処理が複数のSQLで何度も利用される場合は、次項で説明する一時的なキャッシュ結果テーブルや宛先テーブルなどに結果セットを書き込み、そのテーブルをそれらのSQLから参照することで結合処理を避けることができる
- **主キー制約と外部キー制約の利用**：BigQueryでは主キーと外部キー制約をテーブルに設定できる。SQLによっては内部結合／外部結合の解除や結合順序の変更による結合の最適化が行われる。制約のチェックは行われないのでユーザーが保証する必要がある

### 2.4.5 クエリ結果のキャッシュと明示的なテーブル指定による永続化を利用する

BigQueryでは、クエリ結果はすべてテーブルに書き込まれます。テーブルには、以下の2種類があります。

- **一時的なキャッシュ結果テーブル**：デフォルトで利用される方式。キャッシュとして保管される
- **宛先テーブル**：クエリの結果を明示的に指定したテーブルに書き込む。データを永続化することができる

それぞれもう少し詳しく解説します。

## 一時的なキャッシュ結果テーブル

**一時的なキャッシュ結果テーブル**は、一般的なデータベースのクエリキャッシュにあたります。最大24時間まで保管され、同じクエリが実行されると、原則としてキャッシュを利用して結果を返します。同じクエリであれば素早く結果が返されるほか、スキャン料金の対象にはなりません。また、3章で説明するBigQueryエディションの一部を利用している場合、他のユーザーも同じキャッシュを利用して結果を高速で返すことができます。キャッシュはデフォルトで有効ですが、いくつか利用できない場合があるので、その条件に当てはまっていないか確認するのがよいでしょう。以下に利用できない条件の一部を示します。

- コンソールあるいはAPIで明示的に「キャッシュを利用しない」オプションを付与している
- CURRENT_TIMESTAMP()関数はクエリが一意に定まらないため、キャッシュを利用できない
- クエリ対象テーブルがクエリ結果をキャッシュしたあとに変更されている[注21]

BigQueryの特徴は、このキャッシュ自体にもテーブルとしてアクセスできることです。たとえば、図2.13では、キャッシュヒットしたクエリの結果を表示しています。

図2.13　クエリキャッシュにヒットした例

---

**注21**　公式ドキュメント - キャッシュの例外
https://cloud.google.com/bigquery/docs/cached-results#cache-exceptions

クエリ完了までの時間とスキャン量を確認できる部分で、キャッシュ済みの結果が利用されたことが表示されています。［宛先テーブル］には［一時テーブル］と表示されリンクが貼られていますが、ここにアクセスするとキャッシュの結果を確認できます。図2.14は一時的なキャッシュ結果テーブルの中身を確認した画面です。

図2.14　クエリキャッシュの実態は一時領域に保存されたテーブル

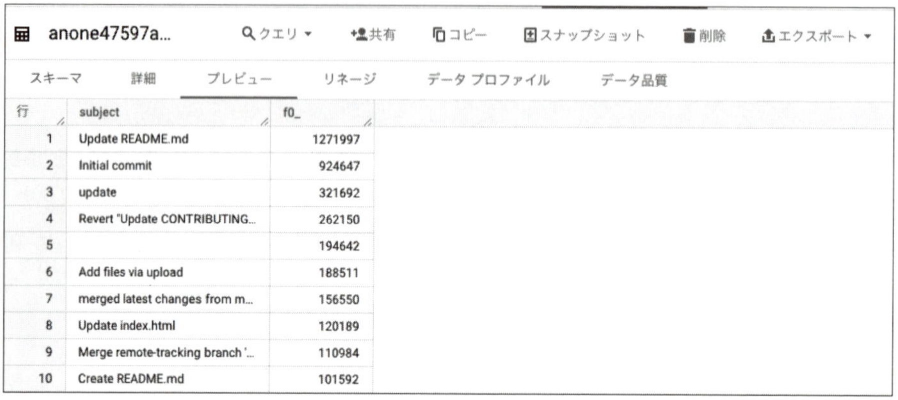

このキャッシュの実態は一時領域に保存されたテーブルなので、ここにクエリを実行できます。非常に高速に読み出しができるため、通常のクエリよりも高速に処理できます。また、この一時テーブルは、複数ステートメントクエリ[22]やセッション[23]の中でも明示的に作成できます[24]。たとえば連続したクエリで一時テーブルを作成してデータマート化を行いたい場合も、一時テーブルは高速に動作するため便利です。明示的に作成した一時テーブルは課金対象となるのでご注意ください。

リスト2.2は、一時テーブルを利用したデータマート生成のスクリプトの例です。売上の生レコードのテーブルである sales_records と顧客データ customer_data、商品マスタ product_master テーブルを結合し、データを JOIN しただけの joined_sales_records を一時テーブルとして生成します。そのあと、一時テーブルから集計のためのクエリを実行して月次売上データマート datamart_monthly を作成しています。

---

注22　公式ドキュメント - 複数ステートメントクエリ
　　　https://cloud.google.com/bigquery/docs/multi-statement-queries
注23　公式ドキュメント - セッション
　　　https://cloud.google.com/bigquery/docs/sessions-intro
注24　公式ドキュメント - マルチステートメント クエリで一時テーブルを使用する
　　　https://cloud.google.com/bigquery/docs/multi-statement-queries#temporary_tables

**リスト2.2　一時テーブルを利用したデータマート生成のスクリプトの例（このサンプルスクリプトは動作しません）**

```
/*以下のコードは実際には動作しません。イメージをつかむための仮想的なコードです。
一時テーブルで売上に商品、店舗マスタと顧客データをJOINしたものを作成*/
CREATE TEMP TABLE joined_sales_record AS
SELECT
  records.sales_datetime,
  p_master.name AS product_name,
  ...
FROM
  example.sales_records AS records
INNER JOIN
  example.product_master AS p_master
ON
  records.product_id = p_master.id
INNER JOIN
  example.customer_data AS customer
ON
  records.customer_id = customer.id
INNER JOIN
  example.store_master AS s_master
ON
  records.store_id = s_master.id;

/*JOINした一時テーブルから集計したデータマートを作成*/
CREATE TABLE
  example.datamart_monthly AS
SELECT
  year_month,
  product_name,
  ...
FROM
  joined_sales_record
WHERE
GROUP BY ...
WINDOW ...
```

　このように、一時テーブルを用いたデータマートの生成などの共通処理にスクリプトを用いれば、あとで再利用できます。

## 宛先テーブル

　宛先テーブル[注25]は、クエリの結果を明示的にストレージの永続領域に保存する機能です。SQL文でCREATE TABLE AS SELECT...と記述するか、クエリエディタから［クエリの設定］→［宛先テーブルの書き込み設定］で指定できます。宛先テーブルを選択すると、**クエリ結果はテーブルとして BigQuery のストレージ上で永続化されます**。

---

注25　公式ドキュメント - クエリ結果の保存
　　　https://cloud.google.com/bigquery/docs/writing-results

BigQueryでは、IAMやACLを利用してテーブルやデータセットに対するアクセスさえ付与すれば、**プロジェクトをまたいでテーブルを参照**できます（ACLについては7章で説明します）。たとえば、マーケティング部門がデータサイエンス部門にマーケティング施策の分析を依頼し、考えている施策の対象ユーザーをもらう例を考えてみましょう。この例では部署が異なるので、利用するBigQueryのプロジェクトが分かれている場合が多いでしょう。

宛先テーブルを利用することで、図2.15のとおり、分析結果をデータコピーすることなく簡単に共有できます。

図2.15　部署間でのデータ受け渡し - プロジェクトをまたいだデータ共有

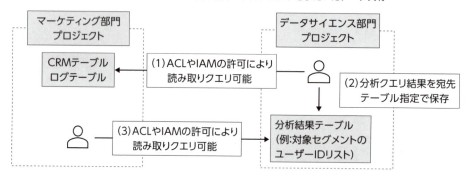

1. マーケターがデータサイエンティストにデータの分析を依頼するケース：CRM（Customer Relationship Management）やアクセス解析ログのデータをコピーしなくても、読み取り権限をデータサイエンティストに与えることで、データサイエンティストはマーケティング部門が保持するデータにアクセスできるようになる
2. データサイエンティストが分析を行った結果を残すケース：データサイエンス部門で利用しているプロジェクト内部の実験用データセットに、分析クエリの結果を**宛先テーブル**を指定することで保存できる
3. データサイエンティストが結果をマーケターに共有する：分析結果の対象ユーザーセグメントリストのテーブルに、マーケターの読み取りアクセスを許可することで、データコピーなく結果が共有できる

さらに、このプロセスをマーケティングオートメーションの観点で自動化するために、プロジェクトをまたいで書き込みを許可することで、この結果を定常的に受け渡すこともできます。このように、この宛先テーブル機能は、完成したデータマートの別部署への受け渡しや、分析結果の共有などで利用するとよいでしょう。

### 2.4.6 クエリプランの可視化

BigQueryでは、実行したクエリに対するクエリプラン（図2.16）が提供されており、それを読み解くことでさらにクエリを高速化できることがあります。クエリプランの読み解き方についても公式ドキュメント[注26]で解説されているので、パフォーマンスチューニングの際には一読するとよいでしょう。

図2.16　クエリプランの可視化

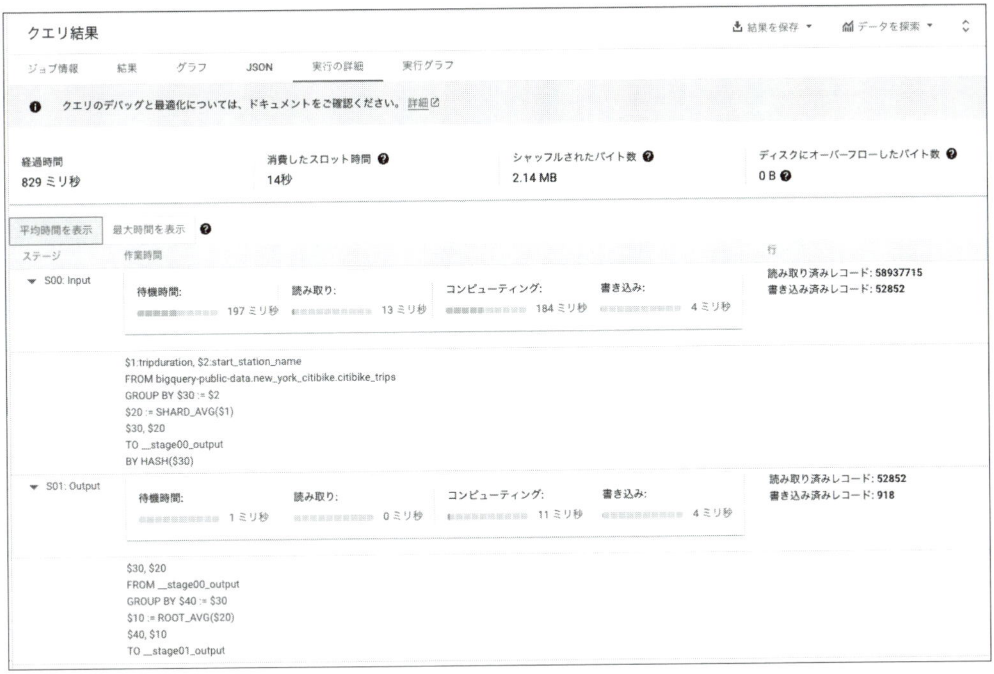

併せて、クエリ実行グラフによってクエリプランをさらに読みやすく可視化でき、クエリの実行順序、時間のかかった箇所、スロット利用消費の多い箇所などを確認することで、パフォーマンスのボトルネックを素早く発見できます（図2.17）。詳細は公式ドキュメントをご覧ください[注27]。

---

注26　公式ドキュメント - クエリプランとタイムライン
https://cloud.google.com/bigquery/query-plan-explanation
注27　公式ドキュメント - クエリのパフォーマンス分析情報を取得する
https://cloud.google.com/bigquery/docs/query-insights

図2.17 実行グラフの可視化

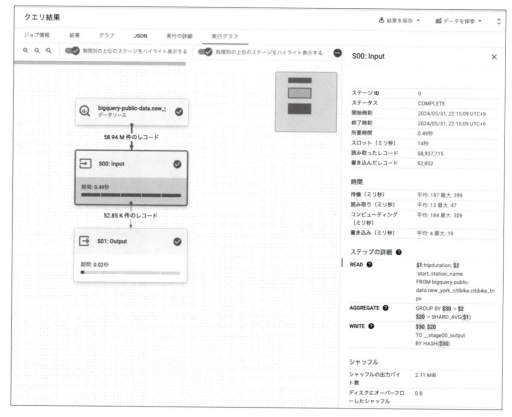

　また、パフォーマンスが低下しているクエリには、［ジョブ情報］のタブに、改善に役立つパフォーマンスに関する分析情報が出力されます。その情報を利用することで、効率的にチューニングを行うことができます。

　たとえば、クエリを実行するのにコンピュートリソースであるスロットが不足しているという状態（スロット競合、スロットについては3章で詳しく説明します）や、結合によってデータが増幅するカーディナリティの高い結合、データの入力が前回より多いデータ入力スケールの変更などの情報が表示されます（図2.18）。

図2.18　クエリ分析情報

　本節ではクエリ最適化に使えるテクニックや機能について説明しましたが、他にもBigQueryのSQLのアンチパターンを検出して最適化クエリをレコメンドしてくれるオープンソースのツールもあるのでクエリチューニングの際に参考にしてみるとよいでしょう[注28]。

## 2.5 BigQueryの内部アーキテクチャを理解する

　本節ではBigQueryの特徴を理解するために、以下に示すBigQueryのアーキテクチャについて説明します。

- コンピュート、ストレージ、そしてメモリの分離
- 上記それぞれにおけるスケールアウト（分散コンピューティング）
- カラム（列）指向
- マルチテナントと専有のミックス
- 「クラスタ」の概念のない管理
- 共有ストレージによるサイロ化の解消

---

注28　https://github.com/GoogleCloudPlatform/bigquery-antipattern-recognition

## 2.5.1 BigQueryの内部構造

まずはわかりやすいように、BigQueryの内部アーキテクチャと一般的なDWHの構成を比較したものを図2.19に示します。

図2.19　BigQueryのアーキテクチャと一般的なDWHアーキテクチャの比較

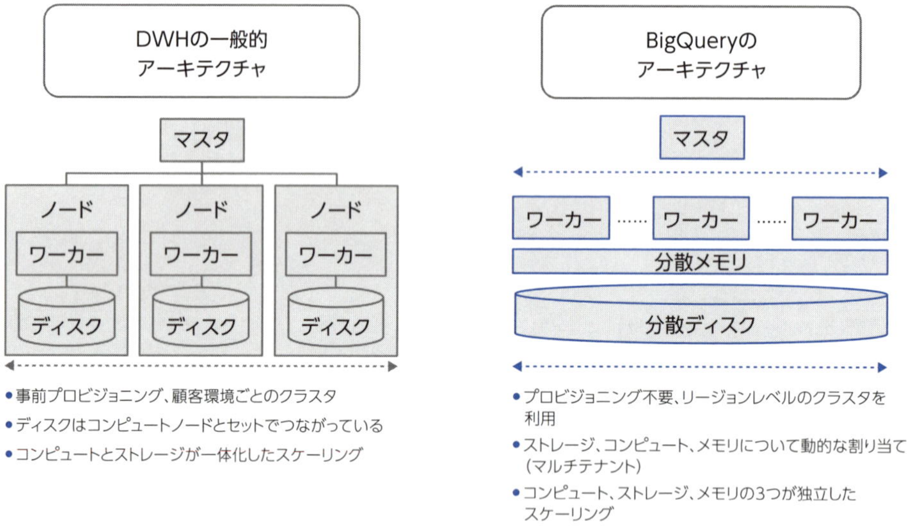

DWHの一般的
アーキテクチャ

マスタ

ノード　ノード　ノード
ワーカー　ワーカー　ワーカー
ディスク　ディスク　ディスク

- 事前プロビジョニング、顧客環境ごとのクラスタ
- ディスクはコンピュートノードとセットでつながっている
- コンピュートとストレージが一体化したスケーリング

BigQueryの
アーキテクチャ

マスタ

ワーカー　ワーカー　ワーカー
分散メモリ
分散ディスク

- プロビジョニング不要、リージョンレベルのクラスタを利用
- ストレージ、コンピュート、メモリについて動的な割り当て（マルチテナント）
- コンピュート、ストレージ、メモリの3つが独立したスケーリング

一般的なDWHでは、ノードと呼ばれるコンピュートとストレージを合わせたリソースを横に並べ、それらをマスタが管理することで並列処理を行います。これをMPP（Massive Parallel Processing）と呼びます。基本的にはリソースの事前プロビジョニングを行う必要があり、その際に必要なリソースはコンピュート、またはストレージのどちらか大きい方のピークに合わせてサイジングを行います。

それに対しBigQueryでは、Googleが事前にプロビジョニングして管理するリージョンレベルの巨大なリソースプールに対して、マスタが動的にクエリに必要なリソースを割り当てる、**マルチテナント方式**をとります（図2.20）。これにより、事前のプロビジョニングおよびクラスタを保持することによるコストは発生しません。また、スケーラビリティの観点でも、大きなDWHクラスタやノードをプロビジョニングせずとも、巨大なリソース群を利用した高速なクエリ処理を行うことができます。

図2.20 BigQueryのコンセプト - オンデマンド課金におけるマルチテナント方式

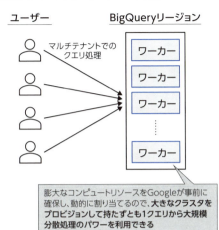

ストレージとコンピュート、メモリは分離されているため、それぞれ完全に独立してスケーリングできることが特徴です。コンピュートとストレージの分離というアーキテクチャの観点においては、Spark/Hadoopと類似のアーキテクチャをとっていると言えるでしょう。

図2.21はBigQueryの詳細なアーキテクチャです。BigQueryは大まかに分類して、次のコンポーネントで構成されています。

図2.21 BigQueryのアーキテクチャ

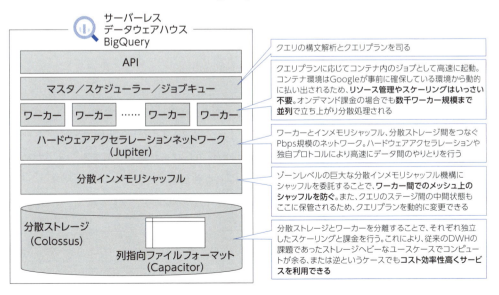

それぞれのコンポーネントについて簡単に見ていきましょう。

## マスタ／スケジューラー

　クエリの構文を解釈し、クエリプランを構築します。また、クエリを発行した際に利用できるリソースがないまま、クエリが長時間の待機状態にならないようにスケジューラーはBigQueryのリソースを均等に割り当てます（詳細は3章で説明します）。そのため、並列クエリを実行した際に、クエリ実行までの待ち時間の発生やクエリにリソースが十分割り当てられない状態が続くことは起きにくい構造と言えるでしょう。

## ワーカー

　クエリプランに基づいて数百〜数万ものワーカーによる分散処理を行います。実態はコンテナで動作する分散コンピュート環境で、クエリを走らせた瞬間だけ利用し、終了すると破棄されるプロセスを瞬時に行っています。これをリージョンごとに巨大なコンピュートリソースのプールとすることで巨大な分散処理を行い、インデックスなしのフルスキャンでも高速な動作を実現します。

　このようなリソースプールを自分でプロビジョニングすることなく、クエリを実行するときにだけ利用できるのが**マルチテナント**のアーキテクチャの利点です。ワーカー上のコンピュートユニットを**スロット**と呼びます。このように、クエリを発行した瞬間にしかリソースが消費されないので、オンデマンドでの課金（スキャンした容量に基づく課金）が可能です。3章で紹介する**BigQuery エディション**の機能ではスロットを**占有**して、**定額**で利用することもできます。

## ネットワーク

　ハードウェアアクセラレーションや独自のプロトコルを利用した高速なネットワークです。BigQueryのワーカーと分散インメモリシャッフル／分散ストレージの間では膨大なデータのやりとりが発生するため、高速なネットワークの接続が欠かせません。これを実現するために、Googleでは2015年にJupiterネットワークと呼ばれる独自のデータセンター内部ネットワークで1.3 Pbpsの帯域を達成したことを発表しています[注29]。2022年のブログでは、6Pbpsの帯域幅をサポートしていると書かれています[注30]。

---

**注29**　Jupiter Rising: A Decade of Clos Topologies and Centralized Control in Google's Datacenter Network
https://research.google/pubs/pub43837/

**注30**　Jupiter evolving: Reflecting on Google's data center network transformation
https://cloud.google.com/blog/topics/systems/the-evolution-of-googles-jupiter-data-center-network?e=48754805&hl=en

## 分散ストレージ

BigQueryに保管されたデータは分散ストレージに格納されます。複数のゾーンにまたがり、データは自動的にレプリケーションされ保管されます。ストレージとコンピュートが完全に分離されており、独立したスケーリングができることから、課金モデルもそれぞれ独立した利用分に対して行われます。これにより、データ量は多いがクエリは多くない、あるいはその逆のケースでもコスト効率高くBigQueryをDWHとして利用できます。

ここで利用されている分散ストレージの詳細を図2.22に示します。

図2.22　BigQueryの分散ストレージ

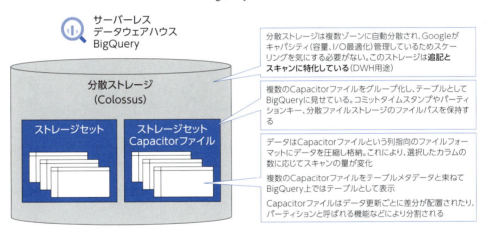

分散ストレージは選択されたリージョン内の複数ゾーンに自動でレプリケーションされ、高い耐久性を兼ね備えています。利用者側でこれらのスケーリング（キャパシティ、I/O）を行う必要はないため、ストレージの追加や縮小といった管理の手間もありません。このストレージは追記とスキャンに特化したストレージであるため、DWHの用途である「貯める、変更しない、消さない」という用途にパフォーマンスが最適化されています。

分散ストレージ内部ではデータはCapacitorファイルというカラム（列）指向のファイルフォーマットにデータを圧縮し格納しています。一般的な行指向データベースに比べ、高速にデータのスキャンが可能です[注31]。複数のCapacitorファイルをテーブルメタデータと束ねてBigQuery上ではテーブルとして表示しています。Capacitorファイルはデータ更新ごとに差分が配置され、パーティションと呼ばれる機能などを使用して分割されます。

最後に、この分散ストレージはワーカー同様に、**マルチテナント**方式をとります。つまり、

---

注31　Inside Capacitor, BigQuery's next-generation columnar storage format
　　　https://cloud.google.com/blog/products/gcp/inside-capacitor-bigquerys-next-generation-columnar-storage-format

どのBigQuery環境からでもリージョンが同じなら、同じストレージを見る仕組みです。このストレージのアーキテクチャ上の特徴は、利用者からは1つの巨大なストレージとして見えており、データが簡単に共有できるため、1章で述べた**データのサイロ化**の問題を解決できることになります。

図2.23　ビジネス上とデータパイプラインの目線から見たBigQueryストレージのメリット

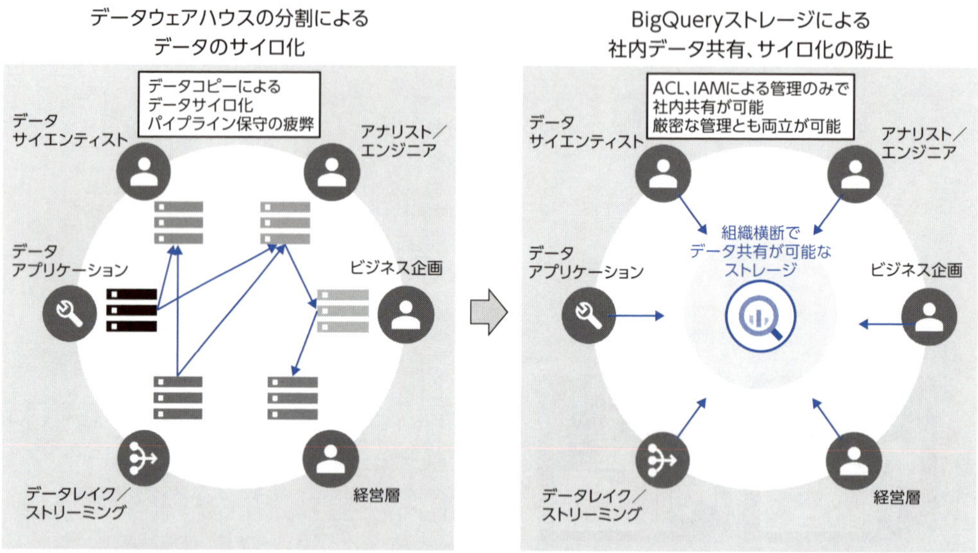

従来であれば、図2.23左のとおり、目的別のDWHを持つ必要があり、それぞれにデータが分散してデータがどこにあるのかわからない、そしてその間で発生するデータを運ぶためのETLパイプラインの保守などで疲弊するケースが多く見られました。

一方、BigQueryはこのストレージアーキテクチャにより、どの用途のDWHとして利用しているBigQueryであってもストレージは共通しているため、権限（ACL：Access Control List）の設定だけで、簡単に同じデータを共有できます。用途に応じてさらに厳密なセキュリティ設計ができます。セキュリティについては7章で詳しく解説します。

このメリットはデータ活用の課題である**データのサイロ化**の解消に大きく貢献します。パフォーマンスだけではなく、ETLパイプラインを少なくし、複数のDWH環境の管理による疲弊がなくなるのは、アーキテクチャ上の大きな特徴です。

## 分散インメモリシャッフル

分散処理の文脈で語られてきたのが、コンピュートとストレージの分離です。BigQueryでは、

そこに加えて、2014年からさらにメモリを分離しています[注32]

　分散処理においては、**シャッフル**と呼ばれるワーカー間におけるデータを移動する処理が発生します。分散処理でデータを取り出したあとに、GROUP BYを行う際に特定のワーカーに特定のキーを寄せる、などの処理を指します。この処理では、ワーカー数やキー数が増えれば増えるほどメッシュ状にデータ移動が発生し、そのオーバーヘッドが非常に大きくなるとともに、ワーカーに障害があった際にはそのデータがなくなりジョブが失敗するなどの事象が発生します（図2.24）。

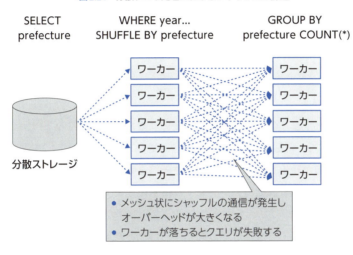

図2.24　分散クエリ処理におけるシャッフルの課題

　BigQueryでは、図2.25に示すとおり、このシャッフル処理を効率化し高可用性を担保するために、シャッフル処理をワーカーではなく、巨大な分散インメモリシャッフル基盤で行います。図2.24と比較すると、メッシュ上のシャッフルを防いでいることがわかると思います。また、このシャッフルの機構を独立してスケールさせることで、BigQuery全体で「スケールアウトすれば、線形にスループットが伸びる」というアーキテクチャを実現できています。

---

注32　Dremel: A Decade of Interactive SQL Analysis at Web Scale 2020
　　　https://research.google/pubs/pub49489/

図2.25 BigQueryにおけるシャッフル - 専用のシャッフル機構を用意

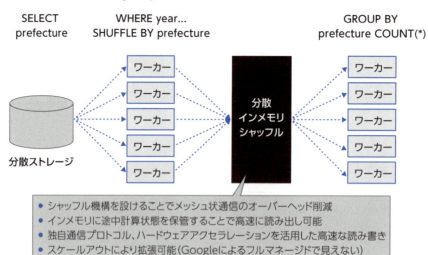

　このインメモリシャッフル機構を利用することによるさらなるメリットは、パフォーマンスを改善するだけではなく、特定のワーカーで障害が発生してもすぐに動作を継続できることです。特定のワーカーに障害が発生した際に別のワーカーにその仕事を割り振り、再度この分散インメモリシャッフル機構により高速にデータを取り出すだけで済みます。また、分散処理でよく発生する「特定のワーカーだけが、与えられたタスクの完了が予定より長くなっているため全体の処理時間も長くなってしまう」という問題に対応するため、BigQueryは余ったリソースを用いて処理の投機的実行を行います（図2.26）。たとえばワーカーAとワーカーBに同じ処理をさせて、早く終わった方を採用する、などです。これがうまく動作するのも、その処理対象データを素早くインメモリシャッフル機構から取り出せるためです。分散インメモリシャッフルこそが、BigQueryの屋台骨といっても過言ではないでしょう。

図2.26 シャッフル機構による投機的実行と可用性

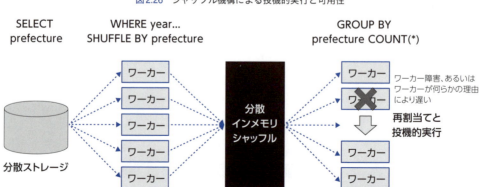

なお、この分散インメモリシャッフルの機構については、料金に含まれており、追加コストはかかりません。クラスタをプロビジョニングしなくてもすぐにこのような構造を利用できるモデルが、BigQueryが「サーバーレスのDWH」と呼ばれる所以です。

## 2.6 まとめ

　本章では、BigQueryの基本的なアーキテクチャ、使い方、クエリの最適化について解説しました。これらの知識は、データエンジニアだけでなく、BigQueryを利用してデータ分析を行うデータアナリストにとっても役立つものになるでしょう。

---

**Column**

### データアナリストを楽にするBigQueryの便利機能

　2章ではBigQueryを分析プラットフォームとして利用する際に知っておきたいことを説明しました。

　本書はおもにデータエンジニアを目指される方向けに書かれていますが、データアナリストが実際の分析において利用できるBigQueryの便利な機能について説明します。

　**BigQuery Studio ノートブック**[注33]は、BigQueryに組み込まれたノートブックサービスです。ここでいうノートブックとは、Jupyter Notebookと呼ばれるオープンソースの"データ分析、データサイエンスに特化した実験ノート"を指します。ノートブックでは、図2.27のような画面で、PythonやBashなどの実行コマンドと、その実行結果を保存、共有できます。

　ノートブックの一種として、データサイエンティストやアナリストに広く利用されているのがGoogleの**Colab**です。通常のJupyter Notebookと比べて、実行環境（ランタイム）と、Notebookの表示環境が分離され、SaaS型として利用できるのが特徴です。ColabをベースとしているBigQuery Studioノートブックを利用すれば、SQLでの実験から、Pythonによる探索、可視化まで完結し、さらにその実験結果を簡単に組織内で共有できます。

　データアナリストやデータサイエンティストは、ダッシュボードや機械学習モデルを作成する前に、ノートブックを利用して、データに対して探索的分析（Exploratory Data Analysis：EDA）と呼ばれる業務プロセスを実行することが一般的です。ここでよく利用されるのがPythonのデータ分析ライブラリであるpandasです。しかし、pandasはデータサイズが大きくなると実行するローカル環境が重くなることや、DWHからデータを抽

---

注33　公式ドキュメント - BigQuery Studio ノートブック
https://cloud.google.com/bigquery/docs/notebooks-introduction

出しローカルで扱うことでデータガバナンスが効きづらくなるといった課題があります。これらを解決するソリューションが **BigQuery DataFrames**[注34] です。BigQuery DataFramesは、pandasと互換性のあるインターフェースで分析を行うと、BigQuery上のクエリにその処理を変換し、結果だけをBigQuery Studioノートブックに返します。つまり、pandasの動作するランタイムの処理をBigQueryにオフロードすることで大量データを高速に処理し、同時にデータダウンロードの課題も解決できます。

図2.27　BigQueryノートブックの画面

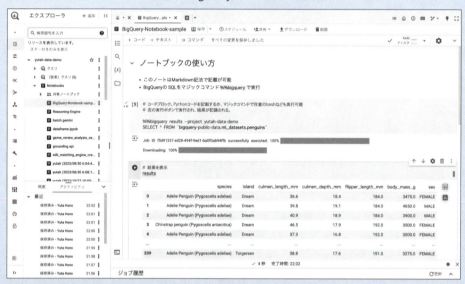

たとえば、以下のようなPythonコードを実行すると、ローカル（Pythonランタイム）ではなく、BigQuery上で処理を行われます。

リスト2.3　BigQuery DataFramesを使ったPythonコードの例}

```
# ライブラリをインポート　/ 環境設定
import bigframes.pandas as pd

pd.options.bigquery.location = "US"
pd.options.bigquery.project = "project_id"

# 南極のペンギンの体重データを分析する
# 下記の記法は、pandasであればCSVファイルなどを読みとって、
# DataFrame形式に変換する操作に類似している
# BigQueryのテーブルを指定しているが、実際にはDataFrameにはならない
df = pd.read_gbq("bigquery-public-data.ml_datasets.penguins")

# Pandasの記法でmeanを計算、表示（クエリジョブに変換される）
```

---

注34　公式ドキュメント - BigQuery DataFrames
　　　https://cloud.google.com/bigquery/docs/bigquery-dataframes

```
average_body_mass = df["body_mass_g"].mean()
print(f"average_body_mass: {average_body_mass}")
```

**Gemini in BigQuery**[注35] は BigQuery に組み込まれた、生成AIによるユーザー支援機能です。生成AIとは、ユーザーの入力（文章や画像）に基づき、文章などを出力するAIです。Google では Gemini と呼ばれる生成AIを開発、Google Cloud のさまざまなサービスに組み込み、便利な機能を提供しています。その中の1つである Gemini in BigQuery では、BigQuery Studio でのクエリの補完や、自然文によるクエリの生成、Notebook における Python コード補完や生成を行います。図2.28は Gemini in BigQuery を利用し、自然文でSQLを生成しました。

図2.28　Gemini in BigQuery による自然文を用いたコード生成

このSQL生成や補完は、単なるコード補完ではなく、BigQueryのテーブルやカラムに付けられた**メタデータ**の一種である Description を利用して、正しいテーブルやカラムを推論、SQLを生成しています。

ユーザーに BigQuery 上のデータを開放する際には、そのデータの意味することを"説明書"として BigQuery のメタデータとして記載することで、生成AIがより自社のデータに最適化したクエリやユーザーからの要望に応えられるようになります。

**BigQuery Studio data canvas**[注36] は、Gemini in BigQuery と連携し、マインドマッ

---

注35　公式ドキュメント - Gemini in BigQuery
　　　https://cloud.google.com/gemini/docs/bigquery/overview
注36　公式ドキュメント - BigQuery Studio data canvas
　　　https://cloud.google.com/bigquery/docs/data-canvas

プのような思考整理をしながらアドホック分析を効率的に行える新しい機能です。定型ダッシュボード開発の前段階や、簡易的な分析に最適です。たとえば、図2.29では、最初にテーブルの内容を確認、そこからSQLを記述するウィンドウを2つ立ち上げ、自然文でSQLを生成し、自分の望む形にSQLを修正、最後にその可視化を行っています。

図2.29 BigQuery Studio data canvasによるマインドマップライクな分析体験

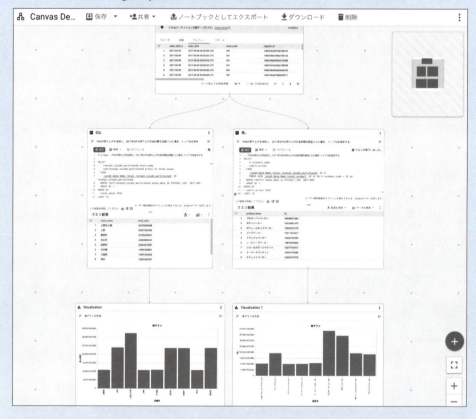

　これらのキャンバスはデータ分析までに行ったプロセスを追従でき、保存、共有もできるので、他のアナリストとスムーズなコラボレーションが可能になります。自然文でデータを検索すると、検索クエリの意図を理解し、テーブルやカラムのdescriptionの意味を解析して、候補となるデータを検索してくれるなど、Gemini in BigQueryの機能がふんだんに盛り込まれており、メタデータさえ整備しておけば、直感的にアナリストが利用することができます。
　このコラムで説明してきた機能は、データアナリストやデータサイエンティストのユーザー体験を向上させます。データエンジニアは、データ基盤の設計に関するおもな要件を整理することが多い職種です。つい性能や機能要件だけに目を向けがちになりますが、データアナリストやデータサイエンティストは、基盤が社内で整ったあと、毎日その基盤を利

用してくれる、社内のお客様とも言えます。データエンジニアは"データエンジニアリングを駆使し、ビジネスに価値をもたらす"職種であるため、これらの顧客のユーザーとしての使い勝手にも耳を傾けられるようになるとよいでしょう。

> **Column**
>
> ## BigQueryとGoogleにおける大規模データ処理の歴史
>
> 2章ではBigQueryの基本的なコンセプトとアーキテクチャについて説明しました。実は、BigQueryの進化がオープンソースの流れに与えた影響は少なくありません。本コラムでは、BigQueryがどのような経緯で開発されたのか、少しだけ説明します。
>
> Googleは、大量の生データ処理、クロールされたドキュメント処理、自社サービスのログ分析などに、大規模環境での分散処理を用いて取り組んできました。この分散処理技術は、2004年に論文「MapReduce: Simplified Data Processing on Large Clusters」[注37] にて公開されたあと、オープンソースコミュニティによって **Apache Hadoop** の **MapReduce** として実装され、世の中のビッグデータ処理に大きな影響を与えました。
>
> 同様に、Google社内でデータレイクのストレージとして利用されていたのが、**Google File System（GFS）**[注38] です。GFSはデータ共有におけるサイロ化を防ぐために開発され、分散ファイルシステムを用いることで、数千ものクライアントが共有ファイルに同時アクセスできるように設計されました。この仕組みもApache Hadoopの分散ストレージシステムである **Hadoop Distributed File System（HDFS）** に影響を与えたと言われ、世の中では広くデータレイクとして利用されるようになりました。
>
> BigQueryは、MapReduceを代替するために開発された **Dremel** と呼ばれるデータ処理の仕組みがもとにあります。MapReduceは数千台規模のサーバーによる分散処理を可能にしましたが、データアナリストが手軽に扱えるようなプログラミングモデルではありませんでした。DremelはSQLを使用できるように開発されたことで、多くのビジネスユーザーのデータ分析を可能にし、分析作業の効率を大幅に向上させました。ファイルシステムとしてはGFSの後継となるColossusを利用しています。このような進化の経緯により、Dremelは2006年からGoogle社内でエンタープライズDWHとして利用され、2010年にエンタープライズ向けのDWHとして活用するための機能を追加し、Google CloudのサービスであるBigQueryとして提供が開始されました[注39]。

---

注37 MapReduce: Simplified Data Processing on Large Clusters
https://research.google/pubs/pub62/

注38 Google File System
https://research.google/pubs/pub51/

注39 Dremel Interactive Analysis of Web-Scale Datasets - 2010
https://research.google/pubs/pub36632/

# 第**3**章 データウェアハウスの構築

データウェアハウス（DWH）を構築するためには、単にクエリを実行できるだけでは不十分です。ビジネスの要件に合わせ、高可用性を担保し、性能をより引き出すための最適化、データ連携、データマート作成などさまざまなことを考える必要があります。本章では、それらを考慮しながら、従来のDWHの設計の観点から、BigQueryを用いてDWHを構築するための設計方法を説明します。

## 3.1 データウェアハウスに求められるさまざまな要件

データウェアハウス（DWH）を構築、移行する際の設計においては、さまざまなことを考慮する必要があります。伝統的なDWHに求められてきた要件の一例を挙げると、表3.1のような観点があるでしょう。

表3.1　データウェアハウスに求められる要件の一例

| 分類 | 要件 |
|---|---|
| 機能要件 | - データをSQLにより集計、加工できること<br>- ビジネスインテリジェンス（BI）ツールと接続できること<br>- データを取り込み、取り出しできること（バッチロード、ストリーミング）<br>- 容量（ディスクサイズ拡張性、XX年分のデータが保存できる、など）<br>- 高度な分析（機械学習、位置情報の分析）ができること |
| 非機能要件 | - 性能（利用する用途のデータで計測したクエリの速度、並列クエリのスケーラビリティ、I/Oのスケーラビリティ、利用用途別の影響分離など）<br>- 可用性（冗長化、フェイルオーバーの影響、バックアップ／リストア）<br>- セキュリティ<br>- メンテナンス（バージョンアップ、保守など） |

本章では、実際にBigQueryを利用してDWHを設計する際にどのような点に気をつけるべきか、そして表3.1のような要件にいかにして対応できるかについて説明します。大規模データ基盤の構築、既存のDWHの移行の際に、2章と併せて読むことで、そのような要件に耐え

得る設計やチューニング、ベストプラクティスについて習熟できるようにしてあります。

　このうち、セキュリティやコスト管理についての詳細は、7章で説明します。

## 3.2　BigQueryの課金モデル

　オンプレミスのDWHでは、購入時にサイジングを決定し、そこで固定資産を取得する形で費用が発生していました。クラウドのDWHではそれに代わる概念として、使った分だけ課金（Pay-as-you-Go：PAYG）が発生するのが原則です。

　性能とも密接に関わるため、まずはBigQueryの課金モデルについて解説します。2章で説明したとおり、BigQueryはコンピュートとストレージが分離されており、これらがそれぞれ使った分だけ課金がなされます。ここでは課金のおもな対象リソースである、コンピューティングとストレージの課金モデルについて説明します[注1]。

### 3.2.1　BigQuery コンピューティングの料金

　BigQueryのコンピューティングの料金は、おもにSQL文（クエリ）の処理にかかる費用です。オンデマンド料金と、BigQueryエディションと呼ばれるより大規模利用向けの料金の2つがあります。

- **オンデマンド料金（TiB単位）**：BigQueryのデフォルト課金モデル。**各クエリで処理されたバイト数に基づいて課金**される。BigQueryのほとんどの機能を利用できるが、一部の大規模利用向け機能はBigQueryエディションでのみ利用できる。
- **BigQueryエディション（スロット時間単位）**：クエリ実行に利用されたコンピューティング容量（スロット）に対して課金されるモデル。よりクエリの実行が多い場合に、より予算をコントロールしながらコスト効率高く利用できる

---

注1　公式ドキュメント - BigQueryの料金
　　　https://cloud.google.com/bigquery/pricing

図3.1 オンデマンド料金と容量ベースの料金

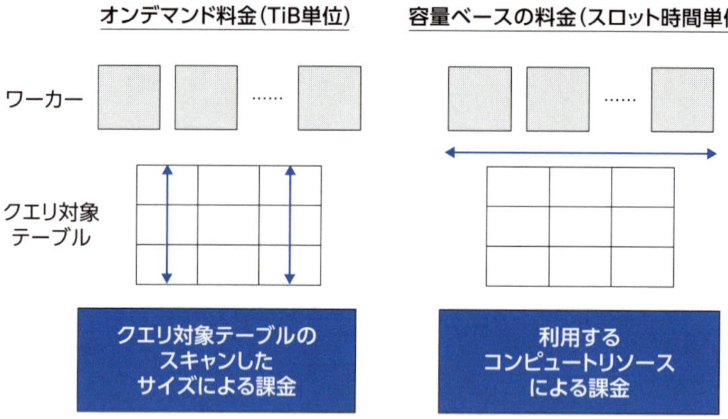

BigQueryエディションの詳細については「3.3　BigQueryエディション」で説明します。

### 3.2.2 BigQuery ストレージの課金モデル

ストレージの課金モデルは、BigQueryに格納されているデータに対してかかる費用です。以下の2つの課金モデルがあります。

- **論理バイト課金**：デフォルトのモデルで、保存されているデータを論理サイズ（非圧縮）に換算した値に基づいて課金される
- **物理バイト課金**：保存されているデータの物理サイズ、つまり圧縮されたそのままのサイズに基づいて課金される。後ほど説明する、デフォルトで備えられたバックアップの仕組みも課金対象サイズとして含まれる

前提として、BigQueryでは課金モデルによらず、データは常にストレージに圧縮された状態で格納されているので、課金モデル間での性能の違いはありません。物理バイト課金の方が単価は高く、課金対象の範囲が広いですが、BigQueryは圧縮率が高いため安くなるケースが多いことから、あらかじめ試算することをお勧めします。データの値の傾向や変更処理の頻度などに依存しますが、筆者の経験上、BigQueryにおける圧縮率は一般的に4〜14倍程度です。実際の圧縮率については、コンソールからテーブル情報を見ることで確認できます。

図3.2　テーブルの圧縮率の確認方法

どちらのモデルでも90日間連続して変更または削除されない場合、割引価格の長期ストレージの料金が適用され、よりコスト効率よくデータを保管できます。

## 3.3　BigQuery エディション

**BigQuery エディション**は、より企業での実践的な利用に即したコンピュート課金体系です。クエリ実行に利用されたコンピューティング容量（スロット）に対して課金が行われます。こ

の料金体系のメリットは、より組織内でのクエリの実行が多い場合にも、予算をコントロールしながらBigQueryのメリットであるスケールアウトを活かし、コスト効果高く利用できることです。

2024年10月時点では、Standard、Enterprise、Enterprise plusの3つのエディションがあり、上位のエディションの方がよりエンタープライズ用途に適した多くの機能が利用できます。

### 3.3.1 オートスケーリング

BigQueryエディションではコンピュート能力であるスロットに対して、時間単位で課金が行われます。スロットには、定額のような使い方（**ベースライン**）と、一時的に処理能力を処理に応じて増加させる、**スロットオートスケーリング**の2つがあります。Google Cloudプロジェクト（Google Cloudにおける環境分離の概念。BigQueryデータセットなどのリソースや、権限管理を分離する）に割り当てることでスロットを利用でき、そのプロジェクトで発行されたクエリが対象になります。

図3.3は、BigQueryエディションで利用するスロットの設定内容を図式化したものです。BigQueryエディションでは、まずスロットの管理単位である"**予約**（スロット予約）"を作成します。スロット予約の作成時に使用したいエディション、ベースラインスロット数、最大予約サイズのスロットを指定します。**ベースライン**は常時最低でも起動しているスロットです。**最大予約サイズ**のスロットは、ベースラインからスロットをオートスケールさせる上限です。図の例では「adhoc」予約を作成して、ベースラインを500スロット、最大予約サイズが1,000、つまりオートスケールするのはベースラインに加えて500となっています[注2]。

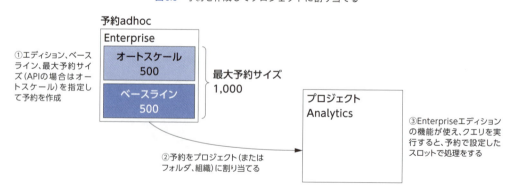

図3.3　予約を作成してプロジェクトに割り当てる

---

注2　公式ドキュメント - 専用スロットを使用して予約を作成する。
https://cloud.google.com/bigquery/docs/reservations-tasks#sql

このように作成した予約をプロジェクトやフォルダ（プロジェクトをまとめた概念）に割り当てることでBigQueryエディションのスロットを利用できます。

ベースラインとオートスケーリングの関係について、もう少し詳しく説明します。

ベースラインスロットは、常時起動しており、クエリ量にかかわらずスロットを確保します。また、ベースラインスロット向けに、1年間や3年間といった期間で利用を確約することで費用の削減が可能な容量コミットメント[注3]が用意されています。

オートスケーリングは、スロットがより多ければクエリが実行されてから完了するまでの時間が短くなる場合に、その性能を最も引き出せるところまでスケールさせる機能です。これらを組み合わせた場合の動作について説明します。

**ベースラインと最大予約サイズが同じ場合**（図3.4）は、オートスケーリングせず、常に一定のスロットが割り当てられます。夜間には常にバッチジョブが流れており、昼間には常にBI（ビジネスインテリジェンス）やアドホックのクエリがあるなど、常に一定の利用が見込まれ、予算を完全に固定したい場合にはこのように設定するといいでしょう。さらに、容量コミットメントを利用することでコストを抑えることが可能です。

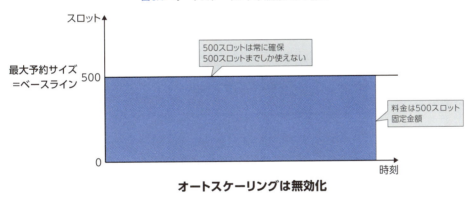

図3.4　オートスケーリングが無効になる構成

**ベースラインを0と指定した場合**（図3.5）は、完全にオートスケーリングとして動きます。必要なときにスロットが確保される従量課金のオートスケーリングは、"予約"で設定した使用可能な最大スロット数に達するまでスケールアウトされます。オートスケーリングの容量に余裕を保ったまましばらく安定するとスケールインが行われ、スロットの利用がなくなると最終的には0までスケールインされます。つまり、アドホック分析のようなスロットの利用量が一定ではなく、予測できない場合に、コストとパフォーマンスを両立するには有効な構成と言える

---

注3　公式ドキュメント - 容量コミットメント
　　　https://cloud.google.com/bigquery/docs/reservations-intro#commitments

でしょう。オートスケーリングのより詳細な挙動は公式ドキュメントを参照してください[注4]

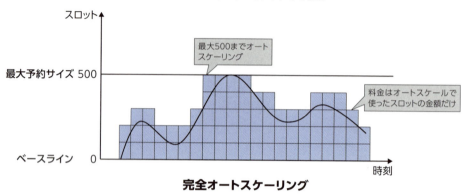

図3.5 完全にオートスケーリングになる構成

**ベースラインとオートスケーリングを組み合わせた場合**（図3.6）は、上記の2つの動作を組み合わせることで、スロット利用量が予測可能なバッチ処理と予測できないアドホック分析が同時に発生する際に対応できます。予算を管理しつつ、スパイクする時間帯にはオートスケールでパフォーマンスを確保し、ピーク時間が過ぎたらスケールインする、いいとこ取りの構成と言えるでしょう。

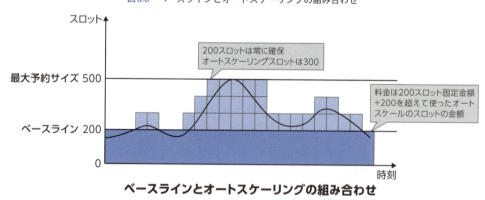

図3.6 ベースラインとオートスケーリングの組み合わせ

実際の設計においては、ベースライン、最大予約サイズは作成後も変更可能ですので、試しながら最適化をしていくのがよいでしょう。これらのサイジングの勘所は「3.6 サイジング」にて説明します。

---

注4 公式ドキュメント - 自動スケーリングのベストプラクティス
https://cloud.google.com/bigquery/docs/slots-autoscaling-intro#autoscaling_best_practices

## 3.3.2 BigQuery エディションの選び方

BigQuery エディションは、選択したエディションにより機能差があります。本節以降で具体的な機能を説明するため、まずは簡単に、以下の使い分けの指針だけを覚えておくとよいでしょう。

- 利用開始の際はオンデマンド料金か Standard エディションを利用する
- 会社内の複数のプロジェクトで BigQuery を利用するようになってきた場合や、クリティカルなバッチ処理が入る、または機械学習など応用的な機能を利用する場合には、Enterprise エディションを検討する
- 顧客秘密鍵、Assured Workload、高度なディザスタリカバリ、データ クリーンルームなど特殊な要件が出た際に Enterprise Plus エディションを検討する

日々、機能は追加されるため、選定の際はあらためて公式ドキュメントを参照してください[5]。ここからデータウェアハウスを構築する際のそれぞれの要件に対しての BigQuery の機能、設計のポイントを見ていきましょう。

# 3.4 高可用性、Disaster Recovery 計画

DWH には、過去に蓄積した重要なデータが配置されることが多く、データストレージの耐久性が求められます。また、BI ツールやアプリケーションが接続される場合や、ユーザーが多い場合には可用性も重要です。BigQuery における可用性は、リージョンリソース（地理的な場所の中で複数のシステム系統にまたがる冗長性を持つリソース）として、2024 年 7 月時点、**99.99% の SLA（Service Level Agreement）**[6] が提供されています。この仕組みをもう少し紐解いて紹介します。

## 3.4.1 BigQuery 可用性担保の仕組み

BigQuery に取り込まれたデータは BigQuery のストレージに永続化され、**自動で複数のゾー**

---

注5　公式ドキュメント - エディションの機能
　　　https://cloud.google.com/bigquery/docs/editions-intro#editions_features

注6　公式ドキュメント - BigQuery の SLA
　　　https://cloud.google.com/bigquery/sla

ンをまたいでリージョン内でレプリケーションされています。ゾーンとは、リージョン内部における単一の障害ドメインです。したがって、ゾーンの障害やストレージを構成するノード（サーバー）の障害であれば、データには引き続きアクセスが可能です。図3.7にストレージの動作イメージを高可用性の観点から示します。

図3.7　ストレージの高可用性

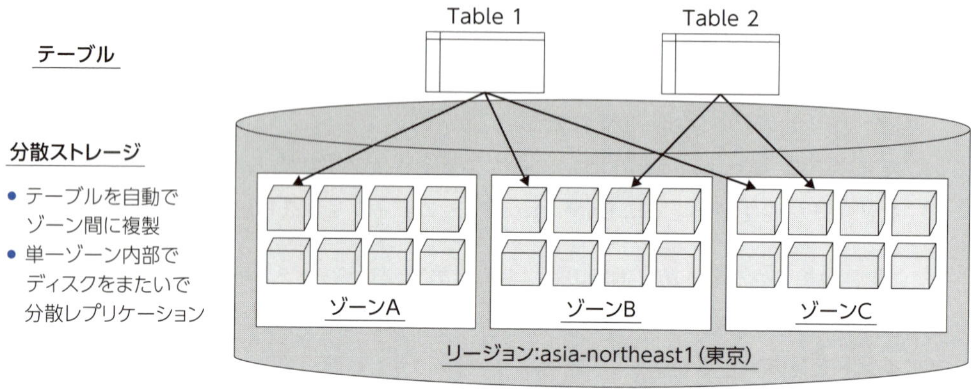

クエリに関しても同様に、マシンレベルでの障害ではクエリは失敗せず、数ミリ秒（ms）以下の遅延が発生するのみです。これは、2章で説明した、インメモリのシャッフル機構にクエリの途中状態が保管されており、またノードについてもGoogle全体で確保してすでに立ち上がっているリソースに再割り当てするという非常にシンプルな構造によって実現しています（図3.8）。ゾーンレベルの障害が発生した場合のクエリも同様に、高速にゾーンの切り替えを行いダウンタイムが発生することはありません。

図3.8　クエリの高可用性担保

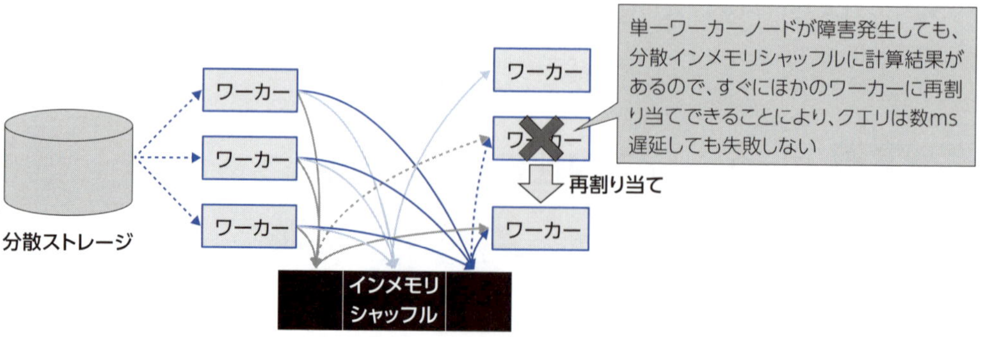

デフォルトで提供されているこれらの構造により、ユーザー側では可用性について、

99.99%というSLAを気にしておけば、**自動的にゾーンレベルの障害まではサービスに影響することなく利用できます**[注7]。

### 3.4.2 メンテナンス、クラスタアップデート

　Google Cloudに限らず、一般的にクラウドDBのマネージドサービスでは、SLA規約の多くに「メンテナンスウィンドウを除く」という条項が存在します。これは、定期的に作成したクラスタをバージョンアップする必要があるケースや、セキュリティパッチなどの適用を行う際に、ユーザーがメンテナンスウィンドウを指定し、その間にバージョンアップをクラウド事業者あるいはユーザートリガーで行うケースがあるためです。たとえばGoogle Cloudでも、MySQLなどのマネージドサービスであるCloud SQLのEnterpriseエディションでは、メンテナンス作業を実行している間はSLAのダウンタイムとしてみなされません[注8]。そのため、このようなマネージドサービスを利用する際には、システムユーザーとの調整を行い、パッチやクラスタアップデートを行うための計画ダウンタイム時間の確保を必要とすることがあります。

　しかしBigQueryのSLA条項には、「メンテナンスウィンドウを除く」という条文が存在しません。この理由は、先述したクエリの高可用性が担保されているしくみとマルチテナントという特徴を活かし、**ユーザーに透過的にメンテナンス**を行っているためです。ユーザーが使用していないワーカーにアップデートを徐々に割り当てを行う（ローリングアップデート）ことで、ダウンタイムは発生しない仕組みになっています。

　同様のことはサイジングにも言えます。BigQueryはコンピュートリソース単位であるスロットを追加することでスケールアウトできますが、この追加・削除の際にもダウンタイムはともないません。

　これらの透過的なメンテナンス、アップデート、そしてサイジングは、ユーザーがよりビジネス価値の高いETLパイプラインの構築などに時間をかけられる点で大きなメリットです。

### 3.4.3 Disaster Recovery計画

　リージョンレベルでの障害が起きた際には、ビジネス要件に応じて **Disaster Recovery**（DR）計画が必要になることがあります。DRを行う際には、それぞれの災害規模（ハードウェアレベルなのか、地理的な場所レベルなのか、国レベルなのか）や、**RTO**（Recovery Time

---

注7　オンデマンド料金か、BigQueryエディション Enterpriseエディション以上にて適用されます。

注8　公式ドキュメント - Cloud SQLのSLA - ただし、Enteprise plusはメンテナンスによるダウンタイムは1秒未満のためダウンタイムの定義である連続1分間に該当しません。
　　　https://cloud.google.com/sql/sla

Objective：どのぐらいの時間で復旧させるか）、**RPO**（Recovery Point Objective：どの地点のデータまで戻すか）の要件に応じて、適切な手段を選ぶ必要があります。ハードウェアやゾーンなどの小さい範囲では、先に述べたとおりすでに担保されていますが、地理的な場所レベルの災害の場合には遠隔的に離れた場所での復旧を求められることがあります。BigQueryを用いたDWHの構成では、この観点をどのように達成できるでしょうか。

　DWHにおけるDRで求められる要件としては1リージョンが使えなくなった場合に以下が満たされていることと整理できるでしょう。

1. データが地理的に離れた場所に継続的にレプリケーションされており、ある地点でのデータが使えるようになる（RPOに影響）
2. なるべく早くDRサイトで、クエリが実行できる状態となること（RTOに影響）

　BigQueryでは1.の要件に対して、**クロスリージョンデータセットレプリケーション**[注9]を提供しています。

　クロスリージョンレプリケーションを設定すると、1つのリージョンのデータを継続的にレプリケーションできます。図3.9に示すのはクロスリージョンレプリケーションの仕組みです。たとえば、東京リージョンをプライマリリージョン（通常利用するリージョン）、大阪リージョンをセカンダリリージョンとした場合、データセットが東京から大阪に非同期でレプリケーションされます。書き込み可能なのはプライマリのみで、セカンダリは読み取り専用になります。先に説明したとおり、BigQueryではデフォルト、2ゾーンでのレプリケーションを同期で行っています。クロスリージョンデータセット レプリケーションにより、合計2リージョン4ゾーンにデータがレプリケーションされることになります。

図3.9　クロスリージョン データセットレプリケーションの仕組み

以下のようなSQLで簡単にレプリケーションの作成ができます。

---

注9　公式ドキュメント - クロスリージョン データセット レプリケーション
　　　https://cloud.google.com/bigquery/docs/data-replication

リスト3.1　クロスリージョン データセットレプリケーションの作成

```sql
-- 以下は設定イメージをつかむためのSQLのサンプル
-- 実際にデータセットとそのレプリカが作成されるので、
-- 作成した場合は忘れずに削除してください

-- データセットを東京リージョンに作成
CREATE SCHEMA replication_test_dataset OPTIONS(location='asia-northeast1');

-- 大阪リージョンにレプリカを作成
ALTER SCHEMA replication_test_dataset
ADD REPLICA `asia-northeast2`
OPTIONS(location='asia-northeast2');
```

　次に、「2. なるべく早くDRサイトで、クエリが実行できる状態となること」という要件に対応する機能が**マネージドディザスターリカバリー**[注10] です。マネージドディザスターリカバリーでは、クロスリージョンデータセットレプリケーションで複製されたデータが、プライマリリージョンに障害があった際に自動的にフェイルオーバー（切り替え）を行い、異なるリージョンでもクエリを実行できる仕組みです。

　以下は、マネージドディザスタリカバリーの設定例です。まずはEnterprise Plusエディションのフェイルオーバー先の予約を設定します。

リスト3.2　マネージド ディザスターリカバリーの設定

```sql
-- 以下の設定イメージをつかむためのSQLのサンプル
-- 実際に環境が構築され、ベースライン100スロットで常時課金されるのでご注意ください
-- 作成した場合は忘れずに削除してください

-- 東京リージョンにEnterprise Plusエディションの予約を作成（東京リージョンで実行）
-- ベースライン100スロット、オートスケーリング 0、フェイルオーバー先を大阪リージョンに指定
CREATE RESERVATION
  `region-asia-northeast1.dr-reservation`
OPTIONS (
  slot_capacity = 100,
  autoscale_max_slots=0,
  edition = ENTERPRISE_PLUS,
  secondary_location = 'asia-northeast2');

-- データセットを予約に接続
ALTER SCHEMA
  `replication_test_dataset`
SET OPTIONS (
  failover_reservation = 'dr-reservation');
```

　この時点でこのデータセットはEnterprise Plusからしかアクセスできません。

　障害が発生した場合、その予約でフェイルオーバー作業を行うことでセカンダリリージョン

---

注10　公式ドキュメント - マネージド障害復旧
　　　https://cloud.google.com/bigquery/docs/managed-disaster-recovery

をプライマリリージョンに変更できます。

リスト3.3　フェイルオーバーの実行

```
-- 大阪リージョンにフェイルオーバー（大阪リージョンで実行）
ALTER RESERVATION
  `region-asia-northeast2.dr-reservation`
SET OPTIONS (
  is_primary = TRUE);
```

図3.10　マネージドディザスターリカバリーのアーキテクチャ

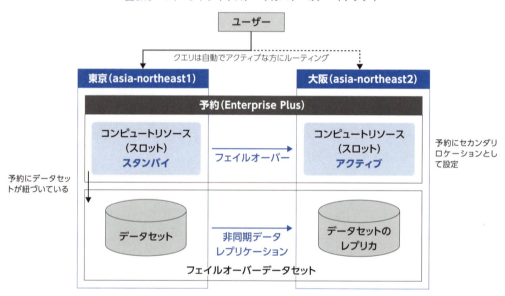

　一般的にフェイルオーバーには、DRサイト側のリージョンでコンピュートリソースが必要です。マネージドディザスターリカバリーはEnterprise Plusエディションでしか利用できない代わりに、DRサイトのスロットの料金も含まれています（追加のDRサイトにおけるスロットの待機料金は必要ありません）。

　ストレージについては、Cloud Storageのターボレプリケーション[注11]と呼ばれる機能を利用したレプリケーションを行っています。この機能は、サイズを問わず新しく書き込まれたすべてのオブジェクトを、両方のリージョンに目標復旧時点の15分以内で複製するように設計されています。したがって、RPOを短くできる構成を簡単に構築できます。

　また、これ以外にもより簡易な方法として、**BigQuery Data Transfer Service**のデータセットコピーや**オブジェクトストレージであるCloud Storage**を利用することでも、遠隔地におけ

注11　公式ドキュメント - ターボレプリケーション
　　　https://cloud.google.com/storage/docs/availability-durability#turbo-replication

るDRを実現できます。図3.11に、東京リージョンをプライマリとした場合の、大阪リージョンをセカンダリ（災害時に復旧する地理的な場所）においてとり得る簡易なDR方法をまとめます。

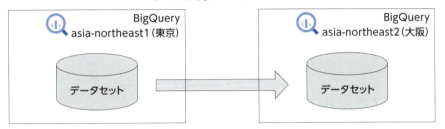

図3.11　BigQuery DTSによるDRの実現

図3.11は**BigQuery Data Transfer Service**（BigQuery DTS）を用いたリージョン間データセットコピーのイメージです。最も簡単なDRの実現方法です。BigQuery DTSを用いることで、最短12時間ごとにデータを定期的にコピーできます[注12]。この場合、セカンダリの大阪リージョンのBigQueryのストレージにデータがコピーされ、すぐにクエリを実行できる状態となるため、RTOはより短くできるでしょう。この方式ではデータ転送の料金と大阪リージョンのストレージのコストがかかります。また、転送はデータセット内で変更があったテーブルが対象となります。

上記のようにBigQueryではDRの構成をいくつかのパターンで用意できます。一言でリージョン障害といっても、災害などにより壊滅的な障害なのか、ソフトウェア障害なのか、また保管・分析するデータの性質やクエリジョブの性質によって、とり得る対応策は変わります。どこまでのリージョン障害を想定するのか、コストやRTO、RPOといった要件に応じてトレードオフを判断し、どの方式を採用するか考えるのがよいでしょう。

## 3.5　用途別の影響隔離

DWHでは、クラスタやインスタンスを分離することで、それぞれの利用目的ごとにワークロードの影響を分離し、パフォーマンスを担保することが多いでしょう。この分離の単位は、たとえば、対象となるデータ種類別（事業A、事業Bなど）であったり、用途別（アドホック、マー

---

注12　公式ドキュメント - データセットのコピー
https://cloud.google.com/bigquery/docs/managing-datasets#copy-datasets

ト生成処理)、期間別（ホット、コールド）、本番／テスト環境などで分けられることがあります。

　2章で説明したとおり、BigQueryはコンピュートの処理能力を抽象化したスロットという概念を持ちます。オンデマンド料金でBigQueryを利用した場合、マルチテナントのアーキテクチャにより、すでにプロビジョニングされている膨大なスロットから処理を行うことができます。

　「3.3　BigQueryエディション」で説明した予約に対してスロットの構成を指定し、特定の用途のプロジェクトに割り当てることで、**ワークロードマネジメント**（性能を担保し、影響を隔離しながら重要なジョブを保護すること）に用いることができます。

## 3.5.1 スロットスケジューリングのしくみ

　ワークロードマネジメントの機能を説明する前に、まずは正しく理解するためのポイントであるBigQueryにおける**スロットスケジューリング**（一般的なデータベースにおけるCPU、物理I/O、論理I/Oなどのスケジューリングに相当）のしくみを押さえましょう。BigQueryでは、クエリの実行とともにクエリプランが立てられ、複数のスロットを利用する分散クエリとして実行されます。このときのクエリプランのポイントとして、特筆して覚えておくべき点を4つ挙げます。

1. スロットのサイジングはあくまで主観的に決めるものであり、足りなければ動作しないものではない
2. スロットの最適化量はBigQueryが自動的に決定し、必ずしも多ければ早くなるものではない
3. クエリプランはクエリの実行中も動的に変化する
4. スロットスケジューリングにはフェアスケジューリングが働く

　これらの4つのポイントについて、BigQueryのクエリ実行の動作の内部を順を追いながら説明します。

　クエリを実行すると、クエリの構文がパースされ、クエリプランが立てられます。この中には、クエリをどのように複数のステージに分解するかという内容が含まれています。このクエリプランについては、図3.12のように、［BigQueryの実行の詳細］より確認できます[注13]。この中に、［**消費したスロット時間**］という項目があります。これはクエリを実行した際に、分散処理にかかった仕事の総量を示します。

---

注13　公式ドキュメント - クエリプランとタイムライン
　　　https://cloud.google.com/bigquery/docs/query-plan-explanation

図3.12　クエリプランの確認方法

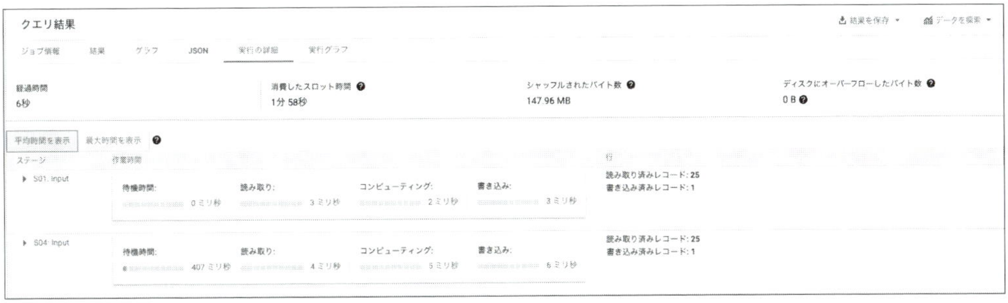

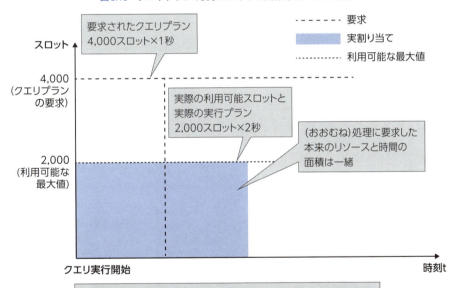

"スロット消費時間"について、例を用いて説明します。図3.13はクエリプランの要求スロットと実行時スロットがどのように利用されているかを単純化したものです。

図3.13　クエリプランの要求スロットと実行時スロットの関係

BigQueryは分散処理を利用したデータベースです。できるだけ分散処理を活用して高速にクエリを完了させるように、複数のステージにクエリが分解されてクエリプランを構築します。クエリプランを構築した際に、4,000スロットを1秒利用したい、という要求があったとします。ここに対し、利用できるリソースが2,000しかない場合、BigQueryはこれを2,000スロットを上限とするクエリにクエリプランを変更し、2秒で実行することになります。このように、クエリプランが要求したリソースと実行時のスロットが一致するとは限らず、分散処理のオー

バーヘッドを除いて処理時間を考えると、このステージの完了までの時間は、4,000スロットを利用できた場合の2倍かかっても実行できます。このとき、クエリを実行するための仕事の総量は、同じクエリであるため変わりません。したがって、以下のような関係が成り立ちます。

**時間あたりスロット消費量×かかった時間＝スロット消費時間**

上記の例は以下のように計算できます。

（元のクエリプラン）4,000スロット×1秒＝4,000秒（スロット消費時間）
（実際のクエリプラン）2,000スロット×2秒＝4,000秒（スロット消費時間）

これが、先に挙げた1つめのポイント「**1. スロットのサイジングはあくまで主観的に決めるものであり、足りなければ動作しないものではない**」の説明です。

図3.13は簡略化した例でしたが、実際のクエリの動作は、クエリプランによって複数のステージに分割され、それぞれ処理されます。このクエリプランのステージごとに、要求されるスロットは大きく異なることが一般的です。図3.14はより実際のクエリプランに近い例を表しました。

図3.14　クエリプランの各ステージのスロット割り当てイメージ

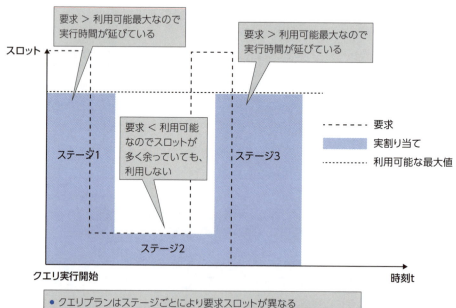

ステージ1では、要求スロットよりも利用できるスロットが少ない状況です。スロットの実際の割り当てが低かったために、実行時間が延びていますが、実行自体はできています。ステージ2では、元々クエリプランのスロット要求が、利用できるスロットよりも少なくなっています。余っているスロットがあるのですが、それにより処理時間が早くなることはありません。これが2つめのポイント「**2. スロットの最適化量はBigQueryが自動的に決定し、必ずしも多ければ早くなるものではない**」です。このように、スロットが多ければ**分散処理のスループットは増える**ものの、クエリの処理のレイテンシは変わらないため、必ずしもすべてのクエリが速くなるわけではないことは覚えておきましょう。

　スロットが多く利用できる状態で、分散処理全体のスループットが増えると大きな恩恵を受けるのが並列クエリです。

　BigQueryで利用されるスロットには、並列クエリが実行された場合にスロットを等価に並列クエリに割り振る**フェアスケジューリング**と呼ばれるしくみが働きます。図3.15にクエリ実行中に別のクエリが実行された場合の例を示します。

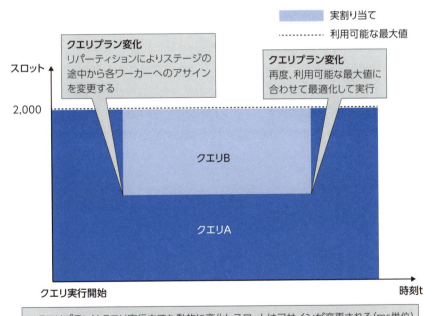

図3.15　並列クエリ時のスロット割り当てイメージ

　2,000スロットが利用できる状況で、以下の2つのクエリがあると仮定しましょう。

- クエリA：すべてのステージで要求5,000スロット
- クエリB：すべてのステージで要求2,000スロット（Aより本来早く終わる）

　実際にクエリが実行される状況では、クエリプラン内で求められるスロットはステージごとにかなり異なるため、あくまで説明のためととらえてください。Aが先行してクエリを実行している最中にBが割り込んできたとします。このとき、典型的なデータベースでは、すでにプランを立ててハードウェアのスケジュールの割り当てがされています。これによって、クエリAによってブロックされて使えるリソースがなく、後続のクエリが実行されないため、リソース待ちによって長時間の待機状態が発生します。しかし、BigQueryでは、フェアスケジューリングによりクエリプランを動的に変更し対応します。

　具体的には、図3.15のように、クエリAが先行して実行されている中、クエリBが実行された場合、フェアスケジューリングが介入します。このフェアスケジューリングはクエリA、クエリBにそれぞれ均等にスロットを割り当て、処理を継続させます。そして、クエリBが終了し解放されたリソースに再度クエリAのタスクを割り当て、スループットを最大化します。これができるのは、先述した分散インメモリシャッフルの仕組みが各ステージの途中経過データを保管しており、クエリ実行中のワーカーを高速（ms単位）で再割り当てできるためです。これが先に挙げた3つめ、4つめのポイント「**3. クエリプランはクエリの実行中も動的に変化する**」「**4. スロットスケジューリングにはフェアスケジューリングが働く**」の説明です。

　このような特性は、営業時間の開始時にBIツールが接続され多くのクエリが実行されても動作し続ける、また、バッチ処理が実行されている場合でもユーザーの処理を実行できるというメリットにつながります。公式ドキュメントにもスロットの動作とフェアスケジューリングとして詳細が解説されていますので必要に応じて参照してください[注14]。

## 3.5.2 ワークロードの分離 - オンデマンド料金とBigQueryエディション

　ここまで、BigQueryのスロットのスケジューリングについて説明しましたが、このスケジューリングは、同一プロジェクト内のクエリでだけ働くものではありません。プロジェクトごと、クエリごとといった階層でもフェアスケジューリングでスロットを分配します。

　BigQueryのデフォルトであるオンデマンド料金（クエリでスキャンしたサイズによる課金）では、プロジェクトあたりの同時実行スロットの最大数は2,000です。ただし、短期間であればリージョンで余っているリソースをベストエフォートで2,000スロットを超えて利用できます（バー

---

注14　公式ドキュメント - スロット
　　　https://cloud.google.com/bigquery/docs/slots

スト)。オンデマンドの場合でもプロジェクトを分離することでワークロードの分離は可能です。しかしながら、ベストエフォートではなく安定的な処理能力を確保したい、2,000スロットを超えて継続的にスロットを利用したいといった要求には対応できません。また、スキャン量による課金は予測が難しく、予算を緻密に管理したいといった要求に応えるのも難しいでしょう。

これらの課題を解決するのが **BigQueryエディション** です。BigQueryエディションでは予約をプロジェクトやフォルダ (プロジェクトをまとめ、階層構成を実現する概念)、組織 (フォルダを含めた最上位概念) といった単位に割り当てを行うことで、オートスケーリングやあらかじめ確保したいスロットを設定してワークロードを管理できることは「3.2.1　BigQuery コンピューティングの料金」で説明しました。予約同士ではリソースは競合しないため、たとえばプロジェクトごとに別々の予約を割り当てることで、環境やクエリ目的別など用途に合わせてワークロードの分離ができます。スロットを確保するということは安定的なクエリ実行環境を享受できるということにもつながります。また、コストもオンデマンド料金のスキャン量単位と比べ管理しやすくなるでしょう。確保したスロット数 (ベースライン) のみであれば固定の金額、オートスケーリングを使う場合でも最大のコストを把握できるのが大きなメリットです。

例として、エディションでは図3.16のように設定することで、優先的に割り当てが行われるスロットを各ワークロードで設定し、それぞれの影響を分離できます。

図3.16　ワークロード管理の例

このように予約をプロジェクトごとに分割することで、ワークロードの影響を分離できました。しかし、各予約を隔離することで、通常のDWHの分割と同様に常に確保されているリソース (ベースラインスロット) のうち、使われていないリソースが無駄になるのではないかと疑問に思われるかもしれません。たとえば図3.17では「adhoc」予約で1,500スロットを要求しているのに、「batch」予約では500スロットしか消費されていません。この「batch」予約の使われていな

いスロットを**アイドルスロット**と呼びます。BigQueryでは、この**アイドルスロットも有効に使える効率性が大きな特徴**です。図3.17は予約がアイドルスロットを使う方法を示します。

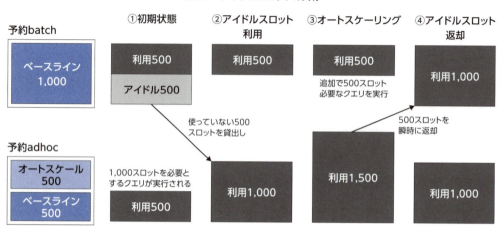

図3.17　アイドルスロットの共有

　予約では、デフォルトでアイドルスロットを有効活用する設定になっています。「adhoc」のように予約にオートスケーリングスロットがある場合に、以下の順序でスロットを確保します。

1. ベースラインスロット
2. アイドルスロットの共有
3. オートスケーリングスロット

　図3.17のシナリオを例にスロットの動作を説明します。最初に「adhoc」が使っている500スロットは自分の予約のベースラインを利用します（図中①）。「adhoc」予約内部で、追加で1,000スロットが必要なクエリが実行されたとしましょう。その場合、「adhoc」予約は、「batch」予約で利用していないアイドルスロットの500を一時的に利用し、合計1,000スロットでクエリを高速化ができます（図中②）。これでも「adhoc」予約はまだ本来必要とするスロット数には不足しているため、オートスケーリングを開始します。オートスケーリングにより、さらに500スロットを確保し1,500スロットでクエリプランを最適化します（図中③）。最後に、「batch」で後続の並列クエリが実行される、あるいは実行中のクエリが、より多くのスロットを要求するクエリ実行ステージに変化すると、「batch」より「adhoc」へ貸し出していた500スロットは、アイドルスロットではないとみなされ返却されます（図中④）。これらの動作は数ミリ秒程度でのオーバーヘッドで切り替えが完了するため、非常に効率よく購入したスロットを活用できます。

　アイドルスロットの動的な割り当てによる数ミリ秒のオーバーヘッドも許さず厳密に管理したい場合には、`ignore_idle_slots`というオプションを`true`にすることで、アイドルスロッ

トの割り当てを無効にし、より厳密にリソースを管理できます。

　このような設計により、ワークロードを分割しつつ、かつそれらの間のリソースの有効利用を保持できます。

# 3.6　サイジング

　一般的なDWHはメモリやCPU、I/Oの状態を見てサイジングとスケールを決定します。BigQueryでは、課金体系やどのエディションを選択するかで必要とする機能が使えるかが変わるという前提ですが、サイジングという観点に絞ると、大まかに以下の項目を確認しながら決定するのがよいでしょう。

- 目標とする値の例
  - ・クエリの実行時間
  - ・同時実行クエリの数
  - ・待機クエリの数
  - ・コスト

　これらの情報は、BigQueryのさまざまなシステム情報を取得できるINFORMATION_SCHEMA[注15]、Cloud Monitoringの画面、あるいはBigQuery Monitoringから確認できます。その結果をもとにコストや性能面を踏まえた目標とする値を調整し、設計パラメータを決定することになります。

　クエリの内容は、本番環境に近い負荷で計測を実施するのが理想ですが、現実的には難しい場合も多いでしょう。処理の傾向ごとに代表的なクエリやバッチ処理を選択し、目標の値を意識しながら調整を行います。クラウドの特性を活かして、まずはある程度の処理を移行してから、あとでサイジングの最適化を図っていくのがよいでしょう。

　BigQueryはコンピュート、ストレージ、メモリの分離とスケールアウトにより、基本的にスロット数にしたがい、線形にクエリパフォーマンスが推移します。分散シャッフルのサイズはスロットの利用量などに応じて割り当てられるので気にする必要はありません。

　以下では、オンデマンド料金とBigQueryエディションの場合のサイジングについて説明します。

---

注15　公式ドキュメント - INFORMATION_SCHEMA
　　　https://cloud.google.com/bigquery/docs/information-schema-intro

## 3.6.1 サイジング - オンデマンド料金

オンデマンド料金のサイジングでは、目標値に応じて決定するパラメータには以下があります。

- スロットの利用量
- プロジェクトあたり同時実行クエリ数
- 各種コストコントロールのためのカスタム制限

　スロットの利用量については、先述のとおりバーストを利用できます。そのため、基本的にはサイジングを行う必要はありません。しかし定常的に2,000スロットを超えて使用したいようなユースケースにおいてはBigQueryエディションを検討する必要があるでしょう。

　BigQueryでは同時実行が可能なクエリの数が自動的に決定されます。そのためプロジェクトごとに使用可能なスロット数に基づいて動的に決定され、上限を迎えると実行の開始に十分なスロットが確保されるまでキューに入れられます。BigQueryが最適な同時実行数を制御しながら処理してくれるため、ユーザーはとくに意識することはありません。キューの長さはinteractiveクエリで1,000、batch[注16]は20,000に制限されています。分析を目的としたシステムとしては十分な長さはあると言えますが、キューに滞留するクエリの数が多ければスロット不足になり得るので、BigQueryエディションへの移行を検討するか、ジョブ実行のリトライ処理を考慮して組み込むのがよいでしょう[注17]

　オンデマンド料金の場合、クエリのスキャン量による従量課金となります。そのため、コストをコントロールするために、以下の機構が用意されています。これらを組み合わせてコストを予算内に収めるよう設計するとよいでしょう。

- **BigQueryカスタムコスト管理**：オンデマンド料金のスキャン量に対し、プロジェクトあるいはユーザーの単位で1日あたりに利用できる最大値を設定することで、クエリの上限コストを設定できる。この値を超えるとクエリを実行できなくなるので注意が必要。コストの上限を管理しながら制限なくクエリを実行したい場合は、BigQueryエディションの利用を検討する
- **Cloud Billingの予算・予算アラート**：予算を設定し、予算のうちの割合のしきい値や過去の利用実績との乖離に応じてメールやCloud Functions（Google CloudのFunction as a Service。イベントをトリガに処理を実行できる）を起動し、利用を停止するなどの措置をとることができる

---

**注16** 公式ドキュメント - インタラクティブクエリとバッチクエリのジョブの実行
　　　https://cloud.google.com/bigquery/docs/running-queries
**注17** 公式ドキュメント - クエリキューを使用する
　　　https://cloud.google.com/bigquery/docs/query-queues

## 3.6.2 サイジング - BigQuery エディション

BigQuery エディションの場合、目標値に応じて決定するパラメータには以下があります。

- スロットの利用量
- エディション
- プロジェクトあたり同時実行クエリ数
- 各種コストコントロールのためのカスタム制限

先述したとおり、スロットは足りなければクエリが実行できないという類のものではありません。性能の目標としてのクエリ実行の長さ、同時実行クエリ数の要件に対し利用する量を設計します。PoC（Proof of Concept：概念実証）の結果をベースに計算するとよいでしょう。しかしながら最初から適切なスロット数を計算するのは難しいでしょう。

BigQueryの特徴として、スロットの追加やノード追加によるデータの再配置を起因とするダウンタイムは発生せず、スロットは変更後速やかに（多くの場合は数秒単位で）反映されます。したがって、クエリを実行してみて目標性能に足りなければあとからベースラインやオートスケーリングスロットを追加するというクラウドネイティブなDWHならではのアプローチやその逆も可能です。とくに、オートスケーリングは従量課金なので最低限必要なベースラインと性能要件を十分満たせるやや大きめの最大予約サイズに設定しておき、一定期間モニタリングしつつ、最大予約サイズを減らす方向に最適化するという手法がお勧めです。逆に、最初は少なめの最大予約サイズで運用を開始し、ユーザーのフィードバックを受けながら、コストと性能のバランスを考慮し最大予約サイズを増やしていくという手法も考えられます。

BigQueryには**スロットレコメンダー**[18]という機能があります。過去30日間の利用状況からコスト最適化を考慮したEnterpriseとEnterprise plusでのベースライン、オートスケーリングスロットの推奨を従量課金、1年コミットメント、3年コミットメントのパターンでシミュレーションを行うことができます。この機能を用いて最適化することをお勧めします。

Standardエディションの制限として、最大1,600スロットでベースラインは設定できない、というものがあります。これ以上のスロット数が必要な場合やベースラインを使う場合はEnterpriseエディション以上を利用するのがよいでしょう。

オンデマンド料金同様、BigQueryが同時に実行可能なクエリを自動的に決定します。上限を超えた場合も同様に、キューイングされます。BigQueryエディションの場合は、予約ごとに使用可能なスロット数によって動的に決定されますが、ユーザーが任意で**最大同時実行目標数**を設定できます。この目標値をベースに各クエリで使用可能な最小スロット容量が保証され

---

注18　公式ドキュメント - エディションのスロットに関する推奨事項を表示する。
　　　https://cloud.google.com/bigquery/docs/slot-recommender

ますが、大きな値を設定すると1つのクエリで利用できるスロット量が少なくなるので注意が必要です。また、あくまでも目標値なので実際の同時実行数は使用可能なリソースによって変わります。まずはBigQueryに同時実行数の制御をまかせ、モニタリングを行いながら、状況に応じて最大同時実行目標数を設定するのがよいでしょう。それでも期待した性能を実現できない場合は、スロット数の引き上げを検討します。

　BigQueryエディションで完全にコストを固定にしたい場合、オートスケーリングを使わずすべてベースラインでスロットを確保することもできます。ベースラインは、1年、3年のコミットメントで購入することで大きな割引が適用され、固定かつ低料金で利用できます。オートスケーリングは従量課金ですが、スロット数の上限は指定できるので最大のコストは予測することが可能です。たとえば100スロットのオートスケーリングの場合の最大のコストは常に100スロットを使った金額です。エディションにより価格が異なるため、要件に合わせた適切なエディションを選ぶことでコストを抑えることができます。

## 3.6.3　ストレージのサイジング

　ここまで、スロット、メモリのサイジングについて説明しましたが、ストレージについてはどうなのでしょうか。こちらはBigQueryのストレージのベースとなるColossusのレイヤで担保されています[19][20][21]。ColossusはGoogleのさまざまなサービスを支える分散ファイルストレージサービスです。汎用ハードウェアを並列に並べ、Local SSD、HDDを組み合わせて構成されています。ファイルは細かなチャンクに分割され、複数のサーバーのディスクに分割、保存されたうえで自動的に複製されます。複数のディスクとサーバーを利用して、読み出し、書き込みを行うことで、ディスクスピンドルを有効活用でき、データの耐久性、そして必要に応じたディスクI/Oのスケールを実現しています。BigQueryはこれらを利用することにより、一貫したI/Oのパフォーマンスを担保しています。そのため、ユーザー側でディスクI/Oやディスク利用率などのサイジングを行う必要はありません。

---

注19　colossus - Cluster-Level Storage @ PDSW 2017 Keynote
　　　http://www.pdsw.org/pdsw-discs17/slides/PDSW-DISCS-Google-Keynote.pdf
注20　Storage Architecture and Challenges
　　　https://cloud.google.com/files/storage_architecture_and_challenges.pdf
注21　Colossusの仕組み：Googleのスケーラブルなストレージシステムの舞台裏
　　　https://cloud.google.com/blog/ja/products/storage-data-transfer/a-peek-behind-colossus-googles-file-system

## 3.7 目的環境別の影響隔離

開発環境、ステージング環境、本番環境と、環境を分けたいというニーズに対しては Google Cloud のプロジェクトを分離することで対応できます。Google Cloud のプロジェクトでは、IAM（Identity and Access Management：ID と権限を紐づける概念）や BigQuery に関する設定、リソースをそれぞれ完全に分離できます。一般的な開発、ステージング環境では、必要以上にコストをかけないように、設定は同じでもサイジングが違うことはよくあることでしょう。BigQuery の場合、オンデマンド料金やエディションで完全にオートスケーリングで利用すれば、利用していない環境についてはストレージコストのみで済むため、これらの目的別環境を容易に隔離できます。また、エディションでは、ベースラインでスロットを確保していたとしても、先述のとおり開発、ステージングなどの他のプロジェクトから優先度の低い環境のアイドルスロットを利用できるため、無駄がありません。

## 3.8 テーブルを設計する

BigQuery は基本的にインデックスを使わずに高いパフォーマンスを発揮します。逆を言えば、より特定のケースでパフォーマンスを最大化するには、テーブル設計が肝となります。ここではいくつかの機能と技術を使って、パフォーマンスを向上させる方法を説明します。

### 3.8.1 パーティション分割・クラスタ化

BigQuery では、パーティション分割[注22] の機能を利用することで、効率的にデータをスキャンできます。パーティション分割には 2 つの種類があります。

- **カラムベース**：カラムのデータによりパーティションが設定され、自動で整理される
- **取り込み時間**：データの取り込み時間やストリーミングによる受信時間に基づき、テーブルが分割される

---

注22　公式ドキュメント - パーティション分割テーブル
https://cloud.google.com/bigquery/docs/partitioned-tables

カラムベースの分割の方がメンテナンスの手間がないため、取り込み時間による分割は古くからある手法ですが近年はあまり使われません。

現在主流の**カラムベースのパーティション分割**についてもう少し説明します。2024年10月時点、パーティションの分割方法には、時間（年、月、日付、時間）と、レンジバケット（整数型）のカラムをパーティション分割のキーとして利用できます。

パーティション分割は、カラムのデータ範囲でテーブルのバックエンドのファイル（BigQueryストレージ内の物理的なファイル）を分割し、クエリ時のスキャン範囲を限定することにより、効率的なデータの読み出しをサポートします。たとえば、商品の売上を持つ`sales_records`テーブルに、商品のマスタ情報を持つ`product_master`があるとします。それらのテーブルから、リスト3.4のようなクエリで、特定日のプロダクトごとの売上数を集計するとしましょう。

リスト3.4　特定日のプロダクトごとの売上数を集計するクエリの例

```
SELECT product_id, product_master.name AS product_name,
       SUM(quantity) AS total_quantity_sold
FROM sales_records
INNER JOIN product_master
ON sales_records.product_id = product_master.id
/*WHERE句をdtカラムに指定する、パーティションありなしでスキャン量が変化する*/
WHERE DATE(dt) = DATE(2001,11,1)
GROUP BY product_id, product_name
```

この場合、テーブルデータのスキャン範囲は図3.18のとおりです。

パーティションを設定しない場合、`WHERE`を指定しても、カラム指向のデータベースであるBigQueryでは、指定したカラムのデータのフルスキャンを行います（図中①）。一方、パーティションを時間や日付で設定すると、指定したカラムのうち、特定のパーティション（日付）のみがスキャンされていることがわかります（図中②）。さらに、パーティションを時間で設定し、`WHERE`句の中を`BETWEEN`で特定の`TIMESTAMP`間で指定すると、それにあたる時間のデータだけをスキャンします（図中③）。

カラムベースのパーティション分割の場合、DML（Data Manupulation Language、データ操作言語）を実行しパーティションが変わっても、自動でパーティションを変更してくれるため、再調整は不要です。また、パーティション分割の特性としては、パーティションごとにデータの有効期限を設定できることも挙げられるでしょう。これを利用することで、テーブル自体はそのまま残すとしても、一定期間が過ぎたパーティションを自動的に削除し、コストを最適化できます。

パーティション分割に加えて、もう1つの便利な機能が**クラスタ化**[23]です。クラスタ化はパー

---

注23　公式ドキュメント - クラスタ化テーブル
　　　https://cloud.google.com/bigquery/docs/querying-clustered-tables

ティションの中で、指定したカラムを基準にデータを整理することで、さらに効率的にデータを読み出せる機能です。図3.19は、先ほどのパーティションの例と同様に、クラスタ化テーブルの動作を示しています。

図3.18　パーティション分割を行った際のスキャン範囲

**テーブル:sales_records**

| dt | product_id | customer_id | quantity |
|---|---|---|---|
| 2001-11-01 13:01 | 900 | 10003 | 2 |
| 2001-11-01 13:16 | 344 | 49281 | 3 |
| 2001-11-01 13:31 | 801 | 82197 | 1 |
| 2001-11-01 13:46 | 504 | 40163 | 3 |
| 2001-11-01 14:01 | 592 | 49714 | 1 |
| 2001-11-01 14:16 | 184 | 14762 | 3 |
| 2001-11-01 14:31 | 508 | 60983 | 4 |
| 2001-11-01 14:46 | 472 | 92473 | 6 |
| 2001-11-01 15:01 | 962 | 99993 | 3 |
| 2001-11-01 15:15 | 395 | 30714 | 1 |
| | | | |
| 2020-11-02 10:00 | 378 | 80162 | 4 |
| 2020-11-02 10:10 | 735 | 41068 | 1 |
| 2020-11-02 10:20 | 160 | 12948 | 9 |
| 2020-11-02 10:30 | 001 | 45973 | 8 |

③dtカラムによる時間パーティショニング

②dtカラムによる日付パーティショニング

①パーティショニングなし

図3.19　クラスタ化を行った際のスキャン範囲

**テーブル:sales_records**

| dt | product_id | customer_id | quantity |
|---|---|---|---|
| 2001-11-01 13:16 | 344 | 49281 | 3 |
| 2001-11-01 13:46 | 504 | 40163 | 3 |
| 2001-11-01 13:31 | 801 | 82197 | 1 |
| 2001-11-01 13:01 | 900 | 10003 | 2 |
| 2001-11-01 14:16 | 184 | 14762 | 3 |
| 2001-11-01 14:46 | 472 | 92473 | 6 |
| 2001-11-01 14:31 | 508 | 60983 | 4 |
| 2001-11-01 14:01 | 592 | 49714 | 1 |
| 2001-11-01 15:15 | 395 | 30714 | 1 |
| 2001-11-01 15:01 | 962 | 99993 | 3 |
| | | | |
| 2020-11-02 10:00 | 378 | 80162 | 4 |
| 2020-11-02 10:10 | 735 | 41068 | 1 |
| 2020-11-02 10:20 | 160 | 12948 | 9 |
| 2020-11-02 10:30 | 001 | 45973 | 8 |

dtカラムによる時間パーティショニング

パーティショニング +product_idによるクラスタ化

クラスタ化によりデータがソートされスキャン範囲が狭くなる

図3.19では、`sales_records`テーブルの`dt`カラムで時間パーティションを設定したうえで、`product_id`カラムに対しクラスタ化を行っています。図3.18と比べると、`product_id`の値でデータがソートされていることがわかります。これにより、`WHERE`句を使って`product_id`でスキャンするデータの対象を絞り込めるようになり、結果をより高速に返すことができます。パーティションの場合、1つのカラムまでしか指定できませんが、クラスタ化テーブルでは複数のカラムを指定できるうえ、パーティション列に指定できないデータ型（`STRING`型、`GEOGRAPHY`型など）も指定できます。複数のカラムを指定する場合は、指定した順序でソートされるため、同じカラム群でクラスタ化を行うにせよ、どのような順番でクラスタ化を行うかは設計のポイントです。少なくとも最初の列はフィルタリングの列として利用されなければ効果がありません。フィルタリングの出現率が高い列、かつ絞り込みが効きやすい順序で並べるとよいでしょう。

BigQueryにはパーティションとクラスタの推奨機能[注24]があります。過去30日間のワークロードを機械学習を使用して分析し、大幅なスロット時間の削減が見込める場合に推奨事項を生成します。既存の構成についての改善も推奨事項を生成でき、とくに費用や性能への影響もなく利用できるのでお勧めです。

さて、ここまでの解説を見て、DMLが実行されたらどうなるのか気になった方もいるでしょう。たとえば、大幅にクラスタ化されたカラムのデータがDMLによって更新されると、このクラスタ化されたカラムのデータはバラバラになってしまいます。そこでBigQueryでは、クラスタ化されたテーブルを、バックグラウンドで自動的に最適化する処理を定期的に行います（**自動再クラスタリング**機能）。これにより最適なパフォーマンスの恩恵を常に受けられるようになっています。なお、この自動再クラスタリングは無料かつ、クエリのスロット消費、パフォーマンスには影響しません。

パーティション分割テーブルでは、`--dry-run`あるいは図3.20のようにクエリエディタの右下にスキャン量が表示されます。この値は、パーティション分割の恩恵を受けて削減された、実際にスキャンされるデータ量と一致します。一方クラスタ化テーブルの場合、ここに表示されるサイズはパーティション分割テーブルの恩恵を受けたものだけです。これはクラスタ化が最適化されている場合と、最適化を待っている場合では、スキャンの削減量が異なることがあるためです。したがって、クラスタ化テーブルを利用する場合、少なくともこの`--dry-run`

図3.20　GUIによる自動ドライランのスキャン量表示 - クエリを実行する前にスキャン量を確認する

注24　公式ドキュメント - パーティションとクラスタの推奨事項
https://cloud.google.com/bigquery/docs/view-partition-cluster-recommendations

の値よりもスキャンは少なくなる、と覚えておけばよいでしょう。

表3.2に、パーティション分割、クラスタ化について、それぞれの特性をまとめました。

表3.2　パーティション分割、クラスタ化の比較と使い分けのポイント

| | カラムベースのパーティション分割 | クラスタ化 |
|---|---|---|
| 対象とできるカラム数 | 1つ | 4つ（順序が設計のポイント） |
| 対象とできるデータ型 | 時間（年、月、日、時間）、レンジバケット（整数） | STRING/INT64/NUMERIC/BIGNUMERIC/DATE/DATETIME/TIMESTAMP/BOOL/GEOGRAPHY |
| DML実行時の挙動 | DML対象データの所属するパーティションが変わる場合、すぐ反映 | 自動再クラスタリングがBigQueryで行われるまで一時的にソートが発散する可能性がある |
| --dry-runあるいはBigQueryウェブUIの実行前スキャン量見積り（オンデマンドの場合） | 厳密、パーティション内のデータ量のみが正確に表示される | パーティション内のデータ量が表示され、実際のスキャン量はそれより少なくなる |
| 分割数の制限 | あり。パーティション分割によりテーブルメタデータのオーバーヘッドが増加する可能性があるため制限を設けている | なし |
| 利用ユースケース | パーティションごとにデータの有効期限を指定したい場合や厳密にスキャン量を限定させたい場合 | 複数カラムを対象としたフィルタ句を使用するクエリやデータを集計するクエリが多い場合 |

パーティション分割とクラスタ化は併用できますが、併用しない選択もあります。これらの情報を参考にテーブルの設計を最適化するとよいでしょう。

## 3.8.2　マテリアライズドビューの利用

BigQueryには**マテリアライズドビュー**と呼ばれる機能[注25]があります。データの事前集計、フィルタリングといった処理を担うデータマートを作成する用途などに利用し、スキャン量を削減しパフォーマンスを向上させる機能です。BigQueryのマテリアライズドビューは、以下の特徴があります。

- 最新のデータが読める：元となるテーブル（ベーステーブル）に対する変更がマテリアライズドビューに反映されていなくても、可能であればベーステーブルからの差分のみ

---

注25　公式ドキュメント - マテリアライズドビュー
　　　https://cloud.google.com/bigquery/docs/materialized-views-intro

を読み取って最新の結果を返す。不可能であればベーステーブルのみから直接最新の結果を返す
- スマートチューニング：ベーステーブルに対しクエリを実行しても、利用可能であればマテリアライズドビューから結果を返すことでクエリのパフォーマンスを向上させる
- メンテナンス不要：自動更新を有効にすると、ベーステーブルの変更をバックグランドで反映する

マテリアライズドビューには、増分更新できるものと、ベーステーブルからの完全な更新を必要とする非増分マテリアライズドビューがあります。増分更新の方はクエリの制限があり、非増分更新はほとんどのクエリをサポートしているもののスマートチューニングが使えないなどの制限があります。

増分更新が可能なマテリアライズドビューのしくみを図3.21に示します。

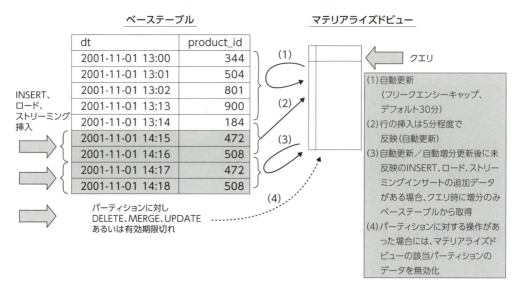

図3.21　マテリアライズドビューの動作

自動更新が有効（デフォルト）なマテリアライズドビューを作成すると、作成したクエリはすぐに終了し、非同期での全体更新がバックグラウンドで開始されます。更新頻度は`refresh_interval_minutes`オプションで指定できますが、デフォルトでは30分です（図3.21の(1)）。そのうえで、行の挿入がベーステーブルにあった場合、5分程度でマテリアライズドビューにデータが反映されます（図3.21の(2)）。必要であればいつでもプロシージャを実行することで更新することも可能です。

ベーステーブルの変更がマテリアライズドビューに反映されてなくても、変更が挿入のみ、

かつ条件を満たせば[注26]、マテリアライズドビューと挿入されたデータをマージして最新の結果を返します（図3.21の（3））。一方で、UPDATE、MERGE、DELETEなどの変更、または条件を満たさないない場合は、マテリアライズドビューが無効化され、すべてのデータをベーステーブルから読み込み、再度更新するまでマテリアライズドビューは使用できなくなります。マテリアライズドビューがパーティション化されていると、無効化の範囲をそれらの処理が行われる特定のパーティションに限定できます（図3.21の（4））。

　デフォルトでは最新データを返すものの max_staleness[注27] を設定することで古いデータ（データの未更新）を許容し、ベーステーブルに挿入以外の変更があってもマテリアライズドビューから結果を返すことができます。データ鮮度の要件がそこまで高くなければ、このパラメータを設定することで、その期間内はベーステーブルへのアクセスを防ぎクエリのパフォーマンスを向上できます。更新頻度と併せて設定することで、一定のデータ鮮度を保ったままマテリアライズドビューのみへのアクセスで完結することも可能です。またこのパラメータを使う場合は、より多様なクエリをサポートする非増分マテリアライズドビューも使えます。

　また、ベーステーブルに対する一部の集約関数、フィルタリングなどのスマートチューニングでサポートされているSQLや条件があれば、自動でマテリアライズドビューを利用できるか判断します。利用できる場合は、クエリを自動で書き換えてよりコストを抑え、パフォーマンスを向上できます[注28]。

　マテリアライズドビューでは、パーティション化だけでなくクラスタ化と併用できます。パーティションはベーステーブルと同じ定義にする必要がありますが、クラスタは別の列を指定できます。

　また、BigQueryには**マテリアライズドビューの推奨機能**があります。これは過去30日間のワークロードを分析し、反復的なクエリパターンを探し、増分マテリアライズドビューを作成した場合に節約できるコストを計算し、総合的に判断して大幅な改善が見込める場合に推奨事項を提案します[注29]。どのようなマテリアライズドビューを作るべきかわからない場合は、推奨機能を使ってみるのもよいでしょう。

　表3.3に、近い概念であるクエリキャッシュ、スケジュールクエリによるデータマートテーブル作成、ビュー、マテリアライズドビューの違いをまとめました。

---

注26　公式ドキュメント - 増分アップデート
　　　https://cloud.google.com/bigquery/docs/materialized-views-use#incremental_updates
注27　公式ドキュメント - max_staleness オプションを指定する
　　　https://cloud.google.com/bigquery/docs/materialized-views-create#max_staleness
注28　公式ドキュメント - スマートチューニング
　　　https://cloud.google.com/bigquery/docs/materialized-views-use#smart_tuning
注29　公式ドキュメント - マテリアライズドビューの推奨機能
　　　https://cloud.google.com/bigquery/docs/manage-materialized-recommendations

表3.3　クエリキャッシュ、スケジュールクエリによるテーブル作成、ビュー、マテリアライズドビューの違い

| フィーチャ | クエリキャッシュ | クエリやスケジュールクエリによるデータマートテーブルの生成 | ビュー（論理ビュー） | マテリアライズドビュー |
|---|---|---|---|---|
| パフォーマンスの向上 | 見込める | 見込める | 見込めない | 見込める |
| 利用できるクエリ | `CURRENT_TIMESTAMP()`など一意に定まらないクエリ以外すべて | すべてのクエリ | すべてのクエリ | 集約関数、フィルタリング、グルーピング、結合[1] |
| パーティションとクラスタリングの利用 | 不可（ベーステーブルには可能だが、キャッシュ自体はパーティションの概念が存在しない） | 可能 | ベーステーブルでは可能 | 可能 |
| リフレッシュ | 不可、クエリを再度走らせた際にデータが変更されていたらキャッシュ自体が利用不可 | フルリフレッシュ | フルリフレッシュ | 増分リフレッシュ |
| ストレージ容量 | 消費しない | 消費する | 消費しない | 消費する |
| ビューを利用するようにクエリのスマートチューニング | 不可 | 不可 | 不可 | 可能 |
| メンテナンスのクエリ料金（あるいはBigQuery Eiditionsのスロット消費） | 不要 | クエリ料金あり | なし | あり |
| データ未更新対応 | なし | あり | なし | 選択可 |

＊1. 非増分マテリアライズドビューはより多様なクエリをサポート

## 3.8.3　検索インデックスの利用

　BigQueryはテーブルのフルスキャンを行っても大量の並列処理を用いて高速に集計などの処理ができますが、非常に大きなテーブルからピンポイントのデータを抽出する際にも処理を効率化できる機能があります。大量のJSONログから特定のIPアドレスを見つける、大量のユーザーリストから一致するIDの行だけを抽出するなどのユースケースが考えられます。このようなユースケースの処理を効率化するのが**検索インデックス**です。検索インデックスを用いることで、クエリの実行時間だけでなくスロットの利用量を削減しコンピュートのコストを抑えることが可能です。BigQueryの検索インデックスは、STRING、JSON、INT64、TIMESTAMPなどの型の列に対して作成できます。それらの列を条件にフィルタする際、カーディナリティ

が高く、かつヒットする件数が少ない列のときに強力な効果を発揮します[注30]。

一般的なインデックスと異なり、検索インデックスはSTRINGやJSONに対してテキストインデックスを作成します。インデックス作成時にテキストアナライザを指定することで、データがどのようにトークン化されるかを制御できます。デフォルトで使われるのはログ分析（特定のIPアドレスやメールアドレスなどの検索）に適しているLOG_ANALYZERです。たとえば、192.168.0.1というIPアドレスは["192", "168", "0", "1"]のようにトークン化されてインデックス化されます。その他に、正規表現でトークン化できるPATTERN_ANALYZERや入力テキストをそのままトークンとして扱うNO_OP_ANALYZERなどもあり、ユースケースに応じて適切なものを利用するのがよいでしょう[注31]。

列を指定して個別に検索インデックスを作成することもできますが、テーブルの全列を指定して1つの検索インデックスを作るALL COLUMNSオプションもあります。これは半構造化データのログテーブルのような複雑なスキーマの場合に便利です。このとき、条件にすべての列や先頭の列を入れる必要はありません。特定の列に対する検索も可能です。

検索インデックスは、WHERE句でよく使われる=、IN、文字列では中間一致のLIKEなどと併せて利用されます。検索インデックスを利用すると、透過的（SQLを変更することなく）に該当のクエリの性能を向上させることができます。またUPPERやLOWERなど検索インデックスをより効果的に使う関数などもあります。これらのオペレーターを利用するのであれば、積極的に検索インデックスの利用を検討するのがよいでしょう。一方で、テキスト分析を目的として検索インデックスを使う場合は、SEARCH関数を使うことでより多様な検索ができます[注32]。リスト3.5はSEARCH関数を利用したテーブル全体に対する検索例です。

リスト3.5　SEARCH関数を使用したテーブル全体に対しての検索

```
SELECT *
FROM `myproject.mydataset.mytable as t
WHERE SEARCH(t, 'hello world')
```

実行したクエリが検索インデックスを使用したかどうか、または使用されなかった理由はジョブ情報に表示されます。図3.22は実際のジョブ情報の画面です。検索インデックスを作成してもクエリが高速化されなかった場合は、ジョブ情報を参照しながらクエリを変更してみてください。

---

注30　公式ドキュメント - 検索インデックスを管理する。
　　　https://cloud.google.com/bigquery/docs/search-index
注31　公式ドキュメント - テキストアナライザ
　　　https://cloud.google.com/bigquery/docs/reference/standard-sql/text-analysis
注32　公式ドキュメント - SEARCH 関数を利用する。
　　　https://cloud.google.com/bigquery/docs/search#use_the_search_function

図3.22 検索インデックスが利用されていない理由の確認

| クエリ結果 | |
|---|---|
| ジョブ情報　結果　グラフ　JSON　実行の詳細　実行グラフ | |
| ジョブ ID | gcp-book-v2:US.bquxjob_44e3d64e_18fd2c8d800 |
| ユーザー | gcpbookv2@tenishim.altostrat.com |
| 場所 | US |
| 作成日時 | 2024/06/01, 16:52:09 UTC+9 |
| 開始時刻 | 2024/06/01, 16:52:09 UTC+9 |
| 終了時刻 | 2024/06/01, 16:52:25 UTC+9 |
| 期間 | 15秒 |
| 処理されたバイト数 | 848.02 GB |
| 課金されるバイト数 | 848.02 GB |
| スロット（ミリ秒） | 998013 |
| ジョブの優先度 | INTERACTIVE |
| レガシー SQL を使用 | false |
| 宛先テーブル | 一時テーブル |
| 予約 | gcp-book-v2:US.standard |
| インデックス使用のモード | UNUSED |
| インデックスが使用されていない理由 | Index can not be used for query with Standard edition reservation. See https://cloud.google.com/bigquery/docs/editions-intro for more information. |
| ラベル | |

　同様に、クエリの実行グラフからも検索インデックスにアクセスしているかを確認できます。図3.23は実際のクエリ実行グラフで、インデックスを利用していることが確認できます。

図3.23 実行グラフから検索インデックスの利用を確認

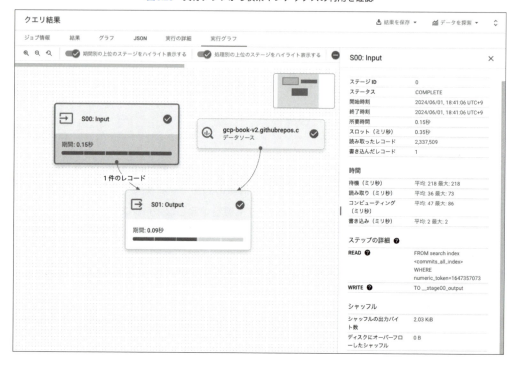

検索インデックスの更新はBigQueryによって管理されており、テーブルが変更されると自動的に更新されるため、ユーザー側の管理は不要です。管理用のリソースは上限の範囲内であれば無料の共有リソースが使われます（上限を超える場合は明示的に予約を割り当てる必要があります）[注33]。最後に、注意点としてはこの検索インデックスは大規模なテーブル向けなので、10GB未満のテーブルに対して作成しても効果はありません。適切な状況で利用を検討しましょう。

### 3.8.4 主キーと外部キーの利用

2章でも触れたとおり、BigQueryにはバリデーションは行わない主キー制約と外部キー制約を設定できます。これはクエリオプティマイザーがJOINなどのクエリプランを最適化し、パフォーマンスを向上させるために使用されます[注34]。具体的にどのように最適化されるかを解説する前に、まずは一般的な主キー、外部キーについて理解しましょう。

図3.24　主キーと外部キーを持つテーブル

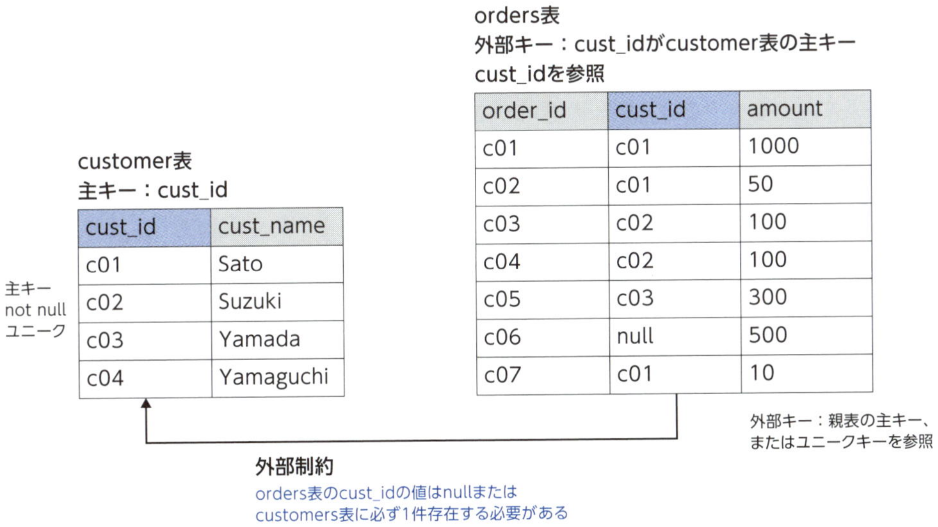

orders表
外部キー：cust_idがcustomer表の主キー
cust_idを参照

| order_id | cust_id | amount |
|----------|---------|--------|
| c01 | c01 | 1000 |
| c02 | c01 | 50 |
| c03 | c02 | 100 |
| c04 | c02 | 100 |
| c05 | c03 | 300 |
| c06 | null | 500 |
| c07 | c01 | 10 |

customer表
主キー：cust_id

| cust_id | cust_name |
|---------|-----------|
| c01 | Sato |
| c02 | Suzuki |
| c03 | Yamada |
| c04 | Yamaguchi |

主キー
not null
ユニーク

外部キー：親表の主キー、
またはユニークキーを参照

外部制約
orders表のcust_idの値はnullまたは
customers表に必ず1件存在する必要がある

実際の最適化の例をみていきましょう。リスト3.6のようなクエリではorders表の列のみSELECTしているので、内部結合を解除（**内部結合解除**）してorders表のみのアクセスで結果を返すことができます。外部キーのおかげで、内部結合してもnull以外は必ず1件一致があ

---

注33　公式ドキュメント - 上限　検索インデックス
　　　https://cloud.google.com/bigquery/quotas#index_limits
注34　ブログ - BigQueryの主キーと外部キーで結合を最適化
　　　https://cloud.google.com/blog/ja/products/data-analytics/join-optimizations-with-bigquery-primary-and-foreign-keys/

るのを判断しorders表のcust_idに対してis not nullでフィルタして計算するだけで済み、計算量を減らすことができます。

リスト3.6　内部結合が解除されるSQLの例

```
SELECT SUM(o.amount)
FROM orders o INNER JOIN customer c
ON(o.cust_id = c.cust_id)
```

外部結合の場合、条件が厳しくなりますが同様に1件の一致があることを利用して外部結合を解除（**外部結合解除**）できます。

リスト3.7　外部結合が解除されるSQLの例

```
SELECT SUM(o.amount)
FROM orders o LEFT OUTER JOIN customer c
ON(o.cust_id = c.cust_id)
```

結合解除ができない場合は、結合のカーディナリティに関する情報を利用して、オプティマイザーが結合順序を変更する際に利用します（**結合順序変更**）。

結合解除の例を見ると、主キー、外部キーがあり、特定の表にしかアクセスしていなければ、SQLであえて結合を書くことにあまり意味がないように見えます。しかし、ビューなどに結合が含まれ、それを分析に利用することがある場合には、これらの設定によりパフォーマンスを最適化できます。

## 3.9 テーブル設計以外のクエリ最適化

BigQueryではクエリチューニングやテーブル設計以外に**履歴ベースの最適化**[注35]という機能があります。この機能を有効化すると過去の実行履歴の情報に基づいて類似のクエリに対して最適化を行い、クエリパフォーマンス（スロット利用量や実行時間など）を改善できます。たとえば最初の実行時は遅くても、最適化が適用できればクエリを変更することなく2回目以降にかかる時間を短くできます。

履歴ベースの最適化はリスト3.8のようにプロジェクトのリージョンレベルで有効化できます。

---

注35　公式ドキュメント - 履歴ベースの最適化を使用する
　　　https://cloud.google.com/bigquery/docs/history-based-optimizations

リスト3.8 履歴ベースの最適化を有効にする

```
ALTER PROJECT `gcp-book-v2`
SET OPTIONS (
  `region-us.default_query_optimizer_options` = 'adaptive=on'
)
```

この最適化は自動的に行われますが、クエリのパフォーマンスを向上する確率が高いと判断した場合のみ適用され、パフォーマンスが大幅に向上しない場合は取り消されます。また、どのような最適化が適用されたかはIFORMATION_SCHEMA.JOBS_BY_PROJECTのquery_info.optimization_detailsにて確認できます。

図3.25 最適化の適用をINFORMATION_SCHEMAで確認

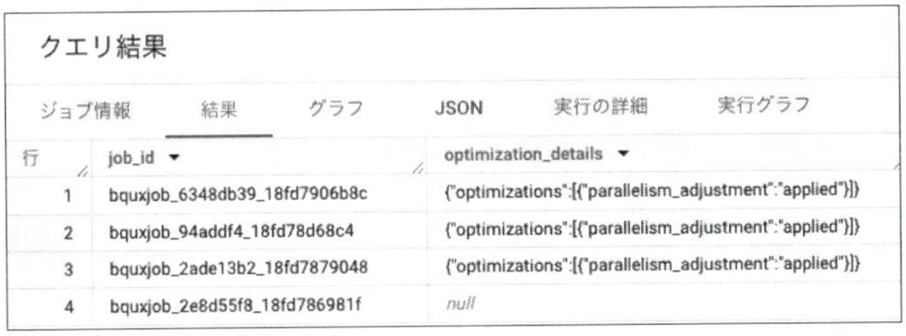
クエリ結果

ジョブ情報 結果 グラフ JSON 実行の詳細 実行グラフ

| 行 | job_id | optimization_details |
|---|---|---|
| 1 | bquxjob_6348db39_18fd7906b8c | {"optimizations":[{"parallelism_adjustment":"applied"}]} |
| 2 | bquxjob_94addf4_18fd78d68c4 | {"optimizations":[{"parallelism_adjustment":"applied"}]} |
| 3 | bquxjob_2ade13b2_18fd7879048 | {"optimizations":[{"parallelism_adjustment":"applied"}]} |
| 4 | bquxjob_2e8d55f8_18fd786981f | null |



# 3.10 データの投入

DWHにデータを流すデータパイプラインを構築する際、まずはデータをDWHに取り込みます。一般的なDWHでは各ファイル形式で置かれたデータをロードすることが多いと思いますが、BigQueryでも類似の方法をとります。本節では、BigQueryへのデータ取り込みのおもな方法とその使い分けについて解説します。

## 3.10.1 バルクロード

最も利用されるのは、BigQuery Data Transfer Service（BigQuery DTS）、オブジェクトストレージであるCloud Storageやローカルにあるファイルをバッチで取り込む方法です。BigQueryエディションを利用している場合でも、デフォルトではBigQueryスロットを消費しないため、クエリの性能に影響を与えることなく無料でデータをロードすることが可能です。

データをロードする際には、ファイル形式によりロード時間に違いが発生します[注36]。以下は、上からロード時間の早い順番です。注意点としては、1ファイルのサイズ制限があることと、圧縮ファイルの場合はファイル数に並列度が依存するので、ファイルサイズを意識したうえで性能要件に合わせてフォーマットを選びましょう。

- Avro（圧縮）
- Avro（非圧縮）
- Parquet/ORC
- CSV（非圧縮）
- JSON（非圧縮）
- CSV（圧縮）
- JSON（圧縮）

## 3.10.2 外部データソース

BigQueryはネイティブのストレージのデータにクエリを実行するだけではなく、Cloud Storageなどの外部ストレージやCloud SQL、Bigtable、AlloyDBなどの外部データベースに置かれたデータにクエリを実行できます。また、AWS S3に置かれているデータにもBigQuery Omniを使用すればクエリを実行できます。これらの外部データソースへのクエリ結果にCREATE TABLE AS SELECT（CTAS）を用いれば、BigQueryのテーブルとして気軽に取り込むことができます。

### ストリーミング挿入

発生したデータをレコード単位でリアルタイムにBigQueryへ挿入する方式です。ストリーミング挿入用のAPIには、従来型ストリーミングAPIとStorage Write APIの2つがありますが、近年ではコスト面、パフォーマンス面、SDKの使いやすさからStorage Write APIが推奨されています。実際にはサーバーサイドからのログ送信にはFluentdをはじめとするログコレクタのプラグイン[注37]、10章で説明するPub/SubなどのサービスからDataflowなどのETLサービスが提供するコネクタを用いて行うケースがほとんどで、APIを直接利用することはまれでしょう。また、CDC（Change Data Capture）を用いた同期を実現するサービス、たとえばDatastream[注38]を

---

注36　Data Warehousing With BigQuery: Best Practices (Cloud Next '19)
　　　https://youtu.be/ZVgt1-LfWW4?t=468
注37　https://www.fluentd.org/plugins#google-cloud-platform
注38　公式ドキュメント - Datastream
　　　https://cloud.google.com/datastream?hl=ja

利用してMySQL、Oracle、PostgreSQL、SQL Server と BigQuery を同期する際にも、その裏側ではストリーミング挿入が利用されています。

## データ投入方法の使い分け

具体的にどのように使い分けるべきか、ユースケースを表3.4にまとめました。

表3.4　BigQueryの利用方法による使い分け

| | 利用方法 | ユースケース | 料金 |
|---|---|---|---|
| バルクロード | BigQueryからロードのジョブを起動するBigQuery DTSを利用する。**LOAD DATA SQL**文でデータをロードする | 大量のファイルをスループット最適化で一括で取り込む無料でデータを取り込みたいバッチ連携 | 無料 |
| ストリーミング挿入 | Fluentdなどのログコレクタのoutput プラグインや、Cloud Dataflowなどのすでに構成されたコネクタやテンプレートを利用するAPIでデータを投入する。Datastream などの CDC ソリューションを利用する | ログなどからリアルタイムにデータを取り込みたい。CDCを行いたい | ストリーミング挿入したデータ量 |
| フェデレーション | BigQueryから外部テーブルとして Cloud SQL（MySQL／PostgreSQL）、AlloyDB、Cloud Storage、S3を指定する | OLTPの最新のデータをBigQueryのデータとjoinしたいデータレイクのデータ（スキーマが変更され得る）にクエリを行いたい | データソースが返したデータ量（CloudSQLの場合、CloudSQLから返ってきた結果データ量）、BigQueryエディションの場合はクエリのスロット利用量 |

　ここで注意したいのは**マイクロバッチ**に関連するユースケースです。マイクロバッチとは、短い間隔かつ高い頻度でバッチ処理を実行することで、リアルタイムに近いデータ処理を実現する方法です。一般的に、高い頻度で発生する小さなファイルをデータウェアハウスに取り込むようなケースでは、1つのファイルに対して1つの取り込みジョブを割り当てることで、マイクロバッチと相性の良い設計が可能となるため、マイクロバッチ方式を検討することが多いです。

　そのため、直感的にはBigQueryのバルクロードの機能を用いて、1ファイルにつき1ロードジョブを起動するマイクロバッチのアプローチを検討してしまいがちです。しかし、バルクロードをマイクロバッチにおける取り込み処理として利用するのは適切とは言えません。なぜなら、バルクロードはスループットに最適化されているため、大量のファイル・大きなファイルを読み込むのは高速ですが、小さなファイルに対して短い間隔で実行するにはパフォーマン

スやバルクロードの実行回数に対する割り当て（クオータ）という観点でも向いていません（バルクロード数に限らず、割り当てはソフトリミットですので、サポートに問い合わせて制限を緩和すること自体は可能です）。

マイクロバッチ方式でBigQueryへ取り込んで利用できるようにしたい場合には以下の2つの方法が考えられます。

1. Cloud Storageにデータを保持する。そのうえで、BigQueryでは、外部データソースのファイルパスを利用して複数のファイルを1つのテーブルとして扱う
2. Dataflowテンプレート（Text Files on Cloud Storage to BigQuery (Stream) [注39]）を利用してマイクロバッチを実装する。実際の動作としては、Cloud Storageに配置されたファイルを検知して、Dataflowがファイルを読み取ってパースし、BigQueryにストリーミング挿入を行う

また、前述のStorage Write APIはバッチ読み込みにも対応しており、任意の数のレコードをバッチ処理して、単一のアトミック（不可分）な操作でcommitできます。こちらを使うにはPythonなどでの実装が必要ですが、選択肢として考えてよいかもしれません。

各種取り込みの方法については公式ドキュメント[注40]を参考にしてください。

## 3.11 バックアップとリストア

DMLなどでテーブルに対するミスオペレーションがあった場合に、テーブルを過去の状態に戻すにはさまざまな方法があります。一般的にはバックアップやエクスポートツールで外部に取得したデータ、または過去にCTAS（CREATE TABLE AS SELECT）で取得したテーブルコピーを使います。BigQueryでもこれらの方法を使いますが、他にも**タイムトラベル機能**で7日以内の任意の時点にリカバリする方法、ストレージ容量を抑えながらバックアップとしても利用できる**テーブルスナップショット**を使う方法などがあります。

---

**注39** 公式ドキュメント - ストリーミングテンプレート
https://cloud.google.com/dataflow/docs/guides/templates/provided-streaming#gcstexttobigquerystream
**注40** 公式ドキュメント - データの読み込み
https://cloud.google.com/bigquery/docs/loading-data

## 3.11.1 BigQueryにおけるデータリストア - タイムトラベル機能

**タイムトラベル機能**とは、BigQueryのあるテーブルを任意のタイムスタンプの時間帯の状態に戻せる機能です[注41]。2〜7日間の間で任意の保管期間を決めることができます。タイムトラベルを利用するには、SELECT句の中に`FOR SYSTEM TIME AS OF`を挿入します。たとえば図3.26では、現在から10分前を指定して`dataset.table`テーブルに対する`SELECT`を行っています。

図3.26 タイムトラベルを利用した例

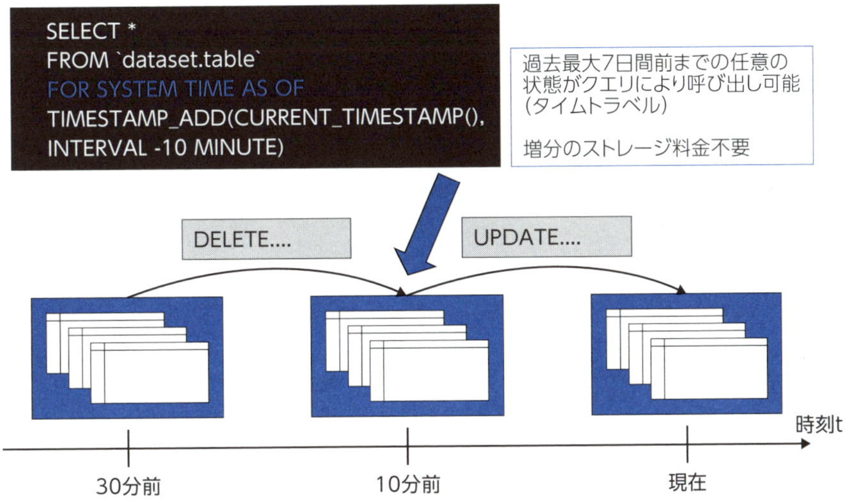

これをCTASで行うか、クエリオプションからテーブルの保存先を永続化テーブルとして指定することで、バックアップデータを保存できます。

それではこのタイムトラベル機能を利用して、テーブルを元の状態に復旧してみましょう。まずは[データセットの作成]より、データセットを作成します。名前は`timetravel_test`とします。次に、データセットに対し、リスト3.9のDDL（Data Definition Language：データ定義言語）でテーブルを作成します。

リスト3.9 timetravel_testデータセットにexampleテーブルを作成する

```
CREATE TABLE timetravel_test.example (
                  id INT64,
```

---

注41 公式ドキュメント - タイムトラベルを利用して過去データにアクセスする
https://cloud.google.com/bigquery/docs/time-travel

```
                    user STRING
                    );
```

リスト3.10のクエリでデータを挿入します。

リスト3.10 exampleテーブルにid,userからなるデータを投入するDML

```
INSERT timetravel_test.example (id, user)
SELECT *
FROM UNNEST([(1, 'Mukai'),
    (2, 'Tabuchi'),
    (3, 'Nakao'),
    (4, 'Inazawa')]);
```

テーブルの内容を確認すると図3.27のようになっているはずです。

図3.27 DML実行結果（データがexampleテーブルに挿入されたことがコンソールから確認できる）

```
| id  | user    |
| --- | ------- |
| 1   | Mukai   |
| 2   | Tabuchi |
| 3   | Nakao   |
| 4   | Inazawa |
```

クエリ（リスト3.11）でデータを誤って更新したとしましょう。

リスト3.11 exampleテーブルのid=2を'Yoshikane'に、id=3を'Hinata'に変更するDML

```
UPDATE timetravel_test.example
SET user = CASE
WHEN id = 2 THEN 'Yoshikane'
WHEN id = 3 THEN 'Hinata'
END
WHERE id IN (2,3);
```

そうするとテーブルの内容は図3.28のようになります。

図3.28 DML実行結果（データが変更された）

```
| id  | user      |
| --- | --------- |
| 1   | Mukai     |
| 2   | Yoshikane |
| 3   | Hinata    |
| 4   | Inazawa   |
```

リストアを行うために、DMLを更新した時間を確認してみましょう。コンソール左メニュー

より［クエリ履歴］を選択してください。そうすると、先ほど発行したUPDATEを含むDMLが見つかるので、その終了時刻を確認します。そのうえで、リスト3.12のクエリをコンソールより実行することで、タイムトラベルによりDML実行前のデータを取得可能です（先に確認した終了時刻が2020年11月01日10:00:01日本時間の例）。

リスト3.12　2020年1月15日現在のデータにデータを戻す
（実際の実行時はDMLの終了時間より前に変更して実行してください）

```
/* 2020年 1 月 01 日 10:00:00 日本時間の時点でのデータをクエリする*/
SELECT * FROM timetravel_test.example
FOR SYSTEM TIME AS OF
'2020-11-01 10:00:01+09:00'
```

リスト3.12のクエリの結果は図3.29のようになります。

図3.29　タイムトラベルを利用したクエリの結果、DML適用前のデータを確認できた

```
| id  | user    |
| --- | ------- |
| 1   | Mukai   |
| 2   | Tabuchi |
| 3   | Nakao   |
| 4   | Inazawa |
```

　データが戻ったことを確認できたら、テーブルにリストアを行います。テーブルへのリストアはCTASを使う方法と、上記のクエリ結果を別テーブルとして保存し、復旧対象テーブルの該当するデータをDELETEしてからINSERTする方法があります。前者はタイムトラベルに必要なテーブルメタデータが一度消去されるため、それ以前のタイムトラベルはできなくなってしまいます。そのため、本番環境で行う場合には後者の方がよいでしょう。以下に後者の復旧方法の手順を例示します。

　まずはリスト3.13を利用して、リストア用のテーブルを作成し、そこにタイムトラベルしたデータを保管します。

リスト3.13　CTASで新規テーブルexample_restoreにデータをリストアする

```
CREATE TABLE timetravel_test.example_restore AS
SELECT * FROM timetravel_test.example
/*FOR SYSTEM TIME AS OF でタイムトラベルの基準となる時間を指定するとPITR的に動作する*/
FOR SYSTEM TIME AS OF
'2020-11-01 10:00:01+09:00'
```

その後、MERGEステートメント[注42]と呼ばれる、INSERT、UPDATEを条件に応じて行うステートメントを利用し、マッチしなかったレコードを削除し、元々あったレコードを挿入します。MERGEステートメントは、ONの指定の有無により、（1）2つのテーブルのデータを合計するなどの使い方と、（2）いわゆるUPSERT（UPDATE OR INSERT）と等価な動作をさせる、2つの利用用途があります。リスト3.14では、（2）の方法で、exampleテーブルにexample_restoreテーブルのデータをもとに、マッチしないデータをUPDATE／DELETEを行います。

リスト3.14　MERGEステートメントを利用してexampleテーブルとexample_restoreテーブルで差分を統合する

```
/*`example`テーブルと`example_restore`テーブルで差分がある場合*/
/*MERGEステートメントの対象テーブルは変更したいテーブルを指定*/
/*この場合リストアをかける`example`を指定*/
MERGE timetravel_test.example O
/*USINGではデータの抽出元を指定する*/
USING timetravel_test.example_restore R
/*MERGEの条件を指定*/
/*FALSEの場合は抽出先である`example`にDELETEを実行するとともに、抽出元のINSERTを実行する場合*/
ON FALSE
/*データが`example_restore`にあるが`example`にないものは`example_restore`からINSERT*/
WHEN NOT MATCHED THEN
  INSERT (id, user) VALUES(id, user)
/*データが`example`にあるが、`example_restore`にないものは`example`からDELETE*/
WHEN NOT MATCHED BY SOURCE THEN
  DELETE
```

　これにより、タイムトラベルが可能な状態でのテーブル復旧が完了しました。同様に、テーブルを誤って削除してしまった場合には、@<ミリ秒unix時間>というスナップショットデコレータをCLIから指定することでテーブルを復元できます。

　リスト3.15では、先ほどのtimetravel_test.exampleテーブルを削除します。

リスト3.15　DROPステートメントを利用してexampleテーブルを削除する

```
DROP TABLE timetravel_test.example;
```

　スナップショットデコレータを利用し、テーブルを復元します。図3.30のコマンドは、10分（600,000ミリ秒）前のテーブルの状態をタイムトラベルを用いて読み出し、テーブルとしてリストアします。リスト3.15の実行時間より前に指定し直して実行してください。シェルを実行するには、Cloud Console右上の［Cloud Shell］ボタンよりCloud Shellを起動し、起動した画面に図3.30を入力します。

---

**注42**　公式ドキュメント - MERGE ステートメント
　　　https://cloud.google.com/bigquery/docs/reference/standard-sql/dml-syntax#merge_statement

図3.30　タイムトラベルによるexampleテーブルリストアの実行

```
# bq CLIツールを用いてコマンドラインから削除済みテーブルのタイムトラベルを行う
bq cp timetravel_test.example@-600000 timetravel_test.example
```

　結果は図3.29のようになり、テーブルが復元できたことが確認できます。画面をリロードすることで、BigQueryウェブUIにも「example」テーブルの復元が確認できます。

図3.31　タイムトラベルによるexampleテーブルリストアの実行結果

```
# bq CLIツールを用いてコマンドラインから削除済みテーブルのタイムトラベルを行った実行結果
bq cp timetravel_test.example@-600000 timetravel_test.example
Waiting on bqjob_r3994200a7575eaaf_00000176193d728f_1 ... (0s) Current status: DONE
Table 'project-id:timetravel_test.example@-600000' successfully copied to 'project-
id:timetravel_test.example
```

　このように、データのリストアが簡単にできることがわかります。

　タイムトラベル期間が切れたあとに用意されているのが、**フェイルセーフ**ストレージです。テーブルが削除され、タイムトラベル期間が終了したあとでも、自動で7日間保管される領域で、緊急時の復旧に利用できます。テーブルが削除されたときのタイムスタンプで復旧できます。フェイルセーフは、オペレーションミス防止のための緊急の領域のため、保管期間を変更できません。また、サポートに問い合わせて復旧されるまで、ユーザーはデータにクエリを実行できません。誤ってテーブルを削除した際、かつ、タイムトラベル期間が過ぎてしまったあとの最後の砦として利用するようにしましょう。

　これらのタイムトラベル、フェイルセーフのためのバックアップ費用は、論理バイト課金と物理バイト課金で異なります。

- 論理バイト課金：明示的なコピーを作成しない限りはストレージの料金に内包されている
- 物理バイト課金：タイムトラベル、フェイルセーフのサイズも課金対象となる

　長期にわたるテーブルバックアップなどについては、次項で説明するテーブルスナップショットを使ことをお勧めします。

## 3.11.2 BigQueryにおけるデータリストア - テーブルスナップショット

**テーブルスナップショット**[注43] は特定の時点でのテーブル（ベーステーブル）の内容を保持する読み取り専用のオブジェクトです。現在のベーステーブルのスナップショットだけでなくタイムトラベルと併用することで過去7日間の任意の時点のスナップショットを作成することが可能です。通常の表のようにクエリでアクセスでき、テーブルスナップショットから通常のテーブルを作成（復元）できるのでおもにバックアップ用途で利用します。テーブルスナップショットを使うことで、バックアップの保持期間が7日以上の要件にも対応できます。テーブルそのものをコピーする方法との違いは、ベーステーブルへの変更、削除による差分のみが保存されるコピーオンライト方式が採用されている点です。そのため使用するストレージがベーステーブルの完全なコピーよりも少なくなり、コスト効率が高いと言えます。

図3.32に、ベーステーブルの変更にともない、どのようにスナップショットの容量が変化するかを示します。

図3.32 ベーステーブルとスナップショットのストレージ領域

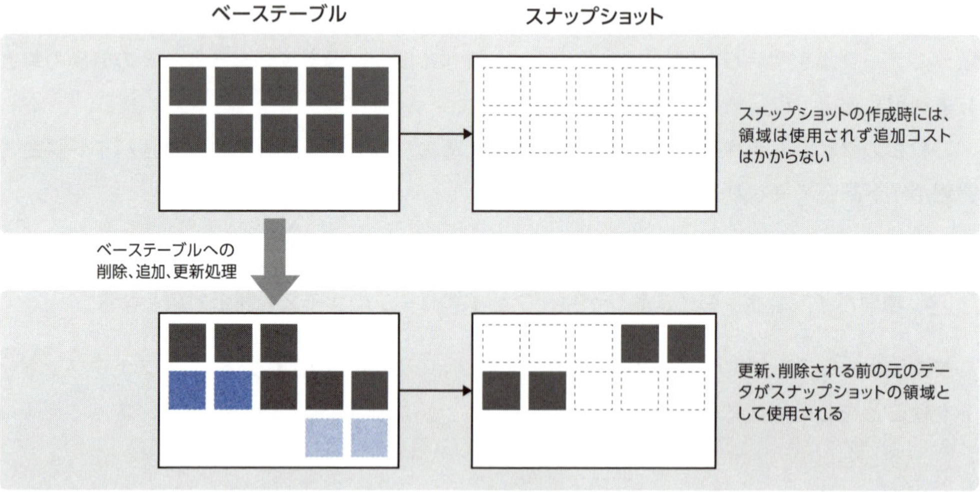

スナップショットはあくまでベーステーブルとの差分のみを更新しているため、作成にコストはかかりません。ベーステーブルに削除、追加、更新などがあると、差分データが発生するので、その差分データ分だけが課金対象となります。

---

**注43** 公式ドキュメント - テーブルスナップショットの概要
　　　https://cloud.google.com/bigquery/docs/table-snapshots-intro

実際に、テーブルスナップショットを使ってデータを復元してみましょう。前項で使ったテーブルの初期のデータを利用します。図3.33に示すデータが入っている状態です。

図3.33　初期状態のデータ（再掲）

```
| id | user    |
| --- | ------- |
| 1  | Mukai   |
| 2  | Tabuchi |
| 3  | Nakao   |
| 4  | Inazawa |
```

テーブル スナップショットを作成してこの時点のデータをバックアップします（リスト3.16）。

リスト3.16　テーブルスナップショットの作成

```
CREATE SNAPSHOT TABLE timetravel_test.example_snapshot
CLONE timetravel_test.example;
```

ここでもクエリ（リスト3.17）でデータを誤って更新したとしましょう。

リスト3.17　exampleテーブルのid=2を'Yoshikane'に、id=3を'Hinata'に変更するDML}

```
UPDATE timetravel_test.example
SET user = CASE
WHEN id = 2 THEN 'Yoshikane'
WHEN id = 3 THEN 'Hinata'
END
WHERE id IN (2,3);
```

そうするとテーブルの内容は図3.34のようになります。

図3.34　DML実行結果（データが変更された）

```
| id | user      |
| --- | --------- |
| 1  | Mukai     |
| 2  | Yoshikane |
| 3  | Hinata    |
| 4  | Inazawa   |
```

この状況に対し、テーブルスナップショットを復元することでリカバリできます。新規のテーブルに復元することもできますが、ここではベーステーブルを上書きして復元します。

リスト3.18　ベーステーブルにテーブルスナップショットを復元する

```
CREATE OR REPLACE TABLE timetravel_test.example
CLONE timetravel_test.example_snapshot;
```

　これだけでベーステーブルに復元できます。テーブルのデータを確認すると更新前に戻ったことが確認できます。

図3.35　スナップショットを復元した結果、初期状態のデータにもどった

```
| id | user    |
| --- | ------- |
| 1  | Mukai   |
| 2  | Tabuchi |
| 3  | Nakao   |
| 4  | Inazawa |
```

　このようにテーブルスナップショットを使うとストレージコストを抑えながら、タイムトラベルでカバーできない7日以上のデータも簡単に復元できます。一方でタイムトラベルのように（7日以内であれば）任意の時間に戻すことはできないのでRPOの要件に合わせてスナップショットを作成する頻度を検討しましょう。

　スナップショットと類似の機能として、**テーブルクローン**[注44]についても触れておきます。テーブルクローンは"編集可能なスナップショット"と言えばわかりやすいでしょう。スナップショットはその特性から読み取り専用ですが、テーブルクローンは編集可能なため、通常のテーブルのように扱うことができます。その特性から、以下のようなユースケースに向いています。

- 本番環境のデータを使った開発やステージングでの利用（開発でDMLをテストしても、本番環境に影響を及ぼさず、本番環境のデータでテストできる）
- データを物理的にコピーすることなく独自の分析を行うサンドボックスとしての利用

　テーブルクローンもスナップショット同様に作成時にはストレージコストは発生せず、ベーステーブル、テーブルクローンのデータが変更されるとテーブルクローンのストレージコストが発生する仕組みです。（図3.36）

---

注44　公式ドキュメント - テーブルクローンの概要
　　　https://cloud.google.com/bigquery/docs/table-clones-intro

図3.36　ベーステーブルとテーブルクローンのストレージ領域

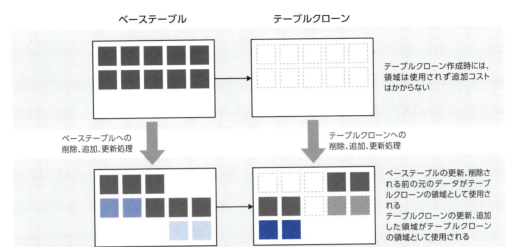

## 3.12 BigQueryにおけるトランザクションとDMLの最適化

　DWHを構築するにはデータのクレンジングやデータマート作成などバッチ処理によるデータ変換が必要です。同時実行性やデータの整合性を考えるうえでBigQueryのトランザクションのしくみが気になる方もいるでしょう。BigQueryはスナップショット分離（Multi Version Concurrency Control）で実現し、並行しているトランザクションのリード操作がほかをブロックしない）を利用し、並列性と性能のバランスをとっています。DMLを含む単一のSQL文をアトミックなトランザクション（すべての処理が成功するか、すべての処理が戻されるかのどちらか）として実行するパターンと、複数のSQL文を1つのアトミックなトランザクションとして実行するマルチステートメントトランザクションの両方をサポートしています。

　どちらを利用するかによってエラーが発生したときのデータの状態、DMLが競合したときの挙動が違うので正しい理解が必要です。まずは単一SQL文のトランザクションの動作を説明します。

　BigQueryはデフォルトで単一のDML文ごとに処理を確定します。したがってデータマート作成などのバッチ処理が複数のDML文で構成されている場合、途中のDML文で障害が発生してもそのDML文だけがロールバックされて、前に実行されたDML文は正常に終了したことになります。その状態でバッチ処理を再実行すると、データを二重登録したり想定と違う集計結果になったりする可能性があるので、処理の前にデータを削除するなど冪等性（何度実

行しても同じ結果になる）を意識した設計が必要です．

　同時実行性という観点から説明します．DMLは実行時のタイムスタンプに基づいたテーブルのデータを利用して処理を始め、終了するとコミットして結果を確定させます．その前に、DMLによる変更が現在のテーブルに競合しないかを確認し、競合があった場合、このDMLの実行を3回まで自動でリトライする方式をとります[注45]。この競合判定の単位は、テーブル内部の同じパーティション（詳細は後述します）です。図3.37にDML競合時の動作を示します。

図3.37　BigQuery DMLの動作のしくみ

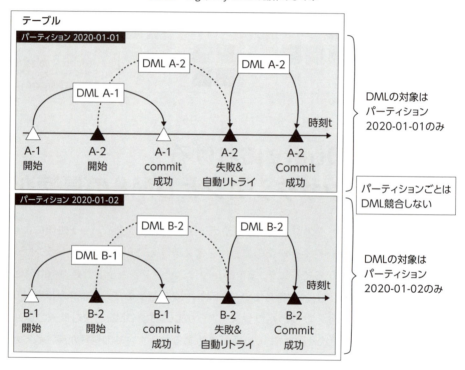

　この例では、4つのDMLが実行されているテーブルを想定しています。テーブルはまずパーティション単位で独立のスナップショットを持つため、パーティションが違うDML Aの2つとBの2つはそれぞれ競合しません。DML A-1とB-1を見ると、まずDMLは開始時刻におけるデータをもとに変更処理を行い、この処理が完了する際に競合がないのでコミットに成功します。一方でDML A-2とB-2は、DMLが開始した際のデータが処理途中に変わってしまっています。このためコミットには失敗しますが、このとき失敗したタイムスタンプに基づくデータを再度読み直してDMLをリトライし、成功しています。

---

注45　公式ドキュメント - DMLステートメントの競合
　　　https://cloud.google.com/bigquery/docs/data-manipulation-language#dml_statement_conflicts

以下のように捉えるとわかりやすいでしょう。

- それぞれのクエリは最新のコミット済みデータを、そのクエリが始まった時点のデータで見る（先述したタイムトラベル機能による）
- 同時にDMLが同じテーブルに発行された場合、同じパーティションであれば最初に完了した1つだけが適用される（先勝ち）
- ほかのDMLは、クエリ発行時点からデータが異なっていることを検知した時点で失敗し、3回までやり直す
- これはテーブルのパーティション単位で判定される。つまり更新対象のパーティションが異なる場合には、同時に発行されたDMLであっても、どちらも成功する

続いて**マルチステートメントトランザクション**です。その名のとおり複数のSQL文を1つのアトミックなトランザクションとして処理する仕組みです。複数のSQL文で構成されるバッチ処理において、途中のSQL文でエラーが発生してもトランザクションの開始時点（最初のSQLが実行される前）のデータの状態にロールバックされるので、途中までの変更が残ることはなく再実行時にもそれらを気にする必要はありません。`BEGIN TRRANSACTION`で開始し、複数のSQL文を記述し、最後に`COMMIT TRANSACTION`または`ROLLBACK TRANSACTION`で終了するとマルチステートメントトランザクションとして実行されます。

図3.38 BigQuery マルチステートメントトランザクション実行時の挙動

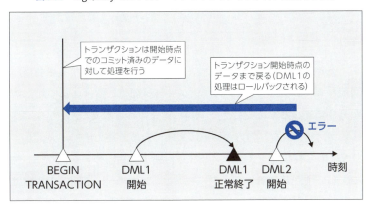

マルチステートメントトランザクションは`BEGIN TRANSACTION`時点のタイムスタンプのテーブルデータを使って処理を行い、途中の変更データはコミットするまで他のトランザクションからは見えません。DMLの競合という観点では、トランザクション内のDMLを実行したときに、すでに他のトランザクションが同じテーブルにDMLを実行していると、キャンセルされトランザクションがロールバックされます。パーティション単位で競合が発生する単一の

DML文と比べるとより競合が発生する可能性が高いと言えます。さらにマルチステートメントトランザクション内のDMLが変更しているテーブルを単一SQLトランザクションのDMLで変更しようとすると、そのDML文のジョブはPENDING状態となり待たされます。

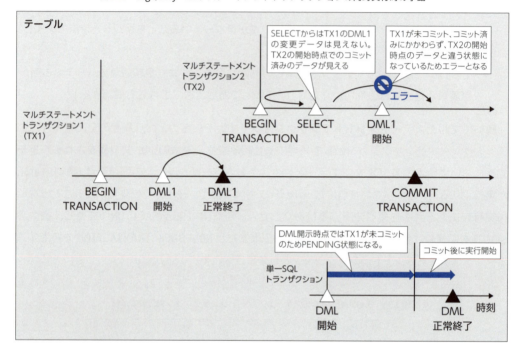

図3.39　BigQuery マルチステートメントトランザクションの同時実行時の挙動

　これらをふまえると複数のDMLが同一テーブルに対して実行される場合は、パーティション単位で分離可能な単一SQL文のトランザクションが有利とは言えますが、冪等性がある設計をする必要があります。とくに同じテーブルに同時実行されるDMLがない場合は、マルチステートメントトランザクションの方が簡単に実装できると言えます。
　では実際にDWHのおもなユースケースとなる日別、商品別のデータマート生成の作成について検討してみましょう。基本的にデータマートは"ユーザーには途中の状態は見せず最終形のデータマートしか見せたくない"という要件が多いでしょう。その場合はデータマート手前に設置した中間テーブルで集計を行い、最後にCTAS、INSERT、あるいはMERGEステートメントを利用して反映することで、最終形のデータマートをユーザーに見せるタイミングを制御できます。また、性能面を考えても中間テーブルを使うことで繰り返しの処理を避けるのはベストプラクティスの1つです[注46]。途中で中間テーブルを作る点で、図3.40はBigQueryにおけ

---

注46　公式ドキュメント - クエリの最適化
　　　https://cloud.google.com/bigquery/docs/best-practices-performance-compute#optimize-query-operations

るデータマート作成の反映におけるベストプラクティスと言えます。

　ではこの場合にどのタイプのトランザクションを選べばよいでしょう。図を見ると最終的なデータマートを作成するには複数の中間テーブルに依存しています。これをマルチステートメントトランザクションで実行するのであれば、依存関係を意識して1つのトランザクション内でシリアル（連続的）に実行する必要があります。たとえば、中間テーブルA-1→中間テーブルB-1→中間テーブルA-2→中間テーブルC→データマートの反映までを1トランザクションにまとめることができます。一方で、依存関係のない中間テーブルA-1と中間テーブルB-1は同時実行したいのであれば、マルチステートメントトランザクションは使えません。

　ここではジョブスケジューラなどで実行し、別のトランザクションとして実行する必要があるので、単一SQLトランザクションの方が望ましいと言えます。各中間テーブルを作成する前に削除するか`CREATE OR REPLACE TABLE...`としておけば再実行しても問題ないでしょう。このようにどのタイプを使うかはバッチ処理の複雑さや性能などの要件によって決める必要があります。また、マルチステートメントトランザクションでサポートされるSQL文は設計前にチェックしておきましょう[注47]。

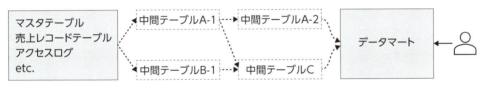

図3.40　BigQueryにおけるデータマート作成のベストプラクティス

## 3.13　DMLの最適化

　BigQueryはOLAP（Online Analytical Processing：分析処理）用途のデータベースです。反対にOnline Transactional Processing（OLTP）トランザクション処理があり、一般的なアプリケーションの多くでOLTPが用いられます。BigQueryのネイティブストレージはデータの追記と大規模な読み出しに特化しており、変更DML（UPDATE、DELETE、MERGE）には無視

---

注47　公式ドキュメント - マルチステートメントトランザクションでサポートされるステートメント
　　　https://cloud.google.com/bigquery/docs/transactions#statements_supported_in_transactions

できないオーバーヘッドがあります。一方、追記は得意なため、INSERTのオーバーヘッドは大きくありません。

BigQueryのストレージ内部では、「3.11.1　BigQueryにおけるデータリストア - タイムトラベル機能」で説明したとおり、変更DMLが実行されるとデータの差分ファイルを作成し、テーブルデータとして見せています。そのとき更新対象の行を含むファイルを変更行と残りの変更なしの行のデータで作成するため、ピンポイントでデータを更新するOLTP系のデータベースに比べてオーバーヘッドが高い処理になります。また、INSERTも処理自体のオーバーヘッドは少ないとはいえ少量のデータを頻繁に挿入すると小さなテーブルファイルがたくさん増えます。増えたファイルは定期的に行われるストレージの最適化処理でマージし、この状態を解消します。それまではそのテーブルに対するSELECTクエリのパフォーマンスが一時的に落ちてしまいます。

また頻繁なDMLは性能だけではなく、前述したDMLの競合や同一テーブルに対するDMLの同時実行数の制限といった問題にあたる可能性があります。たとえばUPDATE、DELETE、MERGEの場合は最大2同時実行でそれ以降は20ジョブまでキューに入れられます[注48]。

これらに対しては、以下の2つの最適化方法があります。

1. DMLをできるだけ大きなジョブとしてまとめる
2. データマートは更新ではなく洗い替え（後述）で実績データから処理をする

それぞれ説明します。

DMLをまとめることで、先述した裏側で処理されるテーブルファイルの生成を細かくせずに対応できます。BigQueryの大規模な分散処理環境という条件であれば、ジョブをまとめても効率的に処理できるため、優先的に検討すべき手法です。また、先述のとおり単一のSQL文のトランザクションの場合、DMLの競合はパーティション単位で判定されるため、パーティション内でできるだけ大きなジョブにすると、トランザクションが失敗して、DMLの再実行が必要になってしまうケースを減らすことができます。

従来のDWHの手法では、できるだけ1つのテーブルの更新を行い、更新対象とするリソースを減らすことでデータマートのジョブを最適化してきました。BigQueryの環境であれば、中間テーブルを気軽に作って破棄することもできるので、データマートを生成する際に1つのテーブルで多くの更新をするよりも、中間テーブルを次々にCTASで作成していく方が相性は良いと言えるでしょう。中間テーブルのコストが気になるのであれば、テーブル有効期限を設定することで消し忘れを防ぎ、コストを最適化できます。また、マルチステートメントトランザクションでの中間テーブルは一時テーブルを使う必要があるので、削除し忘れても24時間後にBigQueryが自動的に削除します。たとえば小売業でのユースケースでは、DMLを用いてデー

---

注48　公式ドキュメント - UPDATE、DELETE、MERGE DMLの同時実行
　　　https://cloud.google.com/bigquery/docs/data-manipulation-language#update_delete_merge_dml_concurrency

タマート処理を行うことがあると思います。このようなオーダーなどの実績レコードを積み上げ、そこから不要なもの (たとえばオーダーキャンセル) などをフィルタするクエリから CTAS した方が、より BigQuery のパフォーマンスを引き出すことができます。

# 3.14 外部接続の最適化 - Storage APIの利用とBI Engineの利用

BigQuery を DWH として利用する際には、BI ツールや ODBC/JDBC 接続、Jupyter Notebook などの外部接続ツールを一緒に利用することが多いでしょう。外部接続ツールから利用する際に、接続が最適化されていないことがあります。以下を見直して利用することをお勧めします。

## 3.14.1 Notebookの場合やHadoop/Sparkコネクタの場合

BigQuery には Storage API と呼ばれる、RPC 経由で並行してデータを読み出すことにより、高速にネイティブストレージからデータを読み出す API が備わっています[注49]。それ以外にも列プロジェクション (テーブル内の必要な列のみを取得すること) やフィルタリングをサーバーサイド (ストレージ側) で行うことにより読み込みを効率化しています。これは Python ライブラリである **pandas_gbq** や **google-cloud-bigquery**[注50] などから利用できるほか、Spark/Hadoop を利用して BigQuery のデータを読み出すための BigQuery コネクタ[注51]、ODBC/JDBC ドライバ[注52] で利用できます。データ量が多い場合には Storage API を利用することで、スループットを最大化できます。各種ライブラリのオプションで利用できるので、意識せずに使っていたのであれば、まず確認してみましょう。Storage API の利用方法については、4 章であらためて説明します。

---

注49　公式ドキュメント - BigQuery Storage API
　　　https://cloud.google.com/bigquery/docs/reference/storage
注50　公式ドキュメント - pandas-gbq と google-cloud-bigquery
　　　https://cloud.google.com/bigquery/docs/pandas-gbq-migration
注51　公式ドキュメント - BigQuery Hadoop ／ Spark コネクタ
　　　https://cloud.google.com/dataproc/docs/concepts/connectors/bigquery
注52　公式ドキュメント - BigQuery JDBC ／ ODBC ドライバ
　　　https://cloud.google.com/bigquery/docs/reference/odbc-jdbc-drivers

## 3.14.2 BIツールの場合

BIツールと接続している場合、**BigQuery BI Engine**を利用できる可能性があります。BigQuery BI Engineは、インメモリのクエリエンジンを利用してBIツールから実行されるデータマートへのアクセスやドリルダウンを高速化できます。BI EngineのSQL InterfaceでTableau、Looker、PowerBIなどのBIツールや他のアプリケーションから透過的に利用することができます。Looker Studioでは1GBのメモリが誰でも利用できます（ネイティブインテグレーションを利用する場合は1GBの容量は含まれません）。BI Engineの詳細は9章で説明します。

# 3.15 データマートジョブの設計最適化

DWHを利用する際には、特定の用途向けによく見られるデータを結合、集計しておく**データマート**を作成することがあるでしょう。それらを実体化したテーブルとしてBigQuery上で作成する場合の最適化ポイントについて説明します。

## 3.15.1 データマート作成クエリの最適化

連続したDMLを避けることでパフォーマンスをより最適化できることについては「3.13 DMLの最適化」で説明したとおりですが、これを具体的なユースケースで最適化する方法を解説します。データマートの作成処理においては、差分更新が用いられることも多いでしょう。たとえば、データマートで差分更新がよく利用されるユースケースに、「データマートの実績データが変更された（売上キャンセル、返品処理）」「データマートの実績データがバッチに間に合わなかった」などが挙げられます。

例として以下のような小売業のケースを考えてみましょう。

- 毎日の売上を集計するデータマートを作成する
- 多くの店のストアコンピュータでジョブが動作するごとに売上データが到着するため、売上日よりあとにデータが追加される場合がある
- 速報として表示したいため、集まったデータだけで集計を行い、遅れてきた分はあとから反映する

このような要件では、売上実績の入った sales_records テーブル（表3.5）から、店舗・商品別のデータマート daily_sales_summary（表3.6）を構成することになります。

表3.5　sales_records テーブルのデータ内容

| sales_id | product_id | store_id | sales_date | last_updated_at_central_db |
|---|---|---|---|---|
| 0001 | a_01 | s_01 | 2020-01-01 | 2020-01-01 |
| 0002 | a_02 | s_04 | 2020-01-01 | 2020-01-01 |
| 0003 | a_03 | s_02 | 2020-01-01 | 2020-01-01 |
| 0004 | a_04 | s_01 | 2020-01-01 | 2020-01-01 |
| …… | …… | …… | …… | …… |

表3.6　daily_sales_summary テーブルのデータ内容

| sales_date | product_id | store_id | daily_amount_sold |
|---|---|---|---|
| --- | --- | --- | --- |
| 2020-01-01 | a_01 | s_01 | 31 |
| 2020-01-01 | a_02 | s_01 | 76 |
| 2020-01-01 | a_03 | s_01 | 98 |
| 2020-01-01 | a_04 | s_01 | 87 |
| 2020-01-02 | a_01 | s_01 | 37 |
| …… | …… | …… | …… |

ただし、ここに売上日よりあとにデータが追加されることがあります。たとえば、以下のようなデータです（表3.7）。

表3.7　売上日よりも遅れて届いた sales_records テーブルのデータ

| sales_id | product_id | store_id | sales_date | last_updated_at_central_db |
|---|---|---|---|---|
| 0001 | a_01 | s_01 | 2020-01-01 | 2020-01-02 |
| 0002 | a_02 | s_04 | 2020-01-01 | 2020-01-02 |

この場合、daily_sales_summary テーブルを更新する必要があります。更新の際には、過去に集計済みのデータがあるので、その売上があった product_id と store_id だけを更新するために、sales_records.last_updated_at で差分を絞り込んで計算し、daily_sales_summary の集計済みの値に DML で daily_amount_sold に対する加算を行うことが多いのではないでしょうか。

このような状況で、BigQueryは差分更新ではなく「洗い替え」を行うことでパフォーマンスを最適化できます。設計の一例としては以下が挙げられます

- sales_recordsテーブル
  - ・パーティション分割をsales_dateに設定し、売上日ごとにスキャン可能にする
- daily_sales_summaryテーブル
  - ・パーティションをsales_dateに設定することで、BIツールからのフィルタリングに高速に対応する
  - ・クラスタリングをstore_id product_idに設定することで、フィルタリングに高速に対応する
  - ・更新の際には、パーティション単位で洗い替えを行う

- daily_sales_summaryの該当日をWHERE指定しDELETEする
- sales_recordsテーブルから同日売上すべてのレコードをSELECTし再集計し、INSERTする
- 更新中の値を見せたくない場合は一時テーブルを挟んで上記の処理を行ってから、最後にCREATE OR REPLACE TABLE...AS SELECT...を実行することでdaily_amount_soldデータマートを一括更新する

　一見、効率が悪く見えるかもしれませんが、洗い替えによりロジックがシンプルになるうえ、BigQueryの特性であるスキャン、演算の高速さを活かして目的を達成できます。daily_sales_summaryの該当のsales_dateでのDELETEもパーティション内のデータをすべて削除するこのケースではデータをスキャンすることなくパーティションを削除できます。また、更新の場合はlast_update_atを絞り込むのでパーティションの効果が得られず全表をスキャンすることになります。そう考えると結果的にはDMLでの差分計算よりも高速に処理できることが多いでしょう。また、要件が合うようであれば、マテリアライズドビューを利用することで最新データを見せつつ、より簡単にデータマートを構成できます。

　もしもより短い間隔でアップデートが必要な場合は、変更レコードを追記していくジャーナルテーブルを作成し、UNIONと分析関数であるrow_number()を利用して差分を格納したテーブルと現在のデータマートをMERGE*することもできます。メルカリ社のブログで詳細な方法が紹介されていますので、興味がある方はそちらも確認してください[注53]。

---

注53　数百GBのデータをMySQLからBigQueryへ同期する
　　　https://engineering.mercari.com/blog/entry/2018-06-28-100000/

## 3.15.2 データマート作成ジョブの流れの最適化

BigQueryでは、データマートの作成ジョブの流れを見直すことで大きな恩恵を受けることができます。

データマート作成の場合には、上流、下流のシステム（そして部署）があるのが一般的です。旧来、データ基盤（あるいは、情報系と言い換えてもよいかもしれません）がオンプレミスにある場合、部署Aから部署Bへデータを受け渡す際に図3.41のような流れが多く採用されていました。

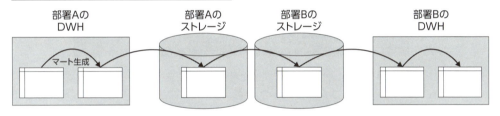

図3.41 旧来のデータ受け渡し方法

DWH（あるいは通常の業務データベースと読み替えてもらってもかまいません）ではデータを集計し、ファイルストレージにバッチで移動します。そのあと、責任分界点の異なる部署やシステムがこのデータを自分のストレージにコピーし、DWHへロードし、最終目的とするマートを生成するジョブをETL（Extract、Transform、Load - 抽出し、変換してからDWHにロードする）やELT（Extract、Load、Transform - 抽出し、DWHにロードしてから変換する）で作ります。これは部署が異なる場合だけではなく、異なる目的で作られた2つのシステムでやりとりをする際に、性能を担保したり責任分界点を明確化したりする観点で当たり前にとられていた連携方式です。しかし、この連携方式の問題点として、DWHやストレージを分けることによるリソースの効率低下、投資費用の増加、何よりもデータコピーによるパイプラインの長さなどが挙げられました。

一方、クラウドの登場で最も大きく変わったのがストレージです。乱暴に言えば、ストレージには容量とI/Oの2つの観点がありますが、クラウドサービス事業者がオブジェクトストレージとして抽象化して保持してくれるようになりました。これにより、ストレージを二重に持つ問題は解消されたものの、既存のDWHのアーキテクチャをクラウドによるマネージドで動か

すだけでは、DWH観点でのストレージとコンピュートが分離されず、またスケーラビリティの問題から、結局は各部署がバラバラにDWHを保持するケースが依然として多く見受けられます（図3.42）。

図3.42 クラウドによるデータ連携の変化

BigQueryのストレージとコンピュートの分離、そしてプロジェクトという環境分離を利用することで、バラバラにDWHを保持する問題も解決できます（図3.43）。

図3.43 BigQueryにおけるデータ受け渡し方法

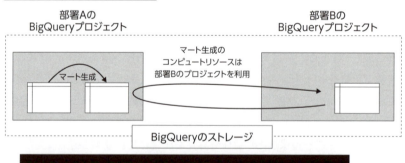

2章の「2.4.5 クエリ結果のキャッシュと明示的なテーブル指定による永続化を利用する」の項で説明したとおり、BigQueryでは、IAMを利用してテーブルやデータセットに対するアクセスさえ付与すれば各プロジェクトをまたいでテーブルを参照できます。これは、従来のデータ基盤で"ファイルを連携し、別環境へデータを受け渡す"パイプラインがDWHの中で完結す

ることを意味します。そして、プロジェクト単位でコンピュートのリソースを分離できている
ため、プロジェクトAのリソースを消費することなく、プロジェクトBからプロジェクトAに
置いたままのテーブルに対しELTジョブを実行できます。これにより、劇的にデータのコピー
やテーブルコピーを削減し、パイプライン全体が短くなることで、ビジネスで発生した状況を
より早く、データマートを利用しているユーザーに伝えることができます。たとえば小売業な
どではトレンド変化が激しいため、このようなデータパイプラインの短縮によるメリットは非
常に大きいでしょう。

このような設計の最適化における恩恵を受けた事例として、メジャーリーグベースボールが
挙げられます[注54]。チケット購入やファンクラブ会員の属性、アプリのログなどから作成したデー
タマートがクラウド上のDWHにあり、加工したデータを各球団と連携するためにオブジェク
トストレージにファイルとして吐き出していました。これをBigQueryを通じて各球団と共有
することで、アーキテクチャをシンプルに、データを民主化できたという事例があります。

まさに、BigQueryを利用したデータマート設計の最適化例と言えるでしょう。

## 3.16 BigQueryのモニタリング

データウェアハウスを安定して運用するために現在の利用状況が健全かどうかをモニタリン
グすることが必須です。前述したとおりBigQueryはサーバーレスでクラスタの管理やメンテ
ナンスは必要なく可用性も非常に高いので必要な管理作業は多くありません。ワークロードに
関しても影響分離可能なことは説明しました。一方で、アドホック分析用のプロジェクトを分
離していたとしても、その中で突然誤って数年間のデータをスキャンするような重い分析クエ
リが実行されることもあります。その場合でも、フェアスケジューリングでスロットを専有す
ることはありませんが、長い時間スロットを占めることによる他の利用者への影響が発生します。
また、繁忙期のデータ量の急激な増加によりバッチ処理がいつもより伸びるケースなどが考え
られます。そのような自体が発生した場合にも監視をしっかりしておくと原因の特定が素早く
でき迅速な解決が可能になります。

BigQueryではコンソールのナビゲーションメニューの管理の中にあるモニタリングからリソー
ス使用率やジョブを監視することができます[注55]。

---

注54　MLBのファンデータチーム、データウェアハウスのモダナイゼーションにより大成功を収める
https://cloud.google.com/blog/ja/products/data-analytics/mlb-moves-to-bigquery-data-warehouse

注55　公式ドキュメント - 健全性、リソース使用率、ジョブをモニタリングする
https://cloud.google.com/bigquery/docs/admin-resource-charts

- **運用の健全性**：組織全体のすべてのロケーション、すべての予約の BigQuery の使用状況（スロットの使用状況、ジョブの同時実行、ジョブの所要時間など）の概要を確認できる。特定のロケーション、予約にドリルダウンしてそれぞれの詳細も確認できる
- **リソースの活用**：過去 30 日のリソース使用量を時系列で、プロジェクトやユーザーなどのさまざまな軸でグループ化やフィルタリングして分析することでパフォーマンス問題の原因分析や診断などに利用できる
- **ジョブエクスプローラー**：スロット時間や実行時間などが一定の値を超えてるジョブを探し、そのジョブの情報やクエリプランや実行グラフを確認できる

BigQuery の予約を複数利用してワークロードの影響分離を実施している場合は［運用の健全性］から見てみるとよいでしょう。ここではロケーションや予約ごとのスロットの使用状況、同時実行数などが表形式で一覧できます。最終更新の 30 分前までの指標が表示され、［ライブデータ］を有効にすると 5 分ごとに自動更新されます。

図 3.44　運用の健全性のモニタリング - 組織全体の概要

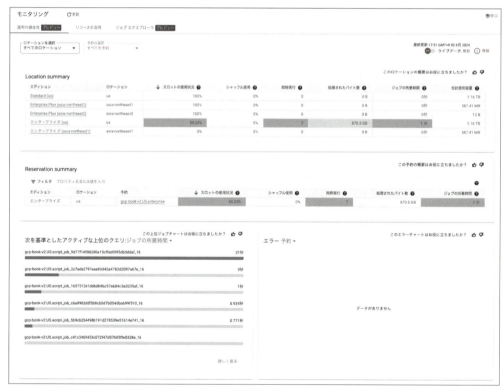

全体を見て特定のロケーションや予約の負荷が高い場合はそこから詳細なビューを確認することで時系列でのスロット使用状況、ジョブの同時実行などの性能指標のタイムライングラフが表示されます。また、アクティブな上位のクエリの情報も表示されます。性能指標のグラフ、アクティブな上位のクエリで［詳しく見る］をクリックすると、それぞれリソースの活用とジョブエクスプローラーで詳細な情報を確認できます。

図3.45 運用の健全性のモニタリング - ロケーションの詳細

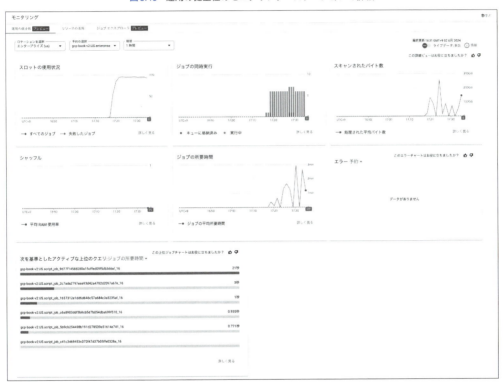

［リソースの活用］では、リソースの使用率を過去30日間で特定の時間の範囲に絞ってフィルタ、グループ化しながら分析して重いジョブやどのユーザーが多くリソースを消費しているかなどの分析ができます。図3.46では特定のプロジェクト、予約で各ジョブごとのスロットの使用状況を表示しています。実行中のジョブを操作からキャンセルすることも可能です。

図3.46 リソースの使用率を表示する

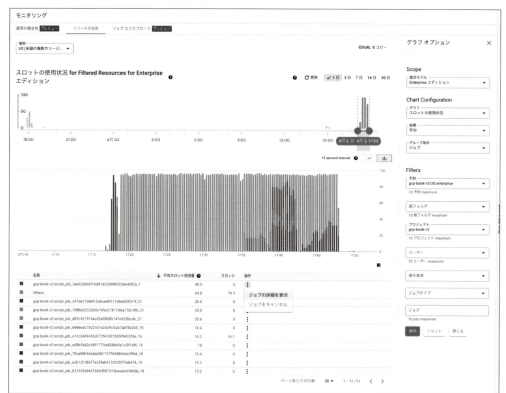

　最後に［ジョブエクスプローラ］を見てみましょう。この機能を使うと実行時間、スロットの消費など様々な条件でジョブを検索することができます。また、それぞれのジョブのジョブ情報、実行グラフなども確認できるためボトルネックの特定までできるようになっています。また、全体のパフォーマンスに影響のあるジョブを検索するだけでなく［**操作**］から実行中のジョブをキャンセルすることも可能です。

図 3.47　ジョブエクスプローラーで重いクエリを調査する

このように BigQuery では簡単に現在や過去の負荷の状況をモニタリングできるので性能問題があっても原因特定から解決まで迅速に対応することができます。

## 3.17　環境の削除

本章の SQL を実行した場合は、意図しない課金を防ぐため忘れずに環境を削除しましょう。ここでは Google Cloud プロジェクトを削除する方法を説明しますが、プロジェクト内のすべてのリソースが削除されるのでご注意ください。個々のリソースを削除する場合は、それぞれのドキュメントを参照してください。

図 3.48　Google Cloud のプロジェクトの削除

```
# 以下の[your-project-id]には、削除対象のGoogle CloudプロジェクトのプロジェクトIDを指定
gcloud projects delete [your-project-id]
```

# 3.18 まとめ

　本章では、BigQueryをDWHとして利用する際のさまざまな機能、設計の最適化ポイントについて説明しました。BigQueryの各機能について、エディションごとに利用できる機能が異なります。2024年10月時点のエディション／オンデマンド料金ごとに利用できる機能を整理し、表3.8に示します。

表3.8　BigQuery エディションとオンデマンドの機能一覧

| 機能名 | Standard | Enterprise | Enterprise Plus | オンデマンド料金 |
|---|---|---|---|---|
| 課金対象 | スロット時間（最小1分） | スロット時間（最小1分） | スロット時間（最小1分） | クエリ単位の課金（無料枠付き） |
| コンピューティングリソースの割当方法 | 自動スケーリング（最大1,600スロット） | 自動スケーリング＋ベースライン（ともに制限なし） | 自動スケーリング＋ベースライン（ともに制限なし） | オンデマンド(2,000スロットを目安としてバースト可) |
| 割り当て | プロジェクトの割り当て | プロジェクト、フォルダ、組織の割り当て | プロジェクト、フォルダ、組織の割り当て | 割り当てなし |
| 管理プロジェクトごとの最大予約数 | 10 | 200 | 200 | -（予約不要） |
| 年間利用による料金割引容量コミットメント | なし | 1年間または3年間 | 1年間または3年間 | なし |
| 毎月のサービスレベル目標 (SLO) | 99.9% 以上 | 99.99% 以上 | 99.99% 以上 | 99.99% 以上 |
| Assured Workloadsによるコンプライアンス管理 | 非対応 | 非対応 | 対応 | 対応 |
| VPC Service Controls | VPC Service Controls のサポートなし | VPC Service Controls のサポートあり | VPC Service Controls のサポートあり | VPC Service Controls のサポートあり |
| 列レベルのアクセス制御 行レベルのセキュリティ 動的データのマスキング | 利用不可 | 利用可 | 利用可 | 利用可 |

| 機能名 | Standard | Enterprise | Enterprise Plus | オンデマンド料金 |
|---|---|---|---|---|
| Analytics Hub | データセットのパブリッシュとサブスクライブ | データセットのパブリッシュとサブスクライブ | データセットのパブリッシュとサブスクライブ<br>下り（外向き）制御<br>データ クリーンルームのサブスクリプション | データセットのパブリッシュとサブスクライブ<br>下り（外向き）制御<br>データ クリーンルームのサブスクリプション |
| ストレージの暗号化 | Google が管理する鍵 | Google が管理する鍵 | 顧客管理の暗号鍵（CMEK）<br>Google が管理する鍵 | 顧客管理の暗号鍵（CMEK）<br>Google が管理する鍵 |
| BI Engine | 利用不可 | 利用可 | 利用可 | 利用可 |
| マテリアライズドビュー | クエリ実行のみ可能 | 作成、自動更新、手動更新、クエリ、スマートチューニングが可能 | 作成、自動更新、手動更新、クエリ、スマートチューニングが可能 | 作成、自動更新、手動更新、クエリ、スマートチューニングが可能 |
| 全文検索 | 検索インデックスは利用不可<br>SEARCH 関数のみ利用可能 | 検索インデックスの利用可能 | 検索インデックスの利用可能 | 検索インデックスの利用可能 |
| ベクトル検索 | ベクトル インデックスにアクセスしない<br>VECTOR_SEARCH 関数へのアクセス | ベクトルインデックスによるクエリの高速化 | ベクトルインデックスによるクエリの高速化 | ベクトルインデックスによるクエリの高速化 |
| 非構造化データ | オブジェクト テーブルをクエリ可能（Cloud Storage バケットの URI の取得） | ML 推論のあるオブジェクトテーブル | ML 推論のあるオブジェクトテーブル | オブジェクト テーブルをクエリ可能（Cloud Storage バケットの URI の取得） |
| BigQuery ML | 利用不可 | 利用可 | 利用可 | 利用可 |
| ワークロード管理 | 最大同時実行目標数の設定不可 | 高度なワークロード管理（アイドル状態の容量の共有、ターゲット同時実行） | 高度なワークロード管理（アイドル状態の容量の共有、ターゲット同時実行） | 高度なワークロード管理の利用不可 |
| サポートされている割り当てタイプ | QUERY、PIPELINE | QUERY、PIPELINE、ML_EXTERNAL、BACKGROUND | QUERY、PIPELINE、ML_EXTERNAL、BACKGROUND | - |
| BigQuery Omni | 利用不可 | BigQuery Omni のサポート | BigQuery Omni のサポート | BigQuery Omni のサポート |

| 機能名 | Standard | Enterprise | Enterprise Plus | オンデマンド料金 |
|---|---|---|---|---|
| キャッシュに保存された結果 | シングルユーザーキャッシュ | クロスユーザーキャッシュ | クロスユーザーキャッシュ | シングルユーザーキャッシュ |
| ディザスタリカバリ | クロスリージョンデータセットレプリケーションのみ対応 | クロスリージョンデータセットレプリケーションのみ対応 | クロスリージョンデータセットレプリケーションマネージドディザスタリカバリ | クロスリージョンデータセットレプリケーションのみ対応 |
| 継続的クエリ | 利用不可 | 利用可 | 利用可 | 利用不可 |

本章においては、

- BigQueryエディションで機能、非機能要件に合わせて最適なエディションを選択する
- 可用性に関しては、サービスとして元から担保されており、災害対策も可能
- ベストプラクティスにそった設計に最適化することで、より厳しいDWHの機能・性能要件にも対応できる
- データマートのジョブの設計最適化を行うことで、DWHのデータコピーをなくし、効率的に利用できる
- モニタリング機能で性能問題が発生しても原因を把握して問題解決まで迅速に行える

すでに別のDWHを構築済みという方はBigQueryで最適な設計で構築をする前にまずは移行をする必要があります。その場合は、移行フレームワーク[注56]やBigQuery Migration Serviceという各DWH（Teradata、Redshift、Snowflakeなど）からの移行ツール[注57]が提供されています。これらは面倒なSQL変換やスキーマの移行の自動化、BigQueryでのパーティショニング、クラスタリングなどの推奨提案などを提供しており、まずはこれらを活用して移行し最適化をしていくのがよいでしょう。

### Column

## データを効率的、安全に共有する

2章、3章において、BigQueryではデータセットに対するアクセスさえ付与すれば、データを複製することなく組織やプロジェクトをまたいでテーブルを参照できることを紹介しました。この方法でも共有先やデータセットが多くなければ権限の管理などが手間になることはあまりありません。一方で、データセットや共有先がメッシュ型にM:N関係で増

---

注56　公式ドキュメント - 移行フレームワーク
https://cloud.google.com/bigquery/docs/migration/migration-overview#what_and_how_to_migrate_the_migration_framework

注57　公式ドキュメント - BigQuery Migration Services
https://cloud.google.com/bigquery/docs/migration-intro

えてくると、データを公開／共有する組織（パブリッシャー）側の管理業務が煩雑になり、ミスが発生する可能性も増加します。また、共有したデータが適切に利用されているかなどの運用、管理を行うためには利用状況などを一元的に確認できる仕組みが必要です。

このような問題を解決するのが**Analytics Hub**[注58]と呼ばれる、BigQuery上に構築されたデータ交換プラットフォームです。

Analytics Hubはパブリッシャーの上記のようなニーズを解決しつつ、データを利用する組織（サブスクライバー）の以下のような新しいビジネスニーズに応えることができます。

- 複数の部門、または組織がそれぞれのデータを提供して相互に利用したい
- データを組織外に販売してマネタイズしたい（データマーケットプレイス）

Analytcis Hubを構成するおもな要素を図3.49に示します。図中に示す各要素は以下のように考えればわかりやすいでしょう。

1. データエクスチェンジという交換所に、パブリッシャーが共有したいデータセット（共有データセット）をリスティングという形で提供する
2. サブスクライバーが交換所でそれを検索してサブスクライブし、リンク済みデータセットとして利用する

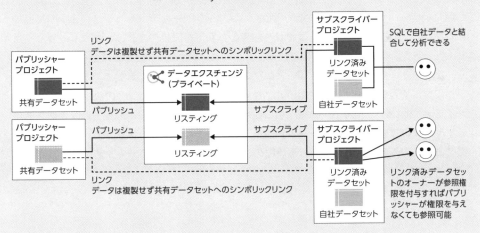

図3.49　Analytics Hubのアーキテクチャ

図3.49のおもな構成要素の役目は以下のとおりです：

- **パブリッシャー**：Anlaytics Hubにデータをパブリッシュする提供者
- **サブスクライバー**：Analytics Hubのデータをサブスクライブする利用者
- **共有データセット**：BigQueryのデータセットでAnalytics Hubでのデータの共有単位。このデータセットにテーブル、BigQuery MLモデル、承認済みビューなど

---

注58　公式ドキュメント - Analytics Hub の概要
https://cloud.google.com/bigquery/docs/analytics-hub-introduction

の分析アセットを追加して共有する

- **データエクスチェンジ**：パブリッシュ、サブスクライブタイプでのセルフサービスデータ共有を可能にするコンテナの役割。この中にパブリッシャーが提供した共有データセットのリストが含まれる。特定のユーザー、グループのみがアクセス可能な限定公開、または誰もがアクセス可能な一般公開のいずれかを選択できる。また、サブスクライバーへのアクセスはデータエクスチェンジレベルかリスティングレベルで許可できる
- **リスティング**：データエクスチェンジに作成する共有データセットの参照で、名前、カテゴリ、説明文やマークダウンによるドキュメント、コンタクト先などの情報を含めることができる。リスティングもデータクエスチェンジと同様に公開リスティングと限定公開リスティングの2種類がある
- **リンク済みデータセット**：リスティングをサブスクライブすると作成される読み取り専用のデータセット。これは共有データセットへのシンボリックリンクとなる

このような抽象化を行うことで、パブリッシャーはサブスクリプションの情報（組織、プロジェクト、リンク済みデータセット）を一覧で把握でき、必要であればサブスクリプションを削除できます。使用状況もコンソールから統計情報、**INFORMATION_SCHEMA. SHARED_DATASET_USAGE**[注59]からはアクセスされたジョブレベルで確認できます（図3.50）。

新しいデータセットを追加したい場合、パブリッシャーがデータエクスチェンジに追加するだけで、サブスクライバーはそれを検索して利用を開始できます。パブリッシャーはセキュリティ面でも共有データのコピーとエクスポート、クエリ結果のコピーとエクスポート、APIを介したテーブルのコピーとエクスポートなどの操作を無効にできるほか、テーブルに対して列レベル、行レベルのアクセス制御やデータマスキングの設定も可能です。

この Analytics Hub も BigQuery のコンピュートとストレージの分離という特徴を活かし、データの複製によるストレージ料金を追加することなくサブスクライバー側で実行したクエリにのみ課金されるため、最小限のコストで組織内外でのデータ活用が可能です。

---

注59　公式ドキュメント - INFORMATION_SCHEMA.SHARED_DATASET_USAGE
https://cloud.google.com/bigquery/docs/information-schema-shared-dataset-usage

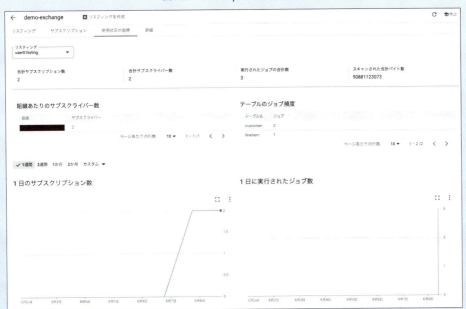

図3.50　Subscriptionの使用状況

　このような組織を超えたデータ共有が広がるにつれ、ユーザーのプライバシーをいかに制御するかという新たな課題が発生します。ユーザーのプライバシーを守るための加工場所として提唱されるようになったのが、**データクリーンルーム**[注60]という概念です。Analytics Hubでは、このデータクリーンルームを実現するための機能を備えています（図3.50）。

　具体的には**分析ルール**というデータアクセスを制限するルールをクエリ実行時に適用することで、プライバシーを確保した分析が可能となる機能です。2024年10月時点では4つの分析ルール[注61]が提供されています。

- **集計しきい値**：集計時にグループに含まれる個々のエンティティ（プライバシーユニット列として分析ルール作成時に指定）の数が設定した集計しきい値以上になるグループの結果のみ出力（図3.52）この分析ルールを含むビューには結合制限も含めることができます。
- **差分プライバシー**：差分プライバシー[注62]を利用すると、個人に関する情報を知られることなく、グループに関する集計値といった情報を推論できる。イプシロンやデ

---

注60　公式ドキュメント - データクリーンルームを使用して機密データを共有する。
　　　https://cloud.google.com/bigquery/docs/data-clean-rooms
注61　公式ドキュメント - 分析ルールを使用してデータアクセスを制限する。
　　　https://cloud.google.com/bigquery/docs/analysis-rules
注62　公式ドキュメント - 差分プライバシーとは
　　　https://cloud.google.com/bigquery/docs/differential-privacy#what_is_differential_privacy

ルタのパラメータ[注63]を適切に設定することで、統計分析の有用性を保ちながら値にノイズを追加してプライバシー保護とのバランスをとる。また、プライバシーバジェットを適用することで、すべてのクエリのイプシロンまたはデルタが合計値に達するとクエリが実行できなくなる。この分析ルールを含むビューには結合制限も含めることができる

- **結合制限**：ビュー内で結合に利用できる列や種類を定義することでクエリの結合を制限する。結合をブロックしたり必須にしたりといったさまざまな制限が可能。集計しきい値または差分プライバシーと併用できる（一部、これらが必須となる結合制限の種類もある）
- **リスト重複**：結合制限のパターンの一部にあたり、指定した列すべてか、またはどれかで内部結合を必須とする制限。他の分析ルールと併用はできない

図3.51　データクリーンルームのアーキテクチャ

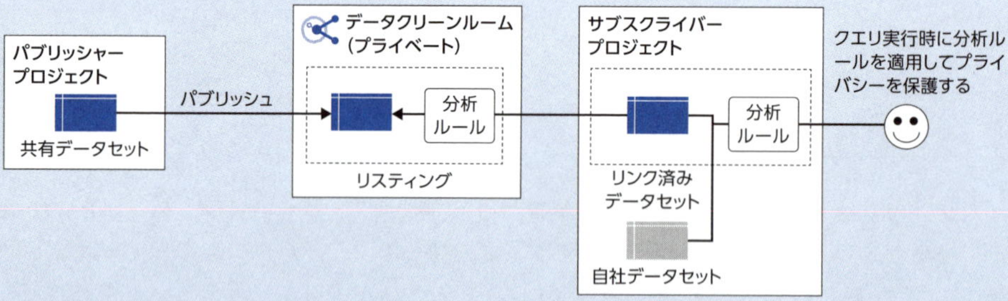

図3.52　集計しきい値分析ルールのイメージ

プライバシーユニット：cust_id
集計しきい値：2

| cust_id | category | amount |
|---------|----------|--------|
| c01 | 野菜 | 1000 |
| c02 | 野菜 | 50 |
| c03 | 野菜 | 100 |
| c02 | 果物 | 20 |
| C03 | 果物 | 300 |
| C01 | 肉 | 500 |
| C01 | 肉 | 10 |

**カテゴリごとの売上を集計**

肉を購入したcust_idは1つだけで、しきい値の2より少ないので集計結果に表示されない

| Category | amount |
|----------|--------|
| 野菜 | 1150 |
| 果物 | 320 |

　これらの分析ルールを用いると、組織間でデータを共有する際に、ユーザーデータが保護された状態で利用できます。
　例として、ある日用品メーカーが商品Aをプロモーションするデジタルマーケティング

---

注63　公式ドキュメント - privacy parameters
　　　https://cloud.google.com/bigquery/docs/reference/standard-sql/query-syntax#dp_privacy_parameters

を考えてみましょう。自社サイトの登録済みユーザーに対して広告を利用したいが、日用品メーカーは通常、卸売の形態をとります。したがって、小売り業者のPOSデータがないと、広告を利用したユーザーがどの程度購入につながったかが計測できず、広告の効果測定や改善を行うことができません。ここに対しデータクリーンルームを利用することで、小売業者のデータとメーカーのデータを突合しながらも、分析ルールにより個人の購入の有無というセンシティブな情報は保護しつつ、統計的な情報を得ることで傾向を掴むことができます。この例で言えば広告を配信した人の何％が実際に購入していたかという情報です。

　データクリーンルームはAnalytics Hub上に構築されているため、基本的な利用方法はAnalytics Hubと同じです。異なる点は、パブリッシャーはデータクリーンルームに分析ルールを適用したビューをリスティングとして追加することです。サブスクライバーはデータクリーンルーム自体をリンク済みデータセットとしてサブスクライブします。これによりサブスクライバーはデータクリーンルームに含まれるビューにアクセス可能となり、パブリッシャーはSQLを実行すると分析ルールを満たす出力のみが生成されるので安全にデータを利用できます。

　このようにBigQueryにはデータを効率的かつ安全に共有できるAnalytics Hub、データクリーンルームという機能を提供しています。組織間、組織内にかかわらずデータを共有する要件があればこれらの機能の活用を検討してみてください。

# 第4章 レイクハウスの構築

機械学習、とくに近年の生成AIの登場により、非構造化データの活用が注目され、データレイクの重要性が増しています。しかし、データウェアハウスとデータレイクを別々に運用することは、コストや管理面でさまざまな課題を引き起こします。そこで注目を集めているのが、両者の利点を統合したアーキテクチャであるレイクハウスです。レイクハウスは、データレイクとデータウェアハウスの利点を組み合わせたアーキテクチャで、次世代のデータプラットフォームとして期待されています。本章では、データレイクの構成要素をおさらいしながら、レイクハウスの構築について説明します。

## 4.1 レイクハウスの概要

**レイクハウス**は、従来のデータウェアハウスとデータレイクの利点を組み合わせたアーキテクチャです。構造化データ、半構造化データ、非構造化データといった、あらゆる種類のデータを単一のプラットフォームで効率的に保存、処理、分析できる新しいデータ基盤です。本節では、データウェアハウスとデータレイクの特徴や歴史を振り返ることでレイクハウスが登場した背景を明らかにし、レイクハウスに求められる要素を説明します。

### 4.1.1 データウェアハウスとデータレイク

まずは、レイクハウスが登場した背景として、従来のデータレイクおよびデータウェアハウスとは何かを振り返り、それぞれの利点と課題を整理します。

### データウェアハウス

**データウェアハウス**（DWH）は、企業のさまざまなソースから収集した**構造化データ**を統合・整理し、分析に適した形式で格納するデータベースです。データの操作はおもにSQLを用い

て行い、**ビジネスインテリジェンス**（BI：Business Intelligence）やレポート作成などの分析用途に適しています。構造化データは事前に定義された**スキーマ**（データの構造の設計書）にしたがってテーブル形式で格納されます。この方式は書き込みの際にスキーマを指定することから、**スキーマオンライト**（Schema on Write）、と呼ばれます。テーブルの列ごとにデータをまとめて記録する**列指向形式**を採用していることや、データの欠損や不整合などの分析に不都合のあるデータの**前処理**が済んでおり、高品質なデータが格納されているため、効率的なデータ分析処理を実現できるのが利点です。また、データが構造化されていることでデータ管理とセキュリティ運用が容易になり、企業全体の意思決定を支援する信頼性かつ安全性の高いデータ基盤として広く活用されてきました。

一方で、データ分析要件の変化の速さや扱うデータ量の増大により、データウェアハウスはさまざまな課題と直面するようになりました。とくに、Webサービスの爆発的な普及とデータ分析による収益貢献がビジネス要件を大きく変えました。従来の企業データと言えば、業務アプリに備わるトランザクショナルDBに格納される構造化データでした。これに対し、近年はWebサービスのログ分析に用いられるJSON形式の**半構造化データ**や、アクセス解析の活用による**スパース**（まばら）なデータに対する分析が企業で大きな役割を持つようになったことで、データ分析に対するニーズが大きく変わりました。具体的にスパースなデータの例を見てみましょう。リスト4.1は改行区切りJSONで示された、アクセスログの例です。

**リスト4.1 半構造化データの例**

```
{"event":{"event_id":1,"event_type":"access","event_timestamp":"1643673600483790","acce
ss_url":"http://XXXX"}}
{"event":{"event_id":002,"event_type":"ecommerce","event_timestamp":"1643673600483791","ac
cess_url":"http://XXXX"},"ecommerce":{"total_item_quantity":3,"purchase_revenue":200}}
```

このようなログでは、"その行動をしたときにだけ値が入るキー"が多くあります。この例では、商品を購入した場合のみに格納されるecommerceのキーです。その対応する値にはさらにキーと値の組み合わせのマップが格納されており、ここではtotal_item_quantityキーとpurchase_revenueキーとそれぞれの値になっています。これをRDBMSの一般的なテーブルのスキーマとして格納すると、ecommerceキーの値の部分を展開し、図4.1のようにスパース（多くの要素が空や0）になります。

図4.1 スパースなデータのイメージ

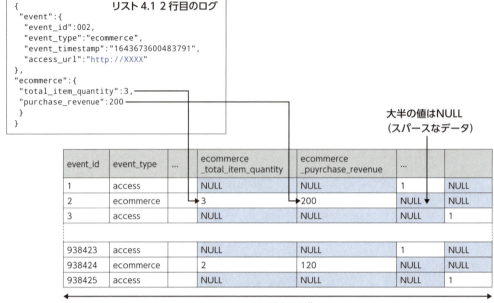

　Eコマースにおいては、このようなログデータを活用して"商品から商品へのレコメンドの最適化"などが行われ、ビジネスの成長を加速させました。しかし、このようなデータは、事前にスキーマを定義して伝統的なデータウェアハウスに格納するための労力が膨大にかかり、クエリを実行する観点からも非効率でした。

　こうしたデータが増えたことにより、変化した分析ニーズの1つは柔軟性です。

　まずは半構造化データやスパースなデータを取り扱うファイルフォーマットに柔軟性が求められます。また、スピードの速いビジネスの要件変化に追従するために起こる、頻繁なアプリ側のスキーマ変更に対応できる柔軟性が求められるようになります。伝統的なデータウェアハウスでは、固定化されたスキーマのデータを扱っていたため、上流システムでの意図しないスキーマ変更が発生すると、データを取り出し、変換し、ロードするETLのジョブが異常停止します（この問題は**スキーマドリフト**と呼ばれます）。

　2つめのニーズの変化は、データの保管／処理にかかるコストです。2010年頃からセンサーデータやログデータ、ソーシャルメディアデータ、画像データなど、**半構造化データ**および**非構造化データ**の重要性が増してきました。これによりペタバイト級といった文字通り桁が異なるサイズのデータを扱う必要性が発生しました。

　とくにオンプレミス環境を中心とする従来のデータウェアハウスは、構造化データに最適化されており、非構造化データの扱いにあまり向いていませんでした。また、スキーマの変更に

追従するために、メンテナンスの稼働が大きくかかることとなります。コスト面では、ストレージとノードが密接に結合されていたため、ストレージ容量の増加にともない、必然的にコンピュートリソースの拡張も必要となり、非効率的なコスト構造となっていました。

## データレイク

そのようなデータウェアハウスが持つ課題を背景として、**データレイク**が注目を集めるようになりました。データレイクは、データベース形式の構造化データ、JSONやXMLなどの半構造化データ、テキスト・画像・音声などの非構造化データといった多種多様なデータを、形式を問わず保存できるペタバイトクラスの大規模なデータストアおよび処理エンジンです。未加工な状態の生のデータを収集・蓄積し、目的の異なる分析に合わせて最適なスキーマを適用します。この方式はクエリの際にスキーマを定義するため、**スキーマオンリード**と呼ばれます。また、データレイクでは、それぞれのデータごとに最適な処理エンジンを選択することで、新たな知見やデータ活用の可能性を見出すことを重視して発展してきました。

2010年代初期に登場した**Apache Hadoop**[注1] およびそのエコシステムは、企業でのデータレイク活用において非常に重要な役割を果たしました。データレイクの技術スタックは分散ストレージを基礎に置き、そこに技術スタックを積み上げることでさまざまな要件に対応できるようになりました（図4.2）。

**Hadoop Distributed File System**（**HDFS**）はHadoopのエコシステムの根幹をなす分散ストレージです。2章で説明した、BigQueryの利用するColossusの前身である、Google File Systemにインスパイアされて開発されたものです。コモディティサーバーを横に並べ、スケールするようなアーキテクチャをとります。クラウドが広く使われるようになった今日では、**Google Cloud Storage**（以下、単にCloud Storage）やAmazon S3などのオブジェクトストレージもHDFSの代わりに広く利用されています。分散ストレージ上には、JSONなどの半構造化データや、画像や音声といった非構造化データが格納されます。

この分散ストレージに対して、さまざまな処理を実行できるクエリエンジンが開発されました。当初は、より低水準のコーディングを要求するMapReduceと呼ばれるフレームワークで利用できる処理エンジンのみでしたが、その後、SQLを扱える**Apache Hive**[注2]、よりアドホックなSQL分析に向いた**Presto**[注3]、高速なデータ処理や機械学習が実装できる**Apache Spark**[注4]など、さまざまなデータ処理エンジンが登場しました。ある程度分析を行いやすいテーブルデータの場合、列指向のファイルフォーマットなどで分散ストレージに格納されることで、構造化デー

---

注1　https://hadoop.apache.org/
注2　https://hive.apache.org/
注3　https://prestodb.io/
注4　https://spark.apache.org/

タの分析が高速化されるようになり、SQLが発行できるようになったことでデータアナリストやデータサイエンティストの利用も広がりました。

図4.2　データレイクはHDFSなどの分散ストレージの上に積み上げ型の技術スタックで進化してきた

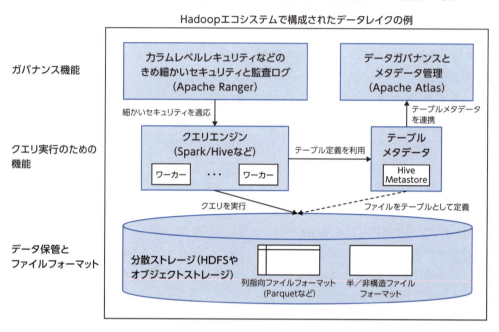

データレイクは、未加工な状態の生のデータを収集・蓄積することが目的なため、データの格納時にはスキーマを持ちません。代わりに、クエリを実行する際にスキーマを定義します。スキーマオンリードの利点は、上流のアプリでスキーマが変更されても、データの収集、格納に影響を及ぼさないことです。つまり先に説明した、スキーマドリフトに強いと言えます。データレイクでは、スキーマの情報をはじめとしたストレージ上のファイルをテーブルとしてみなすのに必要な情報は、**テーブルメタデータ**[注5]と呼ばれます。

テーブルメタデータの例として以下が挙げられます。

- 分散ファイルシステム上のファイルパス（どこにあるか）
- ファイルフォーマット（Parquetと呼ばれる列指向ファイルフォーマットなのか、CSVなのかなど）
- スキーマ

これらの情報は、データ処理のたびに定義できるため、非常に柔軟と言える反面、データレ

---

注5　メタデータとはデータそれ自体とは別の属性情報です。

イクを利用するユーザーが増えると、複雑性やデータの検索性が課題になりました。これに対して、テーブルメタデータを管理する **Apache Hive Metastore**[注6]や、より高度なメタデータ管理やガバナンス強化のための **Apache Atlas**[注7]などが開発されました。

　さらに、HDFS自体はファイルシステムとしてのパーミッション管理を主とするため、テーブルの中のデータを用いて列ベースでアクセス制御を行うといった目的のために **Apache Ranger**[注8]なども Hadoop エコシステムの統合的な機能として開発されました。

　しかしながら、図4.2を見てもわかるとおり、これらの技術スタックは独立したソフトウェアとして開発され、相互に依存しています。これらの複数の専門的なソフトウェアを複雑に組み合わせて運用するコストやリスクは多くの企業で負担となってきています。たとえば、あるコンポーネントのセキュリティ脆弱性に対応するためのバージョンアップが、他のコンポーネントにも影響を及ぼすため、バージョンアップ自体の検証、ジョブやアプリケーションのテストに多大な工数が必要となります。また、そのような運用や開発のための専門知識とスキルを持つ人材の確保は難しく、チーム維持が困難になってくるなどのリスクもあります。

　表4.1にデータウェアハウスとデータレイクの違いをまとめます。

表4.1　データウェアハウスとデータレイクの違い

| 項目 | データウェアハウス | データレイク |
|---|---|---|
| データ種別 | 独自フォーマットの構造化データ | オープンフォーマットの半構造化・非構造化データ |
| データサイズ | テラバイト級 | ペタバイト級 |
| おもな利用用途 | ビジネスインテリジェンス（BI） | 大量データ蓄積・処理、機械学習処理 |
| データ処理エンジン | SQL | SQLからプログラミング言語による機械学習の処理まで |
| おもな分析ユーザー | おもにデータアナリスト・ビジネスユーザー | おもにデータサイエンティスト・データアナリスト |
| データ品質、セキュリティの担保 | 比較的容易 | 比較的困難 |
| 技術スタックの運用、アップグレード | 比較的容易 | 比較的困難 |

注6　Apache Hive のコンポーネントの一つでメタデータの共通リポジトリサービスです。Hive だけでなく Imapala や Spark SQL からも利用できる点が特徴です。
注7　https://atlas.apache.org/
注8　https://ranger.apache.org/

## 4.1.2 データウェアハウスとデータレイクの課題

　ここまで振り返ったように、データウェアハウスとデータレイクは異なる目的とアーキテクチャを持つため、別々の基盤として運用されることが多く、昨今ではそれが原因で"データのサイロ化"という問題を引き起こしています。具体的には、組織にとって以下のような課題が顕在化しています。

### データの二重管理コスト

　組織において、重要なデータはさまざまな役割のメンバーが利用するため、データウェアハウスとデータレイクの両方に存在しているケースがよく見られます。これは、同じデータを組織内で二重に保管することになり、無駄なストレージコストが発生するだけでなく、その重複したデータ間の整合性を担保するためのコストも発生します。整合性が担保されていない場合、たとえば、データウェアハウスに接続されたBIツールの指標と、データレイクで抽出してきた指標が異なるものを指している、などの問題が発生します。また、一方のデータを他方の基盤に連携するためにデータパイプラインを構築する必要があり、規模が大きくなるとそのパイプラインが複雑化し、運用管理コストが増大します。

### セキュリティとガバナンスの低下とリスク

　データウェアハウスとデータレイクは、それぞれ異なるデータガバナンスとアクセス制御方式を採用せざるを得ないため、両方を管理することは煩雑かつ困難です。その結果、管理コストやセキュリティリスクは増大します。

　データウェアハウスはスキーマに基づいた構造化データを扱うため、テーブル、列、行などの細かい単位でのアクセス制御が容易であり、データ品質のルール設計や検査も比較的容易です。一方、データレイクは多様な形式の非構造化データを扱うため、統一的なデータ品質管理や検査が難しく、オブジェクト単位（画像などファイルやフォルダ）でのアクセス制御となるため、データウェアハウスとは異なる方式での運用が必要となり、別途コストが発生します。これらを並行運用したままデータ活用を進めると、データウェアハウス側では事業部ごとに特定のデータを見せているが、データレイク側では他の事業部のデータも見えてしまうという状況も起こりえます。

　さらに、データウェアハウスとデータレイクにデータが分散している場合、横断的なデータの発見や追跡が困難になり、組織全体のデータ活用とガバナンスの低下につながります。そこで、データの種類にかかわらずメタデータを一元的に管理し、必要なデータを検索できるだけでなく、

そのデータが安全に、高い品質で利用できるかどうかを判断できる情報も管理できる仕組みが求められます。

## 分析効率の低下

効率の良い分析は、使いたいデータと使い慣れたツールの両方が揃って初めて実現できます。データウェアハウスとデータレイクが異なる基盤となっている場合、"データはデータウェアハウスにあるが、ツールはデータレイクの基盤で提供されているものを使いたい"という要望に対応するには、データを移動させるか、使うツールを妥協することになるため、生産性低下の原因につながります。たとえば、データウェアハウスにある売上データを用いて、データレイクで利用できるSparkジョブで売上の予測をしたい、といったケースです。ツールを妥協すると、新たなツールの利用に学習コストがかかり、慣れていないために誤った分析結果となる可能性もあります。また、データを使い慣れたツールのある基盤に移動させる場合も、自身で行えずデータエンジニアに依頼する必要があり時間がかかったり、トライアンドエラーのために何度もデータを移動したりする手間も考えられ、管理者からは見えづらい生産性の低下が積み重なります。

図4.3　データウェアハウスとデータレイクの同時運用の課題

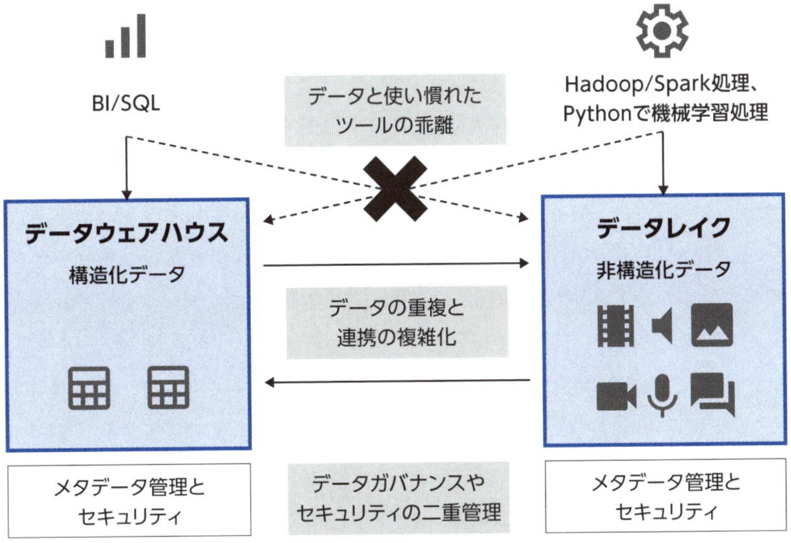

繰り返しになりますが、これらの課題は、データウェアハウスとデータレイクを別々に運用することによって生じる、データのサイロ化が根本的な原因です。レイクハウスは、これらの課題を解決するために登場した、新しいデータ基盤アーキテクチャです。

## 4.1.3 レイクハウスの登場と利点

　データウェアハウスとデータレイク両者の機能を1つの基盤上で実現し、先に述べた課題を解決する**レイクハウス**というコンセプトが登場しました。レイクハウスは、多様な種類のデータ、処理エンジン、分析ツールを単一のプラットフォームで統合的に管理・提供するしくみです。

　具体的には、以下の機能により実現されます。

1. **ストレージ層への統合的なアクセスレイヤー（ストレージエンジン）**：データの種類にかかわらず、一元的なアクセスレイヤーをさまざまなクエリエンジンやアプリケーションに提供することで、多様な分析／データ処理ニーズには応えつつ、データのコピーや変換などを極力少なくできる。データレイクとデータウェアハウスをまたいでデータ運用する必要がないため、データエンジニアリングコストも低く、データ基盤全体としてデータのリアルタイム性も向上する。そして、基盤にツールが縛られないため、さまざまなロールのユーザーが高い生産性でデータを分析できる

2. **データの自動発見と統合メタデータ管理**：データレイクやデータウェアハウスにあるメタデータを自動的にデータカタログ化（4.4節で後述）し、ユーザーは横断してほしいデータを検索できる。データレイクでは難しかったデータガバナンスついて、データウェアハウスと同等レベルのデータ追跡やデータ品質担保を実現し、またそれらをデータウェアハウスとデータレイクで一元的に管理する。これによりユーザーがさまざまな分析要件に対して、安心してデータを利用でき、組織としてもガバナンスリスクを最小化できる

　これらの機能があることで、データ処理のフローは図4.4のように変化します。従来のデータウェアハウスとデータレイクから構成されるデータ基盤では、構造化データや非構造化データが"生データ"としてデータレイクに取り込まれ、そのあと分析しやすいように加工・整形・評価された"キュレート（Curate）されたデータ"が生成され、さまざまなユーザーが利用します。BIやレポーティングなどに利用されるデータウェアハウスには、データレイクからの複製あるいはリレーショナルデータベースなどのデータソースから直接生成された"キュレートされたデータ"が置かれ、特定の分析に特化したデータセットである"データマート"が提供されます。利用者はデータの利用や分析を2つの基盤を使い分けて行う必要がありますし、データ提供側も2つの基盤の運用とデータ管理をそれぞれに行う必要があります。一方、レイクハウスでは、生データからデータマートまで一つの基盤で扱うことができ、先述の"統合アクセスレイヤー"と"統合メタデータ管理"の機能性が実現されることで、ユーザーが利用する際に重要なデータの発見と理解を促進し、いかなるデータも好みのツールでアクセスできるデータ基盤が実現します。

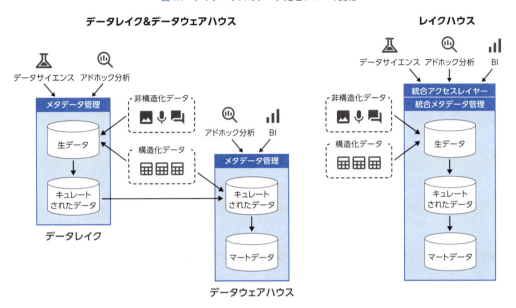

図4.4　レイクハウスのデータ処理フローの変化

　このような機能を持つレイクハウスによって、データエンジニア、データアナリスト、データサイエンティスト、ビジネスユーザーなど、多様なユーザーが高いガバナンスのもとで必要なデータを素早く発見し、使い慣れたツールで効率的に分析できるようになります。その結果、組織はビジネスの意思決定やデータによる価値創造を幅広く、迅速かつセキュアに実現できるようになります。

　さらに、構造化データと非構造化データを統合的に分析できるようになるため、これまで企業の課題となっていた非構造化データの活用を促進できます。たとえば、コールセンターの音声データを文字変換してキーワードを抽出し、構造化されたコールセンターの対応履歴と結合することで、問い合わせトピック別の対応時間の分析が可能になり、非構造化データの分析結果を具体的なアクションにつなげることができます。

## 4.2　Google Cloudでのレイクハウスアーキテクチャ

　Google Cloudには、レイクハウスを構築するためのさまざまなサービスが用意されています。図4.5にGoogle Cloudでレイクハウスを構築する場合の一般的なアーキテクチャを示します。

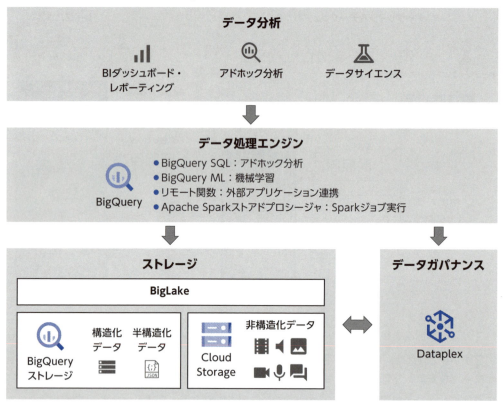

図4.5　Google Cloudのレイクハウスアーキテクチャ

　Google Cloudのレイクハウスアーキテクチャは、**ストレージ層**、**データ処理エンジン層**、**データガバナンス層**の3つの層で構成されます。各層で提供されるサービスを連携してレイクハウスを実現します。

## 4.2.1　ストレージ層

　ストレージ層は、さまざまな種類のデータを格納する場所です。Google Cloudのレイクハウスアーキテクチャでは、**BigLake**を中心とした統合的なストレージ管理を実現しています。BigLakeは、**Cloud Storage**、Amazon S3といったオブジェクトストレージ、**BigQueryストレージ**といった異なるストレージサービスを統合し、構造化データ、半構造化データ、非構造化データなど、あらゆる種類のデータを一元的に管理します。これにより、データの種類を意識することなく、BigQueryなどのデータ処理エンジンからシームレスにデータにアクセスできるようになります。

BigLakeの詳細は「4.3 BigLake」にて詳しく説明します。

## 4.2.2 データ処理エンジン層

データ処理エンジン層は、ストレージ層に格納されたデータを処理するためのエンジンです。Google Cloudのレイクハウスアーキテクチャでは、**BigQuery**が主要なデータ処理エンジンとして機能します。BigQueryは、SQL処理エンジンとしてだけでなく、**BigQuery ML**による機械学習処理や**リモート関数**による外部アプリケーションとの連携、サーバーレスな**Spark**の実行環境など、幅広いデータ処理機能を提供します。

## 4.2.3 データガバナンス層

データガバナンス層は、データの品質、セキュリティ、アクセス制御などを管理する層です。Google Cloudのレイクハウスアーキテクチャでは、**Dataplex**と**BigLake**の連携により、さまざまなデータ形式に対して統一的なメタデータの管理やセキュリティ運用機構を提供します。Dataplexは、データカタログ機能、データリネージ機能、データプロファイル機能、データ品質チェック機能などを提供し、BigLakeと連携することで、これらの機能をCloud StorageやBigQueryストレージに格納されたデータに対して適用できます。Dataplexの詳細は「4.4 Dataplex」にて詳しく紹介します。

それでは、ここからは、とくにGoogle Cloudのレイクハウス構築において重要なサービスである、BigLake、およびDataplexに関して詳しく説明します。

# 4.3 BigLake

データウェアハウスとデータレイクを別々に運用する場合、ストレージとテーブルメタデータの管理が課題となります。データウェアハウスではスキーマ情報といった構造化データのメタデータ管理が容易ですが、データレイクではオープンフォーマットのデータや非構造化データのメタデータ管理が煩雑になりがちです。

**BigLake**は、これらの課題を解決する、マルチクラウド・マルチストレージ・マルチフォーマットに対応したストレージエンジンです。BigQueryのストレージ以外にあるデータもBigQueryのテーブルとして扱うことで、データウェアハウスとデータレイクの垣根を越えた

統合的なデータ管理と分析を実現します。

　たとえば、Cloud Storage上にある Apache Avro などのオープンファイルフォーマットのデータや Amazon AWS S3 上の JSON ファイルのデータを BigQuery のテーブルとして定義し、BigQuery SQL で直接データ処理を実行できます。さらに、BigQuery Storage API を通して、BigQuery以外の外部アプリケーション（Dataprocなど）から簡単にアクセスできるようにすることで、柔軟なデータ活用を可能にします。

　非構造化データについては、Cloud Storageに置かれた画像などの非構造化データのメタデータを**オブジェクトテーブル**と呼ばれる機能を使って BigQuery のテーブルとして管理できます。これにより、BigQuery SQL で非構造化データのメタデータに対してクエリを実行したり、BigQuery ML と呼ばれる SQL から実行できる機械学習サービスを利用して画像などの非構造化データを構造化データに変換したり、非構造化データに BigQuery のアクセス制御機能を適用したりすることが可能になります。

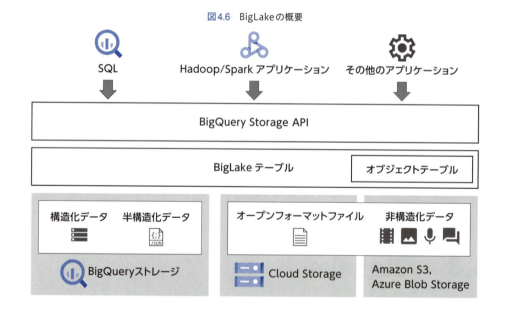

図4.6　BigLakeの概要

## 4.3.1　BigLakeの機能概要

　BigLakeはデータレイクとデータウェアハウスを統合するうえで重要な役割を果たす多くの機能を提供します。ここでは、BigLakeの主要な機能を説明します。

## マルチクラウド・マルチフォーマット

BigLakeは、Google Cloudだけでなく、Amazon S3やAzure Blob Storageといった**マルチクラウド**のストレージサービスに対応しています。これらのストレージサービスに保存されたデータをBigQueryのテーブルとして扱うことができるため、クラウド間を横断したデータ分析を容易に実現できます。

また、BigLakeは、CSV、JSON、Parquet、Avro、Iceberg、Delta、Hudiといった、Hadoop/Sparkエコシステムでよく利用されるフォーマットのファイルをサポートしています。これにより、既存のHadoop/Spark環境からスムーズに移行できるほか、データ処理エンジンとしてPrestoやSparkといったオープンソースのクエリエンジンも利用できます。

## 細かいアクセス制御

BigLakeテーブルでは、Cloud Storageへの直接アクセス権限をユーザーに付与する必要はありません。BigQueryのテーブルに対するアクセス権限のみで、Cloud Storage上のデータにアクセスできます。これは、サービスアカウントに関連付けられた**外部接続**というリソースが、Cloud Storageへのアクセスを代行するためです。従来からCloud Storage上のオープンフォーマットファイルをBigQueryで利用できる機能に**外部テーブル**がありましたが、外部テーブルを利用するにはユーザーはBigQueryのテーブルおよびCloud Storageのファイル両方へのアクセス権を持つ必要がありました。外部テーブル機能からBigLakeテーブルへの切り替えもできるので、利用している場合は検討する価値があるでしょう。[注9]

また、BigLakeテーブルでは、通常のBigQueryテーブルと同様に、カラム単位や行単位のアクセス制御、動的データマスキングを設定できます。これにより、データレイク上のデータに対しても、データウェアハウスと同等のセキュリティレベルを実現できます。細かいアクセス制御や動的データマスキングなどの機能の詳細については7章を参照してください。

## メタデータキャッシュ

分散ストレージ上に配置されたデータにクエリを実行する場合には、一般的にテーブルの実態となるファイルのファイルパス情報がテーブルメタデータとして必要です。この実態のファイルパスを取得するために、ファイルパスのprefixを指定して分散ストレージにアクセスします。

そのため、BigLakeにおいても通常のBigQueryテーブルへのクエリと比較して、このオーバーヘッドが発生する可能性があります。この課題に対しBigLakeでは、このメタデータをキャッ

---

注9　外部テーブルをBigLakeにアップグレード
　　　https://cloud.google.com/bigquery/docs/external-data-cloud-storage?#upgrade-external-tables-to-biglake-tables

シュするオプションを提供しており、クエリのパフォーマンスを向上させることができます。ファイル数やパーティション数が多いファイル構成のテーブルは効果を発揮しやすいでしょう。

## BigQuery以外のクエリ エンジンからアクセス

BigLakeテーブルおよびBigQueryテーブルは、**BigQuery Storage API**を通じてアクセスできるため、BigQuery SQLだけでなく、外部アプリケーションからも容易にアクセスできます。とくにApache SparkやApache Hiveといった、データレイクで一般的に使用されるHadoop系のアプリケーション向けにはBigQueryコネクタ[注10]が提供されており、BigQuery Storage APIを通じてBigLakeテーブルにアクセスできます。他にもPython環境からライブラリなどを使ってアクセスすることもできます。

図4.7のように、従来のデータウェアハウスの場合、外部のクエリエンジンがデータにアクセスしようとした場合、そのデータウェアハウスのクエリエンジンで処理を実行した結果にアクセスするため、データウェアハウスのクエリエンジン部がパフォーマンスボトルネックになります。一方、Google CloudのレイクハウスにおけるBigQuery Storage APIは、外部アプリケーションから直接ストレージへのアクセスを可能にしているため、余計なレイヤーを挟まず高速です。また、通信効率の高いgRPCを用いてクライアントとやりとりするため、この観点でも高速です。

図4.7　ストレージデータへのアクセス方法の違い

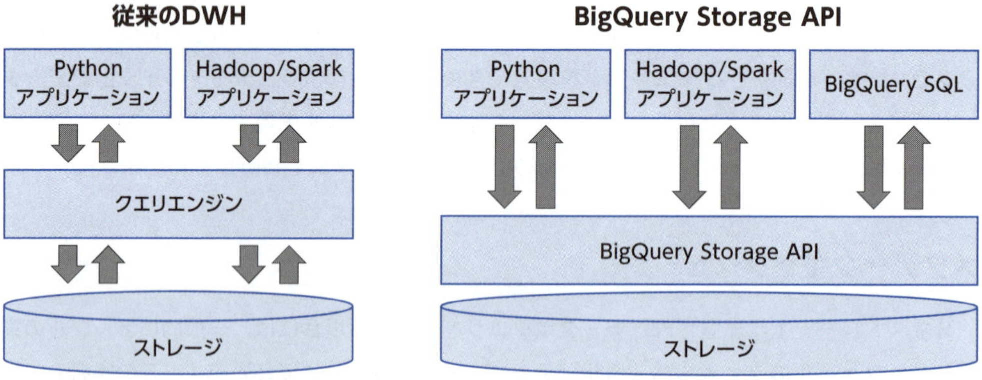

したがって、ユーザーは自身の要件に合ったアプリケーションを利用してデータレイクのストレージにあるデータに効率的にアクセスできます。たとえば、BigQueryのSQLとSparkア

---

**注10**　公式ドキュメント -BigQuery コネクタ
https://cloud.google.com/dataproc/docs/concepts/connectors/bigquery?hl=ja

プリケーションを同時に運用し、データの効率的な相互運用ができます。このように、Google Cloudのレイクハウスの強力なストレージエンジンとして、BigLakeはデータレイクとデータウェアハウスをシームレスに統合する役割を果たします。

## 4.3.2 BigLakeテーブルの作成と利用

それでは実際にBigLakeのテーブルを作成し、BigQueryからどのようにクエリできるか見ていきましょう。

まずはCloud Storage上にオープンフォーマットなファイルを準備します。ここではBigQueryの公開データセットをエクスポートして作成します。シェイクスピアの作品をベースとしたコーパスデータのテーブルを例に使います。Google CloudコンソールからCloud Shellを起動し、図4.8のコマンドを実行するとCSVファイルが生成されます。

図4.8　オープンフォーマットファイルの生成 (create_open_formatted_files.sh)

```
# Cloud Storageバケットの作成
gcloud storage buckets create -l US gs://$(gcloud config get-value project)-gcpbook-ch04/

# テーブルデータのエクスポート
bq extract --destination_format CSV \
bigquery-public-data:samples.shakespeare \
gs://$(gcloud config get-value project)-gcpbook-ch04/shakespeare.csv
```

それでは、このファイルをもとにBigLakeテーブルを作ってみましょう。BigLakeは、Cloud Storageへのアクセスを外部接続に関連付けられたサービスアカウントに委任します。そこでまずは図4.9のコマンドで外部接続を作成します。

図4.9　外部接続の作成 (create_remote_connection.sh)

```
# BigQuery Connection APIの有効化
gcloud services enable bigqueryconnection.googleapis.com
# 外部接続の作成
bq mk --connection --location=us --project_id=$(gcloud config get-value project) \
    --connection_type=CLOUD_RESOURCE biglake-conn
```

作成したサービスアカウントに、ファイルがあるCloud Storageバケットの読み取り権限を付与します。図4.10のコマンドを実行します。

**図4.10** サービスアカウントにバケットの読み取り権限を付与 (add_gcs_bucket_read_to_serviceaccount.sh)

```
# 外部接続のサービスアカウント取得
SERVICE_ACCOUNT=$(bq show --connection --project_id=$(gcloud config get-value project) \
  --location=us --format=json us.biglake-conn | jq -r '.cloudResource.serviceAccountId')

# バケット読み取りロールをサービスアカウントに付与
gcloud storage buckets add-iam-policy-binding \
gs://$(gcloud config get-value project)-gcpbook-ch04 \
--member=serviceAccount:$SERVICE_ACCOUNT \
--role=roles/storage.objectViewer
```

BigLakeテーブルを格納するデータセットを図4.11のコマンドで作成します。

**図4.11** データセットの作成 (create_dataset.sh)

```
# BigQueryデータセットの作成
bq mk --dataset $(gcloud config get-value project):biglake_tables
```

　BigLakeテーブルを作成するため、リスト4.2に示すSQLをBigQueryのコンソールを開き、クエリエディタに貼り付けて、[実行] をクリックします。[your-project-id]の部分は自身のプロジェクトIDに置き換えてください。クエリの中では、外部接続のリソース名の指定やCloud Storage上の対象データのパスを指定しています。

**リスト4.2** BigLakeテーブルの作成 (create_biglake_table.sql)

```
# BigLakeテーブルを作成するクエリ
# フォーマットにCSVを指定し、1行目はカラム名としてスキップ
CREATE OR REPLACE EXTERNAL TABLE
  `biglake_tables.shakespeare`
(
  word STRING,
  word_count INTEGER,
  corpus STRING,
  corpus_date INTEGER
)
WITH
  CONNECTION `us.biglake-conn`
  OPTIONS
    (format = 'CSV',
     skip_leading_rows = 1,
     uris = ['gs://[your-project-id]-gcpbook-ch04/shakespeare.csv']);
```

図4.12 BigQueryコンソールでBigLakeテーブル作成のためのSQL実行

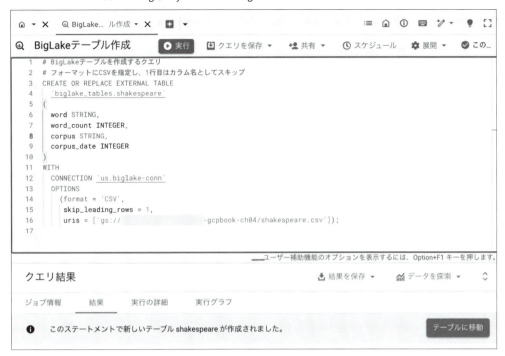

リスト4.3のクエリをBigQueryで実行することで、BigLakeテーブルを参照します。

リスト4.3 BigLakeテーブルのデータを参照するクエリ（select_biglake_table.sql）

```
# BigLakeテーブルのデータを閲覧するクエリ
SELECT * FROM `biglake_tables.shakespeare` LIMIT 10
```

BigQueryのコンソールで結果が表示され、CSVファイルの内容が参照できたはずです。このように、CSVファイルを変換したりロードすることなく、BigQuery SQLを実行できました。BigLakeテーブルは読み取り専用のため、DMLなどの変更をともなうクエリは実行できませんが、上記のような単純な参照だけでなく複雑な分析クエリも実行できます。BigLakeを活用すれば、データレイクに置かれたオープンフォーマットなファイルデータをそのままBigQueryの構造化された分析に持ち込むこともできるため、データレイクからデータウェアハウスへのデータの移動やコピーなどによる二重化やデータ鮮度の低下を防ぐことができます。

また、BigLakeテーブルは外部テーブル機能と異なり、BigQueryの権限管理の仕組みでアクセス制御できるので、Cloud Storageのバケットへのアクセス権限を付与することなく、セキュアにデータを利用できるようになります。たとえば、特定のユーザーにBigLakeテーブルへのアクセス権を付与し、Cloud Storageのバケットへのアクセス権限は付与しないように設

定することで、ユーザーはBigLakeを通してのみデータにアクセスできるようになります。

このように、BigLakeテーブルを利用することで、Cloud Storageに保存されたデータを
BigQueryで簡単に利用できるだけでなく、セキュリティを強化することもできます。

### 4.3.3 オブジェクトテーブル - レイクのオブジェクトをクエリする

**オブジェクトテーブル**は、Cloud Storage バケットに格納されている画像や音声などの非構
造化データのメタデータを自動的に取得し、BigQuery テーブルとして扱えるようにする機能
です。このテーブルは読み取り専用で、SQL を使ってアクセスすることで、非構造化データに
対して機械学習の推論を含むさまざまな処理を実行できます。BigLake と同様に、Cloud
Storage へのアクセスはサービスアカウントに関連付けられた外部接続を利用して委任される
ため、ユーザーはテーブルへのアクセス権限のみを意識すればよくなります。さらに、オブジェ
クトテーブルの行レベルのアクセス制御を活用することで、画像ファイルなどに対するきめ細
かなアクセス制御を安全に実現できます。

実際にオブジェクトテーブルを作成し、非構造化データをテーブルやクエリでどのように扱
えるかを見ていきましょう。

公開されているCloud Storageバケットを利用してオブジェクトテーブルを作成します。ア
クセス委任のために、まずはサービスアカウントに関連付けられた外部接続を作成する必要が
あります。Cloud Shellで図4.13のコマンドを実行し、外部接続を作成します。前節ですでに
作成している場合は不要です。

図4.13　外部接続の作成 (create_remote_connection.sh)

```
# BigQuery Connection APIの有効化
gcloud services enable bigqueryconnection.googleapis.com

# 外部接続の作成
bq mk --connection --location=us --project_id=$(gcloud config get-value project) \
    --connection_type=CLOUD_RESOURCE biglake-conn
```

オブジェクトテーブルを格納するデータセットを図4.14のコマンドで作っておきます。こ
ちらも作成済みの場合は不要です。

図4.14　データセットの作成 (create_dataset.sh)

```
# BigQueryデータセットの作成
bq mk --dataset $(gcloud config get-value project):biglake_tables
```

バケットに保存されているクラシック映画のポスター画像のオブジェクトテーブルを作成します。BigQueryのコンソールを開き、リスト4.4に示すSQLをクエリエディタに貼り付けて、[実行]をクリックします。クエリの中では、外部接続のリソース名の指定やCloud Storage上の対象データのパスを指定しています。

リスト4.4　オブジェクトテーブルの作成 (create_object_table.sql)

```sql
# オブジェクトテーブルを作成するクエリ
CREATE OR REPLACE EXTERNAL TABLE
  `biglake_tables.movie_poster_images`
WITH
  CONNECTION `us.biglake-conn`
  OPTIONS
    (object_metadata = 'SIMPLE',
     uris = ['gs://cloud-samples-data/vertex-ai/dataset-management/datasets/classic-movie-posters/*']);
```

図4.15　BigQueryコンソールでオブジェクトテーブル作成のためのSQL実行

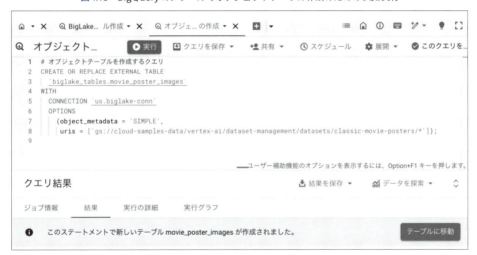

リスト4.5のSQLでオブジェクトテーブルの中身を見てみましょう。

リスト4.5　オブジェクトテーブル参照 (read_object_table.sql)

```sql
# 作成したオブジェクトテーブルを参照するクエリ
SELECT * FROM `biglake_tables.movie_poster_images` LIMIT 1000;
```

実行すると、図4.16のような結果が返ってくるはずです。

図4.16 オブジェクトテーブルのデータ

オブジェクトテーブルは、1つの非構造化データファイルを1行のレコードとして保存します。レコードには、以下のようなスキーマのデータが含まれます。

- uri：Cloud Storage上のオブジェクトファイルのパス
- content_type：オブジェクトデータのContent-Type（オブジェクトデータの種類）
- size：オブジェクトデータのサイズ
- updated：オブジェクトの最終更新日時

このテーブルに行レベルのアクセス制御を適用してみましょう。ここでは、自身のアカウントでファイル拡張子がjpgの画像のみが見えるようにアクセス制御してみます。[Your principal]を環境に合わせて変更することに注意して、リスト4.6に示すクエリを実行します。

リスト4.6 オブジェクトテーブルの行レベルセキュリティ（object_tables_row_level_security.sh）

```
# 行レベルアクセスポリシーを設定するクエリ
# ENDS_WTIHでファイル名の最後がjpgのファイルのみアクセス許可
CREATE ROW ACCESS POLICY
  movie_jpg
ON
  biglake_tables.movie_poster_images GRANT TO ("user:[Your principal]")
FILTER  USING
  (ENDS_WITH(uri,'jpg'));
```

続けて、リスト4.4のクエリを再度実行してみてください。このクエリでは、画像の署名付

きURLを発行して一時的に画像に直接アクセスできるようにしています。実行すると、図4.17のようにjpgのファイルのレコードのみが表示され、実際の画像も見れるはずです。他の拡張子のファイルにはアクセスできなくなっていることを確認しましょう。

リスト4.7　署名付きURLを含めたオブジェクトテーブルの参照（read_object_table_with_signed_urls.sh）

```
SELECT
  uri,
  signed_url
FROM
  EXTERNAL_OBJECT_TRANSFORM(TABLE `biglake_tables.movie_poster_images`,
    ['SIGNED_URL']);
```

図4.17　オブジェクトテーブルのデータ

このようにオブジェクトテーブルの行レベルアクセス制御を利用することで、非構造化ファイルへのアクセス制御を実現できます。構造化データと同様の方法で非構造化データのアクセス制御ができるため、セキュリティ運用が煩雑にならず、セキュリティリスクも軽減できるでしょう。

そして、このオブジェクトテーブルを用いて、リモート関数で任意の処理を非構造化データに適用したり、外部の機械学習モデルをインポートしたり、Google Cloudが提供する学習済みモデルを利用して推論処理を行ったりといったことがSQLクエリでできるようになります。ここでは画像データのオブジェクトテーブルを作りましたが、音声やドキュメントなども扱え

ます。また、11章で、実際にオブジェクトテーブルを使った機械学習処理を説明しています
ので、一読されることをお勧めします。

　本来は専用のライブラリやプログラミング言語の開発スキルを必要とするこのような非構造
化データの分析が、SQLで実行できるようになることで、これまでデータサイエンティストや
機械学習エンジニアといった専門家のみが扱っていた処理を、より多くの人が利用できるよう
になり、非構造化データ分析の民主化を促進できるでしょう。

# 4.4　Dataplex

　BigLakeの導入により、テーブルメタデータとストレージの抽象化という課題は解決できま
すが、データアクセスレイヤーの統合が終わり、いざデータ活用を進めようとすると、以下の
ような課題が発生します。

- **データの発見性と理解**：データセットが多くなると、データ分析者が分析に必要なテーブルを見つけにくくなるとともに、使い方がわからないデータが発生する。これに対応するには、データに詳しいチームへの負担がかかるため、データ民主化を阻害する要因となる。また、データの理解という点においては、従来のスキーマ情報などのメタデータだけではビジネスコンテキストが理解できず、組織内での分析結果に不整合が発生する

- **ビジネスニーズに基づいたデータ管理**：データレイクのデータが多くなると、BigQueryのデータセットやCloud Storageのバケットも増えて、それらはGoogle Cloud内のさまざまなプロジェクトに置かれることになる。サービスを横断する分析やさまざまな観点からの分析に必要なデータは、複数のデータセットやプロジェクトに存在し、分析者が分散した大量のデータから必要なデータ群を探すには多くの負担を要する。また、管理者が分析者の権限設定を個々のデータセットに行うことは、手間がかかるうえミスも起きやすくリスクがある。ビジネスニーズに応じたデータのまとまりで管理する必要がある

- **データ品質**：データ基盤を運用していると、データソースの変更やパイプラインの修正といったさまざまな理由で、データの欠損や期待しない値の混入といった予期しない状態に変化することがある。このような品質の低いデータをもとした意思決定は組織にとって重大なリスクとなる

　Dataplexはこれらの課題を解決します。具体的には、レイクハウスの中で重要な以下の機
能を提供します。

- **データカタログ**：Google Cloudのサービスや外部のデータストアなどのテーブル情報やスキーマ情報などのメタデータを自動および手動で収集できるうえ、ビジネスコンテキストの理解を促す任意のメタデータも管理できる機能。またそれらは自動でインデクシングされ、テーブルなどをキーワード検索する機能も提供している。分析者自身が求めるデータを簡単に探すことができる
- **ドメインに基づくデータ管理**：Google Cloud内でプロジェクトや別種のデータストアに分散されたデータアセット（データ資産）をレイクとゾーンと呼ばれるグループで管理することで、ビジネスニーズとデータ加工の段階などに応じた権限管理を統合的に実行できる機能。個々のデータアセット／データストアでそれぞれアクセス制御を行うことによる、権限管理の運用負荷の増加や作業ミスによるセキュリティリスクの発生を防ぐ
- **データディスカバリ**：データレイクに置かれたデータを自動的に検知し、BigQueryからクエリの実行やメタデータの参照ができるようにする機能。大量のオープンフォーマットファイルのデータや非構造化データの管理を容易にする。ここで検知された構造化データは、自動的にBigLakeテーブルとなる
- **データリネージ**：データアセット間の依存関係を自動検知し、可視化できる
- **データプロファイル**：データが具体的にどのような値を持っているかをスキャンし、結果を閲覧できる機能。カラムごとの値の最大値、最小値や多く含まれる値の上位10個などの情報が自動的に提供され、分析者の理解の助けやデータ品質の向上に利用できる
- **データ品質チェック**：期待しないデータの混入やデータの状態をチェックし、モニタリングできる機能。期待しないNULL値の混入や特定カラムのテーブル全体の平均値の低下など、あるべきデータ品質を定義し、その定義した品質を満たさなくなった状態をいち早く検知する。低品質なデータによる誤った意思決定を防ぐ

ここからはより詳細にそれぞれの機能を説明します。

## 4.4.1 　データカタログ

　Dataplexは、メタデータを管理するデータカタログ機能を備えます。2024年10月時点、Dataplexには2つのカタログ機能があります。1つは、2024年7月に一般提供となった**Dataplex Catalog**です。もう1つは従来から使われているData Catalogという同様の機能です[注11]。ここでは、とくに断りがない限りDataplex Catalogについて説明します。また、新規

---

注11　Data Catalogは、以前は独立したサービスでしたが、2022年にDataplexと統合され、Dataplexの各種機能と統合されています。コンソール上ではDataplexに統合された一方で、APIがDataplexとは異なっていました。新しくリリースされたDataplex Catalogは、従来のDataplexのAPIの一部として提供されています。

でデータカタログを利用する場合は、Dataplex Catalogを選択するのがよいでしょう。

**メタデータ**は、データそれ自体とは別の属性情報です。一般的にテクニカルメタデータとビジネスメタデータに分類されます。データカタログではその両方を管理できます。

**テクニカルメタデータ**は、一般的に、テーブル名やスキーマ情報などデータストア自体が持っているメタデータを指します。Dataplexはさまざまなデータストアのテクニカルメタデータを自動的に連携し、データカタログに反映します。

Dataplexが扱う具体的なテクニカルメタデータの例を以下に挙げます。

- BigQueryのデータセットやテーブルの名前、IDや説明
- BigQuery/BigLakeテーブルのスキーマ情報やカラムなどの説明
- Dataplexのレイク、ゾーンの名前、IDや説明

このようなテクニカルメタデータがあることで、それらに含まれる文字列や作成日時や更新日時といった情報で欲しいテーブルなどを検索できます。データレイクには大量のデータが保管されるため、データの検索性が高くなれば分析者の作業効率や分析の品質は高くなります。また、このようなデータは自動で連携されるためメタデータの管理漏れが防げるうえ、データエンジニアの作業負担も減少します。

図4.18は、データカタログでBigQueryテーブルのスキーマ情報を表示した画面です。これはBigQueryストレージのテーブルですが、BigLakeテーブルも同様にスキーマ情報を参照できます。つまり、構造化データ、オープンファイルフォーマットのデータ、非構造化データのメタデータを同じように扱うことができます。

図4.18　BigQueryのテーブルスキーマ情報を表示するデータカタログの画面

BigQuery、Pub/Sub、Spannerなど、一部のGoogle Cloudサービスのテクニカルメタデータはデータカタログに自動的にリアルタイム連携されるため、ユーザーが手動で取り込む必要はありません。Google Cloud以外のメタデータや、自動連携されないサービスのメタデータであっても、APIを使用して追加・管理できます。

**ビジネスメタデータ**は、データストアが持たないビジネス上の属性情報です。たとえば、以下のような情報が挙げられます。

- コード値の意味（例として、会員ステータスカラムに格納される0:通常、1:ゴールド、2:プラチナといった説明）
- データのオーナー部署、連絡先
- 想定更新頻度
- 分析への利用可否
- 個人情報の有無
- センシティブレベル
- 品質評価スコア

ビジネスメタデータは、組織のデータガバナンスポリシーに基づいて定義されます。データカタログでは、このような情報を管理するために**アスペクト**という機能を提供します。アスペクトは、メタデータの属性情報を定義した**アスペクトタイプ**を作成し、それを利用して実際のビジネスメタデータを作成してBigQueryのテーブルやカラムに関連付けます。

図4.19は、ビジネスメタデータを定義するアスペクトタイプの作成画面です。属性情報の名称と型を任意に定義します。アスペクトタイプ作成後、Dataplex CatalogのBigQueryテーブル情報画面からそのアスペクトタイプを選択、各アスペクトの値を設定することでアスペクトを作成し、テーブルやカラムに付与できます。

図4.20はテーブルに関連付けられたアスペクトを表示したものです。分析者などのデータユーザーは、このような情報を見てテーブルが自身の分析に利用できるかを正しく判断できるようになります。Dataplexでは単一のテーブルやカラムに対して複数のアスペクトを付与できます。

図4.19 アスペクトタイプの作成画面

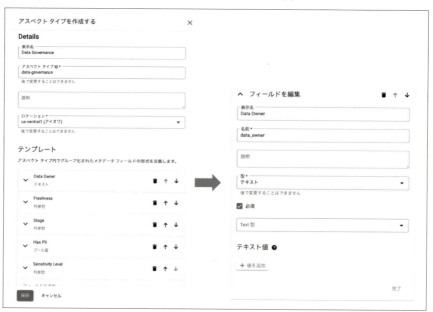

図4.20 アスペクトの参照画面

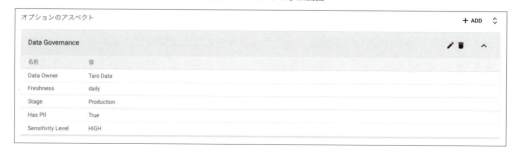

　Dataplexでは、メタデータに含まれるキーワードを使用してテーブルなどのアセットを検索する機能も提供しています。この機能により、分析者は組織内の膨大なデータアセットの中から、必要なデータを見つけ出すことができます。図4.21は、データカタログの検索画面でキーワード検索を実行した結果です。入力したキーワードに関連性の高いテーブルが順番に表示されます。キーワード以外に、画面左側の項目をフィルタ条件として使用することで、検索結果を絞り込むことも可能です。たとえば、プロジェクトを指定したり、特定のアスペクトを持つものだけに絞ったりすることができます。

図4.21 データカタログのキーワード検索結果仮面

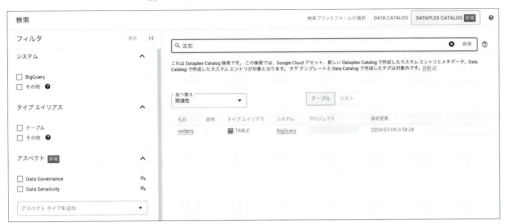

　また、Dataplexでは、ビジネスメタデータの一部として、ビジネス用語集というものも作ることができます。これによって解釈に揺れが出やすい用語や一般的ではない業界用語などの定義を作成、管理することができます。作成した用語をBigQueryテーブルのスキーマ情報のカラムに関連付けておけば、スキーマを確認することで分析者のデータの理解を手助けします（図4.22）。ビジネス用語集は2024年10月時点で従来のData Catalogのみをサポートしています。Dataplex Catalogは未サポートですが将来的にサポートされることが期待されます。

図4.22 BigQueryのスキーマ情報でのビジネス用語の参照（Data Catalogの画面）

　図4.23は、用語集の設定画面です。用語の定義はリッチテキスト形式で記述できるのでカラムの説明で表現しきれない情報も柔軟に書くことができます。また、用語には似ている用語を関連付ける［関連する用語］や、同じ意味を持つ用語で異なる用語集で定義さている用語同士を結びつける［類義語］を設定でき、用語の理解や誤解の発生を防ぐことができるようになっ

ています。

図 4.23　ビジネス用語集の管理画面

このように定義されたビジネス用語集や、BigQueryのカラム・テーブルの説明（description）は、すべてデータカタログやBigQueryの検索対象にできます。これにより、ユーザーは必要なデータを自分で探し、データカタログを通じ理解を含め、よりビジネス的な意味で正しい分析が行えるようになります。

## 4.4.2　ドメインに基づくデータ管理とセキュリティ

　Dataplexでは、**レイク**と**ゾーン**と呼ばれる論理的なグループを作成できます。これらのグループには、BigQueryのテーブルやCloud Storageのバケットといった複数のストレージを横断する**アセット**を複数所属させることができます。レイクを使用することで、複数のデータストアやプロジェクトを横断するアセットを、サービスやドメイン、部署といったビジネス上の意味のある単位でまとめることができ、その単位に対してアクセス制御などのセキュリティポリシーを一括で適用できます。ゾーンは、分析の準備のためのデータ処理における未加工データと加工済みデータを分けるためにおもに利用されます。

　たとえば、図4.24では、複数のプロジェクトに分散したアセットをレイクとゾーンで構成しています。レイクは「販売」と「商品」に分け、それぞれの分析に必要なアセットを所属させています。ゾーンには、"未加工ゾーン"と"キュレートされたゾーン"の2種類があります。"未加工ゾーン"は、Cloud Storageに任意の形式のデータが置かれることを前提としており、分析のために処理が必要な生データなどが置かれます。"キュレートされたゾーン"には、Cloud Storageに特定のファイル形式やディレクトリレイアウトでデータが置かれていること

を前提としており、分析に利用する準備ができているデータが置かれます。BigQueryのデータに関しては、いずれのゾーン種別に対しても自由に置けます。"未加工ゾーン"にはデータの加工などを行うデータエンジニアに、"キュレートされたゾーン"にはSQLやBIツールなどで分析を行う分析者に権限を付与するといった運用が一般的です。

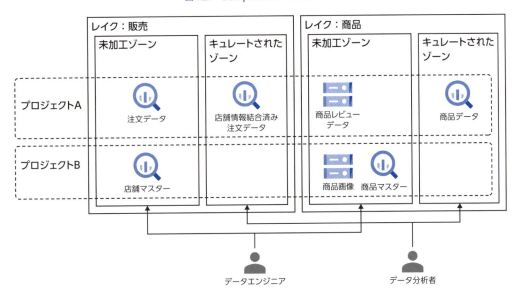

図4.24　Dataplexのレイクとゾーン

　図4.25は、Dataplexのサブメニュー[安全]から、商品用の「products-raw」ゾーンにユーザーの書き込み権限を付与（図4.25 ①）した画面です。この設定により、ゾーンの下にあるアセットにも同等の権限が伝搬します（図4.25 ②）。実際に、アセットの1つであるBigQueryデータセットの権限設定をBigQueryコンソールで確認すると、権限が自動的に付与されていることがわかります（図4.26）。このように、複数のデータアセットに同じセキュリティポリシーを一括で適用できます。各BigQueryデータセットやCloud Storageバケットに対して個別に権限設定を行うと、手間がかかったり、人為的なミスによるセキュリティリスクが発生しますが、レイクやゾーンを使用すれば権限と紐づくビジネスドメインや部署、加工の段階で複数ストレージの権限をまとめて管理することが可能です。

図4.25 Dataplexの安全ビューでの権限設定

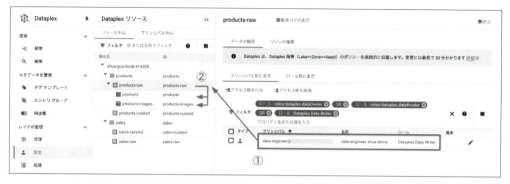

図4.26 BigQueryコンソールでの権限設定

### 4.4.3 データディスカバリ（データ検知）

　Dataplexには、**Dataplex Discovery**と呼ばれるデータレイクに置かれたファイルを自動的に検知して、BigLakeテーブルなどを自動登録する機能があります。探索対象は、CSVやParquetなどのオープンフォーマットファイル、および画像などの非構造化データファイルです。Dataplex Discoveryによって、レイクに無造作に置かれがちなデータは自動的に検知され、カタログに連携されます。また、データを追加するたびにテーブルを手動で生成する必要がないため、運用が容易になり、分析のアジリティも向上します。

　それでは実際にDataplex Discoveryを設定してみましょう。探索先はゾーンに含まれたCloud Storageのアセットになります。ここでは、オープンフォーマットファイルを検知し、自動的にBigLakeテーブルになるプロセスを試してみましょう。

　準備として、BigLakeテーブルを利用するための図4.27のコマンドをCloud Shellで実行し、BigQuery Connection APIを有効化しておきます。すでに有効化している場合は不要です。

図4.27　BigQuery Connection APIの有効化 (enable_bigquery_connection_api.sh)

```
# BigQuery Connection APIの有効化
gcloud services enable bigqueryconnection.googleapis.com
```

　まずは、検知対象となるファイルをCloud Storageに用意します。「4.3.2　BigLakeテーブルの作成と利用」でシェイクスピアのコーパスデータのファイルを生成していない場合は、以下をCloud Shellで実行してください。すでに実行済みの場合は不要です。

図4.28　オープンフォーマットファイルの生成 (create_open_formatted_files.sh)

```
# Cloud Storageバケットの作成
gcloud storage buckets create -l US gs://$(gcloud config get-value project)-gcpbook-ch04/

# テーブルデータのエクスポート
bq extract --destination_format CSV \
bigquery-public-data:samples.shakespeare \
gs://$(gcloud config get-value project)-gcpbook-ch04/shakespeare.csv
```

　次に、Google Cloudコンソールにアクセスし、左上のナビゲーションメニューからDataplexを選択します。一覧にDataplexがない場合は、［すべてのサービスを表示］を選択し、一覧の中からDataplexをクリックします。Dataplexのコンソール画面が表示されたら、左側に表示されるDataplexのメニューから［管理］を選択します（図4.29）。

図4.29　Dataplexのコンソール

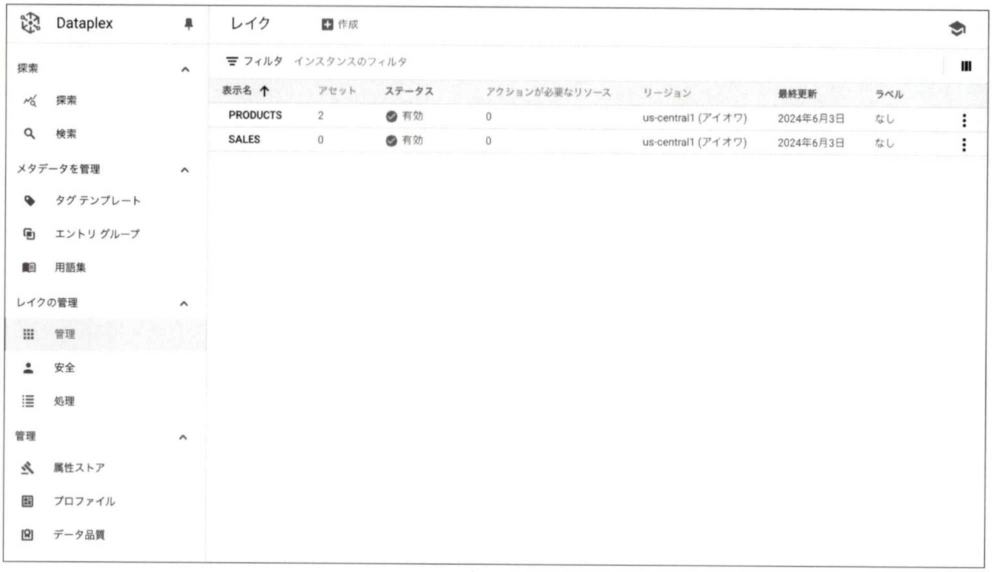

次にレイクを作成します。上部やや左にある［作成］をクリックします。［新しいレイクの作成］画面で以下に示すIDを入力し、［作成］をクリックします。他の入力値はデフォルトのままでかまいません（図4.30）。

- ID：discovery-handson

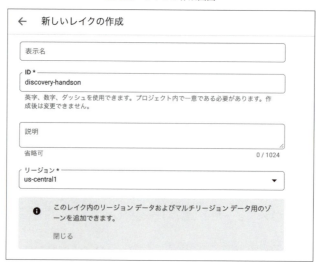

図4.30　レイクの作成画面

作成したレイクの［ステータス］が［有効］になるまで待ちます。次にゾーンを作成します。作成したレイク「DISCOVERY-HANDSON」を選択し、遷移後の画面の中央やや左にある［ゾーンを追加］をクリックします。［新しいゾーンの作成］画面で以下の通り入力し［作成］をクリックします。他の入力値はデフォルトのままでかまいません（図4.31）。

- ゾーンID：raw
- タイプ：未加工ゾーン
- データのロケーション：マルチリージョン（US）
- 検出の設定
- メタデータの検出を有効にする：チェックボックスをオン

図4.31　ゾーンの作成画面

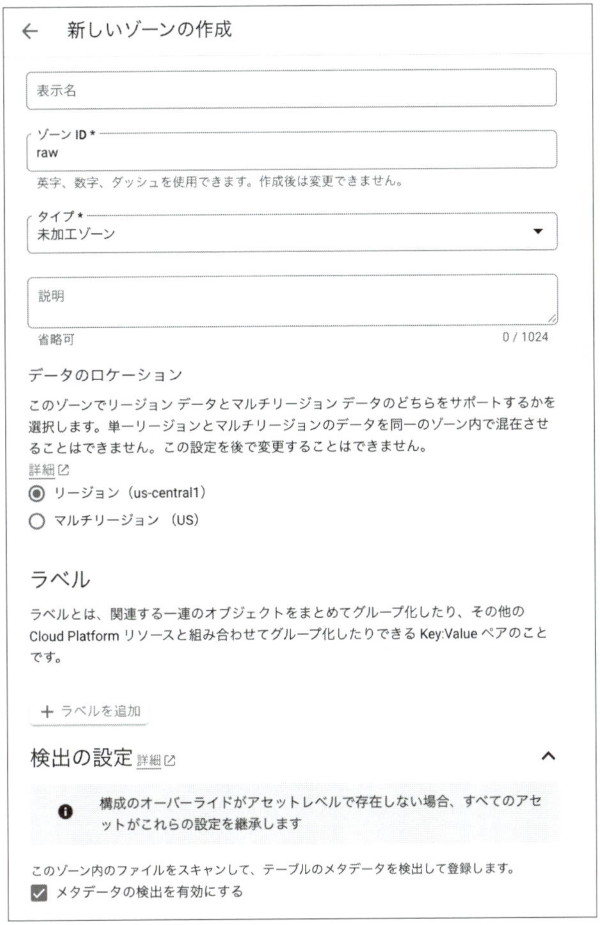

作成したゾーンの[ステータス]が[有効]になるまで待ちます。次に、ゾーンにアセットを追加します。ゾーン[RAW]を選択し、遷移後の画面の中央やや左にある[アセットを追加]をクリックします。[rawへのアセットの追加]の画面で[ADD AN ASSET]をクリックし、以下の通り入力したあとに[完了]をクリックします。バケットの[Your Project ID]は自身のプロジェクトIDに読み替えてください（図4.32）。

- 種類：ストレージバケット
- ID：shakespeare
- バケット：[Your Project ID]-gcpbook-ch04
- マネージドにアップグレード：チェックボックスをオン

図4.32　アセットの追加画面

そのあと、[続行] に続けて [続行] と選択し、最後に [送信] をクリックします。作成したアセットの [ステータス] が [有効] なると [検出ステータス] が [処理中] となる様子がわかります。この状態中に指定した Cloud Storage バケットのデータの検出スキャンが行われています。[検出ステータス] が [スケジュール設定済み] になったらスキャンが完了しています。ちなみに、[スケジュール設定済み] はアセット追加の初回設定後の初期検出スキャンが終わったことを示し、ゾーンの作成時に [検出の設定] で設定できるスキャンスケジュールにしたがって、次回のスキャンをスケジュールします。

それでは、実際に BigQuery にテーブルがあるか確認しましょう。BigQuery のコンソール画面に移動します。左側のエクスプローラの中にゾーンと対をなす「raw」というデータセットが自動的にできており、その中に「shakespeare」というテーブルが自動的にできています。選択すると図 4.33 のようにスキーマが認識された BigLake テーブルであることがわかります。このように検知されたデータはすぐにクエリできる状態になります。また、データカタログでも検索できますので試してみてください。

図 4.33　BigQuery コンソールでの検知されたテーブルの参照

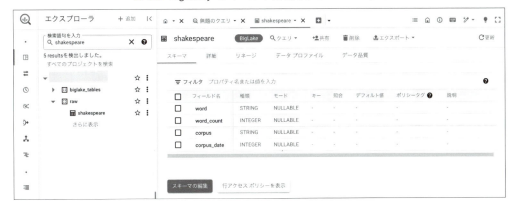

ここではゾーンに [未加工ゾーン] を選択しましたが、[キュレートされたゾーン] を選択した場合、Cloud Storage で検出されるデータには以下のような条件があります。

- ファイルフォーマットは Avro、Parquet、または ORC のいずれか
- Hive 互換のディレクトリ構成[注12] であること

レイクハウスにおける Dataplex Dicovery は、一般的にさまざまなデータがデータレイクに次々に格納される運用の中で、データの素早い発見性と信頼できるデータの提供の両方を組織

---

注 12　公式ドキュメント - サポートされるデータ レイアウト
　　　https://cloud.google.com/bigquery/docs/hive-partitioned-queries?hl=ja#supported_data_layouts

のガバナンスポリシーに併せてバランスよく実現することができます。

　最後に、ここで作成したアセットを削除しないと、定期的に検出スキャンが実行されてコストが発生しますので、くれぐれも消し忘れのないよう注意してください。

### 4.4.4 データリネージ

　**データリネージ**は、データ間の依存関係を管理し、可視化します。とくにレイクハウスは多くのユーザーが頻繁にデータを格納・運用することが一般的で、データ間の依存関係を俯瞰するのが非常に難しくなるため重要な機能と言えます。具体的には、以下のような場面で役立ちます。

- データパイプラインの変更やテーブルのスキーマ変更、テーブルの削除による影響範囲の把握
- テーブルの信頼性判断のための、データ生成元の確認
- センシティブなデータの組織内での利用状況の把握
- テーブルの問題発生時の、原因となる上流テーブルの調査

　それでは実際にリネージ機能がどのように機能するか説明します。図4.34はとあるテーブルのリネージを表示した画面です。参照しているテーブルが生成された上流のテーブル群と、逆にそのテーブルから生成された下流のテーブル群が表示されます。テーブル間のアイコンを選択すると、どのようなクエリで生成されたかを確認できます。

図4.34　リネージの参照

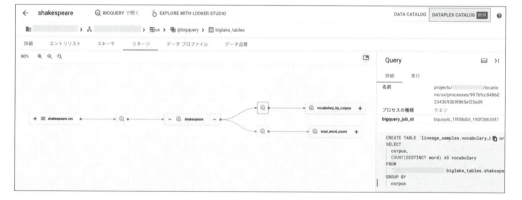

　データリネージは、Data Lineage APIを有効にすると自動的に依存関係の情報が構築され、コンソールから参照できます。リネージの情報は30日間保持されます。自動的なリネージ構築の対象となるのは、BigQuery、Cloud Data Fusion、Cloud Composer、Dataproc、

Vertex AIです。よって、データが存在するストレージやデータ処理を行うツールを横断してデータ資産を追跡できます。また、任意のリネージ情報をAPIを利用して保管できるので、自動構築の対象外のリネージやGoogle Cloud外部のリネージ情報も統合的に管理できます。

## 4.4.5 データプロファイリング

**データプロファイリング**は、BigQueryテーブルの各カラムに含まれるデータの内容を把握するのに役立ちます。具体的には、最大値、最小値、平均などの統計値、NULL値の割合、ユニーク値の割合、出現頻度の高い上位10個の値とその割合が、各カラムに対して表示されます。データ分析者は、データプロファイルを参照することで、データへの理解を深めることができます。一般的に、初めて利用するテーブルに対しては、クエリを実行してどんな値が入っているか、NULL値はどれくらいあるかなどを確認する必要がありますが、データプロファイルはその手間を省き、クエリコストも削減できます。

データプロファイリングはプロファイルを生成するための**スキャンジョブ**を設定し、これを実行することで参照できるようになります。図4.35は、データプロファイリングによるスキャン結果の例です。

図4.35　データプロファイリングのスキャン結果

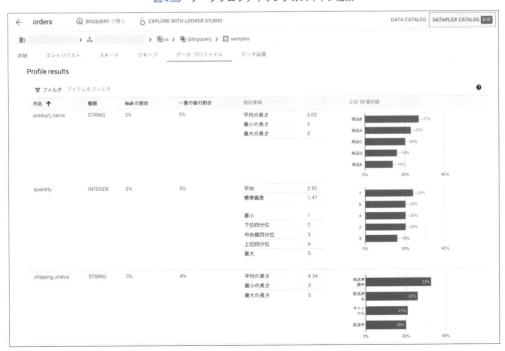

スキャンジョブの設定内容を以下に示します。スキャンジョブは、単一テーブルまたは複数テーブルに対して設定できます。図4.36は、設定画面の一部です。

- スキャン名、説明
- スキャン対象のテーブル、カラム
- スキャン範囲：全体または増分から選択
- フィルタ：特定の行または列をスキャン対象に指定
- サンプリングサイズ：スキャン対象のデータサンプル割合を％で指定
- スケジュール：定期実行または1回実行
- BigQueryへの結果出力：スキャン結果をBigQueryテーブルに出力するかどうか

図4.36　データプロファイリングの設定画面

データプロファイリングのコストは、スキャンに要した計算リソースの消費量で決まります。したがって、スキャン範囲、フィルタ、サンプリングを活用して、必要最低限のスキャンで済むように設定することが重要です。スキャン結果は、過去300回または1年間のいずれか早い方のスキャン履歴を参照できます。履歴を参照することで、データドリフトやデータの性質の変化を分析できます。また、スキャン結果をBigQueryテーブルに出力することで、任意のダッシュボードを構築したり、データの変化をプログラムで検知したりできるようになります。

## 4.4.6 データ品質チェック

データを運用していると予期せずデータが欠損していたり、開発当初は想定していなかったデータが混入してきたりします。一般的にこのような状態を**データ品質が低い**状態と言います。予期せぬデータが混入する要因にはさまざまありますが、以下に代表的なものを挙げます。

- データソースが故障し、正常にデータが発生していない
- データソースやデータを発生させているアプリケーションの仕様変更
- データ変換ロジックの変更や不具合

データ品質の低下を把握せずに、そのようなデータアセットを使ってデータ分析した結果を組織の重要な意思決定に利用してしまうと、致命的な判断の間違いを起こす可能性があります。Dataplexはそのような状態をいち早く検知するための**自動データ品質検証**の機能を提供しています。自動データ品質検証はBigQueryおよびCloud Storageのデータに対して適用できます。

データ品質をチェックを行うには、データプロファイルと同様にスキャンジョブを設定します。以下に示す設定内容は、データプロファイルとほぼ同じです。

- スキャン名と説明
- スキャン対象のテーブル
- スキャン範囲：［全体］あるいは［増分］から選択可能
- フィルタ：特定の行をスキャン対象に指定
- サンプリングサイズ：スキャン対象のデータサンプル割合を％で指定
- スケジュール：定期的な実行か一度きりの実行かを指定
- BigQueryに結果を出力：BigQueryのテーブルにスキャン結果を出力するか否か

そして最も重要なデータ品質を検証するルールを設定します。行レベルで評価するルールとテーブル単位の集計に対して評価するルールの2種類があります。たとえば、以下のようなものです。

- 行レベル
- カラムの値が、複数の文字列のいずれかである（たとえば、A, AB, B, O）
- カラムの値が他のテーブルのカラムのうちのいずれかである（たとえば、「注文」テーブルの「カスタマーID」が、「カスタマーテーブル」のIDのいずれかである）
- テーブル単位の集計
- カラム内の値がユニークである
- テーブル全体での特定カラムの値の平均値がを評価（たとえば、センサー値の平均が規定の範囲内にある）

ルールを作成するには、以下の3通りがあります。

- データプロファイルの結果から生成される推奨ルールを利用する
- 事前定義ルールを利用する
- SQLでカスタムルールを作る

データプロファイルを利用して生成されるルールを活用するのが最も簡単です。たとえば、データプロファイルの結果で「blood_type」というカラムの値がA,B,O,ABのみだった場合、複数の値セットのうちの1つの値であるかを検査する［値セットチェック］というルールを自動的に作ります。カラム数や作成するルールがいずれもシンプルかつ多い場合には、この方法が最適です。もし、自動生成が期待したものでなければ、事前定義ルールを利用して手動でルールを追加できます。事前定義ルールは以下の通りです。

- 範囲チェック：一定の値の範囲に収まっているか
- NULLチェック：NULLが含まれていないか
- 値セットチェック：指定された複数の値のいずれかであるか
- 一意性チェック：値がユニークであるか
- 集計統計チェック：平均、最大、最小のいずれかの集計値が一定の範囲に収まっているか
- 正規表現チェック：指定された正規表現にマッチするか

さらに、事前定義ルールで表現できないルールがある場合、たとえば他のテーブルの値を検査に使いたい場合などはSQLを記述してルールを定義できます。たとえば、リスト4.8に示すSQLは、「注文」テーブル内の「ユーザーID」カラムの値が、「ユーザー」テーブルのIDのいずれかに一致するかを検査するためのルールです。

リスト4.8　SQLを記述してルールを定義する例
```
user_id in (select id from my_project_id.dataset.users)
```

そして、定義されたルールに沿って品質チェックジョブがデータを検査します。ジョブが完了するとDataplexでテーブルを参照する画面の[データ品質]タブで図4.37のような結果が参照できます。

図4.37　データ品質チェックの結果

下部には設定されているルールが表示されており、上部にディメンションごとの検査結果や全体スコアがわかりやすく表示されます。[*個の失敗ルール]を選択すると該当するルールや失敗したレコードを取得するクエリなど、より詳細な情報が閲覧できます。さらに、検査のログはCloud Loggingに出力されるため、検査の結果をすぐにアラートとしてメールなどで受け取ることも可能です。このようにして品質に問題のあるデータを使った分析をしてしまう事態を防ぐことができます。また、データプロファイリング同様、スキャン結果をBigQueryのテーブルに出力できます。ダッシュボードなどにも活用できますし、実際にルールに反した行のデータも記録されるので品質改善の分析や対応にも有益な情報となります。

ここまで説明したリネージ、データプロファイルおよびデータ品質チェックは、BigQueryのテーブルのみならずBigLakeテーブルにも利用可能です。もちろんオブジェクトテーブルにも適用できるため、非構造化データのガバナンスも強化できます。したがって、データ形式に

よらず横断的なデータガバナンスを統一化された方法で実現できます。また、これらは Dataplex の機能ですが、Dataplex と BigQuery は UI の統合が進んでおり、それぞれの結果 は BigQuery のコンソールのテーブル情報からも同様に参照できて非常に便利です[注13]。

# 4.5 環境の削除

　意図しない課金を発生させないように、ここで構築したプロジェクトを削除するか、以下の 処理を忘れないようにしてください。

- BigLake
  - ・BigLake テーブルおよびオブジェクトテーブル用のデータセットの削除
  - ・BigQuery 外部接続の削除
- Cloud Storage
  - ・バケットの削除
- Dataplex
  - ・レイク、ゾーン、アセットの削除

　図 10.38 のスクリプトを利用して環境を削除できますのでご利用ください。ただし、 Dataplex に関しては、gcloud コマンドでの操作が限られるため本スクリプトの対象外です。 コンソールから手動で削除してください。

図 10.38　環境を削除するコマンド（cleanup.sh）

```
# 環境変数の設定
PROJECT_ID=$(gcloud config get-value project)

# バケットの削除
gcloud storage rm -r gs://$PROJECT_ID-gcpbook-ch04/

# 外部接続の削除
bq rm --connection $PROJECT_ID.us.biglake-conn

# BigQueryデータセットの削除
bq rm -r -f $PROJECT_ID:biglake_tables
```

---

注 13　データプロファイルとデータ品質に関しては、スキャンの設定時に「結果を BigQuery と Dataplex Catalog UI に公開する」を有効 化しておく必要があります。

# 4.6 まとめ

本章では、データレイクとデータウェアハウスの利点を融合した新しいデータ基盤であるレイクハウスの概要、従来のデータ基盤の課題、そして Google Cloud でレイクハウスを構築する際のアーキテクチャと主要なサービスについて解説しました。レイクハウスは、企業がデータレイクとレイクハウスを二重で管理、運用する課題を解決するための以下のような機能性と利点を持ちます。

- 構造化・非構造化データの統合：構造化・非構造化にかかわらずデータを保管し、アプリケーションに対して統合的なアクセスレイヤーを提供する。それによりデータの重複や複雑なデータパイプラインの発生を最小限に抑え、運用を最適化する
- 高いデータガバナンス：とくに非構造化データのデータマネジメントに構造を与え、構造化データのデータマネジメントを統合する。これによって、データの種別を問わずメタデータの管理やデータの品質管理などができ、データガバナンスの向上や効率的な運用ができる
- あらゆるユーザーの効率的な分析：アプリケーションがデータの種別や所在を問わずデータにアクセスできるため、分析者は使い慣れたツールで必要なデータに素早く安心にアクセスできる。これにより、企業内でのデータ分析者の増加やユースケースの増加といったデータ民主化を推進する

そして、このようなレイクハウスを Google Cloud で構築するためのアーキテクチャの全体、およびその中核である BigLake と Dataplex を詳しく解説しました。

BigLake を利用してオープンフォーマットファイルや非構造化データをテーブル形式で扱うことで、それらのデータを SQL で分析しやすくし、よりきめ細かいアクセス制御を可能にします。とくにオブジェクトテーブルで非構造化データに対してセキュアに SQL で機械学習処理が行える点は特徴的でしょう。また、それらのデータへの透過的なアクセスレイヤを提供することで、任意のアプリケーションからデータの移動やコピーも不要です。これによって、Cloud Storage に置かれたオープンフォーマットファイルに BigQuery からも Dataproc 上で動く Spark からもアクセスする Google Cloud ネイティブとオープンアーキテクチャの相互運用が実現します。

また、Dataplex は、データカタログ、データリネージ、データプロファイリング、データ品質管理などの機能を提供し、データウェアハウスとデータレイクを横断したデータガバナンスの一元化と強化につながります。これにより、企業内のデータ分析者は自分の必要なデータ

を素早く発見し、Dataplex が提供するメタデータによって安心して利用できるデータなのか正確に判断できるようになります。

Google Cloud のレイクハウスは、従来のデータ基盤が抱えていた課題を解決し、従来のデータ分析から最新の機械学習を用いた分析まで単一のプラットフォームで効率的かつ安全にデータ基盤を運用できます。これによってみなさんのビジネスやサービスの競争優位性はより強いものとなるでしょう。

---

**Column**

## マルチクラウドでのクラウドデータ基盤の利用

Google Cloud でデータ基盤を構築したいが、すでに運用しているアプリが他のクラウドを利用しているという事例は多いのではないでしょうか。実際に BigQuery の導入事例などを Web から検索してみると、他のクラウドと組み合わせて利用している例が多く見られます。

しかしながら、初めて複数のクラウドを使い始めるにあたって、ぼんやりとした障壁があるようにも見受けられています。このぼんやりとした論点を分解してみると、2つに分解されると感じています。

1. Egress コストの議論

2. テクノロジースタックの議論

**Egress コスト**とは、クラウドから外に出るとき、あるいはクラウド上でのリソース間の通信に課される料金のことです。Egress コストについては、さまざまなクラウドがありますが、Egress トラフィックコストはクラウドごとに、そこまで大きな差がないように見えます。

たとえば、Amazon Web Services（AWS）の代表的なオブジェクトストレージサービスである Amazon S3 からインターネットへのデータ転送は 2024 年 10 月時点で以下のような料金です[14]。

- 0.09USD/GB（オハイオリージョンで最初の 10TB/ 月までの料金で計算）

ここで考えたいのは、データ基盤に継続的に転送する料金です。データ基盤を構築・移行する際に考えるデータ量には以下の 2 種類があります。

- （A）過去に発生したデータ（移行の場合のみ）：量は多いが、1 回しか転送しない
- （B）1 日あたり新たに発生するデータ：過去のものと比べると量は少ないが、毎日・毎週などバッチで、あるいはストリーミングで転送する

このうち、（A）については、過去に発生したデータが多くとも、クラウド間をまたいだデータ基盤移行あるいはデータ基盤構築の際に発生するデータ転送は、一度しか発生しな

---

注 14　https://aws.amazon.com/jp/s3/pricing/

いコストとみなすことができます。（B）については、データが発生するたびに定期的に発生するコストとなります。Rob Pike の UNIX 哲学曰く "Measure. Don't tune for speed until you've measured."[注15]ということで、実例を挙げて計算してみましょう。

例として、典型的なデータ基盤に貯まるデータとして、以下のような企業におけるシステム群を対象にしたデータ基盤を想定してみましょう。

- 複数の情報系システムのデータベース（蓄積期間は長いがトランザクションが多くない。複数あるものとする）
- EC のデータベース（蓄積期間は長く、トランザクションが多い）
- アプリケーションログ（蓄積期間は比較的短く、量が多い。分析上は 13 ヵ月分を見ることが多い）

これら 3 種類のデータを、過去の蓄積期間、蓄積データ量、そして差分データ量を想定として数字を設定したシミュレーションとしてコストを算出したのが表 4.2 です。

表4.2　データ転送量の例[注16]

| | 複数の情報系システムの DB | EC の DB | アプリケーションログ |
|---|---|---|---|
| 過去の蓄積期間 | 10年分（120ヵ月） | 10年分（120ヵ月） | 13ヵ月 |
| 蓄積データ量（A） | 6TB | 24TB | 13TB |
| 差分データ量（B） | 0.05TB/月 | 0.2TB/月 | 1TB/月 |
| （A）転送コスト（移行1回のみ） | 約553USD | 約2,200USD | 約1,200USD |
| （B）転送コスト（継続） | 約5USD/月 | 約18USD/月 | 約92USD/月 |

この表 3.8 を見てわかるとおり、蓄積データ量は EC のデータベースの方が多いですが、実際の Egress コスト支配項はアプリケーションログです。（A）の移行 1 回限りのコストと、（B）の定常的にかかるコスト両方を比較して、総合的な判断を行うのがよいでしょう。

とはいえ、さらに大きな差分データがある場合には、Egress コストが定常的に高くつくことになります。ここに対しとり得る手段としては、**プロバイダ間の専用線接続**があります。Google Cloud を含む多くのクラウドサービスが、専用線接続経由での Egress 料金に大きなディスカウントを用意しています。これを簡単に設定できるのが、**Cross-Cloud Interconnect**[注17]です。この機能では、**UI で簡単な設定をするだけで AWS と Google Cloud の VPC ネットワークを専用線で接続**できます（AWS だけではなく、Azure や Oracle Cloud Infrastructure にも対応しています）。このサービスは内部的には AWS の専

---

注15　https://users.ece.utexas.edu/~adnan/pike.html

注16　クラウドのコストは常に変動します。表内の記載は、執筆時点のコスト単価に対して、仮定のデータサイズをもとに算出したシミュレーション例です。最新の料金などは必ずクラウドプロバイダの料金表をご確認ください。

注17　公式ドキュメント - Cross-Cloud Interconnect の概要
https://cloud.google.com/network-connectivity/docs/interconnect/concepts/cci-overview

用線接続サービスである AWS Direct Connect を利用しているため、先ほどと同じ設定で egress 料金は半額以下となる 0.02USD/GB となります（2024年10月時点）[注18]。逆方面も同様で、Google Cloud の専用線接続サービスである Cloud Interconnect を利用した場合、北米のリージョンであれば Google Cloud からの Egress は 0.02USD/GB となります[注19]。

他にも、Google Cloud Storage Transfer Service のマネージドプライベートネットワーク機能[注20]を利用することで、固定費なしで、**AWS S3 から Google Cloud Storage への転送における AWS の Egress コストを無料**にすることができます。代わりに Google Cloud 側の料金に $0.03/GB かかりますが、全体として Egress を削減できるほか、固定費が不要で設定のみで利用できるのが大きなメリットでしょう。従来より格段に手軽にこの構成を実現できます。このようなサービスを利用することでクラウド間を接続し、Egress コストを削減することも 1 つの手段です。

また、Google Cloud では BigQuery をマルチクラウドに拡張する **BigQuery Omni**[注21]をローンチしています。これは BigQuery のコンピュート、インメモリシャッフル機構を他クラウド上で動作させることにより、BigQuery とまったく同じ体験をマルチクラウド上で提供するものです。BigQuery Omni を利用すると、AWS 上からデータを動かすことなく分析を行えるため、Egress コストはかかりません。また、BigQuery Omni はマルチクラウドにおけるデータサイロの解消も目的としているため、BigQuery へのクロスクラウドデータ転送機能、クロスクラウド マテリアライズドビューなどクロスクラウドでの分析を効率的にする機能を備えており、今後はこのようなサービスを利用することも選択肢の 1 つとなっていくでしょう。

このように、"マルチクラウド"という言葉に対して、漠然とした心理的な障壁を持つ前に、技術的なメリット、ビジネス的なメリット、エンジニアのスキル、コスト（転送コスト、インフラコスト、構築と運用の人件費や委託費）などを含めて計算したうえで意思決定をするのがよいでしょう。

---

注 18 https://aws.amazon.com/jp/directconnect/pricing/
注 19 公式ドキュメント -Cloud Interconnect の料金
　　　 https://cloud.google.com/network-connectivity/docs/interconnect/pricing
注 20 公式ドキュメント - 下り（外向き）オプション
　　　 https://cloud.google.com/storage-transfer/docs/create-transfers/agentless/s3?hl=ja#egress_options
注 21 公式ドキュメント -BigQuery Omni の概要
　　　 https://cloud.google.com/bigquery/docs/omni-introduction

# 第5章 ETL/ELT処理

データレイクに収集したデータを効率的に分析できるようにするためには、用途に応じて事前にデータを整形、加工したり、集計したりする必要があります。本章では、このようにデータを効率的に分析、活用できるようにするためのデータ処理であるETL/ELT処理の概要と、Dataform、Dataflowなどを利用しそれを実装する方法を解説します。

## 5.1 ETL/ELTとは

ETLとは"Extract、Transform、Load"の頭文字をとったものであり、あるデータソースからデータを取得（Extract）し、それを変換（Transform）し、その結果をあるデータストレージへ書き込む（Load）という一連の処理を指します。たとえば、データレイクにあるデータを取得し、それを整形、加工または集計して、その結果をDWH（データウェアハウス）へ書き込む、という一連の処理はETL処理です。一方で、ELTは"Extract、Load、Transform"であり、ETLとは、実行される処理の順序が異なります。ELTでは、あるデータソースからデータを取得（Extract）し、それをあるデータストレージへそのまま書き込み（Load）、その後、そのデータストレージ上で、書き込まれたデータを変換（Transform）します。BigQueryをDWHとして使用する際は、ETLではなくELTをできる限り採用することが以下の理由から推奨されています。

- BigQueryはスケーラブルなDWHであり、大規模なデータの変換処理を実施できる
- SQLを書くだけでデータの変換処理を実施でき、別途、ETL処理を開発、運用する必要がなく、データ処理のパイプラインをシンプルにできる
- ETLを実行するサービス（DataprocやDataflow）では、クラスタやジョブの立ち上げのオーバーヘッドが発生するのに対して、BigQueryでジョブを実行すると、オーバーヘッドが発生せず、すぐに大規模並列処理として実行できる

データ基盤の開発運用の現場では、処理が実行される環境や、データや処理の内容、その他

の制約事項などを考慮して、ETLとELTのどちらかの処理を選択することになるでしょう。

　本章では、ETL/ELT処理の実施が必要となるサンプルシナリオを1つ用意し、そのシナリオに沿って、サンプルのデータを用いながら、Google Cloud上でETL/ELT処理を実装する方法をハンズオン形式で解説します。また、SQLの拡張を利用して、ELTのパイプラインをより開発・運用・管理しやすくするサービスである **Dataform** についても解説します。

## 5.2 ETL/ELT処理を実施する サンプルシナリオ

本章で扱うシナリオは、以下のようなビジネスの現場です（図5.1）。

- Cloud Storageに、モバイルアプリケーションのある日のユーザー行動ログがJSON形式のファイルで格納されている
- BigQueryのテーブルに、そのモバイルアプリケーションのユーザー情報が保管されている。そのテーブルには、各ユーザーについて「課金ユーザーであるか否か」を表す情報が保管されている
- BIツールでのレポーティングを効率化するために、BigQueryのテーブルで「日別の、課金ユーザーと無課金ユーザーそれぞれのユニークユーザー数」の情報が管理されている
- Cloud Storage上のある日のユーザー行動ログとBigQueryのテーブルのユーザー情報を組み合わせ、その日の「課金ユーザーと無課金ユーザーそれぞれのユニークユーザー数」を算出し、結果をBigQueryのテーブルへ書き込む必要がある

図5.1　サンプルシナリオ

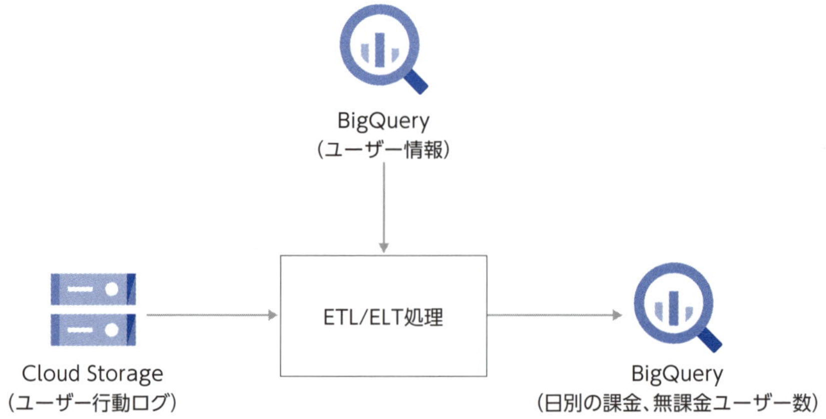

BigQuery
（ユーザー情報）

Cloud Storage
（ユーザー行動ログ）

ETL/ELT処理

BigQuery
（日別の課金、無課金ユーザー数）

このシナリオでは、複数のデータを組み合わせて新しいデータを作成し、また、その作成したデータを集計する必要があります。このようなデータの結合や集計を行うために、ETL/ELT処理を実施します。

# 5.3 サンプルシナリオ実施用の環境の構築

まずは、ETL/ELT処理を実行するための環境を構築します。

①https://console.cloud.google.com/ へアクセスし、Cloud Console にて Google Cloud プロジェクトを新規作成します。Google Cloud プロジェクトの作成方法は、公式ドキュメント[注1]を参照してください。

②Google Cloud プロジェクトに対して課金が有効になっていることを確認します。確認方法は、公式ドキュメント[注2]を参照してください。

③Cloud Shell を開き、図5.2のコマンドを実行し、シナリオの実施に必要となる BigQuery, Dataflow, Dataform の API を有効にします。

図5.2　BigQuery,Dataflow,Dataform の API の有効化

```
# 以下のサービスのAPIを有効にする
# - BigQuery
# - Dataflow
# - Dataform
gcloud services enable \
  bigquery.googleapis.com \
  dataflow.googleapis.com \
  dataform.googleapis.com
```

④図5.3のコマンドを実行し、Cloud Storage のバケットを作成します。US マルチリージョンに、[プロジェクト名]-gcpbook-ch5 という名前のバケットを作成します。

図5.3　Cloud Storage のバケットの作成

```
# USマルチリージョンに、[プロジェクト名]-gcpbook-ch5という名前のバケットを作成
gcloud storage buckets create gs://$(gcloud config get-value project)-gcpbook-ch5/ \
  --location=US
```

---

注1　公式ドキュメント - プロジェクトの作成と管理
　　　https://cloud.google.com/resource-manager/docs/creating-managing-projects?hl=ja
注2　公式ドキュメント - プロジェクトの課金の有効化、無効化、変更
　　　https://cloud.google.com/billing/docs/how-to/modify-project?hl=ja

⑤図 5.4のコマンドを実行し、firebase-public-projectという Google Cloud プロジェクトにある analytics_153293282.events_20181001 という BigQueryのテーブルデータを、手順④で作成した Cloud Storageのバケットに、GZIP圧縮の JSON形式のファイルでエクスポートします。このテーブルには、Firebaseデモプロジェクトの公開サンプルデータが格納されています。このシナリオでは、この公開サンプルデータをユーザー行動ログとして使用します。

図5.4　テーブルデータのエクスポート

```
# firebase-public-project:analytics_153293282.events_20181001という
# BigQueryテーブルのデータ (Firebaseデモプロジェクトの公開サンプルデータ) を
# 前述の手順④で作成したCloud Storageのバケットに、GZIP圧縮のJSON形式のファイルでエクスポートする
bq --location=us extract \
  --destination_format NEWLINE_DELIMITED_JSON \
  --compression GZIP \
  firebase-public-project:analytics_153293282.events_20181001 \
  gs://$(gcloud config get-value project)-gcpbook-ch5/data/events/20181001/*.json.gz
```

⑥図 5.5のコマンドを実行し、gcpbook_ch5という名前の BigQueryのデータセットを USマルチリージョンに作成します。

図5.5　BigQueryのデータセット作成

```
# gcpbook_ch5という名前のBigQueryのデータセットをUSマルチリージョンに作成
bq --location=us mk \
  -d \
  $(gcloud config get-value project):gcpbook_ch5
```

⑦図 5.6のコマンドを実行し、usersという名前の BigQueryのテーブルを手順⑥で作成したデータセット gcpbook_ch5の下に作成します。ここで作成するテーブルに「課金ユーザーであるか否か」というユーザー情報を保管します。ここでは便宜的に、user_pseudo_idの先頭の値が0または1であるユーザーを課金ユーザー（is_paid_user = true）としています。

図5.6　usersテーブルの作成

```
# 「課金ユーザーであるか否か」を表すユーザー情報を保管するテーブルgcpbook_ch5.usersを作成
# 便宜的に、user_pseudo_idの先頭の値が0または1であるユーザーを
# 課金ユーザー (is_paid_user = true)とする
bq --location=us query \
  --nouse_legacy_sql \
  'create table gcpbook_ch5.users as
  select distinct
    user_pseudo_id
  , substr(user_pseudo_id, 0, 1) in ("0", "1") as is_paid_user
  from
    `firebase-public-project.analytics_153293282.events_*`'
```

⑧図5.7のコマンドを実行し、「日別の、課金ユーザーと無課金ユーザーそれぞれのユニークユーザー数」を保管するテーブルdauをデータセットgcpbook_ch5の下に作成します。なお、以降の節においてこのテーブルを再作成する必要があるため、作成コマンドを再利用できるように、ここではcreate or replace tableのDDLステートメント（テーブルなどのオブジェクトを作成、変更、削除するための、データ定義言語の命令文）を使用しています。

図5.7　dauテーブルの作成

```
# 「日別の、課金ユーザーと無課金ユーザーそれぞれのユニークユーザー数」を
# 保管するテーブルgcpbook_ch5.dauを作成
bq --location=us query \
  --nouse_legacy_sql \
  'create or replace table gcpbook_ch5.dau
  (
    dt date not null
  , paid_users int64 not null
  , free_to_play_users int64 not null
  )'
```

以上で、サンプルシナリオ実施環境の構築は完了です。

ここで準備したデータやテーブルの内容を確認しておきましょう。まずは、図5.8のコマンドを実行し、Cloud Storage上に作成したユーザー行動ログのファイルの一覧を確認します。

図5.8　ファイル一覧の確認

```
# Cloud Storage上に作成したユーザー行動ログのファイルの一覧を確認
gcloud storage ls \
  gs://$(gcloud config get-value project)-gcpbook-ch5/data/events/20181001/
```

結果は図5.9のようになり、ファイルが1つ存在することを確認できます。

図5.9　ファイル一覧の確認結果

```
gs://[your-project-id]-gcpbook-ch5/data/events/20181001/000000000000.json.gz
# [your-project-id]には、現在作業中のGoogle CloudプロジェクトのIDが出力される
```

図5.10のコマンドを実行し、「課金ユーザーであるか否か」を表すユーザー情報を保管するテーブルgcpbook_ch5.usersのデータを確認します。

図5.10　usersテーブルデータの確認

```
bq --location=us query \
  --nouse_legacy_sql \
  'select
    user_pseudo_id
  , is_paid_user
  from
    gcpbook_ch5.users
  order by
    user_pseudo_id
  limit 5'
```

図5.10のコマンドの実行結果は、図5.11のとおりです。カラムuser_pseudo_idとis_paid_userにそれぞれ、ユーザーIDと「そのユーザーが課金ユーザーであるか否か」を表すフラグ値が格納されています。

図5.11　usersテーブルデータの確認結果

```
+----------------------------------+--------------+
|          user_pseudo_id          | is_paid_user |
+----------------------------------+--------------+
| 0002B103EB7E4844DAA75700C57E820E |         true |
| 0005E3C4A38470408E9FFE32F1FD1A13 |         true |
| 0007A96FEDC18F960EF004FCCB5FB41C |         true |
| 000A8B9167F5F9B7BF620708D320E32F |         true |
| 000CDB12737C5ADB8C30E19BB209B805 |         true |
+----------------------------------+--------------+
```

図5.12のコマンドを実行し、「日別の、課金ユーザーと無課金ユーザーそれぞれのユニークユーザー数」を保管するテーブルgcpbook_ch5.dauのスキーマ定義を確認します。

図5.12　dauテーブルのスキーマ定義の確認

```
# 「日別の、課金ユーザーと無課金ユーザーそれぞれのユニークユーザー数」を
# 保管するテーブルgcpbook_ch5.dauのスキーマ定義を確認する
bq show \
  --schema \
  --format=prettyjson \
  gcpbook_ch5.dau
```

図5.12のコマンドの実行結果は、図5.13のとおりです。以降の節にてETL/ELT処理を実行し、カラムdt、paid_users、free_to_play_usersに、「日付」「その日の課金ユーザー数」「その日の無課金ユーザー数」をそれぞれ登録します。

図5.13　dauテーブルのスキーマ定義の確認結果

```
[
  {
    "mode": "REQUIRED",
    "name": "dt",
    "type": "DATE"
  },
  {
    "mode": "REQUIRED",
    "name": "paid_users",
    "type": "INTEGER"
  },
  {
    "mode": "REQUIRED",
    "name": "free_to_play_users",
    "type": "INTEGER"
  }
]
```

# 5.4　BigQueryでのELT

　本節では、ELT処理によって最終的なデータを作成する方法を説明します。まず、Cloud Storage上のユーザー行動ログのデータをBigQueryへロードし、その後、BigQuery上で集計処理を実施して、その結果を「日別の、課金ユーザーと無課金ユーザーそれぞれのユニークユーザー数」を保管するテーブルgcpbook_ch5.dauへ書き込む、という流れになります（図5.14）。具体的な手順は次のとおりです。

1. BigQueryの作業用テーブルを作成し、Cloud Storage上のユーザー行動ログのデータをロードする
2. BigQueryでinsert select文を実行し、作業用テーブルと「課金ユーザーであるか否か」を表すユーザー情報のテーブルを結合して集計した結果を、「日別の、課金ユーザーと無課金ユーザーそれぞれのユニークユーザー数」を保管するテーブルへ書き込む
3. 手順1.で作成した作業用テーブルを削除する

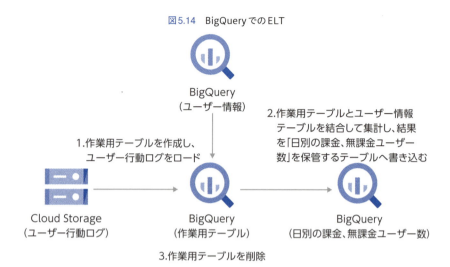

図5.14　BigQueryでのELT

## 5.4.1 BigQueryの作業用テーブルの作成とユーザー行動ログのロード

　実際にコマンドを実行して、一連のELT処理を試してみます。まずは、図5.15のコマンドを実行して、BigQueryの作業用テーブル`gcpbook_ch5.work_events`を作成し、そのテーブルへCloud Storage上のユーザー行動ログのデータをロードします。

図5.15　ユーザー行動ログのデータのロード

```
# BigQueryの作業用テーブルgcpbook_ch5.work_eventsを作成し、
# そのテーブルへCloud Storage上のユーザー行動ログのデータをロードする
bq --location=us load \
  --autodetect \
  --source_format=NEWLINE_DELIMITED_JSON \
  gcpbook_ch5.work_events \
  gs://$(gcloud config get-value project)-gcpbook-ch5/data/events/20181001/*.json.gz
```

　ここでは、`bq load`コマンドを実行して、Cloud Storage上のファイル`gs://[your-project-id]-gcpbook-ch5/data/events/20181001/*.json.gz`を読み取り、テーブル`gcpbook_ch5.work_events`を新規に作成して、読み取ったデータをこのテーブルへロードしています。フラグ`--autodetect`が指定されているため、読み取り対象のJSON形式のデータをもとに、作成するテーブル`gcpbook_ch5.work_events`のスキーマが自動的に定義されます。

　それでは図5.16のコマンドを実行して、作業用テーブル`gcpbook_ch5.work_events`が正常に作成され、データがロードされたことを確認しておきましょう。

図 5.16　ユーザー行動ログのデータのロードの確認

```
# 作業用テーブルgcpbook_ch5.work_eventsが正常に作成されて、
# データがロードされたことを確認する
bq --location=us query \
  --nouse_legacy_sql \
  'select
    count(1)
  from
    gcpbook_ch5.work_events'
```

図 5.16 のコマンドの実行結果は、図 5.17 のとおりです。作業用テーブル gcpbook_ch5.work_events が正常に作成されて、50,000 件のデータがロードされたことが確認できました。

図 5.17　ユーザー行動ログのデータのロードの確認結果

```
+-------+
| f0_   |
+-------+
| 50000 |
+-------+
```

## 5.4.2　テーブルの結合、集計とその結果の挿入

図 5.18 のコマンドを実行して、作業用テーブル gcpbook_ch5.work_events とユーザー情報を保管するテーブル gcpbook_ch5.users を結合して集計し、課金ユーザーと無課金ユーザーそれぞれのユーザー数を算出して、結果をテーブル gcpbook_ch5.dau へ挿入します。

図 5.18　dau テーブルへのデータの挿入

```
# 作業用テーブルgcpbook_ch5.work_eventsとユーザー情報を保管するテーブルgcpbook_ch5.usersを結合して集計、
# 課金ユーザーと無課金ユーザーそれぞれのユーザー数を算出して、結果をテーブルgcpbook_ch5.dauへ挿入する
bq --location=us query \
  --nouse_legacy_sql \
  --parameter='dt:date:2018-10-01' \
  'insert gcpbook_ch5.dau
  select
    @dt as dt
  , countif(u.is_paid_user) as paid_users
  , countif(not u.is_paid_user) as free_to_play_users
  from
    (
      select distinct
        user_pseudo_id
      from
        gcpbook_ch5.work_events
    ) e
    inner join
```

```
    gcpbook_ch5.users u
  on
    u.user_pseudo_id = e.user_pseudo_id'
```

ここでは、insert select文を実行して、select文の実行結果をテーブルgcpbook_ch5.
dauへ登録しています。select文では、作業用テーブルgcpbook_ch5.work_eventsのカラ
ムuser_pseudo_idの値の重複を排除した結果と、ユーザー情報テーブルgcpbook_ch5.
usersを内部結合し、その結果について、is_paid_userの値がtrueである件数とfalseで
ある件数をそれぞれ集計しています。この集計処理により、作業用テーブルgcpbook_ch5.
work_eventsに含まれている課金ユーザーと無課金ユーザーそれぞれの人数が集計され、その
結果がテーブルgcpbook_ch5.dauへ登録されます。

図5.19のコマンドを実行して、テーブルgcpbook_ch5.dauに正常にデータが挿入された
ことを確認します。

図5.19　dauテーブルへのデータ挿入の確認

```
# テーブルgcpbook_ch5.dauに正常にデータが挿入されたことを確認
bq --location=us query \
  --nouse_legacy_sql \
  --parameter='dt:date:2018-10-01' \
  'select
    dt
  , paid_users
  , free_to_play_users
  from
    gcpbook_ch5.dau
  where
    dt = @dt'
```

図5.19のコマンドの実行結果は、図5.20のとおりです。テーブルgcpbook_ch5.dauに正
常にデータが挿入されたことを確認できました。この結果により、この日のアクティブユーザー
のうち、課金ユーザーは47人、無課金ユーザーは436人であることがわかりました。

図5.20　dauテーブルへのデータ挿入の確認結果

```
+------------+------------+--------------------+
|     dt     | paid_users | free_to_play_users |
+------------+------------+--------------------+
| 2018-10-01 |         47 |                436 |
+------------+------------+--------------------+
```

## 5.4.3 作業用テーブルの削除

図5.21のコマンドを実行し、作業用テーブル gcpbook_ch5.work_events を削除します。

図5.21　work_events テーブルの削除

```
# 作業用テーブルgcpbook_ch5.work_eventsを削除
bq --location=us query \
  --nouse_legacy_sql \
  'drop table gcpbook_ch5.work_events'
```

図5.22のコマンドを実行し、作業用テーブル gcpbook_ch5.work_events の情報が、BigQuery オブジェクトに関するメタデータ情報を確認できる INFORMATION_SCHEMA.TABLES に存在しなければ削除できています。

図5.22　work_events テーブルの削除の確認

```
# 作業用テーブルgcpbook_ch5.work_eventsが削除されているか確認するには、
# INFORMATION_SCHEMA.TABLESに該当するテーブルのメタデータ情報が存在しないかを確認する
bq --location=us query \
  --nouse_legacy_sql \
  'select
    count(1)
  from
    gcpbook_ch5.INFORMATION_SCHEMA.TABLES
  where
    table_name = "work_events"'
```

図5.22のコマンドの実行結果は、図5.23のとおりです。作業用テーブル gcpbook_ch5.work_events の情報が INFORMATION_SCHEMA.TABLES に存在せず、このテーブルが正常に削除されたことを確認できました。

図5.23　work_events テーブルの削除の確認結果

```
+-----+
| f0_ |
+-----+
|  0  |
+-----+
```

ここでは簡素化のため、テーブル gcpbook_ch5.dau へのデータ登録処理に insert 文を使用しました。実際に本番環境で ETL/ELT バッチ処理を構築した場合は、同一日付で処理を再実行した際にデータの重複が発生しないよう、insert 文ではなく merge 文[注3]を使用するなど

---

注3　公式ドキュメント -MERGE statement
　　　https://cloud.google.com/bigquery/docs/reference/standard-sql/dml-syntax?hl=ja#merge_statement

の対応が必要になるでしょう。

## 5.5 BigQueryでのETL

　本節では、BigQueryを使用してETL処理を実行し、最終的なデータを作成する方法を説明します。BigQueryには**外部データソース**という機能があり、これを使用することで、Cloud Storage上のデータをBigQueryへロードすることなく直接参照できます[注4]。この外部データソース機能を使用して、BigQueryから直接Cloud Storage上のデータを取得して変換および集計処理を実施し、その処理結果を「日別の、課金ユーザーと無課金ユーザーそれぞれのユニークユーザー数」を保管するテーブル gcpbook_ch5.dau へ書き込む、という流れになります（図5.24）。具体的な手順は、以下のとおりです。

1. Cloud Storage上のユーザー行動ログのデータを参照するBigQueryの一時テーブルを作成する
2. BigQueryで `insert select` 文を実行し、一時テーブルと「課金ユーザーであるか否か」を表すユーザー情報のテーブルを結合して集計した結果を、「日別の、課金ユーザーと無課金ユーザーそれぞれのユニークユーザー数」を保管するテーブルへ書き込む

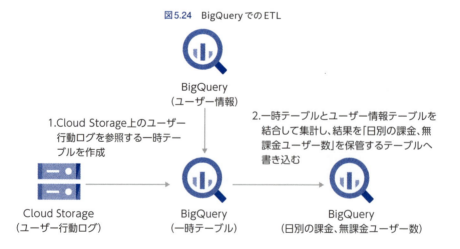

図5.24　BigQueryでのETL

---

注4　公式ドキュメント - 外部データソースの概要
　　　https://cloud.google.com/bigquery/external-data-sources?hl=ja

## 5.5.1 dau テーブルの再作成

実際にコマンドを実行して、一連の ETL 処理を試してみます。まずは、図5.25のコマンドを実行して、図5.7で作成したテーブルgcpbook_ch5.dauを再作成し、データを消去します。

図5.25　dau テーブルの再作成

```
# 「日別の、課金ユーザーと無課金ユーザーそれぞれのユニークユーザー数」を
# 保管するテーブルgcpbook_ch5.dauを再作成
bq --location=us query \
  --nouse_legacy_sql \
  'create or replace table gcpbook_ch5.dau
  (
    dt date not null
  , paid_users int64 not null
  , free_to_play_users int64 not null
  )'
```

## 5.5.2 一時テーブルの作成とデータ集計結果の挿入

図5.26のコマンドを実行し、Cloud Storage上のユーザー行動ログのデータを参照するBigQueryの一時テーブルを作成したうえで、その一時テーブルと「課金ユーザーであるか否か」を表すユーザー情報のテーブルを結合して集計した結果を、「日別の、課金ユーザーと無課金ユーザーそれぞれのユニークユーザー数」を保管するテーブルへ書き込む処理を実施します。

図5.26　dau テーブルへのデータの挿入

```
# 一時テーブルとユーザー情報を保管するテーブルgcpbook_ch5.usersを結合して集計し、
# 課金ユーザーと無課金ユーザーそれぞれのユーザー数を算出して、結果をテーブルgcpbook_ch5.dauへ挿入
bq --location=us query \
  --nouse_legacy_sql \
  --external_table_definition=events::user_pseudo_id:string@NEWLINE_DELIMITED_
JSON=gs://$(gcloud config get-value project)-gcpbook-ch5/data/events/20181001/*.json.gz \
  --parameter='dt:date:2018-10-01' \
  'insert gcpbook_ch5.dau
  select
    @dt as dt
  , countif(u.is_paid_user) as paid_users
  , countif(not u.is_paid_user) as free_to_play_users
  from
    (
      select distinct
        user_pseudo_id
      from
        events
    ) e
    inner join
```

```
        gcpbook_ch5.users u
    on
      u.user_pseudo_id = e.user_pseudo_id'
```

　bq queryコマンドを使用してinsert select文を実行し、テーブルgcpbook_ch5.dau
にデータを登録しています。その際に、--external_table_definitionを指定して、外部デー
タソースを参照する一時的な外部テーブルを作成しています。ここでは、--external_
table_definition=[テーブル名]::[スキーマ定義]@[ファイル形式]=[Cloud Storage
のURI]という形式でフラグの値を指定しており、Cloud Storage上のJSONファイルgs://
[your-project-id]-gcpbook-ch5/data/events/20181001/*.json.gzを参照する、
string型のuser_pseudo_idフィールドを持つ一時的な外部テーブルeventsを作成する設
定となっています。

　図5.27のコマンドを実行して、テーブルgcpbook_ch5.dauに正常にデータが挿入された
ことを確認します。

図5.27　dauテーブルデータの確認

```
# テーブルgcpbook_ch5.dauに正常にデータが挿入されたことを確認
bq --location=us query \
  --nouse_legacy_sql \
  --parameter='dt:date:2018-10-01' \
  'select
    dt
  , paid_users
  , free_to_play_users
  from
    gcpbook_ch5.dau
  where
    dt = @dt'
```

　図5.27のコマンドの実行結果は、図5.28のとおりです。テーブルgcpbook_ch5.dauに正
常にデータが挿入されたことが確認できました。

図5.28　dauテーブルデータの確認結果

```
+------------+------------+--------------------+
|     dt     | paid_users | free_to_play_users |
+------------+------------+--------------------+
| 2018-10-01 |         47 |                436 |
+------------+------------+--------------------+
```

## 5.6 Dataformで開発、運用するELTパイプライン

ここまでの節では、BigQuery上で簡単なELT処理を実装しました。しかし、ELT処理をデータパイプラインとして、本番環境で長く管理、運用していくためには、以下のような課題があります。

- 複数のSQLの前後関係を考慮したスケジュール実行
- データパイプラインの要件変更により発生するSQLの修正、バージョン管理
- 元テーブルからビジネス要件に合うデータマートを生成するための中間テーブル間の依存関係の管理、把握
- SQLが動作するかだけではなく、データ品質を含めたテストの必要性

このような課題を解決するためのサービスがDataformです。**Dataform**は、BigQuery上でデータ変換を行う複雑なSQLワークフローの開発から、テスト、バージョン管理、スケジュールの設定までを行う、ELTのための統合データパイプライン開発サービスです。

本節では、Dataformを使用して「5.4　BigQueryでのELT」で説明したSQLをどのようにオーケストレーションできるかをハンズオンを通じて説明します（図5.29）。

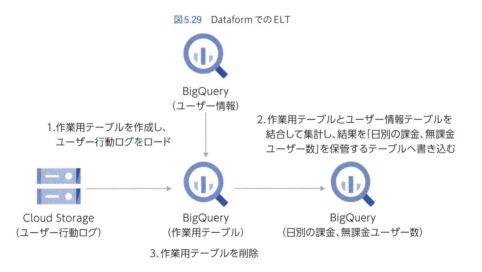

図5.29　DataformでのELT

Dataformのワークフローを実行して、以下の流れで処理を実行します。

1. BigQueryの作業用テーブルを作成し、Cloud Storage上のユーザー行動ログのデータをロードする
2. BigQueryでCREATE TABLE AS SELECT文を実行し、作業用テーブルと「課金ユーザーであるか否か」を表すユーザー情報のテーブルを結合して集計した結果を、「日別の、課金ユーザーと無課金ユーザーそれぞれのユニークユーザー数」を保管するテーブルへ書き込む

## 5.6.1 Dataformの構成要素

Dataformは、おもに以下の4つの要素から構成されています。

- **リポジトリ**
- **開発ワークスペース**
- **リリース構成**
- **ワークフロー構成**

**リポジトリ**はSQLのワークフローを構成する一連のファイルを格納する場所です。ソースコード管理に利用するリポジトリと同義と理解してもかまいません。gitと連携し、Dataform環境を構成するソースコードをバージョン管理しながら格納します。以下のようなファイルを管理します。

- **SQLXファイル**：SQLを拡張したファイル。configブロックとbodyブロックからなり、configブロックではSQLで作成するオブジェクトのメタデータ、データ品質などの設定を行い、bodyブロックでは実際に作成するオブジェクトのSQLを記述。また、他のSQLXファイルとの依存関係の定義もできる
- **JavaScriptファイル**：JavaScriptを用いてSQLXファイル内で使う変数の定義や関数を作成できる。複数オブジェクトで共通で使うカラム説明などはJavaScriptファイルに定義し、各SQLXファイルから呼び出して使用できる
- **Dataform構成ファイル**：デフォルトで使うproject名やdataset名、また変数を設定できる。ここで設定した値はコンパイル時に上書きすることもできるのでdev環境 / 本番環境で同じファイルを使用することが可能
- **パッケージ**：DataformでSQLワークフローを開発するために使用するカスタムJavaScriptパッケージを管理する

5.6　Dataformで開発、運用するELTパイプライン　　191

図5.30　SQLXの例

```
config {
    type: "table",                              // 作成するオブジェクトの指定
    description: "This table is an example",     // テーブルの説明
    columns: {                                   // カラムの説明
        user_name: "Name of the user",
        user_id: sample_js.user_id               // jsファイルの変数を指定
    },
    assertions: {                                // データの品質確認
        uniqueKey: ["user_id"],
        nonNull: ["user_id", "user_name"]
    }
}

SELECT
    user_name,
    user_id
FROM
    ${ref("dau")}                -- 別のSQLXファイルを指定することで依存関係を設定
```

　また、これらのファイルを効率よく開発、デプロイするような機能も備えています。

　**開発ワークスペース**ではリポジトリ内のファイルの開発やテスト実行を行います。gitが統合された開発環境で、先に説明したリポジトリの各ファイルをここで開発して、COMMITすることができます（図5.31）。

図5.31　開発ワークスペースの画面

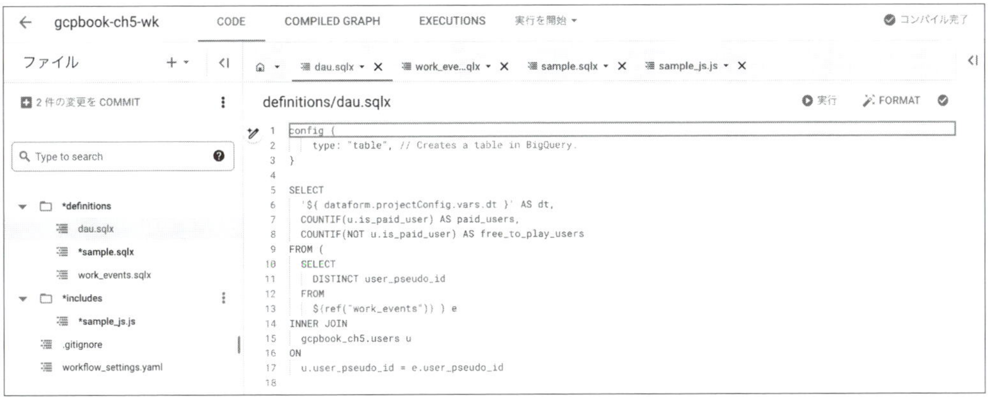

　Dataformでは開発時に記述したSQLXファイルやJavaScriptをSQL形式に変換します。このプロセスを**コンパイル**と呼びます。そのためのコンパイル機能（リリース構成）と、コンパイルされたファイルを定期実行する機能（ワークフロー構成）もあります。**リリース構成**はリポジトリ内のファイルのコンパイル設定です。Dataformは開発したパイプラインを開発や環境ごとのパラメータ設定に合わせて実行可能な形にコンパイルします。これにより開発や本番環境

などの差異を吸収し、CI/CDツールとのインテグレーションを可能にします。**ワークフロー構成**ではコンパイルしたパイプラインのスケジュール実行を設定します。cron形式で実行時間を指定できます。Dataformの開発では、これらの構成要素を用いることで、リポジトリの中に作成したSQLXファイルに記述されているSQLをマネージドに実行することが可能となります。

## 5.6.2 環境準備

Dataformの環境を作っていきましょう。

BigQueryのメニューから [Dataform] を選ぶと、Dataformのトップページ（図5.32）が開きます。続いて [リポジトリを作成] をクリックします。

図5.32　Dataformのトップページ

Dataformのリポジトリ情報を入力するページが表示されます（図5.33）。以下を入力して [作成] ボタンをクリックします。

- **リポジトリID**：`gcpbook-ch5`
- **リージョン**：`us-central1`
- **サービスアカウント**：デフォルトのDataformサービスアカウント

図5.33　Dataform リポジトリ作成

　**サービスアカウント**とは、Google Cloudの中で利用される、BigQueryやDataformといったシステムリソースが利用するアカウントです。サービスアカウントにより、定期的に動かすジョブをユーザーアカウントで属人化を防ぎながら実装できます（詳細については、7章で説明します）。

　これ以降、サービスアカウント経由でクエリが実行されるため、サービスアカウントに必要な権限を付与する必要があります。リポジトリを作成するとサービスアカウントが表示されるので、これをメモしておきます。後ほどGoogle Cloudのナビゲーションメニューから IAMを選択し、デフォルトでサービスアカウントに権限が付与されているロール**Dataform サービスエージェント**に加えて、**BigQuery管理者**と**ストレージ管理者**を追加してください。

図5.34 IAMの付与

リポジトリの作成が完了したら、[リポジトリに移動]をクリックします。続いて[開発ワークスペースを作成]をクリックします（図5.35）。ここでは以下を入力して[作成]ボタンをクリックします。

- ワークスペースID：gcpbook-ch5-wk

図5.35 Dataformワークスペース作成

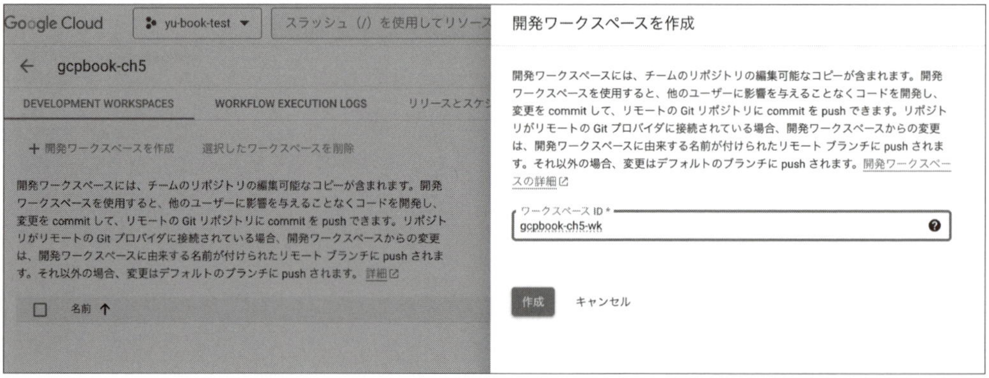

ワークスペースが作成されたら、[ワークスペースを初期化]をクリックし初期化します。この初期化により、Dataformに最低限必要な4つのファイルが作成されます。

- `first_view.sqlx`：SQLXのサンプルファイル
- `second_view.sqlx`：SQLXのサンプルファイル
- `.gitignore`：gitの管理対象外とするファイルを指定するためのファイル
- `workflow_settings.yaml`：Dataform全体の設定や定数などを指定できるファイル。データセット名などの指定が可能

　この他にもJavaScriptのパッケージを使いたい場合は、`package.json`を作成してください。ここでは利用しません。次にサンプルファイルである`definitions/first_view.sqlx`と`definitions/second_view.sqlx`を削除します。新たに、ユーザー行動ログをロードするためのジョブを定義するファイル`definitions/work_events.sqlx`と`definitions/dau.sqlx`を作成します（リスト5.1、5.2）。

リスト5.1　データのLoad（work_events.sqlx）

```
config {
    hasOutput: true,
    type: "operations",
}


LOAD DATA INTO
  ${self()}
FROM FILES( format='JSON',
    uris = ["gs://${ dataform.projectConfig.defaultDatabase }-gcpbook-ch5/data/
events/20181001/*.json.gz"] )
```

　`work_events.sqlx`はJSON形式で書かれた`config`ブロックと、SQLを拡張した`body`ブロックで構成されています。ここでは`config`部に、`hasOutput: true`と設定しています。これにより、生成されたオブジェクトを他のSQLXファイルから参照できるようになります。`type`では、`body`ブロックに記載されたSQLの結果を、BigQuery内に保存する形式を指定します。通常はSELECT SQL文の結果を`table`あるいは`view`で保存します。ここではLOADステートメントの結果として返ってくる表がないため、`operations`を指定しています。`body`ブロックにはSQLを記載します。SQLXでは変数をシェルスクリプトのように`${variable}`とすることでコンパイル時にパラメータを代入したSQLを生成できます。ここでは、ロードするファイルの置いてあるCloud Storageのバケット名を`${ dataform.projectConfig.defaultDatabase }`、またロードする先のテーブル名を`${self()}`のように自己参照で記載しています。

リスト5.2　テーブルの結合、集計とその結果の挿入をするためのファイル（dau.sqlx）

```
config {
    type: "table", // Creates a table in BigQuery.
}
```

```
SELECT
  '${ dataform.projectConfig.vars.dt }' AS dt,
  COUNTIF(u.is_paid_user) AS paid_users,
  COUNTIF(NOT u.is_paid_user) AS free_to_play_users
FROM (
  SELECT
    DISTINCT user_pseudo_id
  FROM
    ${ref("work_events")} ) e  -- work_events.sqlxで作成したwork_eventsテーブルを参照
INNER JOIN
  gcpbook_ch5.users u
ON
  u.user_pseudo_id = e.user_pseudo_id
```

　dau.sqlxでは、work_events.sqlxでのデータロードが完了したあとの集計処理を記載しています。bodyブロックのSQLでは、カラム名を${ dataform.projectConfig.vars.dt }というパラメーターで代入できるよう記載しています。また、FROM句では、${ref("work_events")}として、work_events.sqlxで作成されたテーブル名を参照しています。これにより、**ELTの依存関係**、つまり、dau.sqlxを実行する前提条件はwork_events.sqlxでのテーブル作成であるという条件を認識し、その順序でクエリを実行するワークフローをDataformは生成します。SQLX記法の詳細については公式リファレンス[注5]を参照してください。

　最後に、workflow_settings.yaml内にここで利用するプロジェクト情報、dau.sqlx内部で利用するパラメータdtを変数として定義します。（リスト5.3）。

リスト5.3　設定ファイルの修正（workflow_settings.yaml）

```
defaultProject: [自身のプロジェクト ID]
defaultLocation: US
defaultDataset: dataform
defaultAssertionDataset: dataform_assertions
dataformCoreVersion: 3.0.0-beta.4
# 以下の2行を追加
vars:
    dt: '2018-10-01'
```

## 5.6.3 　依存関係の確認とSQLXファイルの実行

　ここまでで「5.4　BigQueryでのELT」で実施したものと同じ内容をDataformで実施する準備ができました。先ほど設定したクエリ間の依存関係は、Dataformにより認識され、管理されています。依存関係はDataformの画面から[COMPILED GRAPH]を押すとGUIで確認できます（図5.36）。

---

注5　公式ドキュメント -Dataform コアのリファレンス
　　　https://cloud.google.com/dataform/docs/reference/dataform-core-reference?hl=ja

図5.36　依存関係の確認

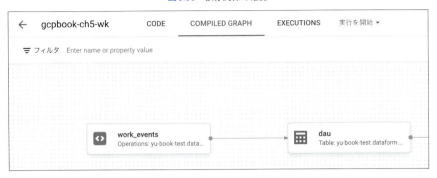

依存関係を確認できたらSQLXファイルを実行してみましょう。[実行を開始]をクリックしたあと[操作を実行]から[ALL ACTIONS]を選びます（図5.37）。

図5.37　SQLXファイルの実行開始

実行された画面で［詳細］を選びます。（図5.38）

図5.38　実行結果の詳細を確認

> ワークフロー実行を作成しました。　　　　詳細　　✕

結果画面でステータスが［成功］になっていればテーブルが作成されています（図5.39）。

図5.39　実行結果のステータスを確認

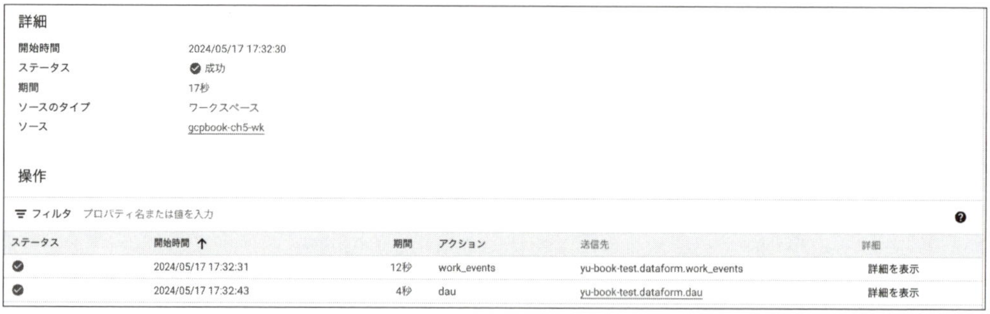

| 詳細 | |
| --- | --- |
| 開始時間 | 2024/05/17 17:32:30 |
| ステータス | ✅ 成功 |
| 期間 | 17秒 |
| ソースのタイプ | ワークスペース |
| ソース | gcpbook-ch5-wk |

操作

▼ フィルタ　プロパティ名または値を入力　　　　　　　　　　　　　　　　　　　　　　❓

| ステータス | 開始時間 ↑ | 期間 | アクション | 送信先 | 詳細 |
| --- | --- | --- | --- | --- | --- |
| ✅ | 2024/05/17 17:32:31 | 12秒 | work_events | yu-book-test.dataform.work_events | 詳細を表示 |
| ✅ | 2024/05/17 17:32:43 | 4秒 | dau | yu-book-test.dataform.dau | 詳細を表示 |

　実際にテーブルが作られているかBigQueryのUIなどから確認してください。

　Dataformのワークスペースには、生成AIサービスであるGemini in BigQueryが組み込まれています。Gemini in BigQueryを用いると、SQLXの作成をAIが補助してくれます。また作成したファイルはgitなどを通じてバージョン管理[6]が可能です。これによって複雑なELTパイプラインであっても、テストを行いながら管理できるようになっています。

## 5.6.4　SQLの定期実行方法

　作成したSQLXファイルを定期実行するためには、リリース構成[7]とワークフロー構成[8]を用いて、それぞれスケジュール設定を行います。リリース構成ではSQLXファイルをビルドするスケジュール設定、ワークフロー構成では実際にSQLを実行するスケジュール設定を行います。

　まずはリリース構成を設定します。リリース構成を作成するには最新のファイルがDataformのリポジトリにPUSHされている必要があります。開発ワークスペースから、ここで作成した

---

注6　公式ドキュメント - コードのバージョン管理を行う
　　　https://cloud.google.com/dataform/docs/version-control?hl=ja
注7　公式ドキュメント - リリース構成を作成する
　　　https://cloud.google.com/dataform/docs/release-configurations?hl=ja
注8　公式ドキュメント - ワークフロー構成で実行をスケジュールする
　　　https://cloud.google.com/dataform/docs/workflow-configurations?hl=ja

4つのファイルをCOMMITしましょう（図5.40）。

図5.40　COMMIT

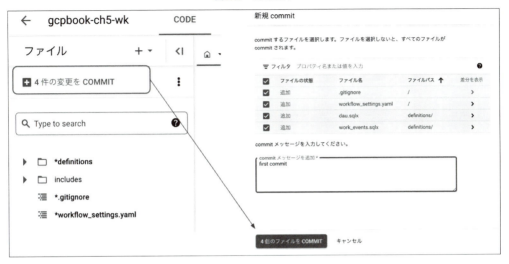

COMMITができたら同様に開発ワークスペースから［PUSH TO DEFAULT BRANCH］をクリックしPUSHします（図5.41）。

図5.41　PUSH

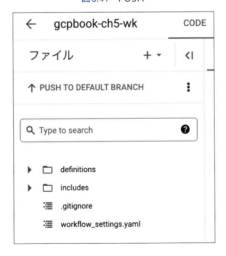

これでリリース構成を作成する準備が整いました。リリース構成を作成するにはリポジトリのトップページから［リリースとスケジュール］を選び、［製品版リリースの作成］をクリックします（図5.42）。

図5.42 リリース作成

図5.43 リリース構成作成

[リリース構成を作成] の画面では、ビルドする頻度や、SQLXファイルの中で定義している変数のオーバーライド設定などができます（図5.43）。

次に、ワークフロー構成の作成を行います（図5.44）。

図5.44　ワークフロー構成作成

[リリース構成] の項目では先ほど作成したリリース構成を選び、実行頻度、実行するアクションを選択します。

ここまでの例で、毎日9時と12時にビルドを行い、17時にワークフロー実行をするスケジュール設定が完了しました。

## 5.6.5　Dataform本番環境での推奨事項

ここで説明した各構成に含まれないDataform本番環境での運用のポイントを説明します。

## ビルド頻度と定期実行スケジュール

　前述の例では、SQLを定期実行したい頻度よりも少ないビルド頻度を設定しましたが、実際に運用するビルド頻度では常に最新のファイルでSQLを実行するために、実際にSQLをスケジュール設定したい頻度よりもビルド間隔を狭く設定するのがよいでしょう。ビルドと定期実行の頻度をまったく同じにすると、ビルドしている最中にワークフローが実行され、最新のビルドでワークフローが実行されなくなる可能性を防ぐためです。毎日17時にワークフローを実行したい場合は、リリース構成の実行頻度としては毎日9時と12時などとし、リリース構成でのビルドが成功したのを確認してからワークフローが実施されるような頻度で設定することを推奨します。Dataformの実行方法は、ここで説明した方法以外にも、Cloud Composer[注9]を使う方法や、Workflows[注10]を使う方法もあります。既存のワークフローに合わせて、どこから定期実行、あるいはワークフローに組み込んだ実行を行うとよいでしょう。

## データの品質テスト

　Dataformを使用することで、データの品質テストを行うこともできます。Dataformでは大きく2つの方法が用意されています。1つめは、SQLXファイルのconfigブロックに品質テスト設定を入れる**組み込みアサーション**[注11]です。組み込みアサーションでは、事前に用意されたアサーションを記載するだけで簡単にnot nullチェックやuniqueチェックを行うことができます。2つめはSQLXファイルのtypeにassertionを指定して、SQLを使用して品質テストを行う**手動アサーション**[注12]です。手動アサーションを使用すれば、データ品質の内容によって使い分けるなど、複雑なデータ品質確認が実現できます。どちらの方法も、ワークフローの途中に依存関係として組み込むことが可能で、指定した品質テストに通過した場合のみ後続のワークフローを実施するような制御が可能です。

## 増分テーブル

　データ量が増えていくにつれて、1つのテーブルの更新に大量のリソースが使われるようになります。そこでDataformでは増分のみをテーブルに追加できる方法を提供しています[注13]。

---

**注9**　公式ドキュメント -Cloud Composer
　　　　https://cloud.google.com/composer?hl=ja
**注10**　公式ドキュメント -Workflows
　　　　https://cloud.google.com/workflows?hl=ja
**注11**　公式ドキュメント - 組み込みアサーションを作成する
　　　　https://cloud.google.com/dataform/docs/assertions?hl=ja#built-in
**注12**　公式ドキュメント - 組み込みアサーションを作成する
　　　　https://cloud.google.com/dataform/docs/assertions?hl=ja#manual
**注13**　公式ドキュメント - 増分テーブルを構成する
　　　　https://cloud.google.com/dataform/docs/incremental-tables?hl=ja

SQLXファイルのconfgブロックで`type: "incremental"`を指定することで、増分テーブルのみを追加できます。Dataformは増分テーブルを定義すると、初回のみ増分テーブルをゼロから作成します。その後の実行では、SQLXファイルで指定した条件にしたがって新しい行のみを増分テーブルに挿入またはマージします。

## JavaScriptを用いた開発

SQLを記述する中で、その性質上、以下に挙げるような冗長的な作業が発生することがあります。

- 類似した条件文を複数のSQLで書く必要がある
- 類似したテーブルを複数作成する必要がある
- 同じカラム定義を複数のカラムに記載する必要がある

これらの課題に対して、DataformではJavaScriptを利用します。JavaScriptを用いることで、条件文を切り出して変数として定義する、each文を使って複数のテーブルを作成する、定数を使ったカラム定義を一括管理するといったことが可能です。また、JavaScriptのパッケージSCD Type2パッケージをインストールする[注14]ことで、テーブルの変更履歴を保存するといった複雑な制御も可能です。

## CI/CD

DataformはGitHubやGitLabなどサードパーティのgitリポジトリと接続させることも可能です。ですので、GitHub Actionsなどを用いて、SQLXファイルがCOMMITされたタイミングで、ビルドとテストを行うといったCI/CD環境を作ることも可能です。また、ワークフローを実施する際はSQLXファイルにタグを付与することで、実行するSQLXファイルを指定できます（図5.45）。

---

**注14** 公式ドキュメント -Dataform で変化が緩やかなディメンションを使用する
https://cloud.google.com/dataform/docs/dimensions-package?hl=ja

図5.45　タグ分離構成例

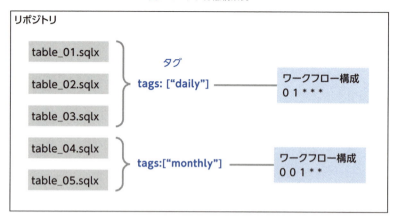

## 開発／本番の環境分離

　Dataformを用いた開発では、開発環境のプロジェクトと本番環境のプロジェクトの分離を推奨しています。WorkflowsやCloud Composerなどを用いずに、Dataformのみで開発／本番環境を作る場合の構成例を図5.46に示します。

図5.46　Dataformの環境別構成例

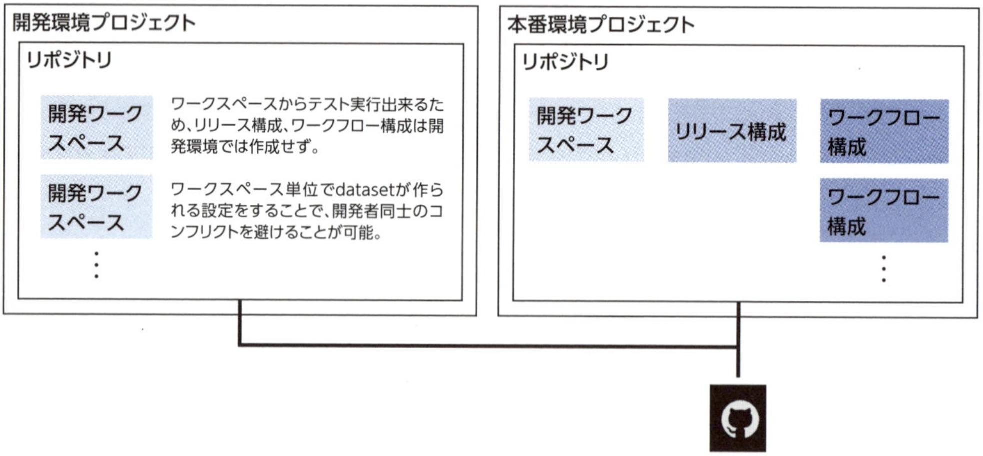

　開発環境では、開発する人単位で開発ワークスペースを作ることで、開発者同士のコンフリクトをなくすことができます。本番環境ではワークフローを実行したい単位（タグの単位）ごとにワークフロー構成を作成する必要があります。リポジトリ自体ををどの粒度で作ればよい

か[注15]、branch戦略をどのようにすればよいか[注16]など、公式ドキュメントにはベストプラクティスが記述されていますので適宜参照してください。

## ワークフロー構成以外からの実行方法

WorkflowsやCloud Composerなどを使うと、Dataform以外のサービスを組み合わせてワークフローを実行することもできます。

WorkflowsからCloud FunctionsとDataformを組み合わせたワークフローを呼び出すには、図5.47に示すようなワークフローを組みます。この構成では、CloudSchedulerまたはEventarcからWorkflowsを呼び出し、まずはCloudFunctions内でデータのロードを行います。ロードを行ったあとに、Dataformのビルドを行いDataformのワークフローを実行しています。

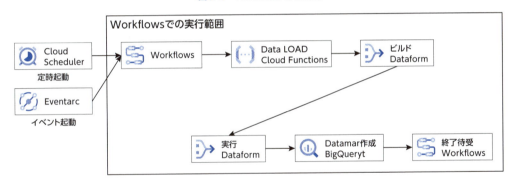

図5.47　Workflowsの構成例

---

注15　公式ドキュメント - リポジトリ サイズの概要
　　　https://cloud.google.com/dataform/docs/repository-size?hl=ja

注16　公式ドキュメント - コード ライフサイクルの管理
　　　https://cloud.google.com/dataform/docs/managing-code-lifecycle?hl=ja

## 5.7 Dataflow での ETL

DataflowはGoogle Cloudのフルマネージドなデータ処理サービスです。Dataflowには以下のような特徴があります。

- Apache Beam[注17]の実行環境として、ストリーミング処理とバッチ処理の双方を1つのサービスに統合して提供
- Apache Beam SDK を利用したオープンソースでのデータ処理フローの記述
- ジョブに応じたリソースの自動プロビジョニング
- ジョブの重さに応じたリソースのオートスケーリング
- 分散処理内における偏りを是正するダイナミックワークリバランシング

本節では、このDataflowをバッチジョブの基盤に採用したETL処理を試してみましょう（図5.48）。Dataflowのジョブを起動し、以下の流れで処理を実行します。

1. Cloud Storage 上のユーザー行動ログのデータを取得し、併せて BigQuery の「課金ユーザーであるか否か」を表すユーザー情報のテーブルデータも取得する
2. 手順1.で取得した2つのデータを結合して集計した結果を、「日別の、課金ユーザーと無課金ユーザーそれぞれのユニークユーザー数」を保管するテーブルへ書き込む

図 5.48　Dataflow での ETL

---

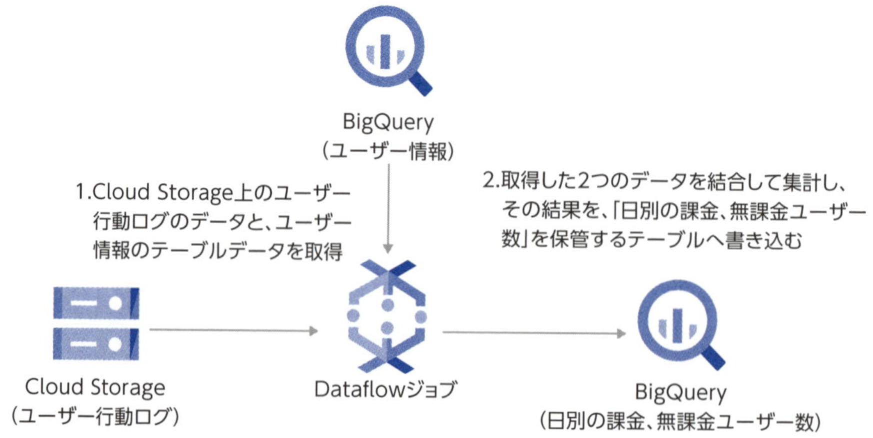

注 17　https://beam.apache.org/

本章のApache BeamのコードはApache Beam SDK Python 2.53.0での動作を確認しています。

## 5.7.1　dauテーブルの再作成

実際にコマンドを実行して、一連のETL処理を試してみます。まずは、図5.49のコマンドを実行して、図5.7で作成したテーブルgcpbook_ch5.dauを再作成し、データを消去します。

図5.49　dauテーブルの再作成

```
# 「日別の、課金ユーザーと無課金ユーザーそれぞれのユニークユーザー数」を
# 保管するテーブルgcpbook_ch5.dauを再作成
bq --location=us query \
  --nouse_legacy_sql \
  'create or replace table gcpbook_ch5.dau
  (
    dt date not null
  , paid_users int64 not null
  , free_to_play_users int64 not null
  )'
```

## 5.7.2　環境準備とプログラムの作成

図5.50のコマンドを実行して、Apache Beam SDKをインストールします（必要に応じて、Python仮想環境を利用してください[注18]）。

図5.50　Apache Beam SDKのインストール

```
# Apache Beam SDKをインストール
pip3 install apache-beam[gcp]
```

ファイルetl.pyを作成します。コード全体は、以下のURLからダウンロードできます。

- https://github.com/ghmagazine/gcpdataplatformbook/blob/main/ch5/etl.py

以降では、etl.pyのコードの主要な部分を解説します。

コードの先頭部分（リスト5.4）では、必要となる各種Pythonモジュールのインポートを行っています。Dataflowジョブで実行されるパイプラインは、BeamというOSSのSDKを使用して記述します。

---

注18　https://cloud.google.com/python/docs/setup?hl=ja#installing_and_using_virtualenv

リスト5.4　各種Pythonモジュールのインポート（etl.pyの抜粋）

```
import argparse
import json
import logging

import apache_beam as beam
from apache_beam.io import ReadFromText
from apache_beam.options.pipeline_options import GoogleCloudOptions
from apache_beam.options.pipeline_options import PipelineOptions
```

　次の部分では、Dataflowジョブの集計結果の書き込み先となるBigQueryのテーブル gcpbook_ch5.dauのスキーマ定義を、変数_DAU_TABLE_SCHEMAに設定しています（リスト5.5）。

リスト5.5　変数_DAU_TABLE_SCHEMAの定義（etl.pyの抜粋）

```
# 書き込み先のBigQueryのテーブルgcpbook_ch5.dauのスキーマ定義
_DAU_TABLE_SCHEMA = {
    'fields': [
        {'name': 'dt', 'type': 'date', 'mode': 'required'},
        {'name': 'paid_users', 'type': 'int64', 'mode': 'required'},
        {'name': 'free_to_play_users', 'type': 'int64', 'mode': 'required'}
    ]
}
```

　次に、Combine Transformの処理で使用されるクラスCountUsersFnを定義しています（リスト5.6）。Transformは、Beamのパイプラインで実施される処理のことで、Combine Transformは、要素の集合を集約または結合するTransformを表します。ユーザー情報の集合を集約して、各ユーザーの「課金ユーザーであるか否か」を表す情報をもとに、「課金ユーザーと無課金ユーザーそれぞれの人数」を集計する処理を、Combine Tranformを使用して実施します。ここでは、このような集計処理を実施するためのクラスを、CountUsersFnとして定義しています。

リスト5.6　クラスCountUsersFnの定義（etl.pyの抜粋）

```
class CountUsersFn(beam.CombineFn):
    """課金ユーザーと無課金ユーザーの人数を集計する。"""
    def create_accumulator(self):
        """課金ユーザーと無課金ユーザーの人数を保持するaccumulatorを作成して返却する

        Returns:
            課金ユーザーと無課金ユーザーの人数を表すタプル(0, 0)
        """
        return 0, 0

    def add_input(self, accumulator, is_paid_user):
```

```
        """課金ユーザーまたは無課金ユーザーの人数を加算する

        Args:
            accumulator: 課金ユーザーと無課金ユーザーの人数を表すタプル(現在の中間結果)
            is_paid_user: 課金ユーザーであるか否かを表すフラグ

        Returns:
            加算後の課金ユーザーと無課金ユーザーの人数を表すタプル
        """
        (paid, free) = accumulator
        if is_paid_user:
            return paid + 1, free
        else:
            return paid, free + 1

    def merge_accumulators(self, accumulators):
        """複数のaccumulatorを単一のaccumulatorにマージした結果を返却する

        Args:
            accumulators: マージ対象の複数のaccumulator

        Returns:
            マージ後のaccumulator
        """
        paid, free = zip(*accumulators)
        return sum(paid), sum(free)

    def extract_output(self, accumulator):
        """集計後の課金ユーザーと無課金ユーザーの人数を返却する

        Args:
            accumulator: 課金ユーザーと無課金ユーザーの人数を表すタプル

        Returns:
            集計後の課金ユーザーと無課金ユーザーの人数を表すタプル
        """
        return accumulator
```

次の関数run内で、メインの処理が実行されます。最初に、コマンドライン引数をパースして、パイプラインのオプションと、読み取り対象のCloud Storageのファイルパス、処理対象のイベント日付をそれぞれ生成、取得します(リスト5.7)。

リスト5.7　コマンドライン引数のパースと変数の設定 (etl.pyの抜粋)

```
# コマンドライン引数をパースして、パイプライン実行用のオプションを生成する
parser = argparse.ArgumentParser()
parser.add_argument(
    '--dt',
    dest='dt',
    help='event date')
known_args, pipeline_args = parser.parse_known_args()
pipeline_options = PipelineOptions(pipeline_args)
```

```
# ファイル読み取り対象のCloud Storageのパスを組み立てる
event_file_path = 'gs://{}-gcpbook-ch5/data/events/{}/*.json.gz'.format(
    pipeline_options.view_as(GoogleCloudOptions).project, known_args.dt)
# 処理対象のイベント日付を"YYYY-MM-DD"形式で組み立てる
dt = '{}-{}-{}'.format(known_args.dt[0:4], known_args.dt[4:6],
                       known_args.dt[6:8])
```

　その次の with beam.Pipeline(options=pipeline_options) as p: のブロック内で、
パイプラインの処理が定義、記述されています。最初に、Cloud Storage上のユーザー行動ロ
グのJSONファイルを読み取り、user_pseudo_idの一覧を取得し、その値の重複を排除し、(後
続の結合処理で必要となるため) キーバリュー形式へデータを変換する (user_pseudo_idを
キーとし、値は使用しないためNoneとする) という処理を定義しています (リスト5.8)。

リスト5.8　user_pseudo_idの一覧の抽出 (etl.pyの抜粋)

```
# Cloud Storageからユーザー行動ログを読み取り、user_pseudo_idの一覧を抽出する
user_pseudo_ids = (
    p
    # Cloud Storageからユーザー行動ログを読み取る
    | 'Read Events' >> ReadFromText(event_file_path)
    # JSON形式のデータをパースしてuser_pseudo_idを抽出する
    | 'Parse Events' >> beam.Map(
        lambda event: json.loads(event).get('user_pseudo_id'))
    # 重複しているuser_pseudo_idを排除する
    | 'Deduplicate User Pseudo Ids' >> beam.Distinct()
    # 後続の結合処理で必要となるため、キーバリュー形式にデータを変換する
    # user_pseudo_idをキーとし、値は使用しないためNoneとする
    | 'Transform to KV' >> beam.Map(
        lambda user_pseudo_id: (user_pseudo_id, None))
)
```

　次に、BigQueryのユーザー情報を保管するテーブルgcpbook_ch5.usersからユーザー情
報の一覧を取得し、キーバリュー形式へデータを変換する (user_pseudo_idをキーとし、「課
金ユーザーであるか否か」を表す is_paid_user を値とする) 処理を定義しています (リスト5.9)。

リスト5.9　ユーザー情報の一覧の取得 (etl.pyの抜粋)

```
# BigQueryのユーザー情報を保管するテーブルgcpbook_ch5.usersからユーザー情報の一覧を取得する
users = (
    p
    # BigQueryのユーザー情報を保管するテーブルgcpbook_ch5.usersからデータを読み取る
    | 'Read Users' >> beam.io.Read(
        beam.io.BigQuerySource('gcpbook_ch5.users'))
    # 後続の結合処理で必要となるため、キー・バリュー形式にデータを変換する
    # user_pseudo_idをキーとし、「課金ユーザーであるか否か」を表すis_paid_userを値とする
    | 'Transform Users' >> beam.Map(
        lambda user: (user['user_pseudo_id'], user['is_paid_user']))
```

)

　最後に、先ほど定義した2つのキーバリュー形式のPCollection（Beamパイプラインにおけるデータの集合）を結合し、集計処理を実施して課金ユーザーと無課金ユーザーそれぞれの人数を算出し、その結果をBigQueryのテーブルgcpbook_ch5.dauへ書き込む処理を定義します（リスト5.10）。

リスト5.10　データの結合結果のテーブルへの書き込み（etl.pyの抜粋）

```
# 前工程で作成した2つのPCollection user_pseudo_idsとusersを結合し、
# 集計して、課金ユーザーと無課金ユーザーそれぞれの人数を算出して、その結果をBigQuery
# のテーブルgcpbook_ch5.dauへ書き込む
(
    {'user_pseudo_ids': user_pseudo_ids, 'users': users}
    # user_pseudo_idsとusersを結合する
    | 'Join' >> beam.CoGroupByKey()
    # ユーザー行動ログが存在するユーザー情報のみを抽出する
    | 'Filter Users with Events' >> beam.Filter(
        lambda row: len(row[1]['user_pseudo_ids']) > 0)
    # 「課金ユーザーであるか否か」を表すフラグ値を抽出する
    | 'Transform to Is Paid User' >> beam.Map(
        lambda row: row[1]['users'][0])
    # 課金ユーザーと無課金ユーザーそれぞれの人数を算出する
    | 'Count Users' >> beam.CombineGlobally(CountUsersFn())
    # BigQueryのテーブルへ書き込むためのデータを組み立てる
    | 'Create a Row to BigQuery' >> beam.Map(
        lambda user_nums: {
            'dt': dt,
            'paid_users': user_nums[0],
            'free_to_play_users': user_nums[1]
        })
    # BigQueryのテーブルgcpbook_ch5.dauへ算出結果を書き込む
    | 'Write a Row to BigQuery' >> beam.io.WriteToBigQuery(
        'gcpbook_ch5.dau',
        schema=_DAU_TABLE_SCHEMA,
        write_disposition=beam.io.BigQueryDisposition.WRITE_APPEND,
        create_disposition=beam.io.BigQueryDisposition.CREATE_IF_NEEDED)
)
```

### 5.7.3　Dataflowのジョブの実行

図5.51のコマンドを実行し、作成したファイルをもとに、Dataflowのジョブを実行します。

図 5.51　Dataflow のジョブの実行

```
python3 etl.py \
  --region us-central1 \
  --dt 20181001 \
  --runner DataflowRunner \
  --project $(gcloud config get-value project) \
  --temp_location gs://$(gcloud config get-value project)-gcpbook-ch5/tmp/ \
  --experiments shuffle_mode=service
```

　バッチジョブとして Dataflow を実行した場合は、Dataflow Shuffle を使用します。Dataflow Shuffle サービスは、データの結合や集計処理（今回のパイプラインでは、Distinct と CoGroupByKey、CombineGlobally の処理）で実施されるシャッフルの処理（同じワーカー内で、同じ結合キーや集計キーを持つデータを取り扱うように、ワーカー同士でデータを交換する処理）を、Dataflow のバックエンドで実施する機能です。シャッフルの処理を Dataflow のワーカーではなく Dataflow のバックエンドで実施することで、"ワーカーの処理負荷を軽減できる"、"ワーカー内部でシャッフルの処理のための中間データを保持しなくなるため、自動スケーリングによるスケールアウト、スケールインを、より柔軟かつ迅速に実施できる" などのメリットがあります。

　Cloud Console で Dataflow モニタリングインターフェース[注19] へアクセスし、図 5.52 のようなジョブが実行されていることを確認します。

---

**注 19**　公式ドキュメント -Dataflow ジョブの指標
　　　　https://cloud.google.com/dataflow/docs/guides/using-monitoring-intf?hl=ja

図5.52 Dataflowのジョブ

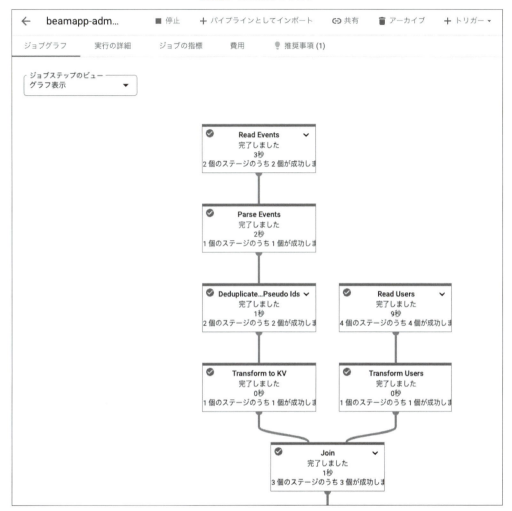

ジョブの実行完了後、図5.53のコマンドを実行して、テーブル gcpbook_ch5.dau に正常にデータが挿入されたことを確認しておきます。

図5.53　dauテーブルへのデータ挿入の確認

```
# テーブルgcpbook_ch5.dauに正常にデータが挿入されたことを確認
bq --location=us query \
  --nouse_legacy_sql \
  --parameter='dt:date:2018-10-01' \
  'select
    dt
  , paid_users
  , free_to_play_users
  from
    gcpbook_ch5.dau
  where
    dt = @dt'
```

図5.53のコマンドの実行結果は、図5.54のとおりです。テーブルgcpbook_ch5.dauに正常にデータが挿入されたことを確認できました。

図5.54　dauテーブルへのデータ挿入の確認結果

```
+------------+------------+--------------------+
|     dt     | paid_users | free_to_play_users |
+------------+------------+--------------------+
| 2018-10-01 |         47 |                436 |
+------------+------------+--------------------+
```

ここではDataflowジョブのパイプラインをPythonで実装しましたが、「Cloud Storage上のファイルをBigQueryへロードする」などの定型的な処理については、Googleが提供するDataflowテンプレートを使用することで、自分で実装することなくDataflowのジョブとして実行できます。Dataflowテンプレートの詳細については、Google Cloudの公式ドキュメント[20]を参照してください。

## 5.7.4　Dataflowの本番環境で考慮する点

ここまでで、Dataflowを利用したETLの方法について解説しました。DataflowをバッチETL環境として本番環境で利用する際には、以下を考慮するとよいでしょう。

**可用性**の観点では、**Dataflow**はゾーンリソース（1つのゾーンに紐づくリソース）です。しかし、ジョブを実行する際に、デフォルトで指定したリージョンから最適かつ利用可能なゾーンをDataflowは自動で選択します。したがって、バッチジョブ実行の観点では、自動ゾーン選択機能を利用しておくのがよいでしょう。

---

注20　公式ドキュメント -Dataflowテンプレート
https://cloud.google.com/dataflow/docs/concepts/dataflow-templates?hl=ja

**スケーラビリティ**の観点では、Dataflowはデフォルトでデータの処理量に応じて自動スケールアウト／インおよびジョブの最適化を行います。この際に、分散処理でありがちなシャーディングの調整をする必要はありません。これをサービス任せにできるのがDataflowの魅力と言えるでしょう。ただし、データの処理量が一定で定期的に実行するジョブについては、自動スケールアウト／インを行わずに **--numWorkers** オプションでワーカー数を指定した方が処理が高速に終わることもあります。実際に試してみて、処理内容と管理作業とのトレードオフで決定するのがよいでしょう。

**コスト最適化**の観点では、バッチ処理で実行開始時間が即時実行でなくてもよければ **Flexible Resource Scheduling** (FlexRS) 機能を利用するのがよいでしょう。FlexRSを利用して実行されたバッチパイプラインは、ジョブの実行がリクエストされてから、6時間以内に実行を開始します。代わりに、ワーカーリソースの料金が大幅に割引されます。通常のジョブでは、先述したDataflow Shuffleサービスを有効にすることで、コスト削減が期待できるでしょう。

## 5.8 サンプルシナリオ実施用の環境の破棄

図5.55のコマンドを実行し、今回作成した、サンプルシナリオ実施用のGoogle Cloudプロジェクトを削除しておきます。

図5.55　Google Cloudプロジェクトの削除

```
# 作成した、サンプルシナリオ実施用のGoogle Cloudプロジェクトを削除
# 以下の[your-project-id]には、削除対象のGoogle CloudプロジェクトのプロジェクトIDを指定
gcloud projects delete [your-project-id]
```

## 5.9 その他のETL/ELT処理の実施方法

本章で紹介した方法以外にも、Google CloudのデータインテグレーションサービスであるCloud Data Fusion[注21] や、Colab Enterprise ノートブック[注22] などを使用して、ETL/ELT処

---

注21　公式ドキュメント -Cloud Data Fusion
　　　https://cloud.google.com/data-fusion?hl=ja
注22　公式ドキュメント - ノートブックの概要
　　　https://cloud.google.com/bigquery/docs/notebooks-introduction?hl=ja

理を実施できます。Cloud Data Fusion については、6章で特徴や使用方法などを説明します。

BigQuery を用いた ELT においても、SQL だけではなく Spark stored procedures を使ってデータ加工することも可能となっています。また、BigQuery や Dataflow、Dataform をはじめとする Google Cloud のサービスでは API が提供されているため、Google Cloud サービスと統合されている Informatica や Talend に代表されるサードパーティの ETL ツールからも操作できます。すでに ETL ツールのライセンスを保持している場合は、必要に応じて使い分けたり組み合わせたりできます。

## 5.10 ETL と ELT の各手法の使い分け

本章では、BigQuery、Dataflow、Dataform を用いて ETL/ELT を実現する方法を紹介しました。これらはどのように使い分ければよいでしょうか。表5.1 にユースケースをまとめたので、要件に応じて適切な ETL/ELT の手法を選択してください。

表5.1　ETL と ELT のユースケース

| | BigQuery を用いた ELT | Dataflow を用いた ETL | Dataform を用いた ELT |
|---|---|---|---|
| 適応するユースケース | SQL や stored procedures で完結できるようなデータ処理である | SQL で表現できないバッチ処理であるストリーミング処理であるクラスタ起動のオーバーヘッドが許容できる規模のデータ（数百 GB〜）である | SQL で完結できるようなデータ処理であり、マネージドに実行をしたい |
| 利用できる言語やフレームワーク | SQL、Spark | Apache Beam (Python、Java、Go、YAML) SQL (Dataflow SQL) | SQLX (SQL、JavaScript) |
| 対象とするデータソースとデータシンク | BigQuery のストレージ、BigQuery の外部テーブルとして指定した Cloud Storage や Cloud Bigtable など | BigQuery、Cloud Storage などの Google Cloud のサービスのほか、オンプレミスやほかのクラウドのデータベース、ストレージ | BigQuery のストレージ、BigQuery の外部テーブルとして指定した Cloud Storage や Cloud Bigtable など |
| ストリーミングデータ処理 | ストリーミング取り込み、ストリーミングでの書き出し対応 | ストリーミング取り込みとストリーミング中の分析が可能（詳細は 10章で紹介） | |
| 扱えるデータ | 構造化データ、半構造化データ、非構造化データ | 構造化データ、半構造化データ、非構造化データ | 構造化データ、半構造化データ、非構造化データ |

これら3つのサービスは、BigQuery Storage API、BigQueryの外部データソースへのクエリなどを通じて、シームレスに連携できます。最初に使用したサービスに固執することなく、そのあとのデータ基盤全体の最適化に応じて採用するサービスを見直していくのがよいでしょう。

# 5.11 まとめ

本章では、ETL（Extract、Transform、Load）、ELT（Extract、Load、Transform）について取り上げ、Google Cloudでこれらを実現する方法を説明しました。ELTについては、BigQueryにロードしたデータをSQLクエリを用いて変換する方法、ETLについては、BigQueryの外部データソースを参照してクエリを実行する機能、Dataflow、Dataformを利用する方法を紹介しました。最後にETL/ELTサービスの使い分けについて解説しました。

## Column

### Apache BeamとDataflowの関係は？

5章ではDataflowを用いたETLについて説明しました。ここで扱ったApache BeamとDataflowの関係が気になった方も多いと思います。本コラムでは、この関係とそれらの違いについて解説します（図5.56）。

**Apache Beam**は、データ処理に特化した統一プログラミングモデルです。これまで、ジョブの書き方がバラバラだった**バッチとストリーミングを、同じ書き方で記述できる**ようにしたのが特徴です。2014年にGoogleがDataflowのSDKをオープンソースとしてリリースし、2016年にApache Foundationに寄付されました。2019年には400コントリビューターを超えるApacheのトッププロジェクトの1つになっています[注23]。図1は、Apache BeamとDataflowの関係性を表したものです。Apache Beamでは、データの処理をJava、Python、Goなどのプログラミング言語で記述できます。

Apache Beamの**パイプライン**はデータの処理の流れを表したものです。データソースからのデータの読み取りから始まり、結合や集計などのデータ処理およびデータシンクへのデータの書き出しという一連の流れをおもに記述します。このパイプラインは**Runnerと呼ばれる実行環境**で実行されますが、このRunnerには、Apache Spark、Apache Hadoop MapReduce、Apache Flinkなどが含まれ、その中の1つに含まれるのが**Dataflow**です。つまり、**Apache Beam**で記述した**データ処理のジョブはさまざまなビッグデータ処理基盤で動作**するため、可搬性（ポータビリティ）を確保していると言えます。

また、**Built-in I/O**と呼ばれる、さまざまなデータソースからデータを読み取る・書き込むためのコネクタが提供されていることも特徴です。このBuilt-in I/OはGoogle

注23 https://www.youtube.com/watch?v=O6oegFCLAxs

Cloudの主要サービス（BigQuery、Cloud Storage、Pub/Subなど）のほか、Kafka、Kinesis、SQS、Cassandra、JDBCといった多岐にわたるサービスに対応しています[注24]。これにより、さまざまなデータソースとの接続が可能です。もちろん、自作をしてApache Beamプロジェクトにコントリビュートすることもできます。

　Dataflowはリアルタイムとバッチのサーバーレス分散処理基盤です。Googleの内部では、クリックログを処理するパイプラインを構築し、リアルタイムでセッション情報を算出する仕組みをもとにしたMilwheel[注25]と呼ばれる分散ストリーミング処理エンジンが利用されていました。それをバッチで分散処理を行う仕組みを採用していたFluemeJavaと統合し、Google CloudのサービスであるDataflowとしてリリースしたのが始まりです。Apache BeamのジョブをDataflowエンドポイントに送信すると、Dataflowのワーカーが立ち上がり、自動でスケールアウトを行い、ストリーミング処理、あるいはバッチ処理を行います。バッチジョブが終了すると自動でワーカーが終了するほか、処理量に応じて自動でスケールアウト、分散処理の偏りを是正するダイナミックワークロードリバランスを行います[注26]。現在では、Spotifyがピークで800万イベント/秒のストリーミングイベントを処理し、リアルタイムレコメンドに利用するなど大規模なストリーミングデータ処理を支えるサービスになっています[注27]。

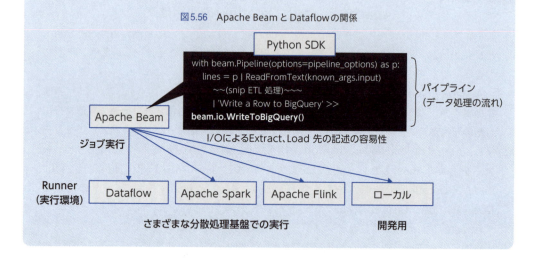

図5.56　Apache BeamとDataflowの関係

---

注24　https://beam.apache.org/documentation/io/built-in/
注25　公式ドキュメント -Dataflowの仕組み：誕生秘話
　　　https://cloud.google.com/blog/ja/products/data-analytics/how-cloud-batch-and-stream-data-processing-works
注26　公式ドキュメント -No shard left behind: dynamic work rebalancing in Google Cloud Dataflow
　　　https://cloud.google.com/blog/products/gcp/no-shard-left-behind-dynamic-work-rebalancing-in-google-cloud-dataflow
注27　Spotify: The future of audio. Putting data to work, one listener at a time.
　　　https://cloud.google.com/customers/spotify

| Column |
| --- |

## データの前処理を行うための機能

**データの前処理**とは、集めたデータを分析に使えるようにきれいに整える作業のことです。料理で言う"下ごしらえ"だと考えるとよいでしょう。世の中に存在しているデータは、そのままでは分析に使いづらい状態であることが多いです。たとえば、

- **抜けや間違いがある**：一部のデータが抜けていたり、データが入っていても間違いが含まれることがある
- **バラバラでまとまりがない**：データの形式や単位が揃っていなかったり、不要な情報が混ざっていたりすることがある

このような状態のまま分析を進めてしまうと、間違った結果が出てしまったり、せっかくの分析が台無しになってしまったりする可能性があります。

また、分析のあとに行われる機械学習に利用するデータの前処理にも、多くのことが要求されるのが一般的です。データの前処理を適切に行うことで、以下のようなことが期待できます。

- **分析の精度が向上する**：正確なデータを使うことで、より信頼性の高い結果を得ることができる
- **分析の効率が向上する**：不要な情報を省き、必要な情報を整理することで、分析にかかる時間や手間を減らすことができる
- **新しい発見につながる**：データをさまざまな角度から見て、隠れたパターンや関係性を見つけることができる

これらの前処理は、2章のコラムで説明した、BigQuery Dataframes（pandas互換性のあるBigQueryの機能）や、SQL、あるいはETLジョブの中でDataflow、Sparkなどで行うことも多くあります。

データアナリストがセルフサービスで前処理を効率的に行えるのが**BigQuery data preparation**[注28] です。BigQuery data preparationは生成AIであるGeminiの力を借りてデータの前処理を正確に、効率的に行えるGUIベースのサービスです。BigQuery Studio内で立ち上げます（図5.57）。

---

注28　公式ドキュメント -Introduction to BigQuery data preparation
https://cloud.google.com/bigquery/docs/data-prep-introduction

図5.57 data preparation初期画面

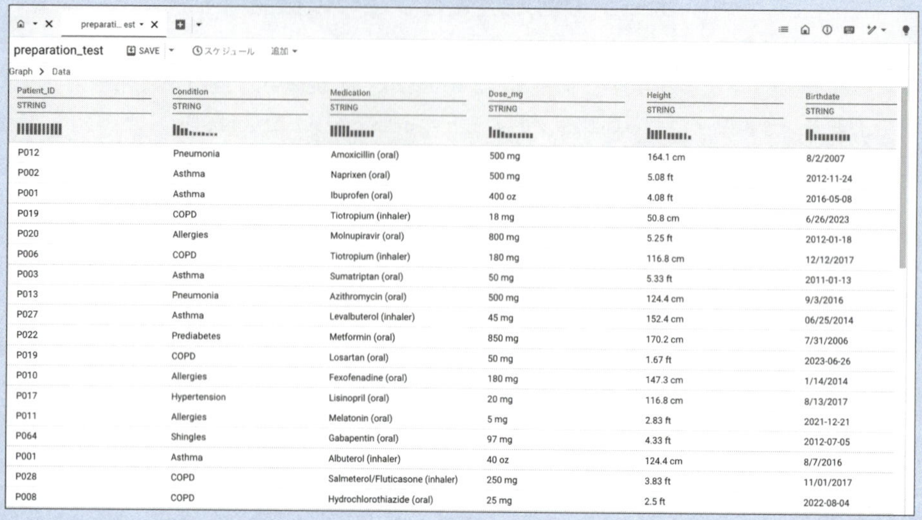


| Patient_ID STRING | Condition STRING | Medication STRING | Dose_mg STRING | Height STRING | Birthdate STRING |
|---|---|---|---|---|---|
| P012 | Pneumonia | Amoxicillin (oral) | 500 mg | 164.1 cm | 8/2/2007 |
| P002 | Asthma | Naprixen (oral) | 500 mg | 5.08 ft | 2012-11-24 |
| P001 | Asthma | Ibuprofen (oral) | 400 oz | 4.08 ft | 2016-05-08 |
| P019 | COPD | Tiotropium (inhaler) | 18 mg | 50.8 cm | 6/26/2023 |
| P020 | Allergies | Molnupiravir (oral) | 800 mg | 5.25 ft | 2012-01-18 |
| P006 | COPD | Tiotropium (inhaler) | 180 mg | 116.8 cm | 12/12/2017 |
| P003 | Asthma | Sumatriptan (oral) | 50 mg | 5.33 ft | 2011-01-13 |
| P013 | Pneumonia | Azithromycin (oral) | 500 mg | 124.4 cm | 9/3/2016 |
| P027 | Asthma | Levalbuterol (inhaler) | 45 mg | 152.4 cm | 06/25/2014 |
| P022 | Prediabetes | Metformin (oral) | 850 mg | 170.2 cm | 7/31/2006 |
| P019 | COPD | Losartan (oral) | 50 mg | 1.67 ft | 2023-06-26 |
| P010 | Allergies | Fexofenadine (oral) | 180 mg | 147.3 cm | 1/14/2014 |
| P017 | Hypertension | Lisinopril (oral) | 20 mg | 116.8 cm | 8/13/2017 |
| P011 | Allergies | Melatonin (oral) | 5 mg | 2.83 ft | 2021-12-21 |
| P064 | Shingles | Gabapentin (oral) | 97 mg | 4.33 ft | 2012-07-05 |
| P001 | Asthma | Albuterol (inhaler) | 40 oz | 124.4 cm | 8/7/2016 |
| P028 | COPD | Salmeterol/Fluticasone (inhaler) | 250 mg | 3.83 ft | 11/01/2017 |
| P008 | COPD | Hydrochlorothiazide (oral) | 25 mg | 2.5 ft | 2022-08-04 |

図5.57の右部に表示されているBirthdateカラムをよく見ると、日付のフォーマットに一貫性がありません。このようなカラムを選択することでBigQuery data preparationはフォーマットをそろえるための提案をしてくれます（図5.58）。

図5.58 data preparationデータ修正の提案

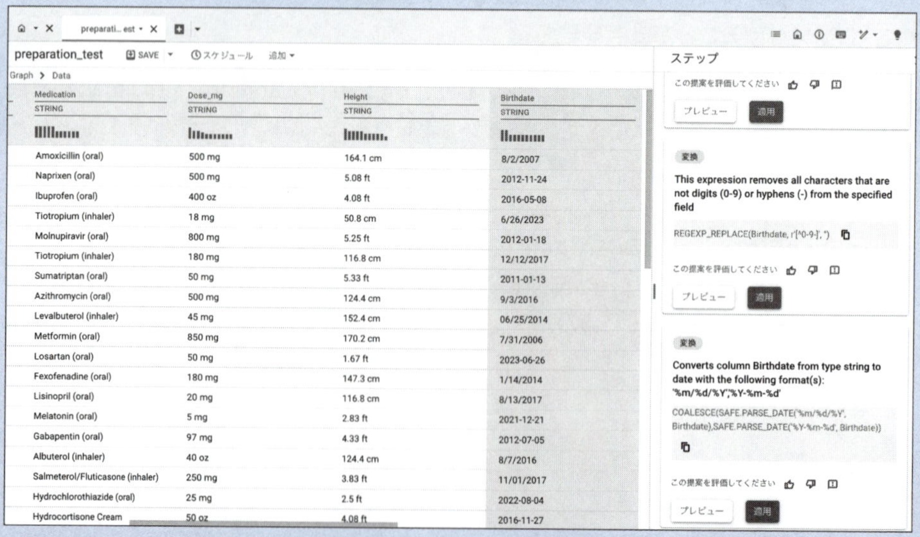


| Medication STRING | Dose_mg STRING | Height STRING | Birthdate STRING |
|---|---|---|---|
| Amoxicillin (oral) | 500 mg | 164.1 cm | 8/2/2007 |
| Naprixen (oral) | 500 mg | 5.08 ft | 2012-11-24 |
| Ibuprofen (oral) | 400 oz | 4.08 ft | 2016-05-08 |
| Tiotropium (inhaler) | 18 mg | 50.8 cm | 6/26/2023 |
| Molnupiravir (oral) | 800 mg | 5.25 ft | 2012-01-18 |
| Tiotropium (inhaler) | 180 mg | 116.8 cm | 12/12/2017 |
| Sumatriptan (oral) | 50 mg | 5.33 ft | 2011-01-13 |
| Azithromycin (oral) | 500 mg | 124.4 cm | 9/3/2016 |
| Levalbuterol (inhaler) | 45 mg | 152.4 cm | 06/25/2014 |
| Metformin (oral) | 850 mg | 170.2 cm | 7/31/2006 |
| Losartan (oral) | 50 mg | 1.67 ft | 2023-06-26 |
| Fexofenadine (oral) | 180 mg | 147.3 cm | 1/14/2014 |
| Lisinopril (oral) | 20 mg | 116.8 cm | 8/13/2017 |
| Melatonin (oral) | 5 mg | 2.83 ft | 2021-12-21 |
| Gabapentin (oral) | 97 mg | 4.33 ft | 2012-07-05 |
| Albuterol (inhaler) | 40 oz | 124.4 cm | 8/7/2016 |
| Salmeterol/Fluticasone (inhaler) | 250 mg | 3.83 ft | 11/01/2017 |
| Hydrochlorothiazide (oral) | 25 mg | 2.5 ft | 2022-08-04 |
| Hydrocortisone Cream | 50 oz | 4.08 ft | 2016-11-27 |

提案された内容を適用した際にデータがどのように変わるのかは［プレビュー］をクリックすることで確認ができます（図5.59）。

**図5.59** data preparation 提案のプレビュー

　日付のフォーマットの修正とプレビュー内容を確認したら[適用]をクリックすると、BigQuery上でデータ変換処理が行われます。複数のカラムにわたってデータを変更することもできますし、変換した手順を保存しておき新しいデータが来るたびに同じ手順で実行することも可能です。データ前処理は、データ分析の成功を左右する重要なプロセスです。BigQuery data preparationを使って前処理を行い、データ分析の可能性を最大限に引き出してください。

# 第6章 ワークフロー管理とデータ統合

データ基盤において欠かせないのがデータを流し、使いやすい状態に加工するデータパイプライン（データの流れ）です。データパイプラインを構成する要素のワークフロー管理およびデータ統合は、Cloud Composer と Cloud Data Fusion を用いることで実現できます。本章では、これらのサービスを解説し、Google Cloud 上でどのようにワークフロー管理やデータ統合を実施できるのかを説明します。

## 6.1 Google Cloud のワークフロー管理とデータ統合のためのサービス

　データ分析基盤を実運用するうえでは、データの取り込み、整形加工、集計といった、一連の ETL/ELT 処理をワークフローとして定義し、各ワークフローをスケジューリングして管理、運用する必要があります。とくに、ETL/ELT 処理の数が多くなると、それぞれの依存関係も複雑となるため、データ分析基盤の効率的かつ安定的な運用のためにはワークフロー管理が重要です。Google Cloud には、効率的にデータ分析基盤のワークフロー管理をするためのおもなサービスとして、**Cloud Composer** が用意されています。

　また、データ活用が進んでいくと、ビジネスユーザーからのデータ利用に対するニーズは増え続ける傾向がありますが、その要望に応えてデータエンジニアを即座に増員するのは容易ではないため、データ統合への要望はタイムリーに対応されづらいという現実があります。このような状況に対する解決策として、エンジニア職ではない人達が自らデータ統合ができるような、グラフィカルなデータ統合ツールを採用する方法があります。Google Cloud では **Cloud Data Fusion** と呼ばれるデータ統合ツールを提供しています。さらに、Cloud Data Fusion にはデータ統合に関するさまざまな機能が含まれているため、データエンジニアによるデータ統合ジョブ開発の負荷を軽減することもできます。

　本章では、これらの2つのサービスの特徴を説明するとともに、Google Cloud でのワークフロー管理やデータ統合の実現方法を説明します。

# 6.2 Cloud Composerの特徴

Cloud Composerは、Google Cloudが提供するフルマネージドのワークフロー管理サービスです[注1]。オープンソースソフトウェアの**Apache Airflow**（以下、単にAirflow）[注2]が活用されており、Pythonで各タスクやDAG（有向非巡回グラフ）、ワークフローを定義します。フルマネージドサービスであるため、サーバーリソースのプロビジョニングを行う必要がなく、ワークフローの作成や管理に注力できます。また、BigQueryやDataflow、DataprocなどのほかのGoogle Cloudのサービスとの連携が容易で、これらのサービスを使用するワークフローを効率的に作成、運用できます。さらにCloud Composerでは、ワークフローの実行で必要となるPythonパッケージの管理も可能です。

## 6.2.1 Cloud Composer 環境と構成コンポーネント

Cloud Composerを使用するためには、まずCloud Composerの**環境**を作成する必要があります。Airflowの稼働にはさまざまなリソースを必要とし、それを動作させるためにGoogle Cloudのコンポーネントはプロジェクト内部に作成されます。

プロジェクトには、**顧客プロジェクト**（ユーザーが見える環境）と、**テナントプロジェクト**（ユーザーからは見えない、Google Cloudによって管理される環境）の2つがあり、ユーザーのリソースのネットワークとの通信容易性が担保されるようになっています。以下に、Cloud Composer 2のおもなリソースを示します[注3]。

- 顧客プロジェクトリソース
  - **Google Kubernetes Engineクラスタ**：Airflowの中で利用されるワーカーと呼ばれるジョブ実行の環境や、Celeryと呼ばれる分散タスクキューなどが動作する。Kubernetes自体のノードのアップグレードや修復は自動でメンテナンスウィンドウ内に行われる
  - **Cloud Storage バケット**：Cloud Composer環境のAirflowはこのファイルを読み出すように設定される。Airflowに読み込ませたいDAGやプラグインを配置できる

---

注1　公式ドキュメント Cloud Composer
　　　https://cloud.google.com/composer
注2　https://airflow.apache.org/
注3　公式ドキュメント Cloud Composer 環境のアーキテクチャ
　　　https://cloud.google.com/composer/docs/composer-2/environment-architecture

- ・**Cloud Logging**：Airflow環境のログが自動で連携される
- ・**Cloud Monitoring**：AirflowやCloud Composer環境の指標が自動で連携される
- ・**Airflow Web UI**：Airflow Web UIへの認証認可のしくみがIAMと統合され自動で設定される
- テナントプロジェクト（ユーザーからは見えない）リソース
  - ・**Cloud SQL**：AirflowのバックエンドDB、設定情報やジョブの履歴などが保存される
  - ・**Cloud SQLストレージ**：Airflowの設定やジョブ履歴などが含まれるCloud SQLのバックアップを保存する場所。バックアップは毎日取得される

　Cloud Composerにはアーキテクチャが異なるCloud Composer 1, 2, 3という3つのメジャーバージョンがあります。Cloud Composer 1はすでにメンテナンス後モードになっているため基本的には利用を考えなくてよいでしょう。Cloud Composer 3は2024年10月時点、パブリックプレビューのため本書ではCloud Composr 2を前提に説明します。少しだけ、新しいバージョンであるCloud Composer 3とCloud Composer2との違いに触れておきます[注4]。大きな違いとしては従来ユーザープロジェクトにあったGoogle Kubernetes Engineクラスタがテナントプロジェクトで実行されることです。それにともなってネットワークのセットアップが簡単になり、ユーザーVPCのIPアドレスもほとんど消費しないため、以前のバージョンのようにCloud ComposerがどれぐらいIPアドレスを消費するかを気にする必要がなくなりました。また、料金体系としてはネットワーク料金までがCloud Composerに含まれ、よりわかりやすい体系となりました。

　本章で以降扱うコードは、Airflowのバージョンが同一であればどちらの環境でも動作します。

## 6.2.2 DAGとワークフロー管理

　Cloud Composer（Airflow）では、各タスクの処理内容を定義するのにPythonを使用します。また、個々のタスクの依存関係を**DAG（Directed Acyclic Graph：有向非巡回グラフ）**として表現、定義します。作成したPythonのファイルをCloud StorageのCloud Composer管理のDAGバケットへ配布することで、そのファイルに定義されているDAGが自動的にCloud Composer環境へデプロイされて反映されます。図6.1にCloud ComposerのDAG UIで表示されるDAGの例を示します。

---

**注4**　公式ドキュメント Cloud Composer バージョンの比較
https://cloud.google.com/composer/docs/composer-versioning-overview#comparison

図6.1 Cloud ComposerのDAG UI（Pythonで定義されたファイルをもとにDAGが作成、表示される）

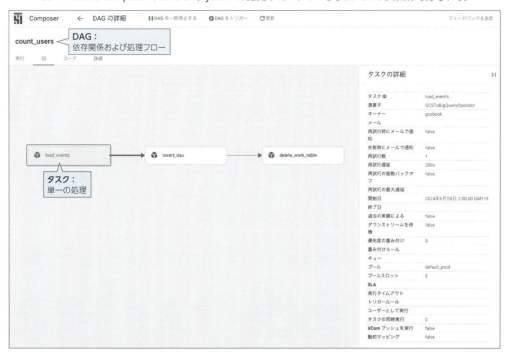

Airflowのワークフロー管理で取り扱われる概念を以下で説明します。

**DAG**は関連する一連のタスクを有向非巡回グラフとしてまとめたものです。各タスクの依存関係、たとえば「タスクAのあとにタスクBを実行し、そのあとにタスクCを実行する」という依存関係および処理フローを定義できます。一般的には、1つのDAGが1つのワークフローに対応します。

**タスク**はDAG内での単一の処理です。DAGのグラフでは図6.1のようにノードとして表現されます。個々のタスクには、後述するオペレータを利用して具体的な処理内容を定義します。たとえば、オペレータ`BashOperator`を使用すると、特定のBashコマンドを実行するタスクを定義できます。

**オペレータ**はタスクの具体的な処理を定義するために使用します。Bashコマンドを実行する`BashOperator`や、Pythonコードを実行する`PythonOperator`、"指定時間が経過するまで"や"指定ストレージに指定ファイルが作成されるまで"など、一定の条件が満たされるまで後続タスクを待機させる`Sensor`というオペレータも存在します。これら基本的なものがAirflowのCoreパッケージとして提供されているほか、ProviderパッケージとしてGoogleパッケージの中でGoogle CloudのOperatorが提供されます。Cloud ComposerではGoogleプロバイダパッケージがデフォルトでインストールされています。Cloud Storage上のファイルをBigQuery

のテーブルへロードする`GCSToBigQueryOperator`や、BigQueryでクエリを実行する`BigQueryOperator`など、幅広いオペレータが提供されています。

## 6.3 Cloud Composerでのワークフロー管理

　本節では、実際にCloud Composerでワークフローを作成して管理する手順を説明します。「5.4　BigQueryでのELT」のELT処理を説明用のシナリオに使用し、一連のELT処理をCloud Composerでワークフローとして作成します。執筆時点で本書のコードは、Cloud Composer 2環境でAirflow 2.7.3のイメージで動作を確認しています。

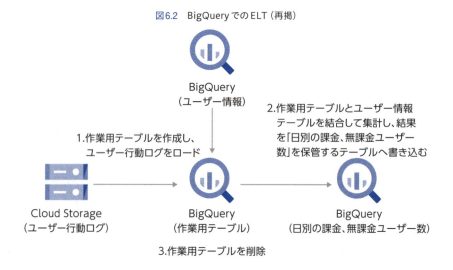

図6.2　BigQueryでのELT（再掲）

### 6.3.1　プロジェクトの設定

　まずは、5章の「5.3　サンプルシナリオ実施用の環境の構築」の手順にしたがい、Google Cloudプロジェクトのセットアップを行います（5.4.1までの環境があることを前提としていますので注意してください）。その後、Cloud Shellで図6.3のコマンドを実行し、Cloud ComposerのAPIを有効にします。

図6.3　Cloud ComposerのAPIの有効化

```
# Cloud ComposerのAPIを有効にする
gcloud services enable composer.googleapis.com

# Project number を変数として取得
PROJECT_NUMBER=$(gcloud projects list \
  --filter="$(gcloud config get-value project)" \
  --format="value(PROJECT_NUMBER)" \
  --limit=1)
```

図6.4のコマンドを実行し、Cloud Composerサービスアカウントに必要な権限を付与します。

図6.4　Cloud Composerサービスアカウントに必要な権限を付与する }

```
# Cloud Composerサービスアカウントに必要な権限を付与する
gcloud iam service-accounts add-iam-policy-binding \
 ${PROJECT_NUMBER}-compute@developer.gserviceaccount.com \
 --member
serviceAccount:service-${PROJECT_NUMBER}@cloudcomposer-accounts.iam.gserviceaccount.com \
 --role roles/composer.ServiceAgentV2Ext
```

　図6.5のコマンドを実行し、Cloud Composerの環境を作成します。環境が作成、構築されるまで、少し時間がかかります。もし、環境作成時にエラーが発生した場合は公式ドキュメントの環境作成のトラブルシューティングをご確認ください[注5]。

図6.5　Cloud Composerの環境の作成

```
# Cloud Composerの環境を作成
gcloud composer environments create gcpbook-ch6 \
    --location us-central1 \
    --image-version composer-2.8.3-airflow-2.7.3

## 補足：もしimage versionが見つからないというエラーが出た場合には、image-versionを削除しても動作します
```

　Cloud Consoleの左部のメニューから [Composer] を選択し[注6]、Cloud Composerの環境gcpbook-ch6が作成されたことを確認します（図6.6）。

図6.6　Cloud Composerの環境

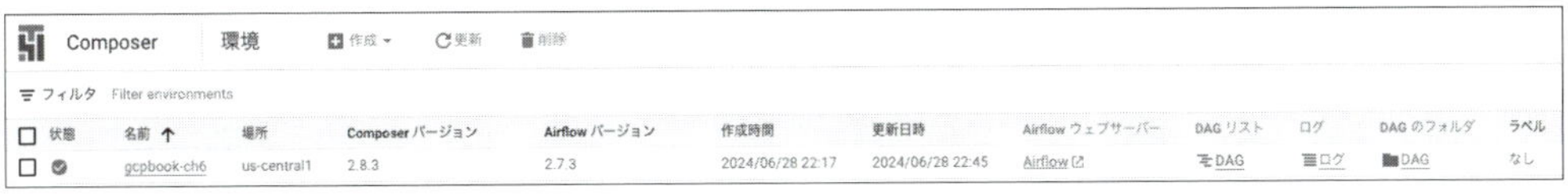

---

注5　公式ドキュメント 環境のトラブルシューティング
　　　https://cloud.google.com/composer/docs/composer-2/troubleshooting-environment-creation

注6　https://console.cloud.google.com/composer

このCloud Composerの環境一覧のページでは、これまでに作成した各環境の名前、場所、作成日時、更新日時のほか、Airflow Web UIへのリンク、Cloud Composerのログを表示するCloud Loggingへのリンク、DAGを定義するPythonファイルが管理されているCloud Storageのディレクトリへのリンクなどが表示されます。

図6.7のコマンドを実行し、DAGの実行時に必要となる環境変数`MY_PROJECT_ID`を作成したCloud Composerの環境`gcpbook-ch6`に設定します。`--update-env-variables`オプションは、Cloud ComposerのAirflow環境でDAGなどから読み出せる環境変数を変更し、Cloud Composer環境に永続化するオプションです。これを利用するとDAGをパラメーター化することが可能になります。

図6.7　環境変数PROJECT_IDの設定

```
# DAGの実行時に必要となる環境変数 MY_PROJECT_IDを、作成した
# Cloud Composerの環境gcpbook-ch6に設定
# --update-env-variablesによりAirflowの利用できる環境変数を変更する
gcloud composer environments update gcpbook-ch6 \
  --location us-central1 \
  --update-env-variables=MY_PROJECT_ID=$(gcloud config get-value project)
```

Cloud Composerの環境一覧のページで、環境の名前`gcpbook-ch6`のリンクをクリックし、この環境の詳細ページを開きます。その後、環境の詳細ページで［環境変数］タブを選択し、設定した環境変数`MY_PROJECT_ID`が表示されていることを確認します（図6.8）。

図6.8　Cloud Composerの環境変数

## 6.3.2 DAG の作成

Cloud Composerの環境一覧のページへ戻り、環境gcpbook-ch6の［DAG リスト］の［DAG］リンクをクリックし、Cloud Composer DAG UIを表示します（図6.9）。

図6.9　Cloud ComposerのDAG UI

このCloud ComposerのDAG UIのトップページに、現在Airflowに登録されているDAGの一覧が表示されます。ここでは、説明用シナリオのELT処理を実行するDAG count_usersを作成して登録します。

ファイルcount_users.pyを作成します。コード全体は、以下のURLからダウンロード可能です。

https://github.com/ghmagazine/gcp_dataengineering_book_v2

本章で、以降扱うDAGはAirflow 2.7.3をもとに動作確認を行っています。動作しない場合はAirflowバージョンによる差異を確認してください

以降では、count_users.pyのコードの各部分を解説していきます。

まずは、処理に必要となる各種Pythonモジュールをインポートしています（リスト6.1）。

リスト6.1　各種Pythonモジュールのインポート

```
import datetime
import os

import airflow
from airflow.providers.google.cloud.operators.bigquery import BigQueryInsertJobOperator, \
  BigQueryDeleteTableOperator
from airflow.providers.google.cloud.transfers.gcs_to_bigquery import GCSToBigQueryOperator
import pendulum
```

その次の変数default_argsへの値の代入部分では、DAG内の全オペレータに共通して設定するパラメータを定義しています（リスト6.2）。

**リスト6.2** DAG内の全オペレータ共通のパラメータの定義

```
# DAG内のオペレータ共通のパラメータを定義する
default_args = {
    'owner': 'gcpbook',
    'depends_on_past': False,
    'email': [''],
    'email_on_failure': False,
    'email_on_retry': False,
    'retries': 1,
    'retry_delay': datetime.timedelta(minutes=5),
    # DAG作成日の午前2時(JST)を開始日時とする
    'start_date': pendulum.today('Asia/Tokyo').add(hours=2)
}
```

- retries：各タスクの処理が正常に実行完了しなかった場合のリトライ回数を設定。ここでは1が設定されており、つまり一度だけそのタスクが再実行される
- retry_delay：タスクが失敗してからリトライ処理を開始するまでの時間を指定。ここではdatetime.timedelta(minutes=5)なので、5分後にリトライ処理が開始される
- start_date：DAGの開始時刻を設定。ここではpendulum.today('Asia/Tokyo').add(hours=2)のように設定されており、DAG作成日の午前2時(JST)が開始日時となる

全オペレータ共通で設定できるパラメータの一覧と詳細は、AirflowのBaseOperatorのドキュメントを参照してください注7。

次のwith airflow.DAG(...) as dag:で、DAGが定義されています（リスト6.3）。

**リスト6.3** DAGの定義

```
# DAGを定義する
with airflow.DAG(
        'count_users',
        default_args=default_args,
        # 日次でDAGを実行する
        schedule_interval=datetime.timedelta(days=1),
        catchup=False) as dag:
```

このDAGにはcount_usersというIDが設定されています。そのうえでDAGの動作オプションを定義しています。

- schedule_interval：DAGの起動の間隔を指定。datetime.timedelta(days=1)なので、日次で起動、実行する

---

注7 https://airflow.apache.org/docs/apache-airflow/2.7.3/_api/airflow/models/baseoperator/index.html#airflow.models.baseoperator.BaseOperator

- **catchup**：DAGを新しくデプロイした際に過去分の実行を行うかどうかを指定。ここではFalseを設定して、デプロイ時点からもっとも近いInterval分のみを実行する

airflow.DAGのコンストラクタで設定できる引数の一覧と説明は、airflow.models.dag.DAGのドキュメントを参照してください[注8]。

## 6.3.3 タスクの概要

このDAGでは、3つのタスクが定義されています（リスト6.4）。各タスクの概要は以下のとおりです。

- **load_events**：Cloud Storage上のユーザー行動ログをBigQueryの作業用テーブルへ取り込む
- **insert_dau**：BigQueryの作業用テーブルとユーザー情報テーブルを結合し、課金ユーザーと無課金ユーザーそれぞれのユーザー数を算出して、結果をgcpbook_ch5.dauテーブルへ書き込む
- **delete_work_table**：BigQueryの作業用テーブルを削除する

リスト6.4　ユーザー行動ログを取り込むタスクの定義

```
# Cloud Storage上のユーザー行動ログをBigQueryの作業用テーブルへ
# 取り込むタスクを定義する
load_events = GCSToBigQueryOperator(
    task_id='load_events',
    bucket=os.environ.get('MY_PROJECT_ID') + '-gcpbook-ch5',
    source_objects=['data/events/{{ ds_nodash }}/*.json.gz'],
    destination_project_dataset_table='gcpbook_ch5.work_events',
    source_format='NEWLINE_DELIMITED_JSON'
)
```

最初のタスクload_eventsでは、Cloud StorageのファイルをBigQueryへロードするためのオペレータGCSToBigQueryOperator[注9]が使用されています。引数の説明は以下の通りです。

- **bucket**にはロード処理で参照するCloud Storageのバケットを指定。ここではos.environ.get('MY_PROJECT_ID') + '-gcpbook-ch5'が設定されており、[Google CloudのプロジェクトID]-gcpbook-ch5が使用される

---

注8　https://airflow.apache.org/docs/apache-airflow/2.7.3/_api/airflow/models/dag/index.html#airflow.models.dag.DAG
注9　https://airflow.apache.org/docs/apache-airflow-providers-google/10.18.0/_api/airflow/providers/google/cloud/transfers/gcs_to_bigquery/index.html#airflow.providers.google.cloud.transfers.gcs_to_bigquery.GCSToBigQueryOperator

- source_objects：ロードするオブジェクトを指定。ここでは ['data/events/{{ ds_nodash }}/*.json.gz'] が設定されている
  - {{ ds_nodash }}：Jinjaテンプレート[注10]で変数ds_nodashの値を埋め込む記述
  - ds_nodashは、Airflowでデフォルトで使用できる変数[注11]として提供されており、YYYYMMDD形式のDAG実行日が格納されている
- destination_project_dataset_table：ロード先のBigQueryテーブルを指定。ここでは 'gcpbook_ch5.work_events' が設定されている
- source_format：ソースのフォーマットを指定。ここでは 'NEWLINE_DELIMITED_JSON' が設定されており、改行区切りのJSONが指定されている

2つめのタスク insert_dau では、BigQueryのクエリを実行するためのオペレータ BigQueryInsertJobOperator[注12]が使用されています（リスト6.5）。

リスト6.5　gcpbook_ch5.dauテーブルにユーザー数を書き込むタスクの定義

```
# BigQueryの作業用テーブルとユーザー情報テーブルを結合し、課金ユーザーと
# 無課金ユーザーそれぞれのユーザー数を算出して、結果をgcpbook_ch5.dau
# テーブルへ書き込むタスクを定義する
insert_dau = BigQueryInsertJobOperator(
    task_id='insert_dau',
    configuration={
        "query" : {
            "useLegacySql": False,
            "query" : """
                    insert gcpbook_ch5.dau
                    select
                        date('{{ ds }}') as dt
                    ,   countif(u.is_paid_user) as paid_users
                    ,   countif(not u.is_paid_user) as free_to_play_users
                    from
                        (
                            select distinct
                                user_pseudo_id
                            from
                                gcpbook_ch5.work_events) e
                        inner join
                            gcpbook_ch5.users u
                        on
                            u.user_pseudo_id = e.user_pseudo_id
                """
        }
    }
)
```

---

注10　https://airflow.apache.org/docs/apache-airflow/2.7.3/core-concepts/operators.html#jinja-templating
注11　https://airflow.apache.org/docs/apache-airflow/2.7.3/templates-ref.html
注12　https://airflow.apache.org/docs/apache-airflow-providers-google/10.18.0/_api/airflow/providers/google/cloud/operators/bigquery/index.html#airflow.providers.google.cloud.operators.bigquery.BigQueryInsertJobOperator

引数configurationで実行するクエリに関する設定を行います。クエリの設定は以下の通りです。

- useLegacySql：Falseを指定すると、BigQueryの標準SQL[注13]が使用される
- query：BigQueryで実行するクエリを指定。タスクの実行時に、クエリがBigQueryで実行される
  - ・ここでは作業用テーブルとユーザー情報テーブルを結合し、課金ユーザーと無課金ユーザーそれぞれのユーザー数を算出して、結果をgcpbook_ch5.dauテーブルへ書き込むSQLが設定されている
  - ・ここでもJinjaテンプレート{{ ds }}が使用されており、変数dsの値がSQLに埋め込まれる
  - ・dsは、Airflowではデフォルトで使用できる変数であり、YYYY-MM-DD形式のDAG実行日が格納されている

3つめのタスクdelete_work_tableでは、BigQueryのテーブルを削除するためのオペレータBigQueryDeleteTableOperator[注14]が使用されています（リスト6.6）。

リスト6.6　作業用テーブルを削除するタスクの定義

```
# BigQueryの作業用テーブルを削除するタスクを定義する
delete_work_table = BigQueryDeleteTableOperator(
        task_id='delete_work_table',
        deletion_dataset_table='gcpbook_ch5.work_events'
    )
```

引数は以下の通りです。

- deletion_dataset_table：削除対象となるテーブルを指定。ここではgcpbook_ch5.work_events

DAG定義の最後には、各タスクの依存関係が定義されています（リスト6.7）。

リスト6.7　タスクの依存関係の定義

```
# 各タスクの依存関係を定義する
load_events >> insert_dau >> delete_work_table
```

ここでは、load_events、insert_dau、delete_work_tableの順にタスクが実行されます。

---

注13　公式ドキュメント BigQuery での SQL の概要
https://cloud.google.com/bigquery/docs/introduction-sql
注14　https://airflow.apache.org/docs/apache-airflow-providers-google/10.18.0/_api/airflow/providers/google/cloud/operators/bigquery/index.html#airflow.providers.google.cloud.operators.bigquery.BigQueryDeleteTableOperator

## 6.3.4 DAGの登録と実行

図6.10のコマンドを実行し、先ほど作成したファイルcount_users.pyを、Cloud Composerの環境のDAGのフォルダへアップロードします（GUIからアップロードした際に、［種類］がtext/x-pythonになっていることを確認し、異なる場合はメニューからメタデータを編集してください）。

図6.10　DAGフォルダへのファイルのアップロード

```
# ファイルcount_users.pyを、Cloud Composerの環境のDAGのフォルダへアップロードする
gcloud composer environments storage dags import \
  --environment gcpbook-ch6 --location us-central1 \
  --source count_users.py
```

Cloud ConsoleのComposerのトップページで、環境gcpbook-ch6の［DAGのフォルダ］の［DAG］リンクをクリックし、ファイルcount_users.pyがCloud StorageのDAGのフォルダへアップロードされていることを確認します（図6.11）。

図6.11　Cloud ComposerのDAGのフォルダ

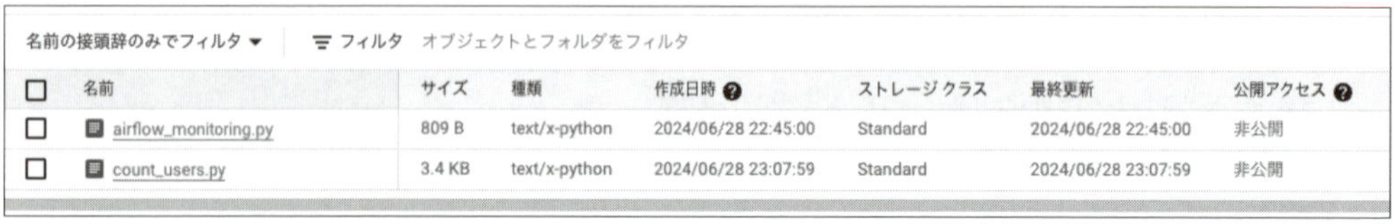
名前の接頭辞のみでフィルタ ▼
フィルタ　オブジェクトとフォルダをフィルタ
名前　サイズ　種類　作成日時　ストレージクラス　最終更新　公開アクセス
airflow_monitoring.py　809 B　text/x-python　2024/06/28 22:45:00　Standard　2024/06/28 22:45:00　非公開
count_users.py　3.4 KB　text/x-python　2024/06/28 23:07:59　Standard　2024/06/28 23:07:59　非公開

また、Cloud ComposerのDAG UI上で、アップロードしたDAG count_usersが登録、反映されていることを確認します（図6.12）。

図6.12　Cloud ComposerのDAG count_users

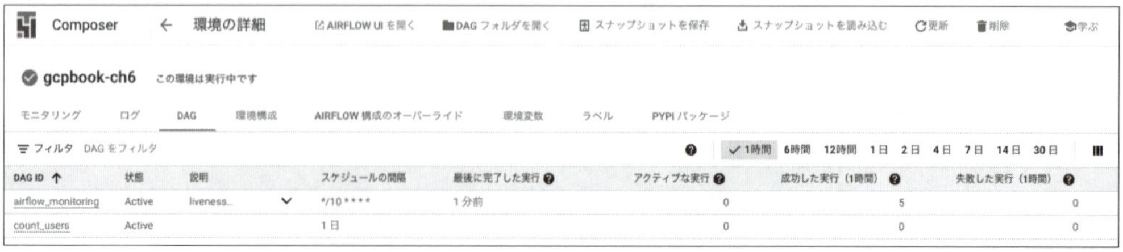
Composer
環境の詳細
AIRFLOW UI を開く
DAG フォルダを開く
スナップショットを保存
スナップショットを読み込む
更新
削除
学ぶ
gcpbook-ch6
この環境は実行中です
モニタリング　ログ　DAG　環境構成　AIRFLOW 構成のオーバーライド　環境変数　ラベル　PYPI パッケージ
フィルタ　DAG をフィルタ
1時間　6時間　12時間　1日　2日　4日　7日　14日　30日
DAG ID　状態　説明　スケジュールの間隔　最後に完了した実行　アクティブな実行　成功した実行（1時間）　失敗した実行（1時間）
airflow_monitoring　Active　liveness..　*/10 * * * *　1分前　0　5　0
count_users　Active　1日　0　0　0

さらに、Cloud ComposerのDAG UIのDAG count_usersのリンクをクリックし、このDAGの詳細を確認します（図6.13）。

図6.13 Cloud ComposerのDAG count_usersの詳細

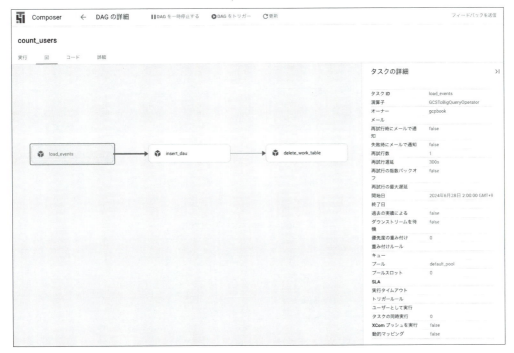

　以上の手順で、毎日実行されるDAG count_usersをAirflowに登録できました。Cloud Storageのパス [Google CloudプロジェクトのID]-gcpbook-ch5/data/events/20181001/*.json.gzにあるファイルを対象にELT処理を実施するというシナリオのため、DAGの実行日として2018-10-01を指定して、手動で実行します。

　Airflowでは、backfillという、特定の日付の範囲で特定のDAG（もしくは、その中の一部のタスク）を実行するコマンドが提供されています[注15]。このAirflowのbackfillコマンドを実行して、DAG実行日を指定します。Cloud Composerには、gcloud composer environments runという任意のAirflowのコマンドを実行するコマンドが用意されているため、Cloud Shellからこのコマンドを使えば、Airflowのbackfillコマンドが使用できます。

　それでは、DAG実行日を2018-10-01に指定して、DAG count_usersを実行します（図6.14）。

---

注15　https://airflow.apache.org/docs/apache-airflow/2.7.5/cli-and-env-variables-ref.html#backfill

図6.14　DAG count_users の実行

```
# DAG実行日を2018-10-01に指定して、
# DAG count_usersを実行する
gcloud composer environments run gcpbook-ch6 \
  --location us-central1 \
  dags backfill \
  -\
  -s 2018-10-01 \
  -e 2018-10-01 \
  count_users
```

Cloud Composer の DAG UI から DAG count_users の詳細ページを開き、DAG実行日 2018-10-01 の backfill の実行が正常に終了したことを確認します。（図6.15）。

図6.15　Cloud Composer の backfill

図6.16のコマンドを実行して、テーブル gcpbook_ch5.dau に正常にデータが挿入されたことを確認します。

図6.16　データ挿入の確認

```
# テーブルgcpbook_ch5.dauに正常にデータが挿入されたことを確認する
bq --location=us query \
  --nouse_legacy_sql \
  --parameter='dt:date:2018-10-01' \
  'select
    dt
```

```
, paid_users
, free_to_play_users
from
  gcpbook_ch5.dau
where
  dt = @dt'
```

　図6.16のコマンドの実行結果は、図6.17のとおりです。テーブルgcpbook_ch5.dauに正常にデータが挿入されたことを確認できました。

図6.17　データ挿入の確認結果

```
+------------+------------+--------------------+
|    dt      | paid_users | free_to_play_users |
+------------+------------+--------------------+
| 2018-10-01 |         47 |                436 |
+------------+------------+--------------------+
```

　最後に、「5.8　サンプルシナリオ実施用の環境の破棄」の手順にしたがい、Google Cloudプロジェクトを削除します。

## 6.3.5　本番環境の勘所

Cloud Composerを本番環境で利用する際には、以下を考慮するとよいでしょう。

### アクセス制御

　Airflow Web UIへのアクセス、Cloud Composer環境の編集（作成、削除、更新）、Airflow UI、DAG UIへのアクセスなどが、IAMのロールや権限を割り当てることで制御できます。詳細はタスクごとに必要な権限が整理されているドキュメントを参照してください[16]。また、Apache Airflowアクセス制御モデルを利用して、Airflow UI内でよりきめ細かくアクセス制御ができます[17]。そのほかには、ネットワークによるアクセス制御も可能です。Cloud Composerの環境オプションで［ウェブサーバーのネットワーク アクセス制御］を選択することでウェブサーバーにアクセスできるIP範囲を指定できるほか、承認済みネットワークでクラスタのコントロールプレーンにアクセスできるCIDR範囲を指定できます[18]。Cloud Composer環境でプラベート

---

注16　公式ドキュメント IAM を使用したアクセス制御
　　　https://cloud.google.com/composer/docs/composer-2/access-control
注17　公式ドキュメント Airflow UI のアクセス制御の使用
　　　https://cloud.google.com/composer/docs/composer-2/airflow-rbac
注18　公式ドキュメント Cloud Composer で承認済みネットワークを構成する
　　　https://cloud.google.com/composer/docs/composer-2/configure-authorized-networks

IPのみを指定してインターネットアクセスをさせないことも可能です。

## スケーラビリティ

Cloud composer 2はGKE Autopilotを利用してワーカーを自動スケーリングします。それに加えて、スケジューラ、ウェブサーバー、ワーカーのCPU、メモリ、ディスクの制限を調整して、環境のスケーリングとパフォーマンスのパラメータを制御できます。環境に応じて適切に設定することでパフォーマンスと費用を最適化することができます。詳細については公式ドキュメントで説明されているので、本番環境で利用する際には一読して設定を考慮するとよいでしょう[19]。

## DAGの開発

Cloud Composerに限らず、データパイプライン管理で一般的に当てはまることですが、すべてのタスクは失敗し得る前提でリトライポリシーを設定し、タスクをできるだけ冪等に作ることで、データパイプライン全体のSLAは担保しつつ、ネットワークエラーなどに対応できるようになります。また、ビジネスロジックをDAGではなく、できるだけ変換処理を実行するワーカー側（DataprocやDataflow、BigQueryなど）のジョブに持たせて、DAG自体をシンプルに保つ方がスケーラビリティが担保されるうえに、DAG全体の動作としてトラブルシュートが楽になるでしょう。

## サービスアカウントの利用

Cloud Composer環境でのDAG実行には、ワーカーノードで利用されるサービスアカウント（サービスアカウントについては、7章で解説します）が認証に利用されます。デフォルトではCompute Engineデフォルトサービスアカウントが利用されます。前述のハンズオンでは、同一プロジェクト内部のリソース操作の認証認可にこれを用いました。本番環境では権限を厳密に設定したサービスアカウントを利用するように、環境作成・編集時に`service-account`オプションを設定してください。ほかのプロジェクトのリソース操作を行う場合も、利用するサービスアカウントにIAMロールを設定するとプロジェクトを超えて操作が可能になります。

---

注19 公式ドキュメント 環境のパフォーマンスと費用を最適化する
https://cloud.google.com/composer/docs/composer-2/optimize-environments

## DAGで利用する接続情報の管理

　DBやAPIへの接続情報は、Airflowの[Admin]メニューから、Connections（接続情報）として保存することもできます。しかし、Airflow Web UIへアクセス権を持つユーザー全員がDBやAPIへの接続情報を閲覧、編集できるのは管理上好ましくありません。また、接続情報へのアクセスをAiflow UIのアクセス制御で制限しても、Airflow CLIコマンド、DAGなどには適用されません。この際に、Google Cloudの鍵管理サービスである**Secret Manager**にAirflowの接続と鍵を格納することで、より厳密に管理できます。Cloud ComposerでSecret Managerを利用する詳細な方法についてはドキュメントを参照してください[20]。

## 可用性

　Cloud Composerでは環境のスナップショットを保存することで環境のバックアップを作成できます。スナップショットにはAirflow構成のオーバーライド、環境変数、カスタムPyPIパッケージのリスト、Airflowデータベースのバックアップ、バケットのバックアップなどが含まれます。別のCloud Composer環境に読み込ませることで、これらを復元できるので、定期的に保存しておくことを検討します[21]。また、Cloud Composer 2では復元性に優れた環境を使うことで、ゾーン障害や単一障害点の停止に対する環境の脆弱性を軽減するフェイルオーバーを実行できます[22]。

---

# 6.4　Cloud Data Fusionの特徴

　**Cloud Data Fusion**は、データパイプラインおよびワークフローを効率的に構築・管理するための、フルマネージドなデータ統合サービスです[23]。OSSのデータパイプライン構築サービスである**CDAP**[24]が活用されています。Cloud Data Fusionでは、コードを記述することなく、画面上の操作だけでETL/ELTパイプラインを構築できます。また、Cloud StorageやBigQuery

---

注20　公式ドキュメント 環境に Secret Manager を構成する
　　　https://cloud.google.com/composer/docs/composer-2/configure-secret-manager
注21　公式ドキュメント 環境のスナップショットの保存と読み込み
　　　https://cloud.google.com/composer/docs/composer-2/save-load-snapshots
注22　公式ドキュメント 復元性に優れた環境を設定する
　　　https://cloud.google.com/composer/docs/composer-2/set-up-highly-resilient-environments
注23　公式ドキュメント Cloud Data Fusion
　　　https://cloud.google.com/data-fusion
注24　https://cdap.io/

などのGoogle Cloudのサービスをはじめとして、他クラウドのサービスやオープンソース、SaaSサービスやデータベース、ストレージなどと連携するための多くのプラグインが提供されていることも大きな特徴の1つです注25。また、Cloud Data Fusionで処理されたデータに関する**データリネージ**（データの起源とその経緯）を管理、調査でき、データマネジメントを着実に行いつつ、データパイプラインおよびワークフローを効率的に構築、管理できます。

　Cloud Data Fusionでは、パイプラインの実行環境として、**Dataproc**（Spark/Hadoopのマネージドサービス）を使用します。Cloud Data Fusionでのパイプラインの実行開始時にDataprocのクラスタがエフェメラルクラスタとして作成され、そのクラスタ上でSparkもしくはMapReduceのジョブが実行されて処理を実施し、パイプラインの実行完了時にそのクラスタが削除されます。また、パイプラインの実行時にDataprocのクラスタを新規に作成せず、既存のクラスタを使用して処理を実行することもできます。バッチ処理だけではなく、Spark Streamingを使用して、ストリーム処理も実施できます。

## 6.4.1　ノード

　Cloud Data Fusionでは、"データの抽出"、"変換"、"集計"、"書き込み"といった一連のデータ処理フローを定義した**パイプライン**を、画面上の操作で作成します。パイプライン定義では、個々のタスク（データの抽出や変換など）を**ノード**として定義し、それらのノードの依存関係をDAGで表現します。ノードの定義には、プラグインを使用します。代表的なプラグインの種類を、以下に挙げます。

- ソース：データベースやファイル、ストリームなどのデータソースからデータを取得するプラグイン
- 変換：データの整形加工などの変換処理を実施するプラグイン
- 分析：データの集計や結合、もしくは機械学習の処理を実施するプラグイン
- シンク：パイプラインに取り込まれて処理されたデータを、データベースやファイルストレージに書き込むプラグイン
- 条件：パイプラインの処理フローを制御するプラグイン
- アクション：パイプラインに取り込まれたデータの操作ではなく、データベースやファイルを操作するコマンドなど、任意のコマンドを実行するプラグイン

---

**注25**　公式ドキュメント Data Fusion プラグイン一覧
　　　https://cloud.google.com/data-fusion/plugins

## 6.5 Cloud Data Fusionでのワークフロー管理

本節では、Cloud Data Fusionで、パイプライン（ワークフロー）を作成、管理する手順を説明します（図6.18）。「5.7　DataflowでのETL」のETL処理を説明用のシナリオとして使用し、一連のETL処理をCloud Data Fusionのパイプラインとして作成します。

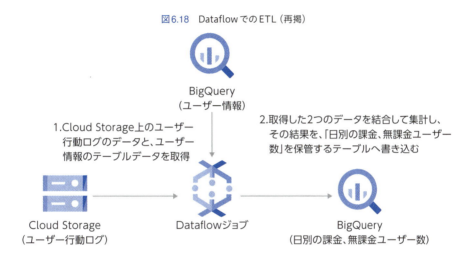

図6.18　DataflowでのETL（再掲）

### 6.5.1 プロジェクトのセットアップとインスタンスの作成

まずは、「5.3　サンプルシナリオ実施用の環境の構築」の手順にしたがい、Google Cloudプロジェクトのセットアップを行います。図6.19のコマンドを実行して、便宜上、前述のシナリオを用いて最終的にデータを登録するテーブルを用意します。

図6.19　テーブルの作成

```
# 「日別の、課金ユーザーと無課金ユーザーそれぞれのユニークユーザー数」を
# 保管するテーブルgcpbook_ch5.dau_by_user_typeを作成
bq --location=us query \
  --nouse_legacy_sql \
  'create or replace table gcpbook_ch5.dau_by_user_type
  (
    dt string not null
  , is_paid_user bool not null
  , users int64 not null
  )'
```

その後、Cloud Shellで図6.20のコマンドを実行し、Cloud Data FusionのAPIを有効にします。

図6.20　Cloud Data FusionのAPIの有効化

```
# Cloud Data FusionのAPIを有効にする
gcloud services enable datafusion.googleapis.com
```

次に、Cloud Data Fusionの**インスタンス**を作成します。Cloud Data Fusionのインスタンスとは、Cloud Data Fusionの実行環境を指します。Cloud Data Fusionのインスタンスごとに、パイプラインの管理やメタデータの管理などCloud Data Fusionの稼働に必要なサービス一式が、Google Cloudのテナントプロジェクトにデプロイされて稼働します。

まずは、Cloud Consoleのメニューから［Data Fusion］を選択し、表示されるトップページ上（図6.21）で［インスタンスを作成］をクリックします。

図6.21　Cloud Data Fusionのトップページ

Cloud Data Fusionのインスタンスの情報を入力するページが表示されます（図6.22）。ここでは、以下を入力して［作成］ボタンをクリックします。Cloud Data Fusionのインスタンスの作成が完了するまで、少し時間がかかります。

- **インスタンス名**：gcpbook-ch6
- **エディション**：Developer
- **リージョン**：us-central1
- **バージョン**：6.10.1

図6.22　Cloud Data Fusionインスタンスの作成

　2024年10月時点、Cloud Data Fusionには、開発用途のDeveloperエディション、テストや検証環境として利用できるBasicエディション、本番用途のEnterpriseエディションの3つが用意されており、Cloud Data Fusionのインスタンス作成時に、いずれかを選択します。3つのエディションは機能的にはほぼ違いがなく、信頼性やスケーラビリティの要件などに応じて使い分けます。各エディションの違いの詳細については、Cloud Data Fusionのドキュメントを参照してください[注26]。説明用のシナリオでは、パイプラインのスケジューリング機能やメタデータ管理機能、データリネージ参照機能を使用する必要がありますが、動作確認のための用途なのでDeveloperエディションを利用します。

　またCloud Data Fusion作成に必要な権限が不足している場合には作成時に［権限を付与］のボタンをクリックして権限を付与します（図6.23）。

---

注26　公式ドキュメント エディションの比較
　　　https://cloud.google.com/data-fusion/pricing#compare_editions

図6.23 Cloud Data Fusion 作成のための権限の付与

　Cloud Data Fusionのインスタンスの作成が完了すると、トップページに、作成したインスタンスの情報が図6.24のように表示されます。

図6.24 Cloud Data Fusion インスタンスの一覧

## 6.5.2　パイプライン作成の準備

　まずは、パイプライン作成の準備を行います。図6.24の［アクション］から［インスタンスを表示］リンクをクリックし、Cloud Data FusionのWeb UIを開きます（図6.25）。画面右上の［HUB］をクリックし、HUBのウィンドウを表示させます（図6.26）。

図6.25 Cloud Data Fusion Web UI

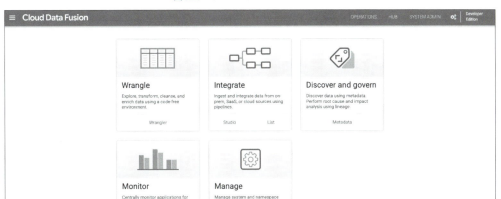

図6.26 Cloud Data Fusion HUB

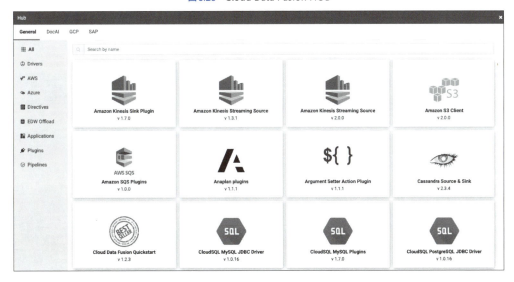

　Cloud Data FusionのHUBでは、再利用できるプラグインやパイプランを検索して、パイプライン作成時に利用できます。これらのプラグインを利用することで、SaaSや多様なデータベースからのデータの抽出を、開発なしに行えるのがCloud Data Fusionを利用する意味と言い換えてもよいでしょう。ほんの一例ですが、以下のようなプラグインが用意されています。

- 商用／クラウドDB：BigQuery、Redshift、DynamoDB、Oracle
- OSS DB：MySQL、PostgreSQL、Cassandra、HBaseなど
- ストレージ：S3、Google Cloud Storage、Azure Blobなど

- メッセージ：Pub/Sub、Amazon Kinesis、Kafka など
- SaaS/ISV
    - Google スプレッドシート
    - 広告：Facebook 広告、Google 広告
    - マーケティング：Google アナリティクス、HubSpot、Salesforce Marketing Cloud
    - CRM：Salesforce、Zendesk
    - 検索：Elasticsearch、Splunk など
    - その他：Salesforce、Anaplan、SAP ODP、SendGrid、ServiceNow など

ここでは変換処理から追加します。[Search by name]の入力項目に「field」と入力し、表示された[Field Adder Transform]プラグイン[注27]をクリックし（図6.26）、[Deploy]ボタン、[Finish]ボタンを順にクリックして、このプラグインを使用できるようにします。これは、データに対して任意のフィールド（テーブルのカラムに相当する、データの項目）を追加するプラグインです。説明用のシナリオでは、集計結果に対して、パイプラインの実行日のフィールドを追加する際に、このプラグインを使用します（図6.27）。

図6.27　Cloud Data Fusion Field Adder Transform プラグイン

このプラグインのデプロイ後、表示された[Create a pipeline]ボタンをクリックして、パイプラインの作成ページ（Studio ページ）を開きます（図6.28）。

---

注 27　https://github.com/data-integrations/add-field

図6.28 Cloud Data FusionパイプラインStudio

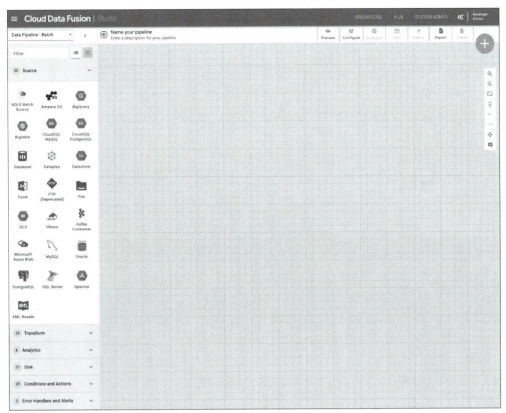

　図6.28はパイプラインを作成するためのページです。画面左側のメニューから使用したいプラグインを選択して画面上にノードとして配置し、各ノードの依存関係を指定したDAGを作成することで、パイプラインを定義します。

### 6.5.3 パイプラインの作成

　ここから、パイプラインを作成していきます。左側のメニューの [Source] の [GCS] をクリックし、画面上にGCSノードを追加します（図6.29）。このプラグインを使用すると、Cloud Storage上のファイルが読み取れます[注28]。

---

[注28] https://github.com/data-integrations/google-cloud/blob/develop/docs/GCSFile-batchsource.md

図6.29 GCSノードの追加

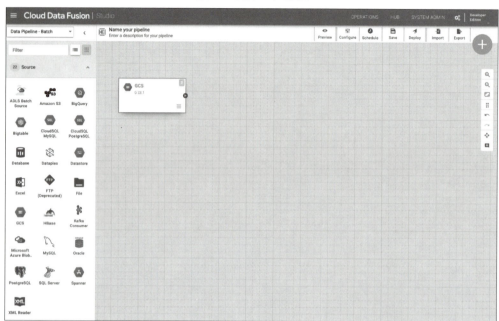

画面上に追加された GCS ノードにマウスオーバーすると表示される [Properties] をクリックして設定画面を開き、以下の内容を入力します（図6.30）。

- **Reference Name**：events
- **Path**：gs://${project_id}-gcpbook-ch5/data/events/${logicalStartTime(yyyyMMdd, 0d, Asia/Tokyo)}/
- **Format**：json
- **Output Schema**：
    - **Name**：user_pseudo_id
    - **Type**：string

図6.30 GCSノードの設定

Pathの`${project_id}`と`${logicalStartTime(yyyyMMdd, 0d, Asia/Tokyo)}`ではマクロが使用されており、パイプラインの実行時に値が代入されます。`project_id`については、パイプラインの実行時に、現在利用しているGoogle CloudプロジェクトのIDが指定されるよう、のちほど設定します。`logicalStartTime`は、CDAPで標準提供されているマクロ関数であり、パイプラインの実行時間が、引数で指定された形式、オフセット、タイムゾーンでパースされて、その結果が埋め込まれます[注29]。この入力内容では、パイプラインの実行時間が、タイムゾーンをJSTとしてYYYYMMDD形式でパースされた結果が埋め込まれます。入力後、画面右上の[×]ボタンをクリックして、設定画面を閉じます。

次に、GCSノードで取得した`user_pseudo_id`の一覧の、重複排除を行う処理を追加します。左側のメニューの[Analytics]の[Deduplicate]をクリックし、Deduplicateノードを追加して、先ほどのGCSノードから線をつなぎます（図6.31）。

---

注29 https://cdap.atlassian.net/wiki/spaces/DOCS/pages/1188036697/Macros+and+macro+functions#Logical-Start-Time-function

図6.31　Deduplicateノードの追加

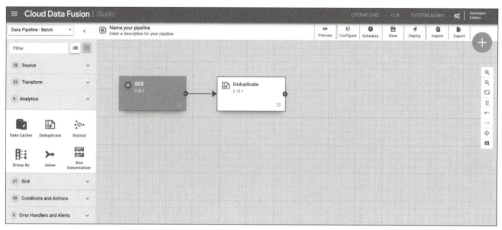

このDeduplicateプラグインは、その名のとおり、データの重複排除を行うプラグインです[注30]。

画面上に追加されたDeduplicateノードの[Properties]をクリックして設定画面を開き、[Unique Fields]から`user_pseudo_id`を選択します（図6.32）。ここでは、`user_pseudo_id`をキーとして重複排除を行う設定をします。

図6.32　Deduplicateノードの設定

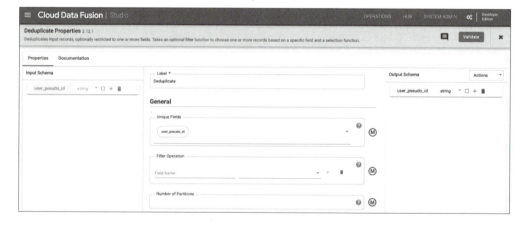

入力後、画面右上の[×]ボタンをクリックして、設定画面を閉じます。左側のメニューの[Source]の[BigQuery]をクリックし、画面上にBigQueryノードを追加します（図6.33）。

---

注30　https://github.com/cdapio/hydrator-plugins/blob/develop/core-plugins/docs/Deduplicate-batchaggregator.md

図6.33　BigQueryノードの追加

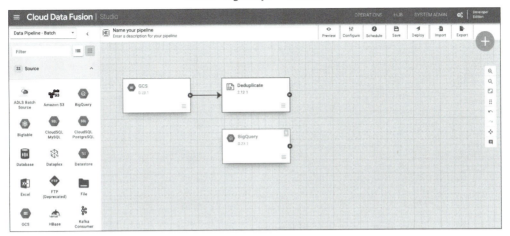

このBigQueryプラグインを使用すると、特定のBigQueryのテーブルデータを読み出すことができます[注31]。

画面上に追加されたBigQueryノードの[Properties]をクリックして設定画面を開き、以下の内容を入力します（図6.34）。

- Reference Name：`users`
- Dataset：`gcpbook_ch5`
- Table：`users`
- Output Schema：`user_pseudo_id`のNull欄のチェックを外す

ここでは、ユーザー情報が保管されているBigQueryのテーブル`gcpbook_ch5.users`を、取得対象テーブルとして指定しています。

[GET SCHEMA]ボタンをクリックすると、入力したテーブルのスキーマ情報が取得され、画面右上の[Output Schema]に反映されます。入力後、画面右上の[×]ボタンをクリックして、設定画面を閉じます。

---

注31　https://github.com/data-integrations/google-cloud/blob/develop/docs/BigQueryTable-batchsource.md

図6.34　BigQueryノードの設定

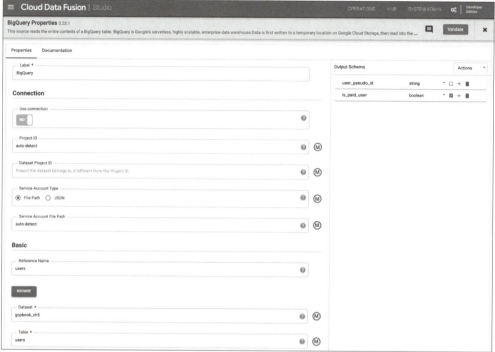

次に、Cloud Storageから取得したデータと、BigQueryのテーブルから取得したデータの結合処理を定義します。Cloud Data Fusionでは、Joinerプラグインを使用することで、結合処理を定義できます[注32]。左側のメニューの [Analytics] の [Joiner] をクリックし、Joinerノードを追加します。そして、このノードに対してDeduplicateノードとBigQueryノードからそれぞれ線をつなぎます (図6.35)。

図6.35　Joinerノードの追加

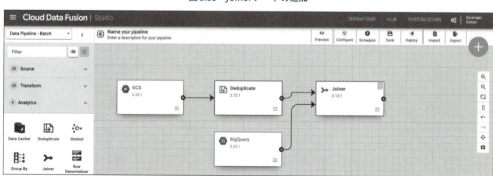

注32　https://github.com/cdapio/hydrator-plugins/blob/develop/core-plugins/docs/Joiner-batchjoiner.md

Joinerノードの[Properties]をクリックして設定画面を開き、以下の内容を入力します（図6.36）。

- DeduplicateのAlias：`event_user_pseudo_id`
- Join Type：`Inner`
- Output Schema：
  ・Name：`user_pseudo_id`、Type：`string` ※NULL欄にチェックを入れる
  ・Name：`is_paid_user`、Type：`boolean` ※NULL欄にチェックを入れる

図6.36　Joinerノードの設定

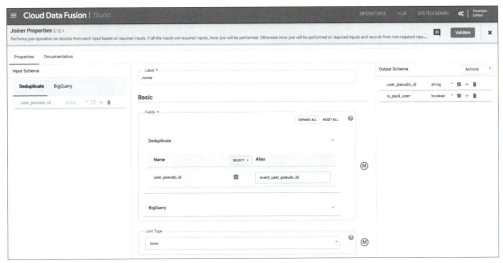

ここでは、各データの`user_pseudo_id`フィールドの値を結合キーとして、内部結合するよう定義しています。入力後、画面右上の[×]ボタンをクリックして、設定画面を閉じます。

次に、課金ユーザー、無課金ユーザーそれぞれの人数を算出する処理を定義します。Cloud Data Fusionでは、Group Byプラグインを使用することで、特定のフィールドをキーとした集計処理を定義できます[注33]。左側のメニューの[Analytics]の[Group By]をクリックし、Group Byノードを追加します。そして、このノードに対してJoinerノードから線をつなぎます（図6.37）。

---

注33　https://github.com/cdapio/hydrator-plugins/blob/develop/core-plugins/docs/GroupByAggregate-batchaggregator.md

図6.37　Group Byノードの追加

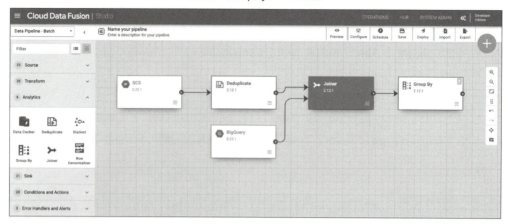

Group Byノードの［Properties］をクリックして設定画面を開き、以下の内容を設定します（図6.38）。

- Group by fields：`is_paid_user`
- Aggregates：`user_pseudo_id Count as users`
- Output Schema
    - Name：`is_paid_user`、Type：`boolean`
    - Name：`users`、Type：`long`

図6.38　Group Byノードの設定

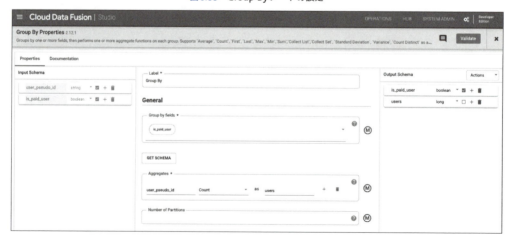

ここでは、「課金ユーザーであるか否か」を表す`is_paid_user`フィールドをキーとして集

計し、キーの値（true、false）ごとの件数を算出するよう定義しています。つまり、この定義により、課金ユーザー、無課金ユーザーそれぞれの人数が算出されます。入力後、画面右上の［×］ボタンをクリックして、設定画面を閉じます。

次に、先ほど定義した集計結果に対して、パイプラインの実行日を新規フィールドとして追加します。左側のメニューの［Transform］の［Add Field］をクリックし、Add Fieldノードを追加します。このノードに対して、Group Byノードから線をつなぎます（図6.39）。

図6.39 Add Fieldノードの追加

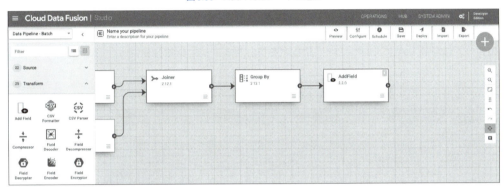

画面上に追加されたAdd Fieldノードの［Properties］をクリックして設定画面を開き、以下の内容を入力します（図6.40）。

図6.40 Add Fieldノードの設定

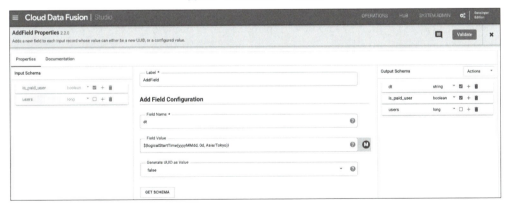

- Field Name：dt
- Field Value：`${logicalStartTime(yyyyMMdd, 0d, Asia/Tokyo)}`
- Output Schema`：

- Name：dt、Type：string
- Name：is_paid_user、Type：boolean
- Name：users、Type：long

　ここでは、集計結果のデータに対して、パイプラインの実行日（`${logicalStartTime(yyyyMMdd, 0d, Asia/Tokyo)}`）が設定されるフィールドを、dtという名前で追加しています。入力後、画面右上の［×］ボタンをクリックして、設定画面を閉じます。

　最後に、ここまでの処理結果をBigQueryのテーブルへ登録する処理を定義します。BigQueryのテーブルへデータを登録するためには、BigQueryのSinkプラグインを使用します[注34]。左側のメニューの［Sink］の［BigQuery］をクリックしBigQueryノードを追加して、このノードに対してAdd Fieldノードから線をつなぎます（図6.41）。

図6.41　BigQueryノードの追加

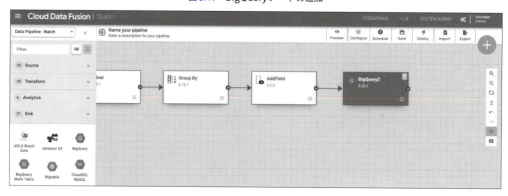

　画面上に追加されたBigQueryノードの［Properties］をクリックして設定画面を開き、以下の内容を入力します（図6.42、図6.43）。

- Reference Name：dau_by_user_type
- Dataset：gcpbook_ch5
- Table：dau_by_user_type
- Schema：
  - Name：dt、Type：string　※Null欄のチェックを外す
  - Name：is_paid_user、Type：boolean　※Null欄のチェックを外す
  - Name：users、Type：long　※Null欄のチェックを外す

---

注34　https://github.com/data-integrations/google-cloud/blob/develop/docs/BigQueryTable-batchsink.md

## 6.5 Cloud Data Fusionでのワークフロー管理

図6.42　BigQueryノードの設定1

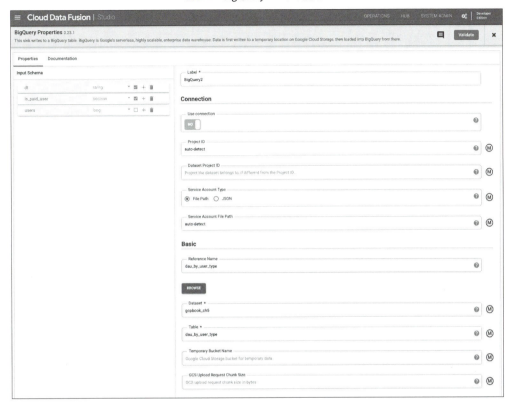

図6.43　BigQueryノードの設定2

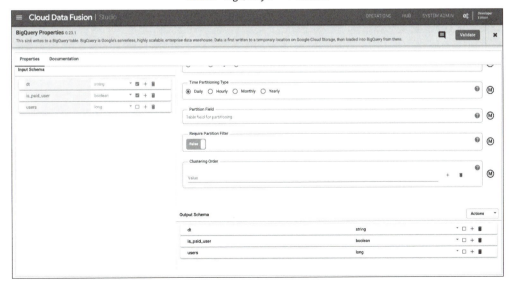

ここでは、日別かつユーザータイプ（課金ユーザー、または、無課金ユーザー）別のユーザー数を保管するBigQueryのテーブル gcpbook_ch5.dau_by_user_type を、データ登録先のテーブルとして指定しています。入力後、画面右上の［×］ボタンをクリックして、設定画面を閉じます。

左上の［Name your pipeline］の入力欄に count_users を入力して、作成したパイプラインに名前を設定します。最終的に、図6.44のようなパイプラインが完成しました。

図6.44　Cloud Data Fusionパイプライン

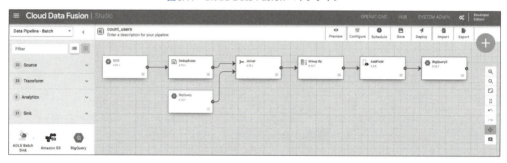

## 6.5.4　パイプラインの実行

画面右上の［Deploy］ボタンをクリックして、作成したパイプラインをデプロイします（図6.45）。

図6.45　Cloud Data Fusionパイプラインのデプロイ

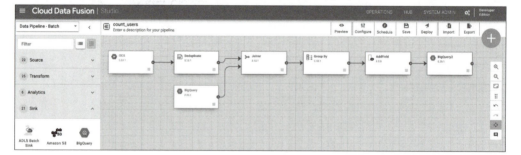

画面右上の［SYSTEM ADMIN］をクリックし、遷移先のページで［Configuration］をクリックし、［System Preferences］エリアの［Edit System Preferences］ボタンをクリックします。表示されるモーダルウィンドウ上でkey-valueを1つ追加し、以下のkey-valueを入力して［Save&Close］ボタンをクリックします（図6.46）。

- Key：project_id
- Value：現在使用している Google Cloud プロジェクトの ID

図6.46　System Preferences key-value の追加

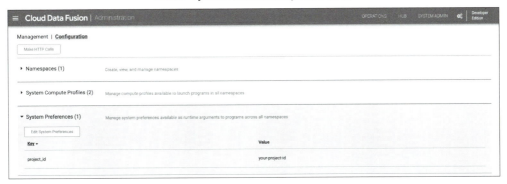

ここで追加した値が、GCSノードのPathで設定されているマクロ`${project_id}`に埋め込まれて、パイプラインが実行されます。

次に、"Profile"という、パイプラインの実行環境を新規に作成します。［System Compute Profiles］エリアの［Create New Profile］ボタンをクリックします。［provisioner］に［Dataproc］を選択し、以下の内容を入力して［Create］ボタンをクリックします（図6.47、図6.48）。

- Profile label：gcpbook-ch6
- Profile name：gcpbook-ch6
- Description：gcpbook-ch6
- Region：us-central1
- Master Disk Size (GB)：50
- Worker Disk Size (GB)：50

図6.47　Profileの追加1

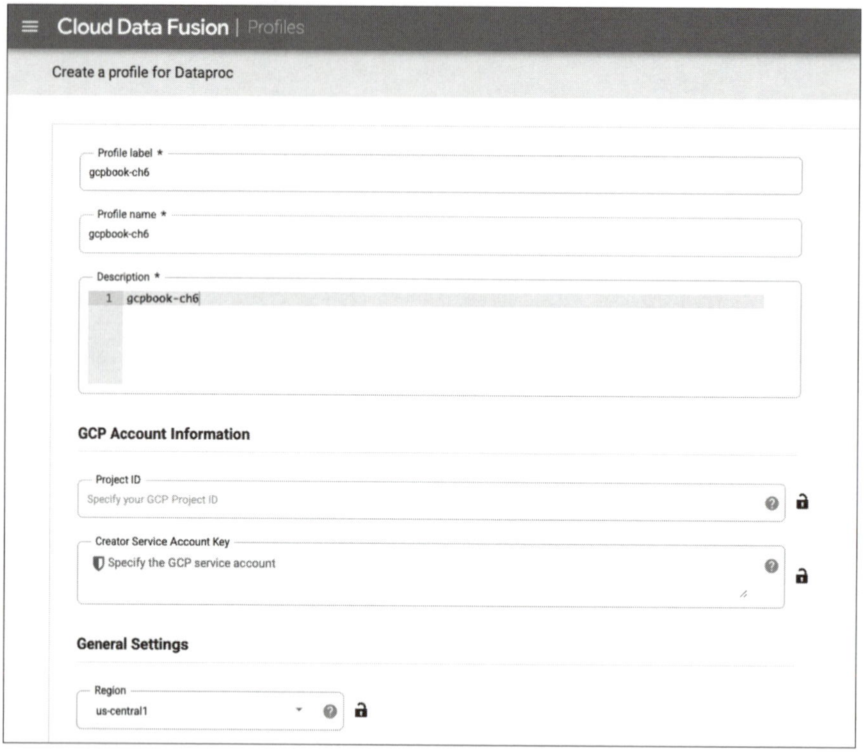

図6.48　Profileの追加2

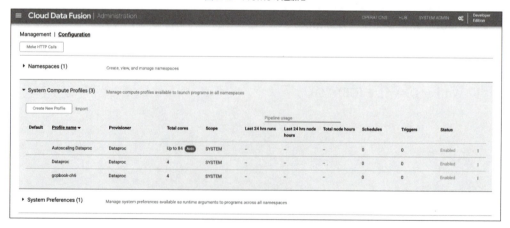

　画面左上のハンバーガーアイコンで表示されるメニューから [Pipeline] → [List] を選択します。遷移先の画面で、先ほどデプロイした count_users パイプラインをクリックし、パイプラインの画面を再表示します。

Cloud Data Fusionのパイプラインの画面で、上部の [Configure] をクリックし、gcpbook-ch6を選択して [Save] ボタンをクリックします。この設定により、先ほど作成した Profile gcpbook-ch6を実行環境として、パイプラインが実行されるようになります（図6.49）。

図6.49　Configure Profile

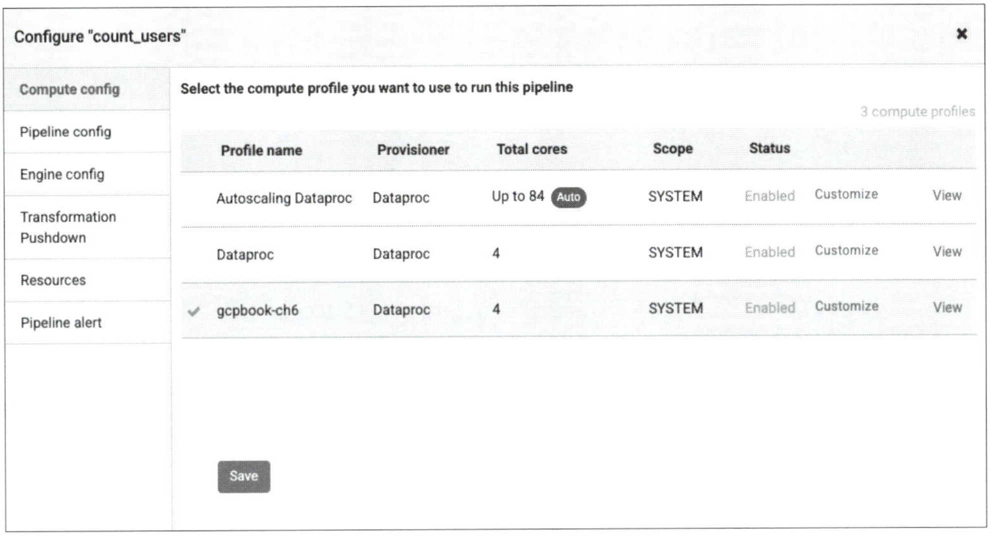

説明用のシナリオでは、Cloud Storage のパス [Google Cloudプロジェクトの ID] -gcpbook-ch5/data/events/20181001/*.json.gz にあるファイルを対象に ELT 処理を実施する必要があるため、パイプラインの実行日を2018-10-01 のように指定して、作成したパイプラインを手動で実行します。Cloud Data Fusion のパイプラインの画面で、[Run] ボタンの右のプルダウンメニューをクリックします。表示される [Runtime Arguments] に以下を追加し、[Run] ボタンをクリックしてパイプラインを実行します（図6.50）。

- Key：logical.start.time
- Value：1538319600000

ここで設定した値1538319600000は、タイムゾーン JSTの2018-10-01 00:00:00をミリ秒単位で表した UNIX 時間です。ここで設定した値が、GCS ノードの Path、および、Add Field ノードの Field Value に設定したマクロ関数 ${logicalStartTime(yyyyMMdd, 0d, Asia/Tokyo)} に埋め込まれて、パイプラインが実行されるようになります。なお、この引数 logical.start.time が設定されていない場合は、パイプラインが実行された時間が、マクロ関数 ${logicalStartTime(...)} に埋め込まれます。

図6.50　Runtime Arguments

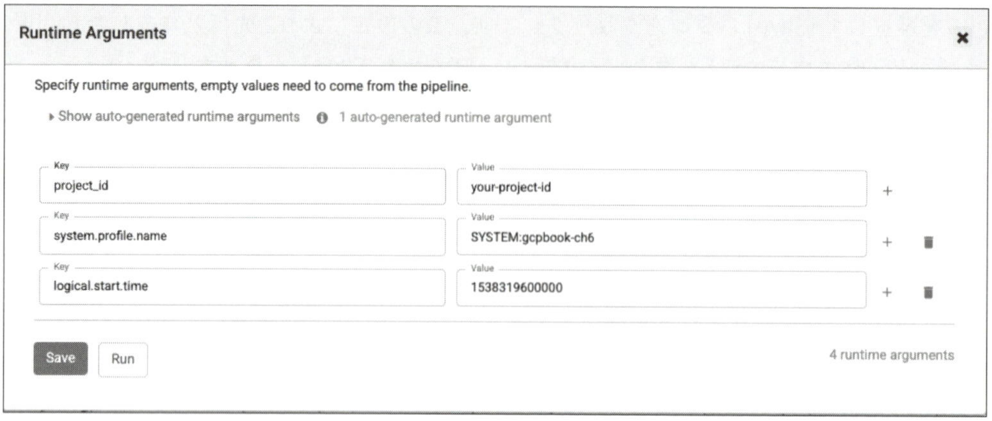

　パイプラインの実行が正常に完了し、上部の［Status］が［Succeeded］に変わったことを確認します（図6.51）。

図6.51　パイプラインの実行完了

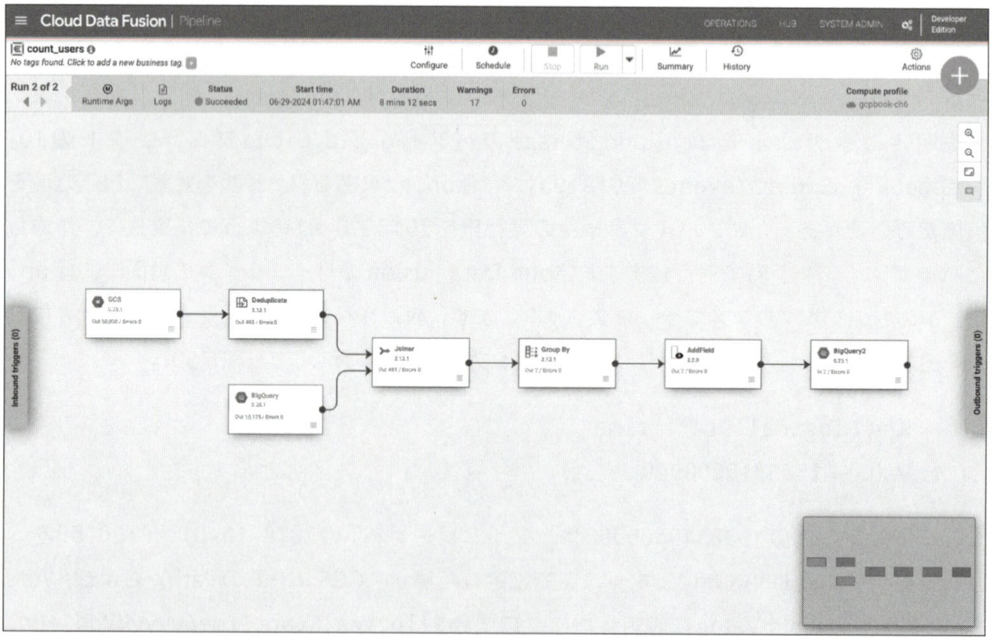

　Cloud Shellで図6.52のコマンドを実行し、テーブルgcpbook_ch5.dau_by_user_typeに正常にデータが挿入されたことを確認します。

図6.52　データ挿入の確認

```
# テーブルgcpbook_ch5.dau_by_user_typeに正常にデータが挿入されたことを確認する
bq --location=us query \
  --nouse_legacy_sql \
  --parameter='dt:string:20181001' \
  'select
    dt
  , is_paid_user
  , users
  from
    gcpbook_ch5.dau_by_user_type
  where
    dt = @dt
  order by
    is_paid_user'
```

このコマンドの実行結果は、図6.53のとおりです。テーブルgcpbook_ch5.dau_by_user_typeに正常にデータが挿入されたことを確認できました。

図6.53　データ挿入の確認結果

```
+----------+--------------+-------+
|    dt    | is_paid_user | users |
+----------+--------------+-------+
| 20181001 |        false |   436 |
| 20181001 |         true |    47 |
+----------+--------------+-------+
```

## 6.5.5　スケジュールの設定

次に、作成したパイプラインの実行スケジュールを設定します。Cloud Data Fusionのパイプラインの画面で、上部の [Schedule] をクリックし、スケジュール設定用のモーダルダイアログを開きます（図6.54）。このダイアログ上で、以下の内容を入力または選択します。

- Basic | Advanced：Basic
- Pipeline run repeats：Daily
- Repeats every：1 day(s)
- Starting at：12:00 AM
- Max concurrent runs：1
- Compute profiles：gcpbook-ch6（Google Cloud Dataproc）

[Save and Start Schedule] ボタンをクリックし、設定内容を反映してダイアログを閉じます。これにより、毎日午前0時（UTC）にパイプラインが実行されるよう、スケジュールが設定さ

れました。

図6.54　パイプラインのスケジュール登録

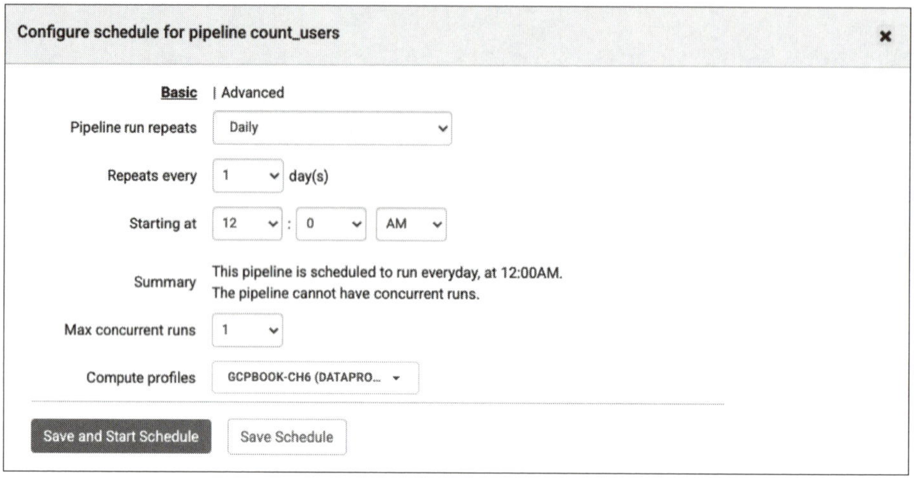

## 6.5.6 メタデータとデータリネージの確認

　Cloud Data Fusion では、各パイプラインで定義されている各データセットのメタデータが内部的に管理されています。このメタデータやメタデータをもとに生成されるデータリネージは、Cloud Data Fusion の UI 上から確認できます。画面左側のメニューで [Metadata] をクリックし、メタデータ検索画面に遷移します（図6.55）。

図6.55　メタデータ検索画面

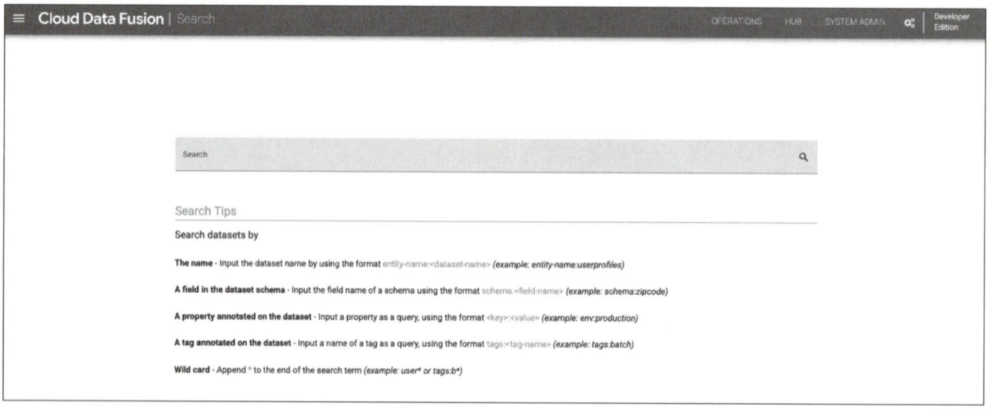

## 6.5 Cloud Data Fusionでのワークフロー管理

この画面の入力欄に……を押下し、メタデータを検索します。検索結果として表示された……er_typeをクリックし、このデータセットのメタデータを表……

……typeのメタデータ

画面上の[Lin……セットに関するデータリネージを確認します（図6.57）。

……eのデータリネージ

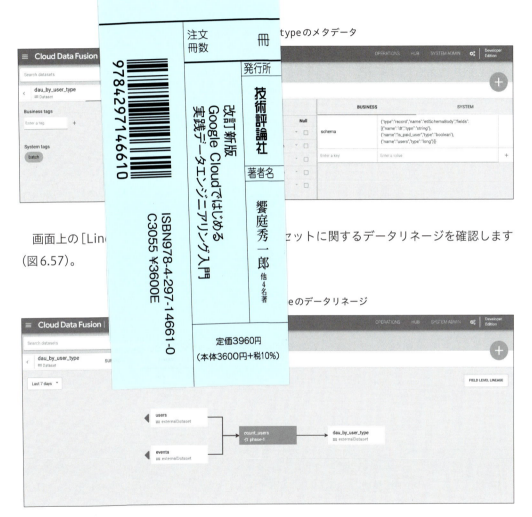

先ほど作成したパイプラインのとおり、データセット dau_by_user_type は、2つのデータセット events と users をもとに、パイプライン count_users によって作成されたものである、ということがわかりました。

次に、画面右上の[Field Level Lineage]をクリックすると、フィールド単位でのデータリネージを確認できます（図6.58）。

図6.58　フィールド単位のデータリネージ

　ここまでCloud Data Fusionを利用してパイプラインを作成して実行し、スケジュールを設定しました。作成したパイプラインに関するメタデータとデータリネージも確認できました。また、Dataplexというデータガバナンスのサービスとの統合を有効化することでBigQueryのテーブル情報からCloud Data Fusionのパイプラインに関するリネージを他のデータ処理サービスとともに表示することができます（図6.59）。

図6.59　BigQueryのテーブル情報からデータリネージを確認

　最後に「5.8　サンプルシナリオ実施用の環境の破棄」の手順にしたがい、Google Cloudプロジェクトを削除します。
　説明用のシナリオでは使用しませんでしたが、Cloud Data Fusionには、**Wrangler**と呼ばれるGUIでインタラクティブにデータを整形、加工して、その結果をパイプラインで使用する機能も備わっています（図6.60）。これを使用すれば、GUI画面で直感的かつ簡単に、データの整形、加工作業ができます。

図6.60 Wrangler

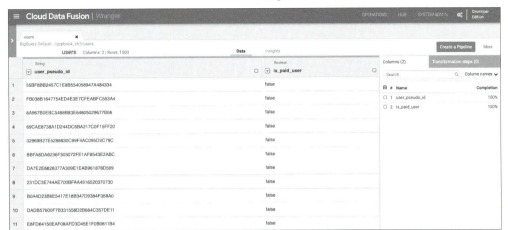

## 6.6 Cloud Composer、Cloud Data Fusion、Dataformの比較と使い分けのポイント

　最後にCloud ComposerとCloud Data Fusion、そして5章で扱ったDataformの比較とその使い分けのポイントを説明します。

　Cloud ComposerとCloud Data Fusion、そしてDataformについて、データ処理の流れを管理するという観点では、違いがないように感じるかもしれません。最も大きな違いは想定されるユースケースです。Cloud Composerは**ワークフロー制御**に、Cloud Data Fusionは**データ統合**に、Dataformは**ELTのパイプライン**に軸足があります。表6.1に、それぞれの比較をまとめました。

表6.1 Cloud Composer、Cloud Data Fusion、Dataformの比較

| | Cloud Composer | Cloud Data Fusion | Dataform |
|---|---|---|---|
| サービスのユースケース | プログラムによるワークフロー制御 | GUIによるデータ統合と各種コネクタによる開発の省力化 | BigQuery内＋αでのELT処理を開発、テスト、制御 |
| おもな対象ユーザー | データエンジニア、開発者 | ビジネスアナリスト、IT管理者（あるいは開発者の稼働省力化） | データエンジニア／データアナリスト |
| ETL/ELTジョブの開発 | 主眼としていない。制御対象のETL/ELTジョブはBigQueryのSQLやSparkジョブ／Apache Beamのコードなどですでに存在している想定 | GUIでデータを見ながら、対象データソースやデータシンクをコネクタで接続し、JOINやクレンジングなどのETL/ELTジョブを開発できる | BigQuery内部のELTをSQLXで開発。そのままテスト、デプロイできる。 |
| 複数ジョブの依存関係の整理 | DAGを用いて複雑な依存関係が管理できる | 作成した"パイプライン"は基本的に独立。Cloud Composerなどのオーケストレーションサービスを利用して"パイプライン"間の実行を制御する | BigQuery内部のジョブは依存関係を管理できる。BigQueryで操作できないジョブ、たとえばSparkやBeamがある場合には統合が複雑になる（Sparkストアドプロシージャを使えばできないわけではない） |

　Cloud Composerは、単体でETL/ELT処理を開発することを想定しておらず、あくまでETL/ELT処理全体の管理を目的としています。管理するETLジョブとしては、BigQuery上でのSQL、Dataform、DataprocによるSparkジョブ、あるいはDataflowのジョブなどがあります。一方、Cloud Data Fusionはそれ単体でデータ統合に関するすべてをカバーすることを想定しています。また、Cloud Data FusionはGUI操作だけでなくAPIも提供しているため、Cloud Composerから見ると、Cloud Data Fusion自体も管理対象にできます。Cloud Composerでは、Apache AirflowのGoogle DataFusion Operator[注35]を利用することで、Cloud Data Fusionのインスタンス作成、削除、パイプラインの開始、停止などができます。これによりCloud ComposerからCloud Data Fusionで作成したETL/ELTジョブをオーケストレーションできます。

　DataformはELTの開発、運用、実行には非常にすぐれたサービスですが、SQLだけで完結しないジョブがある場合には単体での運用が難しくなるでしょう。BigQueryだけではないデータ処理が必要な場合、例としてSaaSのAPIからデータを連携する場合はCloud Data Fusionを併用することもあるでしょうし、また既存のDataflowジョブなどがある場合やSQLで書き

---

注35　https://airflow.apache.org/docs/apache-airflow-providers-google/10.18.0/operators/cloud/datafusion.html

づらい Transform 処理が必要な場合もあるでしょう。これらの場合には Dataform 単体では完結しません。Dataform も Cloud Data Fusion 同様に、Cloud Composer より **Dataform Operator** を利用して管理が可能です。

そのため、Cloud Composer、Cloud Data Fusion、Dataform は相互補完の関係と言えます。データ基盤の構築運用に必要とされる要件に合わせて、これらのサービスを適切に選択したり、組み合わせたりして利用することが重要となります。

また、Google Cloud の ETL/ELT を実際に行うデータ処理リソースである BigQuery や Dataproc、Dataflow は Informatica や Talend に代表されるさまざまなサードパーティ製のワークフロー制御サービスや、グラフィカル ETL ツールからでも利用できます。既存するライセンスによって、組み合わせたり使い分けたりするとよいでしょう。

# 6.7 まとめ

本章では、データ処理の依存関係を統合管理するためのワークフロー管理サービス、グラフィカルなデータ統合ツールが必要とされる理由について解説し、Google Cloud では、Cloud Composer をワークフロー管理サービスとして、Cloud Data Fusion をグラフィカルなデータ統合ツールとして利用できることを説明しました。

---

**Column**

### Google Cloudにおけるジョブオーケストレーションの選択肢

どのようなクラウドでもそうですが、類似する機能や同じ機能を持つサービスがあります。ただし、同じ機能があっても、**向いている使い方**が同じとは限りません。サービスの本質を理解して設計することが、最適な結果につながります。

この機能の代表例がワークフローです。Google Cloud では、6章で紹介した **Cloud Composer** のほかに、**Workflows**[注36] という汎用ワークフローサービスが存在します（ここでいうワークフロー管理とは、処理の依存関係を定義できるコンセプト全体を指します。一方、ジョブオーケストレーションはワークフロー管理を実現するために、それらの処理をジョブとして定義し、管理する狭義の機能を指します）。

Workflows はサーバーレス（サーバーをプロビジョニングせずに、機能を使った分だけ従量課金で利用できること）のワークフローサービスで、YAML で記載したステップにより、

---

注36　公式ドキュメント Workflows
　　　https://cloud.google.com/workflows/

順番に Function as a Service である Cloud Functions[注37] やサーバーレスのコンテナサービスである Cloud Run[注38]、任意の HTTP ベースの API を呼び出すことができます。

たとえば、以下のようなフローを書くことで Cloud Run を Get で起動したあとに、Cloud Functions にその返ってきた結果を利用して POST することができます。

リスト6.8　Workflows の YAML の例

```
step1cloudrunPost:
    call: http.get
    args:
        url: https://gcp-book-v2-3j26svmnlq-uc.a.run.app
        auth:
            type: OIDC
    result: responseValue_run
step2cloudFunctionsPost:
    call: http.post
    args:
        url: https://us-central1-gcp-book-v2.cloudfunctions.net/function-1
        auth:
            type: OIDC
        body:
            message: "Cloud Functionsのfunction1に対してPostをしてみます"
            post_value: responseValue_run
    result: responseValue_
```

このしくみを活かし、Workflows をデータ基盤の中でジョブオーケストレーションとして利用できます。

ただし、この YAML の中で直接 BigQuery の API を呼び出して、さまざまな ELT 操作をする場合には表現力に課題があります。また、返ってきたデータをどう処理するかなどの記述が難しいため、実際は Dataform や Cloud Functions、Cloud Run を呼び出して、そこで BigQuery や Dataproc、Dataflow など必要なデータ処理リソースを利用して処理することになるでしょう（図6.61）。また、定時実行するには Cloud Scheduler を、他のデータ処理サービスと依存関係を持って実行するには Cloud Composer の **Google Cloud Workflows Operators** を利用して起動することになります[注39]。Cloud Funtions や Cloud Run で直接 ETL 処理自体を扱わない理由は、ファイルをローカルディスクに保存できず、メモリや実行時間に上限[注40]があり、また分散処理フレームワークがなく大量データの処理には向かないためです。これらを気にしない場合なら、処理リソースの呼び出しだけではない ETL 処理をこれらのサービスで扱うこともできるでしょう。

---

注37　公式ドキュメント Cloud Functions
　　　https://cloud.google.com/functions/
注38　公式ドキュメント Cloud Run
　　　https://cloud.google.com/run/
注39　https://airflow.apache.org/docs/apache-airflow-providers-google/10.18.0/operators/cloud/workflows.html
注40　2024 年 10 月時点、Cloud Run ジョブは最大 24 時間実行できます。

図6.61 データ基盤のジョブオーケストレーションとしてのWorkflowsの利用イメージ

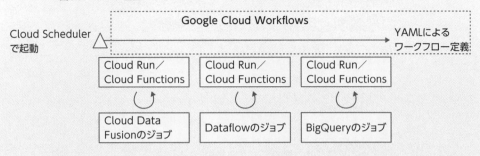

一方で、Airflow（Cloud Composer）の発祥は、もともとAirbnbのデータパイプラインのジョブを管理する仕組みとして開発されているため[注41]、データエンジニアリングに特化しています。Cloud Composerを利用したデータ基盤のジョブオーケストレーションのイメージを図6.62として記載します。

図6.62 データ基盤のジョブオーケストレーションとしてのCloud Composerの利用イメージ

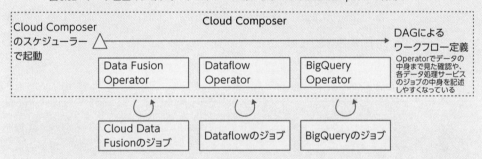

ジョブを動かすためのワーカーを起動するためにはOperatorを使いますが、その中にはデータバリデーションを実行できるものがあります。代表的な例としてはSQLを実行し、その結果がパイプラインの上流のテーブルの行数と一致するかを確認できる**BigQueryCheckOperator**が挙げられます。ほかにも、多くのジョブを一元管理する、ジョブのSLAを設定する、スケジューラーを内包しているなどデータパイプラインを構成するためのリッチな機能を持つのが**Cloud Composer**の特徴で、Workflowsとの大きな違いです。

表6.2に簡単に違いをまとめました。これらを考慮してデータ基盤におけるワークフローサービスを選定するとよいでしょう。

---

注41 https://airbnb.io/projects/airflow/

表6.2 Cloud ComposerとWorkflowsの違い

|  | Cloud Composer | Workflows |
|---|---|---|
| ユースケース・特徴 | 複雑なワークフローをデータエンジニアリング用途で利用する場合に利用する。Airflowによるオープンソースでのロックイン回避、コミュニティによる機能拡張 | サーバーレスアプリケーションを開発する際のCloud FunctionsやCloud Runなどをオーケストレーションする用途でおもに利用する。軽いETL処理しかない場合やデータパイプラインをスモールさせたい場合に利用する。汎用のサーバーレスワークフロー |
| 課金体系 | Airflowを構成する要素に対する課金（ウェブサーバー、データベース、Airflowワーカーとスケジューラーの動作するGoogle Kubernetes Engine） | 一部無料階層あり＋ステップ数あたり課金 |
| 呼び出す相性の良いリソース | BigQuery、Cloud Dataproc、Dataflow、Cloud Data Fusion、Google Cloud Storage、CloudSQL、Data Loss Prevention API、ML Engine、AutoML Tablesなど | Cloud Functions、Cloud Run、Rest APIで操作できるもの |
| ワークフローの定義方法 | DAGによる柔軟な制御 | YAMLベースのシンプルな記載 |
| スケジュール実行 | Airflow自体がスケジューラーを持つ | Cloud Schedulerより呼び出し |

　また、ワークフローが必要とされる理由である"ジョブの依存関係処理"（タスクAが終了したらタスクBを実行など）がなく、ジョブの定期実行を行うだけであれば、以下のような選択肢もあります。

- BigQueryのクエリのスケジューリング機能[注42]
- Dataformによるスケジュール実行
- Cloud Schedulerと呼ばれる分散cronサービスから、Cloud Functionsを起動しBigQueryやDataflow、Cloud Dataprocを実行する[注43]
- Cloud Data Fusionのスケジュール実行

データ基盤のステージや要件に応じて、ベストな選択ができるとよいでしょう。

---

注42 公式ドキュメント クエリのスケジューリング
https://cloud.google.com/bigquery/docs/scheduling-queries
注43 公式ドキュメント Pub/Subを使用してCloud Functionsをスケジュールする
https://cloud.google.com/scheduler/docs/tut-pub-sub

# 第7章 データ分析基盤におけるセキュリティとコスト管理の設計

大規模な組織で安心かつ安全に利用できるデータ分析基盤を構築するには、"誰がどのデータにアクセスできるようにするのか"を扱うアクセス制御や、"いつ、誰が、どこから、どのデータにアクセスしたのか"を扱う監査など、厳密かつ適切なリソースの保護や管理が重要です。また、適切に組織内でコストを管理することも欠かせません。本章では、Google Cloudのさまざまなサービスや機能を活用して、構築したデータ基盤をどのように保護、管理できるのかを説明します。

## 7.1 Google Cloudのセキュリティサービス

大規模な組織で安心かつ安全に利用できるデータ分析基盤を構築するには、"誰がどのデータにアクセスできるようにするのか"を扱うアクセス制御や、"いつ、誰が、どこから、どのデータにアクセスしたのか"を扱う監査など、厳密かつ適切なリソースの保護や管理が重要です。また、組織の人員の入れ替わりや、取り扱うデータの種類の増加などが定常的に発生すると考えられるため、一度、定義されたリソースの保護のルールが効率的かつ迅速に変更できることも、大規模組織で利用されるデータ分析基盤を長期間運用するうえで重要です。

Google Cloud に は、**Cloud Identity and Access Management（IAM）**と い う Google Cloudの各種リソースのアクセス制御を集約、可視化して一元管理できるサービスがあります[注1]。このサービスを用いることで、特定のリソースに対するアクセスやアクションの実行を、特定のユーザーやグループのみに制限できます。BigQueryに関連するリソースとして、プロジェクトやデータセット、テーブル、ビュー、カラムなどがありますが、このようなリソースについても、このサービスを使用してアクセス制御を実施できます。

さらに、**VPC Service Controls** という仮想的なセキュリティの境界を定義して、Google

---

注1　公式ドキュメント -Identity and Access Management（IAM）
https://cloud.google.com/iam

Cloudの各種リソースへのアクセスを制御するサービスも提供されています[注2]。前述のIAMは
IDベースのアクセス制御ですが、このVPC Service Controlsでは、"特定のVPCネットワー
クや送信元IPアドレスからのアクセスのみを許可する"など、コンテキストベースでのアクセ
ス制御が実施できます。IAMとVPC Service Controlsを併用することで、よりきめ細かく、
かつより強固にGoogle Cloudの各種リソースを保護できます。BigQueryやCloud Storage
などのリソースも、このVPC Service Controlsを用いたアクセス制御が可能です。たとえば、
データへのアクセスが可能な送信元IPアドレスを制限したり、データのエクスポート先のリソー
スを制限したりすることができます。また、"いつ、誰が、どこから、どのようなオペレーショ
ンを実行したのか"という監査ログを収集して、検索、閲覧するための機能が提供されていま
す[注3]。監査ログだけではなく、その時点のリソース状態の調査を行ってセキュリティの問題に
対応したり、異常をいち早く見つけたりするための機能も提供されています。

　本章では、データ基盤に特化したGoogle Cloudのセキュリティサービスの利用方法につい
て説明します。

## 7.2 Google Cloudのリソース構成とエンタープライズ向けの管理機能

　Google Cloudでは、大規模な組織の管理やセキュリティ構成に対応するため、リソースを
複数の階層に分割して管理できるようになっています。データ基盤で利用するセキュリティサー
ビスは、これらの階層を利用して整理できるため、まずはリソース階層を理解しておきましょう。
図7.1にGoogle Cloudのリソース階層を示しました。

- **組織**[注4]：Google Cloudのリソースの最上位。無料のCloud IdentityあるいはGoogle Workspace（後述）によって作成でき、複数のプロジェクトを統合的に管理する。また、一部の機能については、組織レベルで有効にすることで利用できる
- **フォルダ**[注5]：プロジェクトを階層化するための概念。複数の階層を持つことができる
- **プロジェクト**[注6]：独立したGoogle Cloud環境。基本的には、これによってIAMや課金、

---

**注2**　公式ドキュメント -VPC Service Controls
https://cloud.google.com/vpc-service-controls

**注3**　公式ドキュメント -Cloud Audit Logs の概要
https://cloud.google.com/logging/docs/audit

**注4**　公式ドキュメント - 組織リソースを作成、管理する
https://cloud.google.com/resource-manager/docs/creating-managing-organization/

**注5**　公式ドキュメント - フォルダの作成と管理
https://cloud.google.com/resource-manager/docs/creating-managing-folders/

**注6**　公式ドキュメント - プロジェクト
https://cloud.google.com/docs/overview#projects

BigQuery、Dataprocやネットワークなどすべてのリソースが分離される。開発／検証／商用環境や、チームごと、目的ごとなどの単位でリソースを分離して、柔軟に管理できる

- **リソース**：サービスのリソースを表す。たとえばCloud Storageのバケットやオブジェクト、BigQueryのデータセットや設定などが該当する。プロジェクトが異なる場合、リソースはすべて分離されており、互いに影響を受けない

図7.1　Google Cloudにおけるリソースの階層

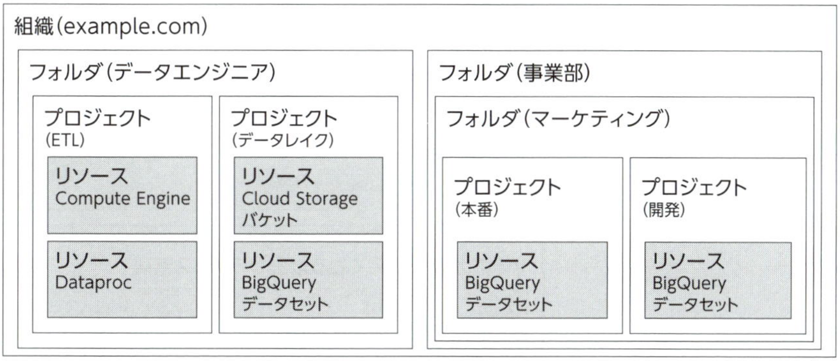

```
組織 (example.com)
┌─────────────────────────────────────┐ ┌─────────────────────────────────────┐
│ フォルダ (データエンジニア)          │ │ フォルダ (事業部)                    │
│ ┌──────────────┐ ┌──────────────┐    │ │ ┌─────────────────────────────────┐ │
│ │ プロジェクト │ │ プロジェクト │    │ │ │ フォルダ (マーケティング)        │ │
│ │ (ETL)        │ │ (データレイク)│   │ │ │                                 │ │
│ │ ┌──────────┐ │ │ ┌──────────┐ │    │ │ │ ┌─────────┐   ┌─────────┐       │ │
│ │ │リソース  │ │ │ │リソース  │ │    │ │ │ │プロジェ │   │プロジェ │       │ │
│ │ │Compute   │ │ │ │Cloud     │ │    │ │ │ │クト(本番)│  │クト(開発)│      │ │
│ │ │Engine    │ │ │ │Storage   │ │    │ │ │ │┌───────┐│   │┌───────┐│       │ │
│ │ └──────────┘ │ │ │バケット  │ │    │ │ │ ││リソース││   ││リソース││       │ │
│ │ ┌──────────┐ │ │ └──────────┘ │    │ │ │ ││BigQuery││   ││BigQuery││       │ │
│ │ │リソース  │ │ │ ┌──────────┐ │    │ │ │ ││データセ││   ││データセ││       │ │
│ │ │Dataproc  │ │ │ │リソース  │ │    │ │ │ ││ット   ││   ││ット   ││       │ │
│ │ └──────────┘ │ │ │BigQuery  │ │    │ │ │ │└───────┘│   │└───────┘│       │ │
│ └──────────────┘ │ │データセット││   │ │ │ └─────────┘   └─────────┘       │ │
│                  │ └──────────┘ │    │ │ └─────────────────────────────────┘ │
│                  └──────────────┘    │ │                                     │
└─────────────────────────────────────┘ └─────────────────────────────────────┘
```

- 組織：最上位リソース
  - 組織で利用するサービスは複数のプロジェクトを対象とする
    - 例 1. VPC Service Controls
    - 例 2. Cloud Logging の集約シンク
- フォルダ：プロジェクトをまとめる概念 (階層化が可能)
- プロジェクト：独立した Google Cloud の環境を提供する概念
- IAM や組織ポリシーは下の階層に継承される (組織→フォルダ→プロジェクト)

　これらのリソース階層の中では、上の階層で設定したIAMの内容や組織ポリシー(後述) が下の階層に継承されることを覚えておきましょう。たとえば、組織ポリシーを利用して組織レベルで"Cloud Storageのアクセス管理は、バケットレベルのみ設定可能。オブジェクト単位での権限付与は禁止"という内容を設定した場合、すべてのプロジェクトがそれを継承し、すべての設定が制限されます。

　次に、IAMの概念について簡単に説明します。必ずしも正確な表現でない部分も含まれますが、わかりやすさのためにできるだけ本章で扱う部分を簡易化しました (図7.2)。

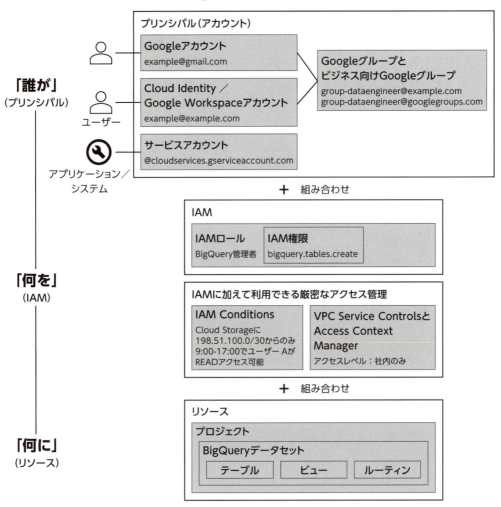

図7.2　Google CloudにおけるIAMのしくみ

　IAMとは、"誰が"、"何を"、"何に"できるかを制御する仕組みと理解するのがわかりやすいでしょう。

　"誰が"にあたるのが**プリンシパル**です。プリンシパルは大きく以下の要素で構成されます。

- **アカウント**：ユーザーあるいはアプリケーションなどを示す概念。Google Cloudでは、プロジェクトを切り替えると、ログインしているユーザーアカウントを切り替えなくても環境を切り替えることができる
- **Googleアカウント**：@gmail.comのGoogleで利用できるアカウントを指す

- **Cloud Identity／Google Workspace アカウント**[注7]：Cloud Identity は無料で利用できる Identity サービス。Google アカウントを自社ドメインで作成し、組織機能を用いて厳密に管理できる。Google Workspace アカウントは Google Cloud の提供するコラボレーションツール Google Workspace（旧称 G Suite）を利用する際にユーザーに払い出されるアカウント。どちらも必要に応じて、2要素認証や SSO、パスワード強度などを強制できる。**セキュリティ管理の観点からは、通常の Google アカウントではなく、Google Workspace アカウントを利用することが推奨される**

- **サービスアカウント**[注8]：Google アカウント、Cloud Identity アカウントがユーザーに付与されるアカウントであるのに対し、アプリケーションから利用することを前提としたアカウント。Google Cloud 上で利用する際、キーが自動で管理されるのでセキュアに扱うことができる。また、キーをダウンロードすれば、Google Cloud の外部にこのサービスアカウントとして振る舞うシステムを構築できる。さらに、通常のアカウントとは異なり、"リソース" として振る舞うことが可能で、Cloud Identity アカウントでログインしているユーザーがサービスアカウントを利用してその操作を行うこともできる（サービスアカウントユーザーロール[注9]）

- **Google グループとビジネス向け Google グループ**：ユーザーをまとめる概念。ユーザーが所属する Google グループ、あるいはビジネス向け Google グループ（Cloud Identity／Google Workspace に登録した自社ドメインのグループ。より厳密に制御できる）にも IAM のロールを付与できる

"何を" にあたるのが **IAM**、この場合は **IAM ロール**です。プリンシパルに対し IAM ロールを紐づけ（バインド）することでそのプリンシパルはロールの中に含まれる権限を実行できるようになります。

- **IAM ロール**：複数の権限をまとめた "ロール" を付与するためのもの。たとえば、ユーザー A に「BigQuery 管理者」の IAM ロールを付与すると、そのロールには `bigquery.tables.create` をはじめとする複数の権限が含まれており、それらの操作が可能になる。必要に応じて権限を選択した、**カスタム IAM ロール**を作成することもできる

- **IAM Conditions**[注10]：IAM の特定の条件（Condition）でのみバインドすることができる機構。たとえば、9:00-17:00 のみ、Cloud Storage のリードアクセスを可能、など

---

注7 公式ドキュメント -Cloud Identity
https://cloud.google.com/identity/

注8 公式ドキュメント - サービス アカウントについて
https://cloud.google.com/iam/docs/understanding-service-accounts

注9 公式ドキュメント - サービス アカウント ユーザーのロール
https://cloud.google.com/iam/docs/service-account-permissions?hl=ja#user-role

注10 公式ドキュメント -IAM Conditions の概要
https://cloud.google.com/iam/docs/conditions-overview

が指定できる

最後に、"何に"にあたるのが**リソース**です。BigQueryのデータセットやテーブル、Cloud Storageのバケットなどを指します。

Google Cloudではこれら IAMの仕組みを利用してアクセス管理を行います。また、これらの概念に加え、VPC Service Controls（本章にて後述）を利用することで、さらに厳密なアクセスの管理ができます。

リソースの管理についての一般的なセキュリティのベストプラクティスについては、Google Cloudの公式ドキュメント「エンタープライズ企業のベストプラクティス」に記載されています[注11]。また、IAM Conditionsなどの詳細な利用方法については、それぞれの公式ドキュメントを参照してください。

# 7.3 IAMを利用した BigQueryのアクセス制御

本節では、BigQueryを各リソース単位で使用する際のアクセス制御の特徴を説明します。BigQueryの IAMはコンソール経由、SQL経由、API経由で概ね透過な操作を行うことができます。好きな方法で試してみてください。また、プロジェクトやCloud Storage/BigQueryを横断したデータの権限管理を行いたい場合は **Dataplex** と呼ばれるサービスで一元的に管理が可能です。詳しくは4章を参照してください。

## 7.3.1 プロジェクト単位のアクセス制御

BigQueryやCloud Storageでは、あるユーザーやグループに、Google Cloudのプロジェクトに対する IAMロールを付与することで、そのプロジェクト内のすべてのデータセット、バケットにアクセスする権限を付与できます。

たとえば、あるユーザーに対し、あるプロジェクトの［BigQueryデータ閲覧者］の IAMロールを付与すると、そのユーザーは、プロジェクト内のすべてのBigQueryデータセットのデータを閲覧できるようになります。このように、プロジェクトに対するアクセス権限は、そのプロジェクト内のすべてのデータセットに継承されるため、より細かくアクセスを制御したい場合は、プロジェクト単位ではなく、後述のデータセット単位やテーブル単位などのアクセス制

---

注11　公式ドキュメント - エンタープライズ企業のベスト プラクティス
　　　https://cloud.google.com/docs/enterprise/best-practices-for-enterprise-organizations?hl=ja

御を実施する必要があります。

　"プロジェクト配下のすべてのデータセットとテーブルについて、メタデータを基本的にすべて閲覧可能にしたい"場合、ユーザーやグループに、そのプロジェクトに対する［BigQueryメタデータ閲覧者］のIAMロールを付与すればよいわけです。このように、ポリシーや要件に応じて、プロジェクト単位でのアクセス制御を活用することになります。図7.3は、プロジェクト単位のアクセス制御を行う［IAMと管理］ページです。

図7.3　［IAMと管理］ページでのプロジェクト単位のアクセス制御

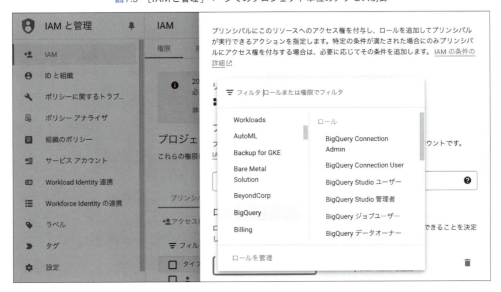

## 7.3.2　データセット単位のアクセス制御

　BigQueryの**データセット**とは、他のデータウェアハウス（DWH）におけるスキーマに該当し、テーブルなどのリソースを論理的に束ねたものです[注12]。プロジェクト内で作成できるデータセットの数に制限はなく[注13]、また、同一リージョン内の複数のデータセットを、1つのクエリで参照したり結合したりすることができます。このような特性を利用すると、データセットをデータアクセス制御の論理的な単位として使用できます。

　たとえば、"営業活動に関するデータを格納するテーブルを管理するために、営業部署の従業員のみがアクセスできる営業部署用のデータセットを作成する"といったように、データセッ

---

注12　公式ドキュメント -BigQuery リソースの整理
　　　https://cloud.google.com/bigquery/docs/resource-hierarchy?hl=ja
注13　公式ドキュメント - データセット
　　　https://cloud.google.com/bigquery/quotas?hl=ja#dataset_limits

トはデータアクセス制御を実施する単位で作成します。

データセットに対する［BigQuery管理者］や［BigQueryデータオーナー］のIAMロールが付与されているユーザーは、ほかのユーザーに対して、そのデータセットのアクセス権限を付与できます。実際の運用においては、各データセットのオーナーが、"このデータセットに対して、誰に、どのようなアクセス権限を付与するか"を判断して、ほかのユーザーへのアクセス権限を付与することになるでしょう。

リスト7.1では、データセット`myDataset`に対するデータ閲覧者のロールを付与します。

リスト7.1　データセットアクセス制御設定

```
GRANT `roles/bigquery.dataViewer`
ON SCHEMA `myProject`.myDataset
TO "user:raha@example-pet-store.com", "user:sasha@example-pet-store.com"
```

## 7.3.3　テーブル単位のアクセス制御

BigQueryでは、**テーブル単位のアクセス制御**機能が提供されています[注14]。これによって、特定のユーザーやグループに対して、データセット全体のアクセス権限を付与することなく、そのデータセット内の、一部の特定のテーブルに対してのみアクセス権限を付与できるようになります。たとえば、あるユーザーにデータセット全体へのアクセス権限は付与せず、データセット内の特定のテーブルに対する［BigQueryデータ閲覧者］のIAMロールを付与すると、そのユーザーはそのテーブルのデータのみ閲覧できるようになります。また、"あるデータセット内の全テーブルへの読み取り権限を付与しつつ、その中の一部のテーブルに対する書き込み権限も付与する"といったアクセス制御も可能です。

次の例では、テーブル`myTable`に対するデータ閲覧者のロールを付与します。

リスト7.2　テーブルアクセス制御設定

```
GRANT `roles/bigquery.dataViewer`
ON TABLE `myProject`.myDataset.myTable
TO "user:raha@example-pet-store.com", "user:sasha@example-pet-store.com"
```

## 7.3.4　テーブル行単位のアクセス制御

BigQueryでは、テーブルの**特定の行へのアクセス制御**を行う機能が提供されています[注15]。

---

注14　公式ドキュメント - テーブル アクセス ポリシーの概要
　　　https://cloud.google.com/bigquery/docs/table-access-controls-intro?hl=ja
注15　公式ドキュメント -BigQuery の行レベルのセキュリティの概要
　　　https://cloud.google.com/bigquery/docs/row-level-security-intro?hl=ja

行単位のアクセス制御により、特定のユーザーやグループに対して、テーブルへのアクセス権限を付与したうえで、閲覧できるデータを制御できます。たとえば、世界中のデータが入っているテーブルに対して、あるユーザーは日本のデータにのみアクセス可能にするといった制御を実現します。

行単位アクセスはIAMを利用するのではなく、BigQueryの行レベルアクセスポリシーを利用します。そのため、アクセスポリシーを作成する以下のようなDDLを発行して、それを利用してアクセス制御を行います。

リスト7.3　行レベルアクセス制御設定

```
# region = 'Japan'の行に対してのみアクセス許可を与える
CREATE ROW ACCESS POLICY japan_filter
ON project.dataset.my_table
GRANT TO ('user:abc@example.com')
FILTER USING (region = 'Japan');
```

## 7.3.5　テーブル列単位のアクセス制御

BigQueryでは、テーブルの**特定のカラム（列）へのアクセス制御**を実施する機能が提供されています[注16]。ここまでに説明した、プロジェクト、データセット、テーブル単位のアクセス制御は、ユーザーやグループに対してアクセス権限を付与する（プロジェクト単位のアクセス権限がないユーザーに対して、データセット単位のアクセス権限を付与するなど）ものでした。カラム単位のアクセス制御は、"テーブルへのアクセス権限を持つユーザーのうち、特定のカラムにアクセスできるユーザーを制限する"際に使用します。たとえば、売上などのトランザクションデータが保持されているテーブルにおいて、"ユーザーIDやユーザー名などの個人情報が含まれるカラムについては、特定のユーザーやグループだけ閲覧可能とする"などの設定ができます。図7.4は、BigQuery Web UIで、カラムに対してポリシータグを付与する際の画面です。

カラム単位のアクセス制御を設定するには、BigQueryのメニューからポリシータグを作成し、作成したポリシータグに対して[きめ細かい読み取り]というIAMロールを付与し、BigQueryでカラムに対してそのポリシータグを付与するという手順になります。詳細は、公式ドキュメントを参照してください[注17]。図7.5はBigQueryでポリシータグにIAMロールを付与する際の画面です。

---

注16　公式ドキュメント - 列レベルのアクセス制御の概要
　　　https://cloud.google.com/bigquery/docs/column-level-security-intro?hl=ja
注17　公式ドキュメント - 列レベルのアクセス制御によるアクセス制限
　　　https://cloud.google.com/bigquery/docs/column-level-security?hl=ja

図7.4 BigQueryによるカラム単位のアクセス制御（ポリシータグの付与）

図7.5 ポリシータグの権限付与

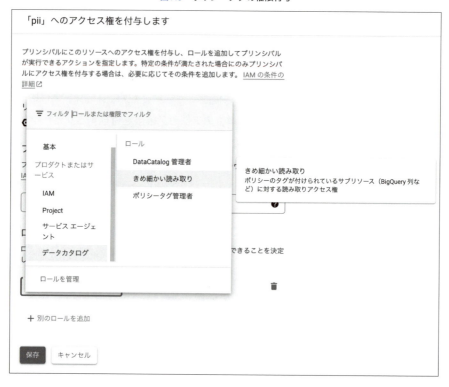

このようなカラム単位のアクセス制御を、IAMではなくタグで設定するようになっている理由は、保護すべきリソースを組織内で網羅的に保護するためです。たとえば、ユーザーIDな

どの個人情報が含まれているカラムについて、コンプライアンス上、組織内での横断的な保護が求められるユースケースを考えてみましょう。**機密データの保護**（Sensitive Data Protection）[注18]を用いると、BigQueryやCloud Storageにある情報をスキャンして、機密データが含まれていることを自動的に検知しタグを付けることができます。これを利用することで、定期的に個人情報をスキャンし、BigQueryのカラム単位アクセス制御をポリシーと同期して個人情報などを保護できます。この連携が容易になるように、BigQueryのカラム単位のアクセス制御は、IAMではなくポリシータグで制御するしくみとなっているのです[注19]。

また、カラム単位のアクセス制御を適用したカラムのデータを読み取るためには、［きめ細かい読み取り］のロールを、プロジェクトごとに明示的にユーザーに付与する必要があります。プロジェクトオーナーや組織オーナーであっても、このロールなしでは、対象のカラムのデータを読み取ることはできません。そのため、プロジェクト単位のアクセス制御などを行っている場合でも、カラム単位のアクセス制御を併用することで、さらにデータを厳密に保護できます。

## 7.3.6 マスキングを使ったデータの保護

タグを利用してカラム単位でデータを保護する方法以外に、カラムのデータをマスクしてデータを保護する方法もあります。カラム単位のアクセス制御を利用すると、たとえばユーザーがSELECTクエリを実行する際、保護されたカラムが含まれていればクエリは実行できずエラーが発生します。これに対し、BigQueryが提供する**データマスキング**[注20]機能は、データをSELECTする際にエラーを返すのではなく、マスクされた結果を動的に返します。

あくまでデータマスキングは動的に結果を返すものであるため、保存されているデータはマスクされていない状態を保持し、変更されるわけではありません。マスク対象のカラムがSELECTされたときにマスクによってデータを保護する仕組みです。マスクのルールの選択肢には、SHA-256によるHash化、null化、カスタムマスキングなどがあります。Hash化を選択すると、Hashされた値同士でJOINによる結合を行うことができるほか、SUMなどの統計値をとることもできます。分析を阻害したくないが、個人情報を保護したい場合などに利用を検討するとよいでしょう。

---

注18　公式ドキュメント -Sensitive Data Protection を使用した BigQuery データのスキャン
　　　 https://cloud.google.com/bigquery/docs/scan-with-dlp
注19　公式ドキュメント -BigQuery の列レベルのセキュリティで、きめ細かなアクセス制御を
　　　 https://cloud.google.com/blog/ja/products/data-analytics/introducing-bigquery-column-level-security
注20　公式ドキュメント - データ マスキングの概要
　　　 https://cloud.google.com/bigquery/docs/column-data-masking-intro?hl=ja

## 7.3.7 IAM Conditionsによる制御

IAM Conditionsを使用すると、指定された条件が満たされた場合にのみBigQueryリソースへのアクセスを許可できます。たとえば、crm_で始まるデータセット内のテーブルすべてにオーナーアクセス権を与えるといった条件を書くことや、リソースへのアクセスを一定期間、または1日の中の特定の時間帯に定期的に付与するといったことも可能です。以下は、JSON形式でIAM Conditionsを設定したIAMバインドの例です。

リスト7.4　特定のデータセットへの権限付与

```
{
  "members": [abc@example.com],
  "role": roles/bigquery.dataOwner,
  "condition": {
    "title": "Tables crm_",
    "description": "Allowed owner access to tables in datasets with crm_ prefix",
    "expression":
resource.name.startsWith("projects/project_3/datasets/crm_")
&& resource.type == bigquery.googleapis.com/Table
  }
}
```

## 7.3.8 承認済みビューの活用

BigQueryでは、**承認済みビュー**という機能が提供されています。これを使用すると、ユーザーやグループに対し、ビューが参照するテーブルへのアクセス権限を付与することなく、クエリの実行結果のみを共有できます。たとえば、"ユーザーやグループに対し、トランザクションの明細データが格納されているテーブルへのアクセス権限を付与することなく、このテーブルの集計済みのデータのみを提供する"などの使い方が考えられます。また、承認済みビューのクエリのWHERE句で、クエリ実行者のメールアドレスを返すSESSION_USER関数[21]を使用することで、このビューが取得するデータをユーザーに応じて動的に変更できるので、ユーザーに応じた行レベルのアクセス制御が実現します。承認済みビューの詳細な作成方法については、公式ドキュメントを参照してください[22]。

---

[21] 公式ドキュメント -SESSION_USER
https://cloud.google.com/bigquery/docs/reference/standard-sql/security_functions#session_user
[22] 公式ドキュメント - 承認済みビューとマテリアライズドビュー
https://cloud.google.com/bigquery/docs/authorized-views

### 7.3.9 承認済みデータセットの活用

**承認済みデータセット**を使用すると、データセット配下にあるビューに対して個々に設定することなく、すべてのビューを承認済みビューにすることが可能です。多数の承認済みビューを作る場合に、承認済みデータセットを作成し、その配下にビューを配置することで一括で権限を付与することが可能です。

承認済みデータセットの詳細な作成方法については、公式ドキュメントを参照してください[注23]。

### 7.3.10 承認済みルーティンの活用

BigQueryでは、以下を含むリソースタイプを**ルーティン**[注24]と呼びます。

- ストアドプロシージャ
- ユーザー定義関数 (UDF)
- テーブル関数

ユーザー定義関数には、リモート関数を含みます。承認済みビューと同じように**承認済みルーティン**を使用すると、ユーザーやグループに対し、ルーティンが参照するテーブルへのアクセス権限を付与することなく、ルーティンの実行結果のみを共有できます。承認済みルーティンの詳細な作成方法については、公式ドキュメントを参照してください[注25]。

## 7.4 IAMとAccess Control List (ACL) を利用したCloud Storageのアクセス制御

Cloud Storageには、プロジェクト単位のアクセス制御であるIAMに加え、バケット単位でアクセス制御を行う方法があります。

- **均一なバケットレベルのアクセス**：バケットに対しIAMを利用し、バケット内のオブジェクトにすべて同じ権限を適用する。設定が簡単でよりセキュアなため、推奨されている

---

注23 公式ドキュメント - 承認済みデータセット
https://cloud.google.com/bigquery/docs/authorized-datasets?hl=ja
注24 公式ドキュメント - ルーティンを管理する
https://cloud.google.com/bigquery/docs/routines?hl=ja
注25 公式ドキュメント - 承認済みルーティン
https://cloud.google.com/bigquery/docs/authorized-routines?hl=ja

- **きめ細かい管理**：IAMに加え、Amazon S3と互換性を持つAccess Control List（ACL）を利用して権限を管理する。バケットの権限に加えて、オブジェクトのレベルでも権限を設定できる

　データ分析基盤を構築する場合は、目的別にバケットを作成し、均一なバケットレベルのアクセスとIAMを利用してDataprocやDataflowなどのデータ処理サービスで利用されるサービスアカウントや、該当バケットを利用するユーザーアカウントだけを許可する方がよいでしょう。詳細な設定方法については、公式ドキュメントを参照してください[注26]。

## 7.5 VPC Service Controlsを利用したアクセス制御とデータ持ち出し防止

　Google Cloudでは、**VPC Service Controls**という、仮想的なセキュリティの境界を定義して、Google Cloudの各種リソースへのアクセスを制御するサービスが提供されています。VPC Service Controlsを利用すると、以下のようなことが実現できます。

- インターネットからGoogle Cloudのサービスへのアクセスを制御して、特定のIPからのみBigQueryやCloud Storageへのアクセスを許可する
- BigQueryやCloud Storageなどのデータのコピー先、持ち出し先を、特定のGoogle Cloudプロジェクトのみに制限する
- オンプレミス環境からGoogle Cloudのサービス（BigQueryやCloud Storageなど）へプライベートにアクセスする

　IAMによるアクセス制御に加え、VPC Service Controlsによるアクセス制御を実施すると、以下に挙げる効果が期待できます。

- 認証情報が盗まれた際の不正利用を防止する
- マルウェアに感染したクライアントや内部犯によるデータの持ち出しを防止する
- IAMポリシーの設定ミスによるデータの公開を防止する

　IAMが実施するのはIDベースのアクセス制御ですが、このVPC Service Controlsを用いると、"特定のVPCネットワークや送信元IPアドレスからのアクセスのみを許可する"、"境界外の未承認のリソースへのデータのコピーや持ち出しを防ぐ"など、コンテキストベースでのア

---

**注26**　公式ドキュメント - アクセス制御の概要
https://cloud.google.com/storage/docs/access-control?hl=ja

クセス制御が実施できます。IAMとVPC Service Controlsを併用すれば、よりきめ細かく、かつより強固にGoogle Cloudの各種リソースを保護できるのです。

ここでは、VPC Service Controlsの基本的なユースケースを説明します。

## 7.5.1 サービス境界でのGoogle Cloudリソースの分離

VPC Service Controlsでは、**サービス境界**を作成して、仮想マシンからGoogle Cloudサービスへの通信や、Google Cloudサービス間の通信を制御します（図7.6）。サービス境界内では自由に通信できますが、境界を越える通信はすべてデフォルトでブロックされます。サービス境界によって、Google Cloudサービスのリソースは以下のように分離されます。

- 同一サービス境界内では、仮想マシンからGoogle Cloudサービス（BigQueryやCloud Storageなど）のデータを読み書きできる。サービス境界外のVPCネットワークからのアクセスは拒否される
- Google Cloudサービス間のデータコピー（たとえば、BigQueryのプロジェクト間のデータコピー）などの通信は、両方のサービスが同じサービス境界内にある場合にのみ成功する。これにより、Google Cloudリソースを利用したデータ持ち出しを防ぐことができる
- サービス境界内の仮想マシンから境界外のGoogle Cloudサービスへのアクセスは、拒否される

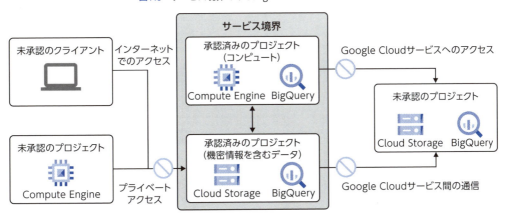

図7.6　サービス境界でのGoogle Cloudリソースの分離

## 7.5.2 承認済みのCloud VPNまたはCloud Interconnectへのサービス境界の拡張

　Google Cloudには**Cloud VPN**と呼ばれるIPsec VPNサービスと**Cloud Interconnect**と呼ばれる専用線サービスが提供されています。これらとVPC Service Controls、**オンプレミスホスト用の限定公開のGoogleアクセス**[注27]を利用することで、オンプレミス環境とGoogle Cloudのハイブリッド環境を横断するVPCネットワークへとサービス境界を拡張し、オンプレミスからGoogle Cloudリソースへのプライベート通信を構成できます（図7.7）。

　同じサービス境界内にあるGoogle Cloudマネージドリソースにプライベート通信でアクセスできるように、VPCネットワークはネットワーク上の仮想マシンのサービス境界が定義されている必要があります。プライベートIPアドレスが割り振られ、サービス境界を構成するVPCネットワーク上にある仮想マシンは、サービス境界外のマネージドリソースにアクセスできないため、情報の漏洩を防ぐことが可能です。詳細な構成の方法についてはドキュメント[注28]を参照してください。

図7.7　承認済みのVPNまたはCloud Interconnectへのサービス境界の拡張

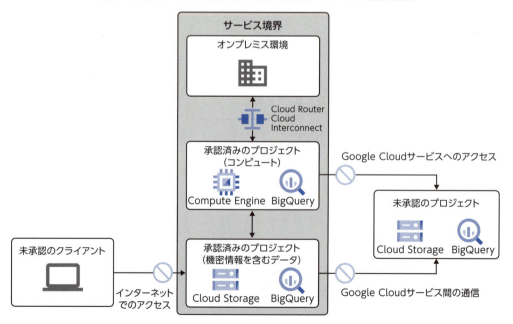

---

注27　公式ドキュメント - オンプレミス ホスト用の限定公開の Google アクセス
　　　https://cloud.google.com/vpc/docs/private-google-access-hybrid?hl=ja
注28　公式ドキュメント - サービスのプライベート アクセス オプション
　　　https://cloud.google.com/vpc/docs/private-access-options?hl=ja

## 7.5.3 インターネットからのGoogle Cloudリソースへのアクセス制御

　VPC Service Controlsを有効にした場合、デフォルトでは、インターネットからサービス境界内のマネージドリソースへのアクセスは拒否されます。必要に応じて、送信元IPアドレスやデバイスなどの属性に基づいてアクセスを制御する**アクセスレベル**を作成することで、リクエストのコンテキストに基づいたアクセス制御を有効にできます（図7.8）。この機能を活用することで、たとえば、会社のオフィスからの接続のみを許可するというアクセス制御を実施できます。

図7.8　インターネットからのGoogle Cloudリソースへのアクセス制御

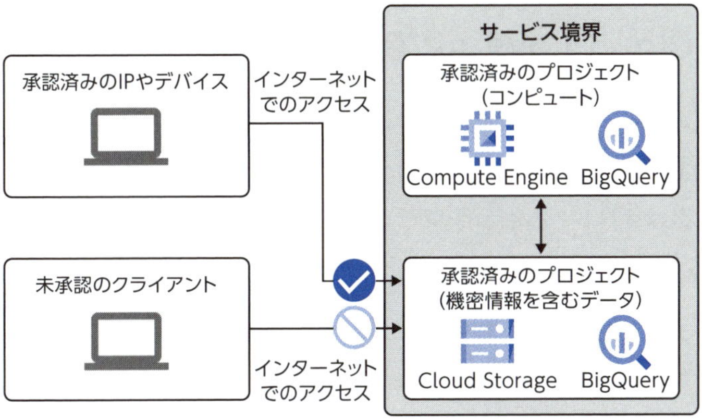

　たとえば、アクセスレベルには以下のような定義を利用できます。

- IPサブネットワーク
- リクエスト元の地域（ソースIPの情報をもとに判定される）
- アクセスレベルの依存関係（ほかのアクセスレベルとの依存関係を満たした場合に、という判定を作成できる）
- アカウント
- デバイスポリシー（OS情報など）

　ここでは、VPC Service Controlsの概要と、基本的なユースケースについて説明しました。VPC Service Controlsの詳細については、以下のドキュメントを参照してください。

- VPC Service Controls の公式ドキュメント[注29]
- Google Cloud を利用したセキュリティ要件対応：VPC Service Controls を試してみた（その1：概念の確認）[注30]

# 7.6 監査

セキュリティの重要な要素の1つに、監査があります。本節では、監査要件へ対応するために、どのようなサービスが利用できるのか説明します。

## 7.6.1 Cloud Logging での監査

Google Cloud のログ収集、分析サービスである **Cloud Logging** は、監査ログを含むさまざまなログを保管、検索、管理するサービスです。監査において必要となる"いつ、誰が、どこから、どのようなオペレーションを実行したのか"という**監査ログ**を収集して、検索、閲覧できます[注31]。監査ログの種類としては、以下の4つがあります。

- 管理アクティビティ監査ログ
- データアクセス監査ログ
- システムイベント監査ログ
- ポリシー拒否監査ログ

**管理アクティビティ監査ログ**には、IAM の権限変更や VM インスタンスの作成などのログエントリが含まれます。デフォルトで有効であり、無効化できないため、設定を気にすることはありません。

**データアクセス監査ログ**には、リソースの構成やメタデータを読み取る API 呼び出し、ユーザー提供のリソースデータの作成、変更、読み取りを行うユーザーによる API 呼び出しが記録されます。データ分析基盤において最も重要なログの1つでしょう。BigQuery のデータアクセス監査ログの取得は、デフォルトで有効となっています。Cloud Storage などほかのリソースについては、組織、フォルダなどのレベルで有効に設定すると、その配下のすべてのリソー

---

注29　公式ドキュメント -VPC Service Controls のドキュメント
　　　https://cloud.google.com/vpc-service-controls/docs?hl=ja
注30　https://medium.com/google-cloud-jp/gcp-secure-protection-with-vpc-service-controls-part-1-85643fbfb674
注31　公式ドキュメント -Cloud Audit Logs の概要
　　　https://cloud.google.com/logging/docs/audit

スのデータアクセス監査ログを強制的に有効にできます。機密性の高いデータを扱うデータ分析基盤プロジェクトでは、有効にしておくのがよいでしょう。有効／無効は、Google Cloudの組織やプロジェクトなどのレベルで設定すると、その配下のプロジェクトに継承されます（図7.9）。これにより、組織内のすべての監査ログをもれなく有効にできます。

**システムイベント監査ログ**には、リソースの構成を変更するようなシステムによる操作がログエントリとして含まれます。たとえば、"Cloud Composerの利用を開始する際に、Kubernetes Engine APIが有効にされた"といった操作です。ユーザーの操作が記録されるわけではありませんが、監査の観点では、有効にしておくと役立つでしょう。

**ポリシー拒否監査ログ**には、セキュリティポリシー違反が原因で、Google Cloudサービスがユーザーやサービスアカウントへのアクセスを拒否した場合のログが記録されます。デフォルトで有効であり（無効化できない）、設定を気にすることはありません。

図7.9　監査ログを設定する ─ 組織、プロジェクトなどのレベルで設定し、
配下のプロジェクトに継承させるともれなく出力できる

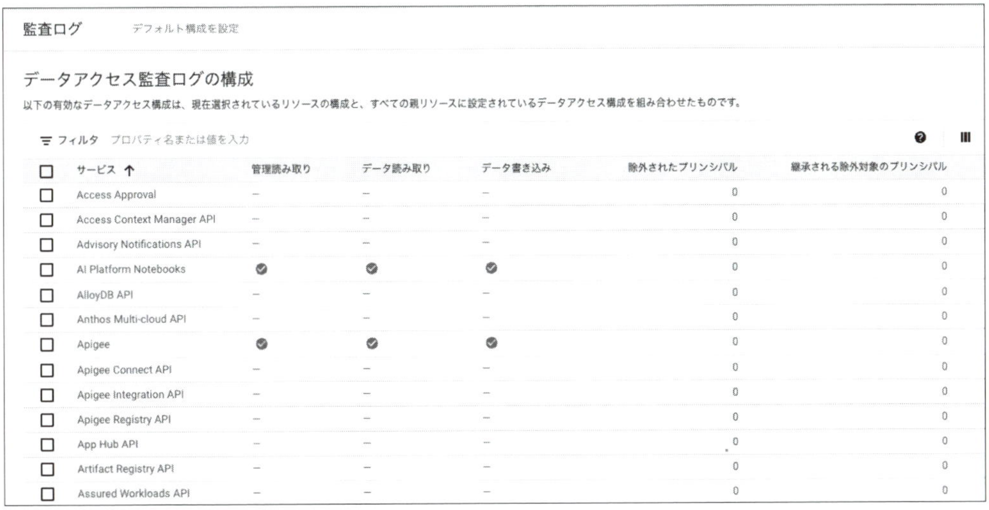

## 7.6.2　Cloud Loggingの利用方法

BigQueryの監査ログは、**Cloud Logging**で確認できます。BigQueryの監査ログは、新旧の2種類があります。新しい形式の監査ログは、さらにジョブに関するログエントリと、ストレージに関するログエントリの2種類に分かれています[注32]。

---

**注32**　公式ドキュメント - ログ
https://cloud.google.com/bigquery/docs/monitoring#logs

Cloud Loggingのログビューアに表示される、ジョブに関するログエントリの例をリスト7.5に示します。以下のような情報をこのログエントリから読み取ることができます。

- **protoPayload.authenticationInfo.principalEmail**：オペレーションを実施したユーザーアカウント
- **protoPayload.metadata.jobChange.job.jobConfig**：実行されたクエリに関する情報（クエリの内容やデータ書き込み先テーブルなど）
- **protoPayload.metadata.jobChange.job.jobStats**：実行されたクエリジョブに関する情報（開始時刻、終了時刻、処理されたデータ量など）

リスト7.5　ジョブに関するログエントリの例

```
{
  "protoPayload": {
    "@type": "type.googleapis.com/google.cloud.audit.AuditLog",
    "status": {},
    "authenticationInfo": {
      "principalEmail": "..."
    },
    "requestMetadata": {
      "callerIp": "...",
      "callerSuppliedUserAgent": "..."
    },
    "serviceName": "bigquery.googleapis.com",
    "methodName": "google.cloud.bigquery.v2.JobService.InsertJob",
    "authorizationInfo": [
      {
        "resource": "projects/...",
        "permission": "bigquery.jobs.create",
        "granted": true
      }
    ],
    "resourceName": "projects/.../jobs/bquxjob_5506bc3c_18f340b05ba",
    "metadata": {
      "jobChange": {
        "after": "DONE",
        "job": {
          "jobName": "projects/.../jobs/bquxjob_5506bc3c_18f340b05ba",
          "jobConfig": {
            "type": "QUERY",
            "queryConfig": {
              "query": "SELECT user_pseudo_id FROM `gcpbook_ch5.users` LIMIT 1000",
              "destinationTable": "projects/.../datasets/.../tables/...",
              "createDisposition": "CREATE_IF_NEEDED",
              "writeDisposition": "WRITE_TRUNCATE",
              "priority": "QUERY_INTERACTIVE",
              "statementType": "SELECT"
            }
          },
```

```
            "jobStatus": {
              "jobState": "DONE"
            },
            "jobStats": {
              "createTime": "2024-05-01T12:04:49.362Z",
              "startTime": "2024-05-01T12:04:49.451Z",
              "endTime": "2024-05-01T12:04:49.643Z",
              "queryStats": {
                "totalProcessedBytes": "515950",
                "totalBilledBytes": "10485760",
                "billingTier": 1,
                "referencedTables": [
                  "projects/.../datasets/.../tables/..."
                ],
                "outputRowCount": "1000"
              },
              "totalSlotMs": "45",
              "reservation": "unreserved"
            }
          }
        },
        "@type": "type.googleapis.com/google.cloud.audit.BigQueryAuditMetadata"
      }
    },
    "insertId": "...",
    "resource": {
      "type": "bigquery_project",
      "labels": {
        "location": "US",
        "project_id": "..."
      }
    },
    "timestamp": "2024-05-01T12:04:49.725185Z",
    "severity": "INFO",
    "logName": "projects/.../logs/cloudaudit.googleapis.com%2Fdata_access",
    "operation": {
      "id": "...",
      "producer": "bigquery.googleapis.com",
      "last": true
    },
    "receiveTimestamp": "2024-05-01T12:04:50.384024757Z"
}
```

　次に、Cloud Loggingのログビューアに表示される、ストレージに関するログエントリの例をリスト7.6に示します。以下のような情報を、このログエントリから読み取ることができます。

- protoPayload.authenticationInfo.principalEmail：オペレーションを実施したユーザーアカウント
- protoPayload.resourceName：操作対象のリソース名（テーブル名など）

- `protoPayload.metadata.tableDataRead.fields`：ジョブで参照されたテーブルのフィールド名（カラム名）

リスト7.6　ストレージに関するログエントリの例

```
{
  "protoPayload": {
    "@type": "type.googleapis.com/google.cloud.audit.AuditLog",
    "status": {},
    "authenticationInfo": {
      "principalEmail": "..."
    },
    "requestMetadata": {
      "callerIp": "...",
      "callerSuppliedUserAgent": "...",
      "requestAttributes": {},
      "destinationAttributes": {}
    },
    "serviceName": "bigquery.googleapis.com",
    "methodName": "google.cloud.bigquery.v2.TableDataService.List",
    "authorizationInfo": [
      {
        "resource": "projects/.../datasets/.../tables/...",
        "permission": "bigquery.tables.getData",
        "granted": true,
        "resourceAttributes": {}
      }
    ],
    "resourceName": "projects/.../datasets/.../tables/...",
    "metadata": {
      "@type": "type.googleapis.com/google.cloud.audit.BigQueryAuditMetadata",
      "tableDataRead": {
        "reason": "TABLEDATA_LIST_REQUEST",
        "fields": [
          "`user_pseudo_id`",
          "`is_paid_user`"
        ]
      }
    }
  },
  "insertId": "...",
  "resource": {
    "type": "bigquery_dataset",
    "labels": {
      "dataset_id": "...",
      "project_id": "..."
    }
  },
  "timestamp": "2024-05-01T12:04:33.689946Z",
  "severity": "INFO",
  "logName": "projects/.../logs/cloudaudit.googleapis.com%2Fdata_access",
  "receiveTimestamp": "2024-05-01T12:04:34.189422330Z"
}
```

## 7.6.3 Cloud Loggingのエクスポート

Cloud Loggingで収集されるログは、**BigQueryをはじめとしたサービスへエクスポート**できます。図7.10はそれぞれのエクスポート先とユースケースを示しています。

図7.10　Cloud Loggingのログエクスポート先とユースケース

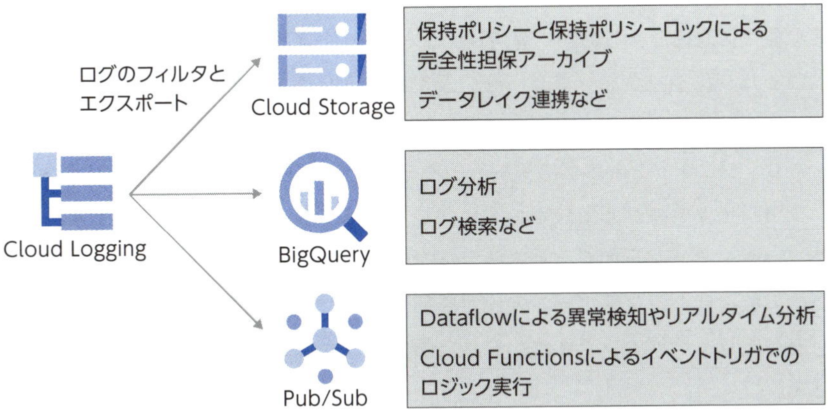

ログをBigQueryへエクスポートすると、BigQuery上でクエリを実行して、大量のログデータを自由かつ簡単に集計して分析できるようになります。

また、Cloud Loggingのログのエクスポート先をCloud Storageにすることで、コンプライアンス基準などで設定されるログの保管と完全性の要件に対応できます。たとえば"ログは必ず10年保管し、完全性を担保すること"という要件があるとします。完全性を満たすためには、改ざんなどが行われないように変更を不可にする必要がありますが、エクスポートしたログに、**保持ポリシーと保持ポリシーのロック**[注33]を設定すれば、一度書き込まれたオブジェクトの保持期間（例：10年）が定義され、さらに保持期間ポリシーがロックされるので、保持ポリシーが変更できなくなり、要件を満たすことが保証されます。また、4章で説明したようにデータレイクとして利用しているバケットにログをエクスポートすることで、データレイクとも連携できます。

メッセージングサービスであるPub/Subにデータを流せば、10章で説明するDataflowを用いて異常検知を行うことができます。Dataflowを用いた異常検知についてはサンプルが公開されているので、実装時は、これをベースにするとよいでしょう[注34]。

保持期間ポリシーはないが、ログをSQLで分析したいというユースケースもあると思います。

---

注33　公式ドキュメント - 保持ポリシーの使用とロック
　　　https://cloud.google.com/storage/docs/using-bucket-lock?hl=ja

注34　https://github.com/GoogleCloudPlatform/df-ml-anomaly-detection

その際はLog Analytics[注35]を使用することで、ログをBigQueryにエクスポートすることなくSQLで分析することが可能です。

### 7.6.4 Cloud Loggingの集約シンクによる監査対応

　Cloud Loggingを用いて、組織内のすべての監査ログを残したいという要件もありえます。そのような要件に対応できるのが、**集約シンク**[注36]です。集約シンクは、Google Cloudの組織、あるいはフォルダにシンクを作成し、その配下のリソースすべてのログエントリをエクスポートする機能です。これにより、組織内でもれなく監査ログを有効にできます。たとえば図7.11で「データエンジニア」フォルダに集約シンクを設定すると、その配下のプロジェクトの監査ログは、プロジェクトレベルで設定していなくてもエクスポートされます。また、このフォルダ配下にプロジェクトを追加すると、新たなプロジェクトの監査ログが自動的にエクスポートされるため、監査ログエクスポートの設定を忘れることがなくなります。プロジェクト管理者に悪意があったり、ハッキングされたりした際にもログのエクスポート設定を消される心配がありません。

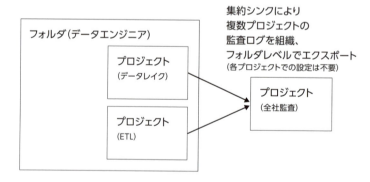

図7.11　Cloud Loggingの集約シンクを設定した例

　このように、Cloud Loggingを利用すると、データ分析基盤で利用されるBigQueryやCloud Storageなどの監査要件への対応が容易になります。Cloud Loggingのログのエクスポート方法の詳細については、公式ドキュメントを参照してください[注37]。

---

注35　公式ドキュメント - ログ分析でログをクエリして表示する
　　　https://cloud.google.com/logging/docs/analyze/query-and-view?hl=ja
注36　公式ドキュメント - 組織レベルとフォルダレベルのログをサポートされている宛先に照合して転送する
　　　https://cloud.google.com/logging/docs/export/aggregated_sinks
注37　公式ドキュメント - 転送とストレージの概要
　　　https://cloud.google.com/logging/docs/routing/overview?hl=ja

## 7.6.5 INFORMATION_SCHEMAでの監査

BigQueryでは、INFORMATION_SCHEMAという、データセットやテーブルなどのメタデータを参照できる一連のビューが提供されています[注38]。このINFORMATION_SCHEMAのビューの中に、ジョブのメタデータを参照できるINFORMATION_SCHEMA.JOBS_BY_ビューが含まれています[注39]。このINFORMATION_SCHEMA.JOBS_BY_*ビューに対してクエリを実行することで、"いつ、誰が、どのようなクエリを実行したのか。どのようなテーブルを参照して、そのクエリの実行結果をどのテーブルへ書き込んだのか"というデータアクセス履歴を取得、確認できます。

以下の4種類のINFORMATION_SCHEMA.JOBS*ビューが提供されています。

- INFORMATION_SCHEMA.JOBS：現在のプロジェクトで送信されたすべてのジョブを取得できる
- INFORMATION_SCHEMA.JOBS_BY_USER：現在のプロジェクトで現在のユーザーが送信したジョブを取得できる
- INFORMATION_SCHEMA.JOBS_BY_ORGANIZATION：現在のプロジェクトに関連付けられている組織で送信されたすべてのジョブを取得できる
- INFORMATION_SCHEMA.JOBS_BY_FOLDER：現在のプロジェクトの親フォルダで送信されたすべてのジョブ取得できる（親フォルダの下のサブフォルダのジョブも含む）

INFORMATION_SCHEMA.JOBS*ビューに含まれるおもなカラムは、以下のとおりです。

- creation_time：（パーティショニング列）ジョブの作成時間
- project_id：（クラスタリング列）プロジェクトのID
- user_email：（クラスタリング列）ジョブを実行したユーザーのメールアドレスまたはサービスアカウント
- job_id：ジョブのID
- job_type：ジョブの種類。QUERY、LOAD、EXTRACT、COPY、またはnullのいずれか
- statement_type：クエリステートメントの種類。SELECT、INSERT、UPDATE、DELETEなど
- start_time：ジョブの開始時間
- end_time：ジョブの終了時間

---

注38 公式ドキュメント -INFORMATION_SCHEMA の概要
　　 https://cloud.google.com/bigquery/docs/information-schema-intro?hl=ja
注39 公式ドキュメント -JOBS ビュー
　　 https://cloud.google.com/bigquery/docs/information-schema-jobs?hl=ja

- query：SQLクエリテキスト。JOBS_BY_ORGANIZATIONビューでは提供されない
- state：ジョブの実行状態。PENDING、RUNNING、DONEなど
- total_slot_ms：RUNNING状態（再試行を含む）のジョブの全期間におけるスロット（ミリ秒）
- destination_table：結果の宛先テーブル（存在する場合）
- referenced_tables：ジョブによって参照されるテーブルの配列

このINFORMATION_SCHEMA.JOBSビューに対してクエリを実行することで、"いつ、誰が、どのようなクエリを実行したのか。どのようなテーブルを参照して、そのクエリの実行結果をどのテーブルへ書き込んだのか"という監査を実施できます。たとえば、リスト7.7のクエリを実行すれば、"今日実行されたクエリジョブの、開始時間、終了時間、実行ユーザー、クエリ、参照テーブル、結果書き込み先テーブル"をINFORMATION_SCHEMA.JOBSビューから取得できます。

リスト7.7　クエリジョブの監査

```
SELECT
  start_time,
  end_time,
  user_email,
  query,
  referenced_tables,
  destination_table
FROM
  `region-us`.INFORMATION_SCHEMA.JOBS
WHERE
  date(creation_time) = current_date()
AND job_type = 'QUERY'
ORDER BY
  start_time
```

リスト7.7のクエリの実行結果は、図7.12のようになります。

図7.12　INFORMATION_SCHEMAでの監査（実行したクエリやユーザー、プロジェクトIDなどが特定できる）

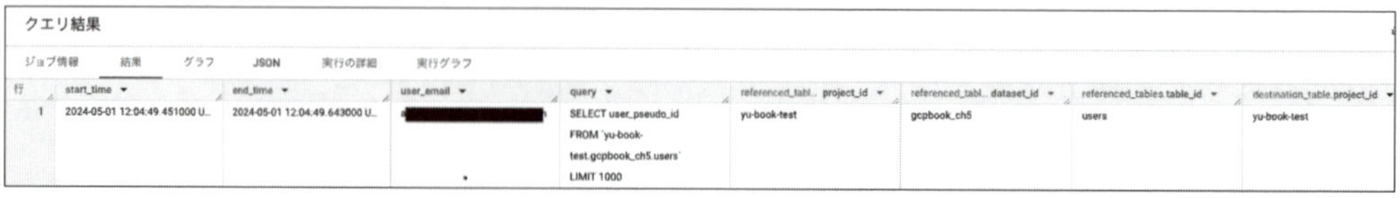

## 7.6.6 Cloud Asset Inventoryを利用したアセットの監査

ここまで監査ログなどを用いた監査の方法について説明してきました。監査ログなどを用いることで、変更したログなどを残した状態で監査ができる一方で、"いつの時点で、どんなリソースが、どのような設定だったのか"という状態のすべてを追うのは非常に複雑な作業です。ここで利用するのがCloud Asset Inventoryです。

Cloud Asset InventoryはGoogle Cloudのすべてのリソースの状態をアセットとして検索、エクスポートできます。BigQueryやCloud Storageにアセットをエクスポートすることで、任意の時点におけるすべてのリソース情報を保管し、監査することができます。これを利用することで、たとえばユーザーアカウントがハッキングされた時点でアクセス可能であったアセットのその時点の状態を確認したり、IAMポリシーを分析して誰が何にアクセスできるかを調べたりすることができます。詳細な利用方法については、ドキュメントを参照してください[40]。

## 7.7 Security Command Centerを利用したデータリスクの検知と自動修復

ここまで監査の方法について説明してきました。セキュリティ上、監査に加え重要なのが、異常の検知とアクションです。Google Cloudでは、この監査ログを利用して自動的に脆弱な設定の検知と対応を行うSecurity Command Center[41]が提供されています。

Security Comamnd Centerには、データ基盤観点では、以下のような機能が含まれています。

- **Security Health Analytics**：2段階認証を利用していないユーザー、SSHポートの開放、Cloud Storageバケットの一般公開など、重大な設定上の脆弱性を検知し、通知する
- **Event Threat Detection**：組織全体の監査ログを自動的に監視し、データの持ち出しの兆候やIAMの異常な付与などを検知する。ルールベースだけではなく、Googleの機械学習による異常検知も行う

ほかにも、アプリケーションの脆弱性やコンテナの脆弱性スキャンなど、さまざまな機能を備えています。検知したイベントはダッシュボードで確認できるほか、Cloud Pub/Sub経由で通知を行い、修正などのアクションを自動化することも可能です。これを利用することで、ミスオペレーションによるデータ公開などを防ぐことができます。

---

注40　公式ドキュメント -Cloud Asset Inventory overview
　　　https://cloud.google.com/asset-inventory/docs/overview

注41　公式ドキュメント - マルチクラウド環境のクラウド セキュリティとリスク管理
　　　https://cloud.google.com/security/products/security-command-center?hl=ja

Security Command Centerには、スタンダード、プレミアム、エンタープライズの3つのサービスティアがあります。選択したティアによって、Security Command Centerで使用できる機能とサービスが異なりますので環境に合ったティアを選んでください。各ティアでの機能差分はドキュメントを参照してください[注42]。

## 7.8 組織のポリシーサービスの適用

Google Cloudには組織内のリソースに制限をかける**組織のポリシーサービス**という概念があります。たとえば、"データ分析基盤のリソースを、すべて日本国内に配置したい"という要件がある場合、図7.13のように組織のポリシーを設定することで、組織の配下のリソースが**asia-northeast1**（東京）と**asia-northeast2**（大阪）以外で作成できなくなります。

図7.13　利用できるリージョンを制限する組織のポリシーの設定

組織ポリシーは、組織単位、フォルダ単位などで、組織管理者から一括で強制することが可能です。データ分析基盤の観点では、一例として以下のようなポリシーがあります。

- `storage.uniformBucketLevelAccess`：Cloud Storageの均一なバケットレベルアクセスを強制
- `gcp.detailedAuditLoggingMode`：Cloud Storageの詳細なロギングモードを有効にする
- `storage.retentionPolicySeconds`：Cloud Storageのオブジェクト保持ポリシー

---

注42　https://cloud.google.com/security-command-center/docs/concepts-security-command-center-overview?hl=ja#tiers

の長さを強制する

- **disableServiceAccountKeyCreation**：サービスアカウントのキーの作成を無効にする
- **serviceAccountKeyExposureResponse**：サービスアカウントがインターネット上に流出したのを Google が定期的に検知。検知した際の対応を、自動でサービスアカウント停止、もしくは連絡を待つのいずれかを設定する
- **compute.vmExternalIpAccess**：IaaS サービスである Compute Engine パブリック IP 付与を禁止する
- **allowedPolicyMemberDomains**：特定の Cloud Indentity ドメインのみを IAM に追加可能にし Gmail ドメインを禁止する
- **pubsub.enforceInTransitRegions**：Pub/Sub の利用するデータ転送をリージョン内に限定する
- **storage.publicAccessPrevention**：Cloud Storage の公開アクセスを禁止する
- **dataform.restrictGitRemotes**：Dataform のリモート git リポジトリを制限する

要件に応じて適用することで、組織全体でガバナンスを効かせることができるでしょう。組織のポリシーサービスの詳細はドキュメントを参照してください[注43]。

# 7.9 アクセス管理とコスト管理の設計

大きな組織でのクラウドの活用においては、アクセス管理、そしてコスト管理をどのように行うかという議論が設計上欠かせません。本節では、ここまでに説明したセキュリティ機能の利用に加えて、Google Cloud プロジェクトをどのように分割するべきかというベストプラクティスを示します。

## 7.9.1 プロジェクト分割のベストプラクティス

BigQuery は、従来型の DWH のようにクラスタを構築して保持したり、それを分割したりすることもありません。そのため、部署間を横断する場合、導入にあたってどのように費用を按分するか、権限を管理するかという課題に直面します（ここでの"部署"は、自身の組織に置

---

**注43**　公式ドキュメント - 組織ポリシーの制約
https://cloud.google.com/resource-manager/docs/organization-policy/org-policy-constraints#constraints-supported-bymultiple-google-cloud-services

き換えて適宜読み替えてください)。その課題を解決するために、BigQueryのコスト管理において議論すべきポイントは以下のようになります。

- 対象データのストレージ料金を負担するのはどの部署なのか
- 対象データのクエリ料金(やクエリ定額料金)を負担するのはどの部署なのか
- オンプレミス接続や他クラウド接続を行うのはどの部署なのか
- ETLを行う部署はどの部署なのか

　Google Cloudでは、おもにプロジェクトとIAM、**請求先アカウント**を用いて、これらのコスト管理とアクセス管理ができます。請求先アカウントはプロジェクトで利用されたリソースに対する支払い方法(契約に基づく請求書、クレジットカード情報など)と関連付けられたアカウントで、通常1つを同じ組織の中で使い回します。プロジェクトを分割しておくことで、請求対象の分割分析が楽にできるようになります。

　これらを踏まえて、図7.14に、大企業におけるデータ分析用のプロジェクト分離、IAMの大まかな設計例を示します。

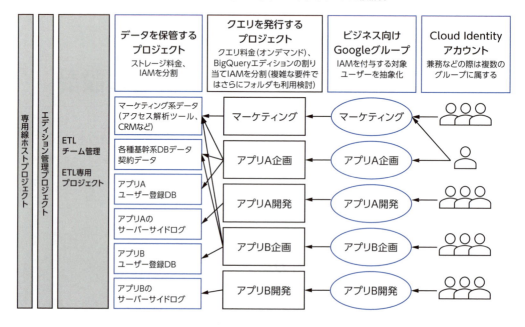

図7.14　プロジェクト、IAM、グループ、リソースの設計例

　以下に、設計におけるそれぞれのコンポーネントを解説します。

　**専用線ホストプロジェクト**は各プロジェクトで共通で利用されるオンプレミスとのネットワーク疎通経路などを管理します。Google Cloudの専用線サービスであるCloud Interconnect

やCloud VPN、組織内部で共有で使用するネットワークである共有VPCなどをホストします。おもにネットワークを管理するチームが管理、コストを持つのがよいでしょう。

**エディション管理プロジェクト**はBigQueryエディションを使用する場合に"予約（スロット予約）"を作成するためのプロジェクトです。1つの"予約（スロット予約）"には複数のプロジェクトをアサインできるため、横断的にエディションを管理するプロジェクトがあると便利です。クエリを発行するプロジェクトをどの"予約（スロット予約）"にアサインするかをこのエディション管理プロジェクトで設定することになります。スロット管理プロジェクトとスロットを利用するプロジェクトを分けている理由は、アイドルスロットや未割り当てスロットを共有するためです。BigQueryエディションの予約はそれぞれのクエリを利用するプロジェクトで作成できますが、その場合にはアイドルスロットの共有ができません。大きな組織でBigQueryのフェアスケジューラーの利点を活かした効率化を行うには、エディション管理プロジェクトを明示的に分離し、その予約スロットを共有するとよいでしょう（BigQueryエディションに関する詳しい解説は3章を参考にしてください）。

ETLを専任で行うチームがあり、さらにその処理が横断的なものであれば、**ETL用プロジェクト**を分割しておくと便利です。ETL取り込みまでのコスト管理を分割できるのに加え、IAMを分離できます。もちろん、開発チームがそのままETLプロセスまで受け持つ場合は、データを保管するプロジェクトとの統合も選択肢の1つとなります。この環境ではおもにDataflow、Dataproc、Cloud Data Fusion、Dataformなどのデータ処理サービスが動作します。

**データを保管するプロジェクト**は対象データをメインで保管する役割の部署に紐づいたプロジェクトです。BigQueryの課金は、データセット（とテーブル）が所属するプロジェクトに紐づいています。そのため、メインでそのデータの保管を担当する部署のプロジェクトでデータの保管を行うのがお勧めです。さらに、データのコスト分割に応じてプロジェクトを分割します。プロジェクト内部で、より細かくコスト分割を管理したい場合には、BigQueryのデータセットやテーブルに**ラベル**（任意のリソースにタグ付けできる、リソース整理のためのKey-Valueペア）を付与[注44]することで、Cloud Billingと呼ばれる請求管理の機能で、請求コストを分析、分割できるようになります。

データのアクセス管理に関しては、BigQueryでデータセット、テーブルなどの単位で、後述するビジネス向けGoogleグループに権限を付与して行います。非常にセンシティブなデータに関しては、本章で説明したVPC Service Controlsを利用し、IP制限やデータ持ち出しを防ぎます。

非構造化データや未加工データを保管するCloud Storageについても、同じ考え方で、保管先のプロジェクトを分けると請求コストや権限管理がわかりやすくなるでしょう。プロジェク

---

注44　公式ドキュメント - ラベルの概要
　　　https://cloud.google.com/bigquery/docs/labels-intro

トを分けたくない場合は、バケットなどのリソースにラベルを付与すれば、請求コストを分析、分割できるようになります[注45]。また、Cloud Storageで発生するリソースの操作や転送にかかるコストをアクセスリクエスト元に請求させたい場合には、**リクエスト元による支払い機能**[注46]を利用できます。

**クエリを発行するプロジェクト**は対象データにクエリを発行するプロジェクトです。BigQueryではアーキテクチャ上、**クエリ対象のデータセットのプロジェクトと、クエリを発行するプロジェクト（クエリ料金が請求されるプロジェクト）を分けることができます**。たとえば、アプリデータを保管するのはアプリ開発部署、それに対して副次的にクエリを発行して分析するのはマーケティング部署という場合に、マーケティング部署にクエリ発行のコストだけを請求できます。プロジェクト内では、クエリ、あるいはBigQueryエディションのスロットのコスト分割に応じてプロジェクトを分割します。プロジェクト内部で、より細かく請求コストを分析、分割して管理したい場合には、BigQueryのジョブにラベルを付与します。BigQueryエディションを利用している場合には、**予約費用の帰属機能**[注47]を用いることで、Cloud Billingにおいて、BigQueryのスロットをどのプロジェクトがどれだけ利用したかを詳細に分析できます。データを保管するプロジェクトと同様に、非常にセンシティブなデータに関しては、必要に応じてVPC Service Controlsを利用します。

**ビジネス向けGoogleグループ**はユーザーを抽象化する概念です。IAMの権限をユーザーに直接与えるのではなく、Googleグループに付与することで、ユーザーを抽象化し、一括権限管理や兼務、離職などに対応できるようになります。Cloud IdentityやGoogle Workspaceで利用できるビジネス向けGoogleグループを利用するとより厳密な管理ができるため、通常のGoogleグループではなく、ビジネス向けGoogleグループの利用が推奨されます。

**Googleアカウント（Google Workspaceアカウント、Cloud Identityアカウント）**はユーザーのIdentityです。Googleグループに所属させて、データ基盤を操作するIAM権限を付与します。

このような設計を行い、**Cloud Billing**（Google Cloudの請求を管理するサービス）で提供される課金データをBigQueryにエクスポートする機能を利用することで、Looker Studioやスプレッドシートを用いてさらに細かくコストの内訳を分析できます。Looker Studioには、課金データを可視化するテンプレートが用意されているので、参考にしてください[注48]。

---

**注45** 公式ドキュメント - バケットラベルの使用
https://cloud.google.com/storage/docs/using-bucket-labels?hl=ja

**注46** 公式ドキュメント - リクエスト元による支払い
https://cloud.google.com/storage/docs/requester-pays

**注47** 公式ドキュメント - 予約費用の帰属
https://cloud.google.com/bigquery/docs/reservations-monitoring#reservation_cost_attribution

**注48** 公式ドキュメント -Looker Studioを使用して費用を可視化する
https://cloud.google.com/billing/docs/how-to/visualize-data

## 7.9.2 BigQueryオンデマンド料金を使用した際の コスト制限

クラウドを利用するメリットの1つは従量課金です。一方、多くの組織には予算があります。これを両立させる方法として、Cloud Billingの**予算機能、予算アラート**があります。Cloud Billingの予算アラートを利用すると、実際の費用、あるいは予測値が設定した予算の任意の割合を超えた際にメール通知を行ったり、Cloud Functionsと呼ばれるFunction as a Serviceを起動してリソースを停止させたりすることができます[注49]。

また、BigQueryを利用する際には、以下の方法でさらにコストを制限できます。

- BigQueryオンデマンド課金におけるカスタムの費用管理で上限を設定する[注50]
  - プロジェクト、ユーザーごとに1日あたりのスキャン量の上限値を設定することにより、課金上限をオンデマンド課金でも設定できる

必要に応じ、これらを組み合わせ、適切な予算管理を行うとよいでしょう。

BigQueryについてはINFORMATION_SCHEMAを利用することでさらに細かくコストを分析できます。たとえば、以下のクエリを利用すると、INFORMATION_SCHEMAに保存されている180日間のジョブデータから、USリージョンでスキャン量の多いユーザーを特定できます。

リスト7.8　INFORMATION_SCHEMAを利用したコスト分析の例

```
SELECT
  user_email,
  SUM(total_bytes_processed) AS sum_bytes_processed
FROM
  `region-us`.INFORMATION_SCHEMA.JOBS_BY_ORGANIZATION
GROUP BY
  user_email
ORDER BY
  SUM(total_bytes_processed) DESC
LIMIT 5
```

## 7.9.3　BigQueryエディションを使用した際のコスト制限

BigQueryエディションを使用すると、より柔軟な課金体系を選択することが可能となります（BigQueryエディションに関する詳細な説明は3章を参照してください）。

---

注49　公式ドキュメント Cloud Billing 予算の作成、編集
　　　https://cloud.google.com/billing/docs/how-to/budgets

注50　公式ドキュメント BigQuery カスタムコスト管理の作成
　　　https://cloud.google.com/bigquery/docs/custom-quotas

例として、ベースライン500スロット、最大予約サイズ500スロットのような予約を設定することで、クエリの実行にかかる料金は完全に固定できます。もちろん、ベースライン500、最大予約サイズ1,000のように設定して、クエリの実態に応じてオートスケールさせながら、料金の上限を設定することも可能です。

ベースラインスロットは1年または3年のコミット契約で割安で購入できるので、コストを削減できます。また、環境に応じたエディション構成を利用することでコスト最適化が可能です。たとえば、開発環境はStandardエディション、本番環境はEnterpriseエディションのように使い分けてコスト最適化を図ることができます。

# 7.10 まとめ

本章では、データ分析基盤としてGoogle Cloudを利用する際に欠かせない、セキュリティ要件やコスト管理要件に対応する方法について説明しました。その方法として、BigQueryやCloud Storageのアクセス管理や監査ログ、Google Cloudの組織を管理する機能について解説したうえで、プロジェクトや請求アカウントなどを用いたコスト分割などの観点で、これらを大きな組織でどのように分割すればよいかを説明しました。プロジェクトの分割は、チームの責任範囲などにより左右されます。実際の設計にあたっては、ここで例示したような要件をベースに、最適な構成を組み合わせるのがよいでしょう。

---

**Column**

## データ暗号化とデータ損失防止

Google Cloudには7章で紹介したようなデータのアクセス制御を細かく行う機能とは別に、データ自体の暗号化や個人情報を検知するためのサービスがあります。

データの暗号化については、BigQueryやCloud StorageをはじめとするGoogle Cloudのサービスは**すべてデフォルトで暗号化**されています[注51]。そのため、リージョンのハードディスクを盗み見られたとしても、情報を復元することはできません。また、ユーザー側で暗号化を設定することによるパフォーマンスの特性変化もありません。そのうえで、BigQueryやCloud Storageでは、**Cloud KMS（Key Management System）**[注52]を用いて、利用される暗号鍵をユーザーの管理する鍵にすることができます。これらの機能はクラウド事業者とユーザー側での**暗号化鍵管理の責任分界点**を選べるように、提供され

---

注51　公式ドキュメント - デフォルトの保存データの暗号化
　　　 https://cloud.google.com/docs/security/encryption/default-encryption?hl=ja

注52　公式ドキュメント - 顧客管理の Cloud KMS 鍵
　　　 https://cloud.google.com/bigquery/docs/customer-managed-encryption

ているものです。

データ基盤構築の観点では、クラウドを利用してユーザーに分析基盤を提供することになるため、さらなる暗号化などが必要になることがあります。たとえば、「1つのテーブルの中でユーザーのデータをそれぞれ異なる暗号鍵で暗号化を行いたい」という場合です。このような場合に利用できるのが、BigQueryの暗号化関数[注53]です。暗号化関数を利用することで、暗号化キーを持つテーブルと暗号化対象データを持つテーブルの両方を利用して初めてデータを復号化できるようにしたり、暗号シュレッディング[注54]と呼ばれるデータの削除方法を行ったりすることができます。図7.15は、暗号化関数を用いたBigQuery上のデータの暗号化例です。

図7.15 暗号化関数を用いたBigQuery上テーブルのデータの暗号化

**user_master_key**

| user_id | aead_key |
|---------|----------|
| u0001 | 04EtJ |
| u0002 | pkY5H |
| u0003 | 7qdiF |
| u0004 | AvOgG |

**user_master**

| user_id | name_encrypted | address_encrypted |
|---------|----------------|-------------------|
| u0001 | kPzW7zAmgn9scJHv | QFGEfdzsXKAuhAH8 |
| u0002 | p2LEY7yma9KpvFso | bB0qrrMEE5P6X3Ni |
| u0003 | IuQvb8dmJcNxMlQq | j5DMX9oMWkHUAUYo |
| u0004 | ISvFPIZ79T3tXHjf | HwK92fB7xm4X7228 |

- 暗号化：AEAD.ENCRYPT()
- 復号化：AEAD.DECRYPT_STRING()

引数に user_master_key テーブルの aead_key をサブクエリでとることでそれぞれの user_id ごとに異なるキーで暗号化、復号化を実装できる

user_master_keyにはユーザーごとに異なる暗号化キーaead_keyを作成し、user_idとセットで保管します。暗号化関数であるAEAD.ENCRYPT()関数で、暗号化キーaead_keyを用いてユーザーのデータを暗号化すると、ユーザーの実データが保管されるテーブルであるuser_masterは図7.15右のように名前、住所などを暗号化した形で保存できます。これにより、テーブル上のデータにはアクセスさせても、復号はuser_master_keyおよびuser_masterの両方にアクセスを持つユーザーのみが、より機密情報の高いデータにアクセスできる状態を作れます。

また、ここに加え、暗号シュレッディングを行うことで、データの削除をより楽に行うことができます。たとえば、テーブルが正規化あるいはスタースキーマなどになっている際に、ユーザーがサービスから退会した際の削除処理などで個人情報を削除する必要があるとしましょう。このような際に、該当ユーザーのaead_keyだけをuser_master_keyから削除すれば、該当ユーザーの情報は復号不可となり、削除されたものとみなすことができます。この暗号シュレッディングは複数のテーブルにまたがりユーザー情報がある場合に、楽にデータを管理できるほか、DMLの発行回数を減らすメリットもあります。

---

注53 公式ドキュメント -AEAD encryption functions
https://cloud.google.com/bigquery/docs/reference/standard-sql/aead_encryption_functions

注54 https://en.wikipedia.org/wiki/Crypto-shredding

このように、7章で紹介したアクセス制御に加えて暗号化関数を用いることで、より厳密にデータを管理できるようになります。

　また、2章で触れた認可済みのUDFを利用することで、復号化のプロセスと暗号化キーを保管したテーブルをユーザーからアクセスさせずに、データにアクセスさせることができるようになります。認可済みUDFは、7章で紹介したBigQueryの承認済みビューと同様に、テーブル自体へのアクセスはユーザーに付与せずに、ユーザーにテーブルへのアクセスを認可済みのUDFを通してのみ許可することができます。たとえば、図7.15の復号化プロセスを認可済みUDFで行い、ユーザーにはuser_masterと認可済みUDFへのアクセスのみを提供します。そうすることで、user_master_keyに保管された暗号鍵と、復号化の方法自体をユーザーから秘匿化することができます。また、BigQueryの暗号化関数を利用せずに、独自の暗号化形式で、復号化プロセスを認可済みのUDF内部で実装することにも利用できます。図7.16はこれらの機能の使い分けをまとめたものです。セキュリティは何か1つの機構に頼るよりも、複数のしくみで担保する方が異なるリスクに対応ができるようになり、より強固なデータ基盤を構築することができます（階層化セキュリティ）。

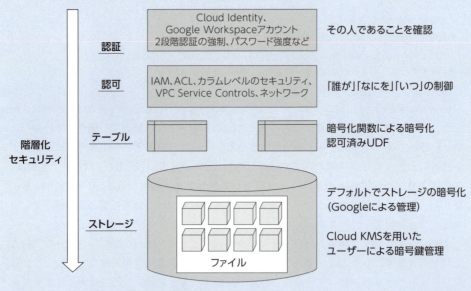

図7.16　データ暗号化、アクセス制御のまとめ

　ここに加えて利用できるのが、機密データの保護（Sensitive Data Protection）[注55]です。Data Loss PreventionはNISTの定義[注56]によると、データを識別、監視、保護するシステム機能と定義されています。機密データの保護は機械学習と正規表現パターンを組み合わせて、取り扱いに細心の注意が必要なさまざまなデータを検知し、匿名化、仮名化処

---

注55　公式ドキュメント -Cloud Data Loss Prevention（機密データの保護の一部）
　　　https://cloud.google.com/dlp
注56　https://csrc.nist.gov/glossary/term/data_loss_prevention

理までを行ってくれるサービスです。Google Cloudの外からでもAPIを通じて利用できるほか、図7.17のようにBigQueryやCloud StorageのデータをGUI上から起動したジョブでスキャンすることができます。

図7.17 機密データの保護はBigQueryのデータセット画面から起動できる

スキャンした結果はBigQueryに保存したり、Dataplexに公開することが可能です。Dataplexに公開した場合は検知結果がテーブルにタグ付けされます。これにより、意図していないデータセットやバケットに個人情報などが含まれることを避けることができ、カタログからデータガバナンスの観点で統制を行うことができるようになります。

図7.18 機密データの保護のスキャン結果はData Catalogに保存され、自動的にタグ付けされて、一元管理が可能になる

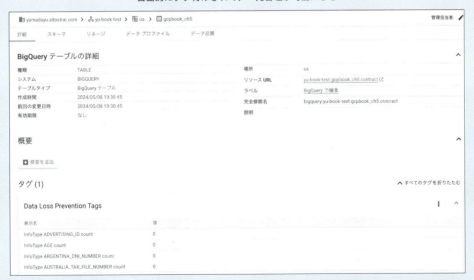

たとえば、機密データの保護は、氏名、メールアドレス、住所といった一般的な事柄のほか、以下のような情報（infoTypeと呼称）の検知、匿名化、仮名化に対応しています。

- 日本の銀行口座番号
- 日本の運転免許証番号
- 日本のマイナンバー
- 日本のパスポート番号

　このほかにも、正規表現でカスタムのinfoType作成に対応しているほか、多くの inforTypeが用意されています[注57]。機密データの保護をAmazon S3などの外部ソースから起動するソリューションも公開されているため、さまざまなデータ収集やETLの過程で利用することができます[注58]。気をつけたい点としては、機密データの保護の精度は、機械学習の場合100%ではありません。先に述べたとおり、機密データの保護の目的は、データを識別、監視することです。アクセス制御や暗号化関数と組み合わせ、最大の効果を発揮できるようにしましょう。

---

注57　https://cloud.google.com/dlp/docs/infotypes-reference
注58　https://github.com/GoogleCloudPlatform/dlp-dataflow-deidentification

# 第8章 BigQueryへの データ集約

Google Cloud上にデータ基盤を構築するうえで最も重要なサービスは BigQueryです。BigQueryでは、大規模なデータであっても効率的な処理が 可能で、位置情報や機械学習を使った発展的な分析もできます。さらに、レポー ティングサービスやビジネスインテリジェンス（以下、BI）との連携など、分 析のエコシステムも整っています。データ活用という観点では、そのような BigQueryの強みを最大限発揮するために、BigQueryに効率的にデータを取 り込むことが重要です。本章では、BigQueryにデータを集約するために提 供されているプロダクトやサービス、ソリューションについて説明します。

## 8.1 BigQueryへデータ集約を行う メリット

　Google Cloud上でデータ活用を推進するには、BigQueryを中心に据えたデータ基盤構築 の検討が重要です。BigQueryは、Google Cloud上のサービスカテゴリとしては、エンター プライズ向けのデータウェアハウス（以下、DWH）という位置付けですが、その実態は、いわ ゆるDWHのカテゴリにとどまりません。Google Cloudでデータ基盤を構築するうえで、 BigQueryは最も重要なサービスと言えます。本章では、このBigQueryにデータを集約する ための方法を、具体的なプロダクトやサービス、ソリューションを取り上げて説明します。 BigQuery自体の機能や特徴については、2章、3章で説明したので、詳細はそちらを参照し てください。

　図8.1に、BigQueryを中心としたデータ活用の全体像を示します。データ活用を進める際は、 以下がおもな要件として挙げられます。

- 大規模なデータに対して高速にクエリが実行できる
- 統計関数やウィンドウ関数などの分析用の関数が一通りそろっている
- UDF（ユーザー定義関数）を用いれば、ETLではなくELTの強力な分散処理エンジンと してデータの変換ができる
- 位置情報や機械学習、生成AIの使用などの発展的な分析もBigQuery上で完結できる

- 生成AIのデータソースを作成する
- LookerなどのBIツールとの連携や、コネクテッドシート（9章で詳細を取り上げます）によるスプレッドシートとの連携により非エンジニアでも容易に分析を実施できる

図8.1　BigQueryを中心としたデータ活用のための全体像

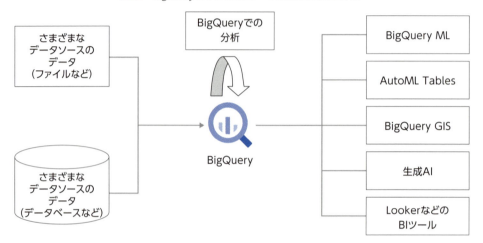

　データ活用を進めるうえで重要なポイントは、利用したいデータがすぐに利用できること、分析者が気軽に分析を実施できること、また、分析に必要な機能が一通りそろっていることです。加えて、それらがシームレスに連携しているという点も重要です。データ分析には試行錯誤のプロセスが必要であり、シームレスな連携により試行錯誤のプロセスの効率は格段に上がります。BigQueryはそのすべての要素を満たします。そのため、できる限りBigQueryにデータを集約することで、組織内でのデータ活用が進んでいくと言えます。

## 8.2　BigQueryへのデータ集約の方法

　前節では、BigQueryにデータを集約するメリットについて説明しました。続いて、BigQueryにデータを集約するために、BigQueryへデータを取り込む方法を説明していきます。BigQueryにデータを取り込む方法は多岐にわたります。代表的なものを図8.2に示します。

図8.2 BigQueryへのデータ取り込みの方法

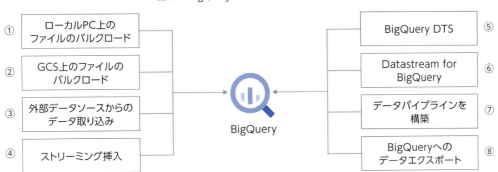

BigQueryへのデータ取り込みの方法は大きく8つに分類できます。

1. ローカルファイルからデータをバルクで取り込む
2. Cloud Storageからデータをバルクで取り込む
3. 外部データソース（フェデレーションデータソース）[注1]に対してクエリを実行し、その結果をBigQueryテーブルとして取り込む
4. Storage Write API[注2]によりデータをストリーミングまたはバッチで取り込む
5. BigQuery Data Transfer Service（以下、BigQuery DTS）を利用して、対応サービスからBigQueryへデータを転送する
6. CDC方式を利用して、Datastream for BigQueryにより、対応サービスからBigQueryへデータを転送する
7. Dataflow、DataprocやData Fusionでデータパイプラインを構築し、任意のデータソースからBigQueryにデータを投入する
8. サービス間連携の機能を利用してBigQueryに対してデータをエクスポートする（Firebase、Googleアナリティクスなど）

**1.** ～ **5.** はBigQuery自身が提供するデータ取り込み方法です。**1.** と **2.** はBigQueryを利用する際に、お馴染みの方法かと思います。大きなデータの場合はCloud Storageからの取り込みを推奨しています。**7.** は、データパイプラインを構築して、そのデータの出力先をBigQueryにする方法です。**8.** は特定のサービスに限定されますが、サービス間が自動的に連携してBigQueryにデータが集約されるため非常に便利です。本章では **5.** のBigQuery DTSと **6.** のDatastream for BigQueryを中心に説明します。

---

注1　公式ドキュメント - 外部データソースの概要
　　　https://cloud.google.com/bigquery/external-data-sources?hl=ja
注2　公式ドキュメント -Storage Write APIを使用したデータのストリーミング
　　　https://cloud.google.com/bigquery/docs/write-api-streaming?hl=ja

# 8.3 BigQuery Data Transfer Service（BigQuery DTS）

**BigQuery DTS** は、対応するデータソースから設定されたスケジュールで BigQuery へデータを転送するマネージドサービスです。すべての設定は GUI 上で完結するので、データ転送のためのコードを書く必要はありません。また、データ取り込みのジョブを自前で管理する必要もありません。

BigQuery DTS ではデータ加工はできないため、データ転送の過程で、フォーマットの変更やフィルタリングといった、いわゆる前処理は実施できません。事前にデータソース側で取り込める形式に変換しておく、もしくはデータを取り込んだあとに BigQuery 側でデータを加工する必要があります。BigQuery のサービスの一部のため、BigQuery と同等の月間稼働率 99.99％以上のサービス稼働時間 SLA と 24 時間以内のデータ配信 SLO が設定されています[注3]。

データソースは特定のサービスに、データの転送先は BigQuery に限定されますが、BigQuery にデータを集約するという観点では非常に便利なサービスです。

## 8.3.1 BigQuery DTS が対応しているデータソース

本書の執筆時点で、BigQuery DTS が対応しているデータソースは以下のとおりです。

- Google が提供しているサービス（YouTube や Google Ads など）
- Cloud Storage
- Amazon S3
- Azure Blob Storage
- Amazon Redshift
- Teradata

それぞれの詳細については、公式ドキュメントで確認してください[注4]。

Google や Google Cloud が提供しているサービスやプロダクトに限らず、AWS のサービスである Amazon S3 や Redshift、Azure のサービスである Azure Blob Storage、それ以外にも Teradata といった DWH に対応しているのが特徴です。

---

注3　公式ドキュメント -BigQuery Service Level Agreement（SLA）
　　　https://cloud.google.com/bigquery/sla?hl=ja
注4　公式ドキュメント -BigQuery Data Transfer Service とは
　　　https://cloud.google.com/bigquery/docs/dts-introduction?hl=ja

BigQuery DTSのもう1つの特徴として、サードパーティコネクタの存在があります。Google Cloudのパートナー企業から、さまざまなデータソースとの接続を実現するBigQuery DTSのコネクタが提供されています。Cloud Marketplace（以下、Marketplace）上で連携したいデータソースのコネクタを見つけて"登録"すると、BigQuery DTSの設定メニューから、該当のコネクタを確認できるようになります。これによって、BigQuery DTSが提供するコネクタと同じように、サードパーティのコネクタが利用できるようになります。

図8.3にMarketplace上で確認できるサードパーティコネクタの一例を示します。図8.3を見るとわかるとおり、多種多様なデータソースに対応したコネクタが提供されています。ただし、サードパーティコネクタのために追加の設定が必要になったり、別途、コストが発生したりする点には注意が必要です。BigQuery DTSの利用を検討する際には、使用するデータソースと接続するためのサードパーティコネクタが存在するか確認してみてください。

図8.3 　Marketplaceで提供されるBigQuery DTSのサードパーティコネクタの一例

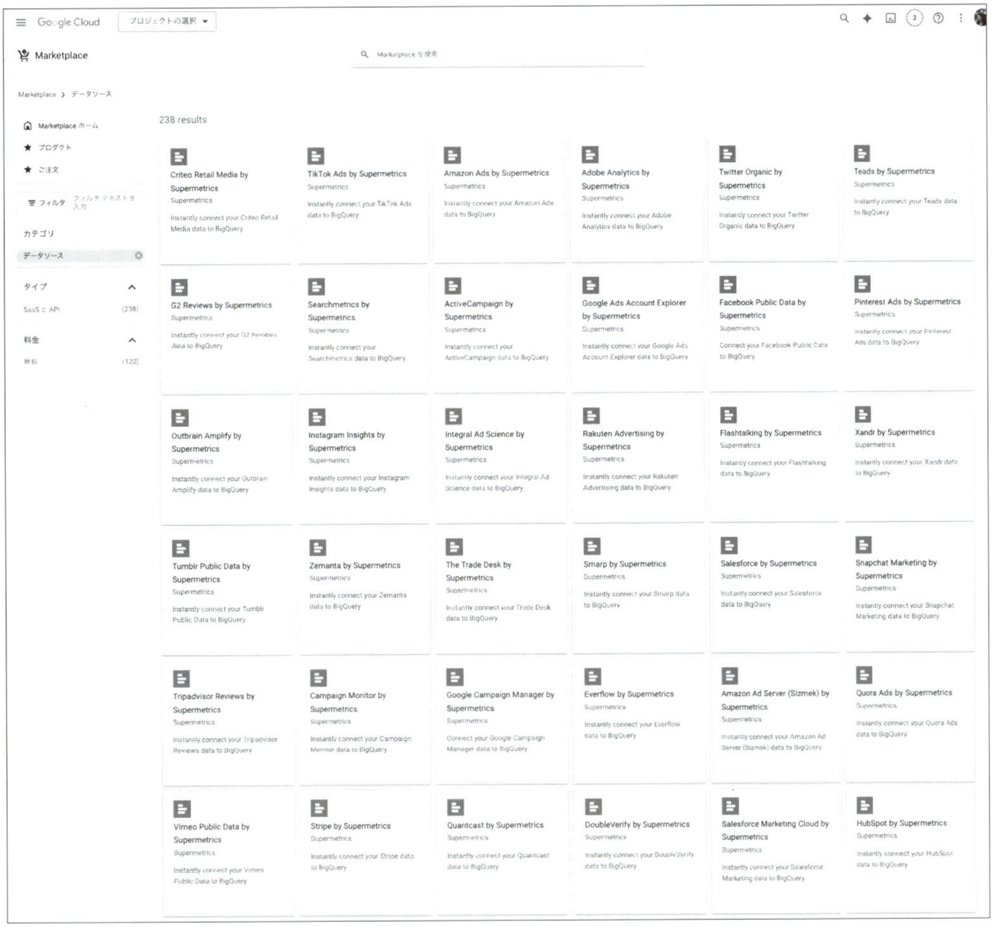

## 8.3.2 Amazon S3からBigQueryへのデータ転送

ここからは具体例を通じて、BigQuery DTSをどのように利用すればよいのかを説明していきます。

BigQuery DTSのユースケースに多いと考えられる、Amazon S3上のファイルのBigQueryへの転送を取り扱います。図8.4に概要を示しました。具体的には、Amazon S3上に保管されているCSVファイルをBigQuery DTSを利用してBigQueryへ転送します。

図8.4 Amazon S3からBigQuery DTSを利用したBigQueryへのデータ転送の概要図

## 8.3.3 転送に利用するデータの配置

ここでは、手元に適当なファイルがない方向けに、BigQueryの一般公開データセットを使ってCSVファイルを準備する手順を説明します。転送に利用するファイルは、BigQuery DTSに対応しているフォーマットのものであれば何でもかまいません[注5]。手元に利用可能なファイルがある場合は、この項は読み飛ばしてください。

BigQueryのテーブルはCSVファイルとしてCloud Storageにエクスポートできます。まずはデータのエクスポート先として、Cloud Storageにバケットを作成します。Cloud Storageのバケットはグローバルで一意の名前を付ける（Google Cloud上で同一のバケット名が存在しないような名前を付ける）必要があるので、バケット名は各自の環境で利用できたものを指定してください。ここではあくまでBigQueryの一般公開データセットをCSVファイルとして出力するための一時的なストレージとして利用するだけなので、ストレージクラスやアクセス制御に関する詳細な設定は任意でかまいません。

次にBigQueryのメニューに移動します。一般公開データセットである`bigquery-public-data`の中から`san_francisco.bikeshare_trips`を選択して（他のテーブルでも問題はありません）、画面中央右端にある［エクスポート］から［GCSにエクスポート］を選びます。そして、先ほど作成したCloud Storageのバケットを選択し、ファイル名を付けたうえで、［エク

---

注5　公式ドキュメント -Amazon S3 転送の概要
　　　https://cloud.google.com/bigquery-transfer/docs/s3-transfer-intro?hl=ja

スポート形式］に［CSV］、［圧縮］に［なし］を設定して、「エクスポート」を選択します。

図8.5　BigQueryの一般公開データセットにアクセスした例

　エクスポートジョブがスタートし、ジョブ履歴にエクスポート中であることが表示されます。しばらく時間が経過すると、ジョブが完了したことが画面上で確認できます。エクスポートジョブの完了を確認したあとにCloud Storageに移動すると、指定したファイル名でデータが出力されたことを確認できます。メニューの右端にある縦の三点リーダー（︙）から［ダウンロード］を選択すると、ローカルPCにファイルをダウンロードできます。

　これで転送するデータの準備ができました。BigQueryから出力したCSVファイルはカンマ区切りで、ヘッダー行が含まれていることに留意してください。

### 8.3.4　AWS上の設定

　BigQuery DTSの設定に必要となるのは、Amazon S3上のファイルのURI、IAMのアクセスキーID、シークレットアクセスキーの3つです。本書では、AWS上の設定についての手順は省略します。詳細な手順については、AWSの公式ドキュメントなどを参考にしてください。以後、Amazon S3にCSVファイルがアップロードされており、IAMのアクセスキーID、シークレットアクセスキーが手元にあることを前提として説明を続けます。

### 8.3.5　BigQuery DTSの設定

　BigQuery DTSを設定する前に、データの転送先となるBigQueryのデータセットとテーブ

ルを作成しておきます。次に、BigQueryのメニューから[データ転送]を選択します。BigQuery DTSのAPIを有効化するための警告が出た場合は、警告内容にしたがってAPIの有効化を行ってください。

図8.6にBigQuery DTSの設定画面の一部を示しました。BigQuery DTSのメニューから[転送を作成]を選んでこの画面に遷移したら、ソースから[Amazon S3]を選びます。[スケジュールオプション]で動作を確認するので、[すぐに開始]を選択します。

転送先の設定は以下のとおりです。

- [データセット]：転送先となるBigQueryのデータセットID
- [データソースの詳細]の[Destination table]：転送先となるBigQueryのテーブル名
- [Amazon S3 URI]：転送元のファイルのAmazon S3上のパス
- [Access key ID]と[Secret access key]：それぞれIAMの設定で取得したアクセスキーIDとシークレットアクセスキー
- [File format]：転送するファイルに合わせて設定（ここでは[CSV]を選択）

図8.6 　BigQuery DTSの設定画面

[Transfer Options]は、その他の細かい設定を行うためのものです。このサンプルは標準的なCSVファイルですが、ファイルの先頭行にヘッダーが含まれているので、[Header rows to skip]に1を設定してこの行をスキップします。利用するCSVファイルのフォーマットに合わせて、設定の内容も適宜変更してください。

最後に通知オプションの設定です。BigQuery DTSでは、転送実行の成功／失敗時の通知方法としては、メールによる通知とPub/Subのトピックへの通知が使用できます。やや混同しやすいポイントですが、転送管理者に対するメールによる通知は失敗時のみ送信されます。成功、失敗にかかわらず転送処理が完了した情報を取得したい場合は、Pub/Subを利用します。

さて、これでBigQuery DTSに必要な設定はすべて完了です。［保存］を押して処理を開始しましょう。転送状況を確認できる画面に遷移します（図8.7）。

図8.7 BigQuery DTSの実行時

設定に何らかの不備があり転送が途中で失敗する場合、メールでの通知が有効になっていれば、転送失敗を通知するメールを受け取ることになるでしょう。エラーの内容を確認しながら正しく動作するように設定を見直してください。

転送が正常に完了したら、BigQueryにデータが格納されたかを確認します。BigQueryのメニューから転送先として指定したデータセットとテーブルを選択し、［詳細］や［プレビュー］を選択すると、実際にデータが転送されたことを確認できます。

最後に、設定したとおりPub/Subに通知されていることも確認しておきましょう。まず、Pub/SubのメニューからBigQuery DTSのメニュー上で作成したトピックを選択し、トピックのメニュー下部にある［サブスクリプションを作成］からサブスクリプションを追加します。ここではトピックにパブリッシュされている実行結果の通知内容を確認したいだけなので、とくに追加の設定は行わずデフォルトのままサブスクリプションを作成します。

作成したサブスクリプションのメニュー上部にある［メッセージ］を選択します。［PULL］を押すと、図8.8のようにメッセージの内容を確認できます。Pub/Subへの通知は、転送の成功時と失敗時の両方で行われるので、Pub/Subからメッセージを受け取りチャットツールに通知したり、転送完了のメッセージをトリガとして後続の処理をキックしたりするしくみを構築できるのがポイントです。

図8.8　Pub/Subで転送完了メッセージの確認

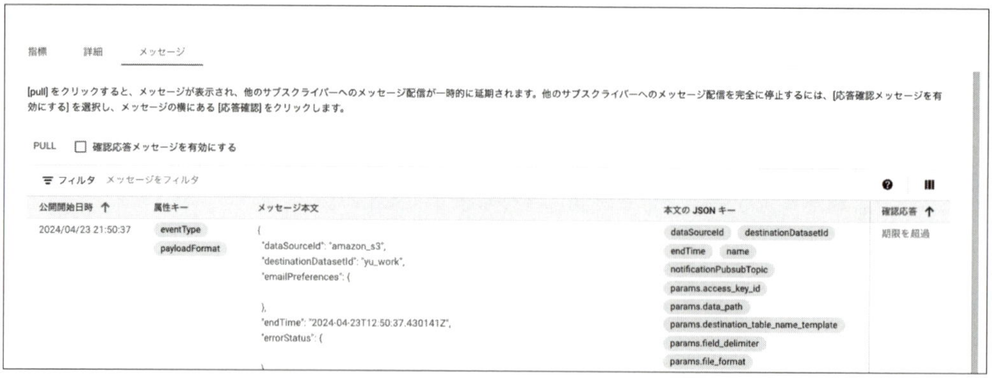

このようにBigQuery DTSを利用すると、プログラムを書くことなく、プラットフォーム間のデータ転送を簡単に実現できます。本節では、1ファイルのデータ転送というシンプルな例を取り上げましたが、データ転送は定期的に実行するのが一般的です。ランタイムパラメータ[注6]を利用すれば、実行時の日付に基づいたパラメータを持つファイルを対象にした、定期的なデータの取り込みも実現できます。具体的には、日次で出力されるファイルに日付をファイル名とする命名規則を採用すれば、BigQuery DTSの定期実行時にそのファイルを転送対象として認識し、BigQueryに取り込むこともできます。

## 8.3.6　BigQuery DTSを利用するうえでのポイントや注意

BigQuery DTSを利用するうえでは、いくつかのポイントがあります。その中からロケーションとコスト、ネットワークについてのポイントを説明します。

### ロケーションに関する制限

BigQueryにはデータを保持する場所として**ロケーション**という概念があります。注意点として、一度BigQueryのデータセットに設定したロケーションは、あとから変更できないという制約があります。変更するには、データセットをコピーして異なるロケーションを設定し直す必要があります。

データセットのロケーションを意識しなければならない理由は、BigQueryではロケーションを横断するデータセット間のデータをJOINできないためです。これは、クエリジョブがク

---

注6　公式ドキュメント -Amazon S3 転送のランタイム パラメータ
　　　https://cloud.google.com/bigquery-transfer/docs/s3-transfer-parameters?hl=ja

エリの参照対象のデータセットのロケーションで実行されるのが原因です[注7]。

このロケーションの制約を意識しないと、せっかく集めたデータが分析の際に利用できず、大きな手戻りが発生することがあります。とくにBigQuery DTSの典型的なユースケースは、定期的なデータ転送です。大量のデータが追加されたBigQuery上のデータセットを別の場所にコピーするのはたいへんな労力がかかります。転送先とするBigQueryのロケーションについては、事前に慎重に検討してください。

なお、ロケーションによる制約については、BigQuery DTSの使用時以外でも意識しておく必要があります。

## 転送にかかるコスト

BigQuery DTSのコストは一部のデータソース以外は無料です。詳細なコストは公式ドキュメントで確認できます[注8]。

しかし、ここで言及されているのはGoogle Cloudで発生するコストについてのみであり、転送元のデータソースのプラットフォームがエクスポートに対して要求するコストについては考慮されていません。転送元のプラットフォームの利用料も、あらかじめ確認しておく必要があります。

具体例として、Cloud StorageをデータソースとしてBigQuery DTSを利用した場合とAmazon S3をデータソースとしてBigQuery DTSを利用した場合を考えてみましょう。Cloud StorageとAmazon S3は双方ともオブジェクトストレージというサービスカテゴリに入るため、その利用用途はほぼ同じであり、格納されているデータも同種のものになるでしょう。

Cloud StorageをデータソースとしてBigQuery DTSを利用した場合、Google Cloud上のサービス（Cloud Storage）からGoogle Cloud上の別サービス（BigQuery）へのデータ移動となります。Google Cloudでは、Google Cloudの外部にデータを送る場合や、Google Cloudの内部であっても大陸が異なるロケーション間でデータを移動する場合は、ネットワークのコストが発生します[注9]。しかし、BigQuery DTSでCloud Storageをデータソースとする際は、Cloud Storageのバケットと BigQuery のデータセットのロケーションが同一でなければならないという制約があるため[注10]、ロケーション間のデータ移動になることはありません。したがって、この組み合わせでは、データ転送についてのコストは発生しません。

---

注7 　公式ドキュメント - ロケーションを指定する
　　　https://cloud.google.com/bigquery/docs/locations?hl=ja#specify_locations
注8 　公式ドキュメント -BigQuery Data Transfer Service の料金
　　　https://cloud.google.com/bigquery-transfer/pricing?hl=ja
注9 　公式ドキュメント - ネットワーク
　　　https://cloud.google.com/storage/pricing?hl=ja#network-pricing
注10 　公式ドキュメント - コロケーションが必要な場合
　　　https://cloud.google.com/bigquery-transfer/docs/locations?hl=ja#colocation_required

一方で、Amazon S3をデータソースとした場合、AWSからGoogle Cloudへのプラットフォームをまたいだデータ転送となります。そしてAmazon S3からインターネット上にデータを転送する際には、コストが発生します[注11]。そのため、BigQueryへのデータ取り込みにはコストがかかりませんが、BigQuery DTSを利用したデータ転送全体としてはAWSのデータ転送分のコストが発生します。Amazon S3に関するコストの詳細および最新の情報はAWSのドキュメントを確認してください。

### 8.3.7 転送設定の削除

検証が終わったら、転送設定一覧の画面から［転送の無効化］もしくは［削除］を行ってください。BigQuery DTSの［即時実行］は、直感的には一度限りの実行に思えるかもしれませんが、実際にはそのあとも毎日同時刻に実行するようにスケジューリングされます。そのため、意図しない定期実行を続けてしまうことがあります。実験的にBigQuery DTSを利用する場合、転送完了通知先にメールアドレスを指定することが多いと思いますが、転送に失敗したときにのみこの通知が行われます。定期的に転送が続いても、この通知で知らされるわけではないため注意してください。

## 8.4 CDCを利用したデータレプリケーション（Datastream for BigQuery）

データベースからDWHにデータ転送をする際、何かしらの方法でDBに対してSQLを実行してデータを取得すると思います。この方法は、データベースの特定の時間における断面（SELECTを行った時点でのデータ）を転送するバッチ方式が基本です（図8.9）。

---

注11　https://aws.amazon.com/jp/s3/pricing/

図8.9 バッチでデータ連携をする場合のイメージ

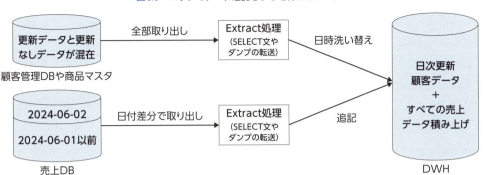

この方式は、売上データなどのトランザクションが溜まっていく追記方式においては有効である一方、常に更新されるデータがあり、分析者にそのテーブルを最新のデータで見せたい場合には適しません。たとえばマスター情報やユーザーの情報などを最新の売上データとJOINして分析したいケースが挙げられます。

更新頻度が多く、かつテーブルの一部だけが更新されるたびにバッチで転送すると、"ソースとなるデータベース"に対する読み取り負荷が高くなります。その変更をDMLで伝播することもDWHへの負荷がかかります。

このような課題に対応する技術に**CDC（Change Data Capture：変更データキャプチャ）**があります。（図8.10）

図8.10 CDCでデータ連携をする場合のイメージ

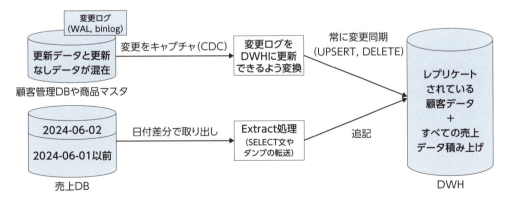

CDCはデータの元となるソースデータベースの変更ログを読み取り、変更があった場合にそのログをキャプチャする技術です。変更ログは、MySQLのbinlog、PostgreSQLのWrite-Ahead Log（WAL）などに該当するものです。

CDCはSELECT文を発行しているわけではないので、ソースデータベースに負荷を与えることはありません。そのメリットを享受しながら、ソースデータベースの変更差分をリアルタイムに検知、転送することができます。

**Datastream for BigQuery**は、このCDCを用いてソースデータベースの情報をBigQueryにリアルタイムで同期することができるサービスです。CDCを用いることで、データソースへの負荷を軽減し、キャプチャした変換ログをBigQueryのStorage APIのUPSERT/DELETE オペレーションに変換し、効率的なレプリケーションが行われます。

Datastream for BigQueryは、わずか数ステップでデータをBigQueryにレプリケートできます。レプリケーション開始までの設定は非常に単純で、BigQueryでソースデータベース、接続タイプ、宛先を構成するだけです。一度設定したら、あとは継続的な同期が行われます。

本書の執筆時点で、Datastream for BigQueryがサポートしているデータソースは以下です。

- MySQL
- PostgreSQL（AlloyDB含む）
- Oracle
- SQL Server

Datastream for BigQueryはオンプレミスや他クラウドのデータベースサービスへの接続にも対応しており、ハイブリッドクラウド構成でも利用されています。

## 8.4.1 PostgreSQLからBigQueryへのデータ転送

ここからはCloud SQL for PostgreSQLからBigQueryへの転送を例に、Datastream for BigQueryの利用方法を説明します。PostgreSQLに関しては最低限の説明しかしませんので、詳しいPostgreSQLデータベースの構成は公式ページを参照してください[注12]。

PostgreSQLからデータをレプリケートする場合、変更履歴情報はWALファイルから取得し、BigQueryに反映するにはStorage APIを使用します。事前準備として、データソースとなるPostgreSQLでパブリケーションとレプリケーションスロットを作成します。CloudSQL for PostgreSQLでパブリケーションとレプリケーションスロットを作成するには、[cloudsql.logical_decoding] フラグで[on]を選択したあと以下のようなクエリを実行します。

---

注12　公式ドキュメント - ソース PostgreSQL データベースの構成
　　　https://cloud.google.com/datastream/docs/configure-your-source-postgresql-database?hl=ja

**リスト8.1** PostgreSQLでパブリケーションとレプリケーションスロットの作成例

```
-- パブリケーションの作成
CREATE PUBLICATION publication_all_tables FOR ALL TABLES;
-- レプリケーションスロットの作成
SELECT PG_CREATE_LOGICAL_REPLICATION_SLOT('rep_slot', 'pgoutput');
```

パブリケーション、レプリケーションスロットが存在しなければ上記を参考に作成してください。

## 8.4.2 Datastream for BigQueryの設定

Datastreamの具体的な設定例について説明します。

まず、Datastreamの画面からPostgreSQLデータベース用の**ソース接続プロファイル**の作成を行います。ソース接続プロファイルは、Datastreamからソースデータベースへのネットワーク疎通性を担保するための設定です。

Datastreamのトップ画面より、[接続プロファイル]の[プロファイルの作成]から[PostgreSQL]を選び、接続プロファイルを作成します。任意の接続プロファイルの名前を入力し、接続の詳細をPostgreSQLの設定に合わせて設定します。[接続方法の定義]で[IP許可リスト]を選択すると、DatastreamよりPostgresSQLへ接続するためのIP一覧が表示されるので、これらのIPの接続をソースとなるPostgresSQLで許可してください。接続方法は[IP許可リスト]の他に、[フォワードSSHトンネル]、[VPCピアリング]が選べます。それぞれの接続方法の詳細は公式ページを参照してください[注13]。設定が終わったら、[接続プロファイルのテスト]より[テストを実行]をクリックすると、接続テストを行うことができます。接続テストが成功すれば[作成]をクリックできるようになり、ソース接続プロファイルの作成は完了です。

---

**注13** 公式ドキュメント - ネットワーク接続オプション
https://cloud.google.com/datastream/docs/network-connectivity-options?hl=ja

図8.11　データベース用のソース接続プロファイルの作成

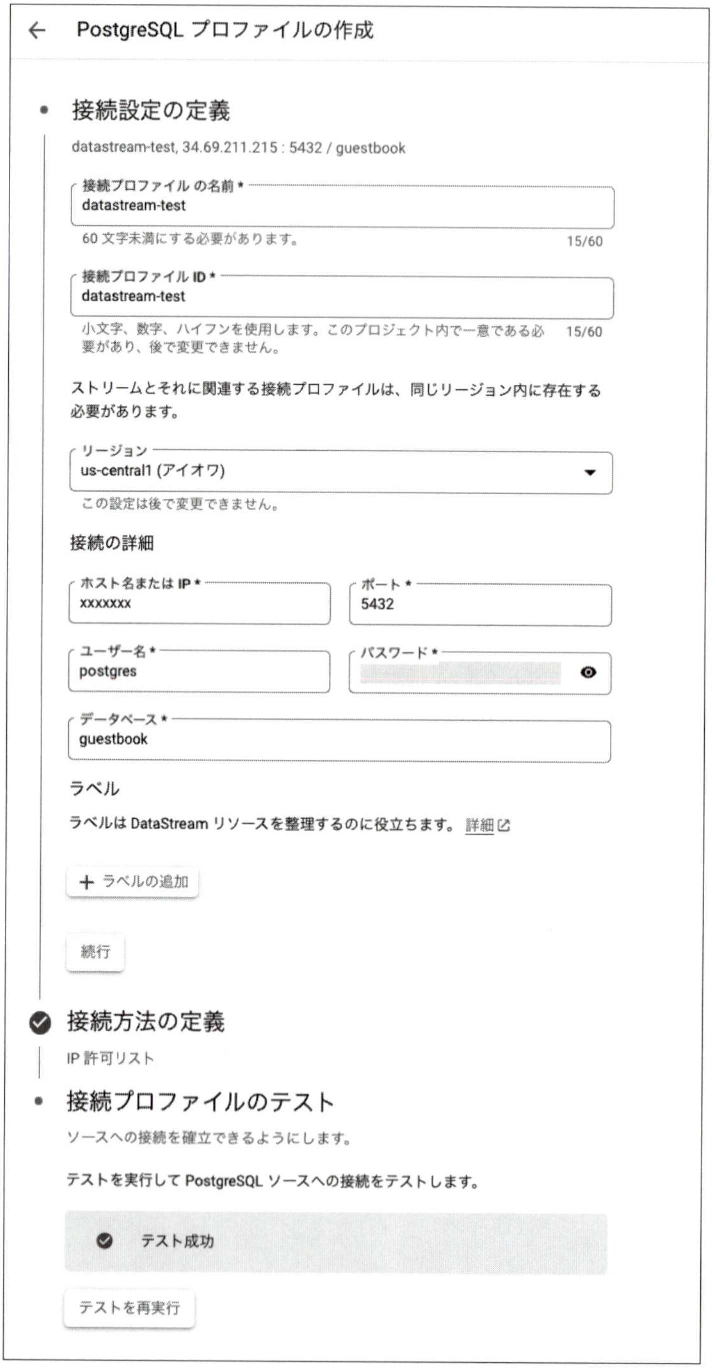

**← PostgreSQL プロファイルの作成**

**• 接続設定の定義**

datastream-test, 34.69.211.215 : 5432 / guestbook

接続プロファイル の名前 *
datastream-test

60 文字未満にする必要があります。　　　　　　　　　　15/60

接続プロファイル ID *
datastream-test

小文字、数字、ハイフンを使用します。このプロジェクト内で一意である必　15/60
要があり、後で変更できません。

ストリームとそれに関連する接続プロファイルは、同じリージョン内に存在する
必要があります。

リージョン
us-central1 (アイオワ)　　　　　　　　　　　　　　　　　▼

この設定は後で変更できません。

接続の詳細

ホスト名または IP *　　　　　　　　　　　ポート *
xxxxxxx　　　　　　　　　　　　　　　　5432

ユーザー名 *　　　　　　　　　　　　　　パスワード *
postgres　　　　　　　　　　　　　　　　　　　　　　　👁

データベース *
guestbook

ラベル

ラベルは DataStream リソースを整理するのに役立ちます。詳細 ☑

**＋ ラベルの追加**

続行

**✓ 接続方法の定義**

IP 許可リスト

**• 接続プロファイルのテスト**

ソースへの接続を確立できるようにします。

テストを実行して PostgreSQL ソースへの接続をテストします。

**✓　　テスト成功**

テストを再実行

次にBigQueryの**宛先接続プロファイル**を作成します。宛先接続プロファイルは、データのレプリケーションを行う対象の設定です。［接続プロファイル］の［プロファイルの作成］からBigQueryを選び、接続プロファイルを作っていきます。任意の接続プロファイルの名前とリージョンを指定して［作成］をクリックします。

図8.12　BigQuery 接続プロファイルの作成

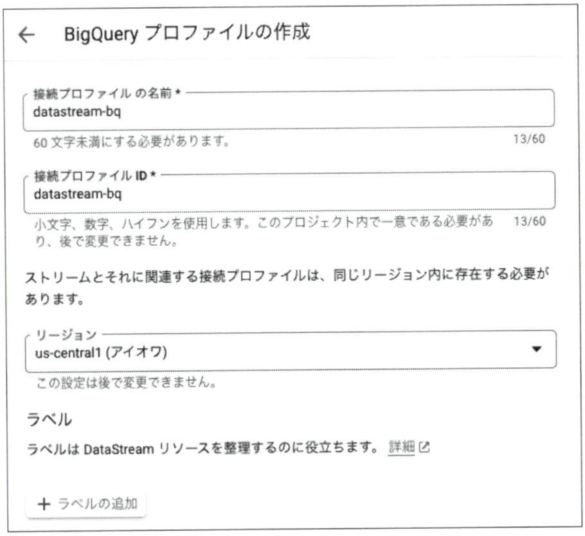

以上で、接続設定が完了しました。

ここからは**ストリーム**の作成を行います。ストリームはDatastreamの中で、実際にデータの連携（テーブルやスキーマ）を制御する概念です。Datastreamのトップ画面より、［ストリーム］の［ストリームの作成］からストリームを作成します。任意のストリームの名前を入れて、［ソースタイプ］は［PostgreSQL］、［宛先の種類］は［BigQuery］としてください。図8.13の下部にあるPostgreSQLソースから［開く］をクリックするとデータソース側のPostgreSQLで必要な設定方法を確認することもできます。

図8.13 ストリームの作成

　[ソースの定義とテスト]では事前に作成したPostgreSQLのプロファイルを選び接続テストを行います。

図8.14　ソースの定義とテスト

　[ソースの構成]ではPostgreSQLで事前に作っておいたパブリケーションとレプリケーションスロットを指定し、Datastreamで連携したいテーブルやスキーマを指定します。ここでは1テーブルのみの連携を行います。

図8.15　ソースの構成

［宛先の定義］では事前に作成したBigQueryのプロファイルを選びます。

図8.16　宛先の定義

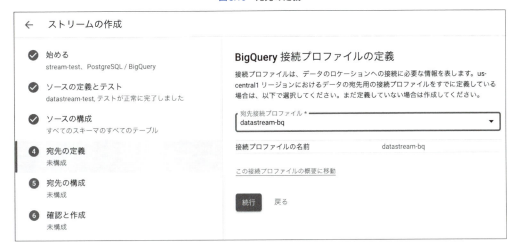

［宛先の構成］ではBigQueryのリージョン、書き込みモードなどを指定します。
書き込みモードは以下の2種類から選択できます

- ［結合］：データソースと同じデータを持つテーブル（レプリケーション）をBigQueryに作成する。変更履歴は保存されない
- ［追加のみ］：データソースの変更履歴がBigQueryに追記される。updateやdeleteなどの変更履歴を残したい場合に選択する

ここでは［結合］を選択します。

図8.17　宛先の構成

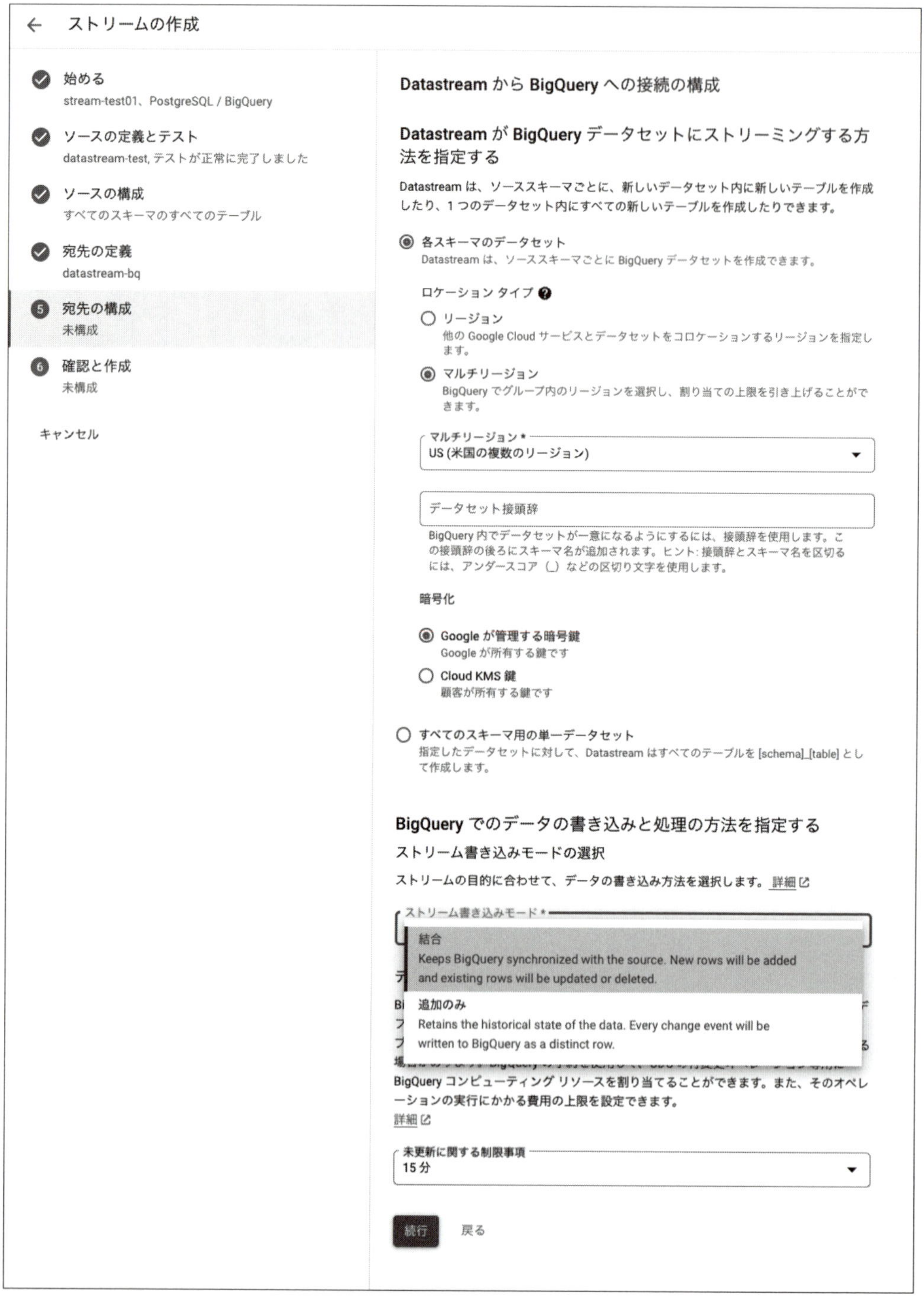
ストリームの作成
始める
stream-test01、PostgreSQL / BigQuery
ソースの定義とテスト
datastream-test, テストが正常に完了しました
ソースの構成
すべてのスキーマのすべてのテーブル
宛先の定義
datastream-bq
宛先の構成
未構成
確認と作成
未構成
キャンセル
Datastream から BigQuery への接続の構成
Datastream が BigQuery データセットにストリーミングする方法を指定する
Datastream は、ソーススキーマごとに、新しいデータセット内に新しいテーブルを作成したり、1 つのデータセット内にすべての新しいテーブルを作成したりできます。
各スキーマのデータセット
Datastream は、ソーススキーマごとに BigQuery データセットを作成できます。
ロケーション タイプ
リージョン
他の Google Cloud サービスとデータセットをコロケーションするリージョンを指定します。
マルチリージョン
BigQuery でグループ内のリージョンを選択し、割り当ての上限を引き上げることができます。
マルチリージョン *
US (米国の複数のリージョン)
データセット接頭辞
BigQuery 内でデータセットが一意になるようにするには、接頭辞を使用します。この接頭辞の後ろにスキーマ名が追加されます。ヒント: 接頭辞とスキーマ名を区切るには、アンダースコア（_）などの区切り文字を使用します。
暗号化
Google が管理する暗号鍵
Google が所有する鍵です
Cloud KMS 鍵
顧客が所有する鍵です
すべてのスキーマ用の単一データセット
指定したデータセットに対して、Datastream はすべてのテーブルを [schema]_[table] として作成します。
BigQuery でのデータの書き込みと処理の方法を指定する
ストリーム書き込みモードの選択
ストリームの目的に合わせて、データの書き込み方法を選択します。詳細
ストリーム書き込みモード *
結合
Keeps BigQuery synchronized with the source. New rows will be added and existing rows will be updated or deleted.
追加のみ
Retains the historical state of the data. Every change event will be written to BigQuery as a distinct row.
BigQuery コンピューティング リソースを割り当てることができます。また、そのオペレーションの実行にかかる費用の上限を設定できます。
詳細
未更新に関する制限事項
15 分
続行
戻る

［確認と作成］ではストリームの検証を行います。検証を行ってすべて問題なければ［作成］をクリックしてストリームを作成します。ここで、［作成して開始］を押すとただちにデータの連携が開始されます。

図8.18　確認と作成

### 8.4.3　Datastream for BigQueryの開始

作成したストリームを開始し、PostgreSQLのデータをBigQueryにレプリケートします。初めてストリームを開始する際は、既存データの取得（バックフィル）が行われます。これによってソースデータベースに対して負荷がかかる場合があるので注意してください。

ストリーム一覧から先ほど作成したストリームを選び、［開始］をクリックします

図8.19　ストリームの開始

開始してしばらく時間が経つとBigQueryにPostgreSQLと同じスキーマが作成され、データが連携されます。

図8.20　BigQueryへの連携

以上で、レプリケーションを行うことができました。

### 8.4.4 Datastreamの削除

検証が終わったらDatastreamの画面からストリームを停止したのち、ストリームとプロファイルを削除します。BigQueryにも連携されたデータセットも併せて削除しましょう。検証用にPostgreSQLを立てている場合はPostgreSQLも削除します。

# 8.5 BigQueryへのデータパイプライン構築

BigQuery DTSやDatastreamは、単純に任意のデータソースからBigQueryへのデータ転送を実現するためのソリューションでした。データ活用を行うためには、BigQueryにデータを取り込んだあと、さらに目的に応じたデータの加工が必要です。

データソースからデータを取得して、そのデータを活用できるようにするまでの一連の依存関係のあるデータの流れを、一般的にデータパイプラインと呼びます。これをどのように構築し管理するのかが、データ基盤における1つのポイントです。「5.1　ETL/ELTとは」や「6.1　Google Cloudのワークフロー管理とデータ統合のためのサービス」でも取り上げたように、データパイプラインは、ETL（Extract-Transform-Load：ある環境からデータを抽出、加工、別の環境へ読み込み）やELT（Extract-Load-Transform：ある環境からデータを抽出、別の環境へ読み込み、加工）とセットで説明されます。

従来のデータパイプラインは、データソースのデータを、データ利用者の目的に応じて扱いやすい形に洗練させるETLを繰り返しながら移動させる作業であり、これらの処理はDWH上で行われることが一般的でした。しかし、DWHは一般的にリソースあたりの単価が非常に高価であるため、データ基盤の利用が拡大し扱うデータが増えていくにつれ、それらのデータすべてをDWH上で処理しきるにはコスト面での課題が生まれます。そのため、DWHで処理すべき量を適切に見積り、場合によっては保持するデータ量や利用量を制限するなどの運用上の工夫が必要でした。処理対象が明確なバッチ処理では、リソースをある程度、見積ることができるため対策しやすいのですが、アドホックな分析では、処理量を適切に予測することが困難です。その結果、とくにアドホック分析用のデータとその分析環境は、適宜、DWHから切り出していく構成が一般的でした。

しかし、クラウド環境の登場でこの状況に変化が訪れます。クラウドの特徴であるスケーラビリティによって、データをとにかく1つの"スケールする分析環境"に集めておき、加工はそこで行うというアプローチが可能になりました。BigQueryのストレージは非常に安価であるため、このようなELTのアプローチに適合しています。"とにかくデータをBigQuery上に集

めて、具体的な加工方法はあとで考える"というのが最善のアプローチとなることが多いのです。

さて、"とにかくBigQueryにデータを集める"という観点で、前節で説明したBigQuery DTSを活用するシナリオを考えてみます。BigQuery DTSは、データパイプラインの中では、ELTのExtractとLoad部分しか担っていません。データパイプライン全体で見ると機能として不完全な状態です。データ加工のTransformに相当する処理を何らかの方法で行う必要があります。

最も単純なのは、BigQuery上でクエリを実行し加工する方法です。BigQueryではクエリをスケジュール実行する機能[注14]や、5章で説明したデータパイプラインツールであるDataformが提供されているので、これらを利用すれば簡単にBigQuery上でデータを加工できます。

BigQueryには分析関数[注15]に加えて、ユーザー定義関数[注16]、リモート関数[注17]やプロシージャ[注18]など標準SQLを拡張する機能が提供されています。データ加工の大半は、BigQuery上のクエリで処理することができるでしょう。図8.21にBigQuery DTSを利用したデータパイプラインの例を示します。

図8.21　BigQuery DTSを利用したデータパイプライン例

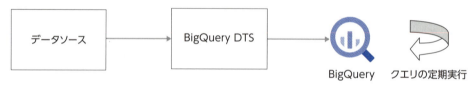

しかし、データパイプラインとしてひとまとめに管理しないで、データの取り込み（ExtractとLoad）をBigQuery DTSに、データ加工（Transform）をBigQueryのクエリにまかせる方法には課題もあります。

図8.22に例を示します。データ取り込みとデータ加工は、本来依存関係のある処理のはずですが、データの投入が想定どおり完了したかどうかについて、データを加工する側は直接的には認識できません。つまり、データの投入に何らかの問題が起きたときは、データの加工処理が期待どおり動作しないことが考えられます。具体的には、データ加工のクエリ自体は動作するが期待どおりではない結果が返ってくるパターンと、データ加工のクエリ自体がエラーで

---

注14　公式ドキュメント - クエリのスケジューリング
　　　https://cloud.google.com/bigquery/docs/scheduling-queries?hl=ja
注15　公式ドキュメント -Window function calls
　　　https://cloud.google.com/bigquery/docs/reference/standard-sql/window-function-calls
注16　公式ドキュメント - ユーザー定義の関数
　　　https://cloud.google.com/bigquery/docs/user-defined-functions?hl=ja
注17　公式ドキュメント - リモート関数を使用する
　　　https://cloud.google.com/bigquery/docs/remote-functions?hl=ja
注18　公式ドキュメント - リモート関数を使用する
　　　https://cloud.google.com/bigquery/docs/reference/standard-sql/procedural-language

実行できないパターンの2つがあり得ます。

　前者のパターンは、ある一定期間のデータを集計する際などに発生します。たとえば、1週間分のデータを集計したいときに、当日分のデータ投入が失敗している状況を想像してください。当日を含む過去1週間に相当するテーブルを範囲指定した際、クエリ自体は正しく動作しますが、当日分のデータ投入は失敗しているため、得られる結果は6日分のデータをもとにしたものになります。これは、期待している結果とは異なります。

　一方、後者のパターンは、日付を指定したクエリを実行する際などに発生します。たとえば、ある1日分のデータを集計するとき、該当する日付のテーブルやパーティションのデータ投入が失敗しているとクエリはエラーを返します。とくに前者のパターンは深刻です。クエリ自体はエラーなく実行されるので、問題の発見が遅れてしまう可能性が高いと言えます。

図8.22　簡易データパイプラインで発生し得る問題

　ある程度規模が大きくなったデータ基盤では、管理面において、データパイプラインの安定した動作を目指すことが課題となります。そのため、データ基盤の構築初期からデータパイプラインに関する戦略を持っておくことが重要です。

　なお、誤解のないように補足しておきますが、BigQuery DTSはユースケースや使い方によっては非常に有用です。例として、BigQuery DTSはデータ転送の実行結果をPub/Subに対してメッセージとして通知できます[注19]。この機能を利用して、図8.23に示したように、"Pub/Subに通知された結果を受け取ったうえで、データ取り込みが成功していたら後続の処理を、失敗していたらその失敗内容に応じてリトライをCloud FunctionsやCloud Runで実行する"ような方法を用意できます。これは、マネージドでスケールするクラウド環境の特性を活かした、立派なデータパイプラインと言えるでしょう。

---

注19　公式ドキュメント -BigQuery Data Transfer Service の実行通知
　　　https://cloud.google.com/bigquery-transfer/docs/transfer-run-notifications?hl=ja

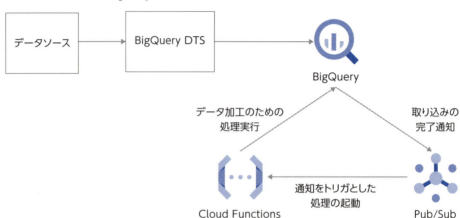

図8.23　BigQuery DTSとCloud Functionsを利用したデータパイプライン例

## 8.5.1 簡易データパイプラインの課題

　図8.23で示した簡易データパイプラインの課題について説明します。このパイプラインを増やしていくと、いまどのようなデータパイプラインを運用しているのかが把握できなくなるという課題に直面します。

　データパイプラインが少なければ図8.23に示す簡易データパイプラインで問題ないかもしれませんが、規模が大きくなるると、データパイプラインは数十〜数百以上になります。また、データパイプラインが増えることによって、それぞれに依存関係が生じ、全体が複雑化する傾向にあります。さらに、データはナマモノであるため、データソースの追加／削除や、スキーマの変更といったデータソースの更新も日々起こりえます。データパイプラインの規模がある程度大きくなることが予想される場合は、データパイプラインを管理するためのソリューションの導入を早めに検討すべきでしょう。

## 8.5.2 データパイプライン構築のための　　　　Google Cloud上のソリューション

　Google Cloud上では、データパイプライン構築の課題に対するソリューションとして、いくつかの方法が提供されています。代表的なアプローチは、Dataformを使用してSQLをオーケストレーションする方法や、DataflowまたはDataprocと第6章で紹介したCloud Composerを組み合わせる方法、Cloud Data Fusionを利用する方法などがあります。

　SQLで表現する必要がありますが、すべてのパイプラインを作成できる点で**Dataform**は非

常に有用な方法です。この方法でデータパイプライン構築を完結できるので、最も運用負荷が低くなるでしょう。

続いて Dataflow を利用する方法について説明します。Dataflow は Apache Beam のマネージドな実行環境です。Dataflow 自体の詳しい説明は 5 章を参照してください。Dataflow を利用すると、Apache Beam によるプログラミング処理自体が 1 つのデータパイプラインを表現することになります。Apache Beam のコードを見ることでどのデータソースからデータを取得し、どのような加工を行い、どのデータソースに書き込んだかがわかります。

一方、Dataflow には、ジョブ管理機能のようなデータパイプラインの構築に必要な機能が提供されていません。スケジューリングや監視といったジョブ管理のためのしくみを別途検討する必要があります。たとえば、マネージドな cron ジョブサービスである Cloud Scheduler[20] を利用して Dataflow ジョブを定期実行する方法や、Airflow で構築されたマネージドなワークフローオーケストレーションサービスである Cloud Composer[21] と組み合わせる方法が考えられます。

図 8.24 に Cloud Scheduler と Cloud Composer を利用したジョブ管理のイメージを示します。データパイプライン全体は Dataflow のジョブとして構成し、そのジョブを外部サービス（図 8.24 では Cloud Scheduler や Cloud Composer）を利用して管理します。ジョブが複数ではなく、シンプルなパイプラインの場合には Cloud Scheduler で実行し、ジョブ間の依存関係の管理が必要な場合には Cloud Composer を利用します。

図 8.24 のようなジョブ管理手法は、データパイプラインの構築運用という面で十分実用的なソリューションとなります。

---

注 20　公式ドキュメント -Google Cloud コンソールを使用して cron ジョブをスケジュールして実行する
　　　 https://cloud.google.com/scheduler?hl=ja
注 21　公式ドキュメント -Cloud Composer
　　　 https://cloud.google.com/composer?hl=ja

図8.24　Cloud SchedulerやCloud Composerを利用したDataflowのジョブ管理

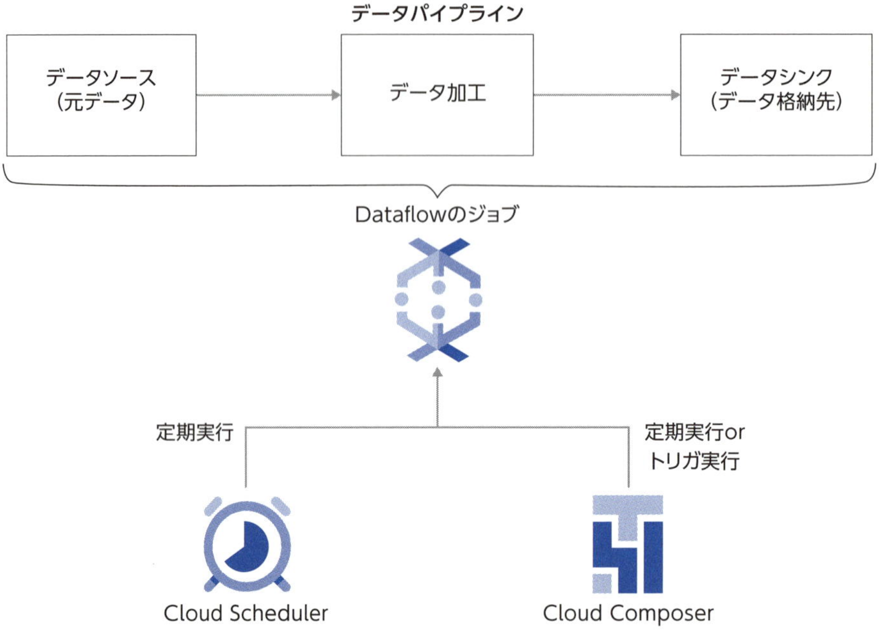

データパイプライン

データソース
（元データ）　→　データ加工　→　データシンク
（データ格納先）

Dataflowのジョブ

定期実行

定期実行or
トリガ実行

Cloud Scheduler

Cloud Composer

# 8.6　サービス間連携によるBigQueryへのデータ連携

　最後に、サービス間連携によるBigQueryへのデータ連携について簡単に説明します。BigQueryには、サービス側から設定を行うだけで簡単にデータ連携が可能なサービスがあります。たとえば、Googleアナリティクス4、Firebase、Cloud Loggingなどです。

　**Googleアナリティクス4**は、ウェブサイトのアクセス解析ツールです。また、**Firebase**は、Googleが提供するモバイルアプリケーション開発のためのバックエンドサービスです。GoogleアナリティクスやFirebaseでは、サービス間連携により、BigQuery DTSの利用、またはデータパイプラインを構築することなく、それぞれのサービス内のデータをBigQueryにエクスポートできます。Googleアナリティクス、Firebaseそれぞれのサービス上でもデータ分析や可視化、機械学習の機能などが提供されていますが、これらはあくまでサービス内で完結するものです。BigQueryにデータ連携することで、FirebaseやGoogleアナリティクスの管理画面上では実現できなかった、より発展的な分析、自社の持つデータと組み合わせた分析ができるようになり、データ活用に向けた自由度が大きく向上します。

## 8.6.1 Google アナリティクス 4 から BigQuery への データエクスポート

ここでは、Google アナリティクス 4 と BigQuery の連携についてのみ解説します。

連携のための設定手順は非常に簡単です。まず、データをエクスポートする BigQuery のためのプロジェクトを準備します。その後、Google アナリティクス 4 の管理画面から、当該の Google Cloud プロジェクトをリンクすればエクスポートの設定は完了です。Google アナリティクスのヘルプには、より詳細な手順が記載されています[注22]。

リンクする際の設定でストリーミングエクスポートを設定することもできます。ストリーミングエクスポートを設定すると、当日分のデータが数分遅れ程度で取得できます。

Google アナリティクス 4 を契約していない方や、これから BigQuery へのデータエクスポートを検討している方に向け、BigQuery の一般公開データセットとして、Google アナリティクス 4 から BigQuery にエクスポートされるデータのサンプルが公開されています[注23]。

データはサンプルであり、難読化も施されているため、実際にエクスポートされるデータと完全に同一ではありませんが、BigQuery エクスポートを利用したときにどのようなデータが取得できるかをイメージするにはちょうどよいはずです。図 8.25 で示すように、BigQuery の一般公開データセットはプロジェクト `bigquery-public-data` 配下のデータセット `google_analytics_sample` からアクセスできます。

エクスポートされるデータ形式とスキーマの詳細情報はドキュメントに記載されています[注24]。BigQuery を利用したさまざまな分析例も記載されているので、エクスポートされるデータの扱い方の参考にするとよいでしょう[注25]。

Google アナリティクス 4 から BigQuery へのエクスポートにコストは発生しません。エクスポートが完了すると、データ保存に対する BigQuery のストレージ料金、クエリを発行した場合は BigQuery のクエリに対する料金が発生します。なお、ストリーミングエクスポートを行うときは BigQuery のストリーミング挿入を利用するため、その分のコストが追加で発生する点に注意してください。

---

**注22** 公式ドキュメント -[GA4] BigQuery Export のセットアップ
https://support.google.com/analytics/answer/9823238#

**注23** 公式ドキュメント -Google アナリティクス 4 e コマースウェブ実装向けの BigQuery サンプル データセット
https://developers.google.com/analytics/bigquery/web-ecommerce-demo-dataset?hl=ja

**注24** 公式ドキュメント -[GA4] BigQuery Export スキーマ
https://support.google.com/analytics/answer/7029846?hl=ja

**注25** [GA4] BigQuery のデータからオーディエンスを抽出するクエリのサンプル
https://support.google.com/analytics/answer/9037342?hl=ja

図8.25 BigQueryの一般公開データセットに含まれるGoogleアナリティクスのサンプルデータ

## 8.6.2　FirebaseからBigQueryへのデータエクスポート

　Firebaseは複数のサービスから構成されていますが、その中のAnalytics、Cloud Messaging、Crashlytics、Performance Monitoring、A/B Testing、Remote Config personalizationのデータをBigQueryと連携させてエクスポートできます。FirebaseサービスのデータをBigQueryにエクスポートすることで、ネイティブアプリケーションの統計情報をより細かく分析してアプリケーションの改善に役立てたり、ネイティブアプリケーション上とWebサイトでのユーザー行動をクロスで分析し、それをもとにキャンペーンの施策決定を行ったりすることができます。

　Firebaseプロジェクト作成後、図8.26のようにプロジェクト設定から［統合］タブをクリックすると、Firebaseが連携できるサービス一覧が確認できます。

　BigQueryのリンクをクリックすると図8.27の画面が現れるので、エクスポート対象とするFirebaseサービスを選択して、リンクを設定すれば作業は完了です。リンクの設定の中で、GoogleアナリティクスとCrashlyticsについては、ストリーミングオプションを選択できます。これを選択すると、BigQueryのストリーミング挿入の機能を利用したデータの連携も行われます。

図8.26　Firebaseの統合設定の画面

図8.27　FirebaseとBigQueryのリンク設定詳細

リンク設定の手順については、公式ドキュメントにも記載があります[注26]。Firebaseの無料プランか有料プランかの違いによってエクスポートできるサービスに一部違いがあるため、詳細

---

[注26] 公式ドキュメント - プロジェクト データを BigQuery にエクスポートする
https://firebase.google.com/docs/projects/bigquery-export?hl=ja

はドキュメント上で確認することをお勧めします。

　リンク設定が完了すると、毎日、選択したデータがエクスポートされます。これに加えて、別テーブルで当日に発生したイベントもリアルタイムにエクスポートされます。出力されるデータのスキーマなどの詳細情報はドキュメントを参照してください[注27]。

　また、Googleアナリティクスと同じように、Firebaseからエクスポートされるデータのサンプルも BigQuery で公開されています。Googleアナリティクスのサンプルデータと異なり、一般公開データセットではないため、確認するには少し手順が必要です。

　Firebaseのサンプルデータは`firebase-public-project`というプロジェクト上でホストされています。まず、BigQueryのコンソール上の左側にある［＋追加］をクリックし、展開されるメニュー上の［名前を指定してプロジェクトにスターを付ける］をクリックします。ウィンドウが表示されるので、［プロジェクト名］という項目に`firebase-public-project`を入力して［スターを付ける］をクリックします。図8.28のように、プロジェクト一覧に`firebase-public-project`が追加されたことを確認できたら完了です。エクスポートされるデータを利用した分析のサンプルも公開されているので、BigQuery上で分析を行う際の参考にするとよいでしょう[注28]。

図8.28　Firebaseに関するBigQuery上での公開データセット

　最後にコストについて説明します。FirebaseからBigQueryのデータエクスポートは、リアルタイムでデータを取得する部分でストリーミング挿入が利用されているため、その分のコストが発生します。エクスポート完了後は、データ保存に対してBigQueryのストレージ料金が、

---

注27　公式ドキュメント -[GA4] BigQuery Export スキーマ
　　　https://support.google.com/analytics/answer/7029846?hl=ja
注28　公式ドキュメント -[GA4] BigQueryのデータからオーディエンスを抽出するクエリのサンプル
　　　https://support.google.com/analytics/answer/9037342?hl=ja

さらにクエリを発行した場合は、BigQueryのクエリに対する料金が発生します。

# 8.7 まとめ

　本章では、Google Cloud上でデータ基盤を構築するうえで最も重要なBigQueryへのデータ集約について、マネージドサービスによるソリューションを中心に説明しました。データパイプラインをどのように構築し、運用していくかは、データ基盤における最も重要な課題の1つです。そのためにマネージドサービスをうまく利用することで構築や運用の負荷を効率的に下げることは重要な戦略です。

　Google Cloud上でこれを実現するには、おもに、BigQuery DTSやDatastreamを利用する方法、Cloud ComposerなどのオーケストレーションツールにDataflowやDataprocといったサービスを組み合わせる方法、Dataformを利用する方法、Cloud Data Fusionを利用する方法があります。それぞれの方法について理解したうえで、組織やデータ活用の状況に応じて適切なものを選択してください。

　また、GoogleアナリティクスとFirebaseのBigQueryエクスポートを利用すれば、ユーザーの行動やアプリのデータをBigQueryに集約することが飛躍的に簡単になります。GoogleアナリティクスやFirebaseそれぞれの使い勝手という観点から選定してもかまいませんが、データ活用をするにはどちらが適しているのかという観点からを検討するのも、新しい切り口の選定方法になりえます。

　BigQueryへ積極的にデータを集約し、データ活用の第一歩を始めてみてはいかがでしょうか。

---

**Column**

## Firebaseを用いたデータ分析の活用方法

　本章で説明したFirebaseはGoogleが提供するMBaaS（Mobile Backend as a Service）で、Google Cloudと緊密に連動します[注29]。iOSやAndroidのネイティブアプリケーションを開発する際に必要なバックエンドサービスがGoogle Cloudで提供され、また、アプリケーションを成長させるのに必要なグロースハック（データ分析を中心としてマーケティングや製品の改善に結びつける手法）を行うために必要なサービスがそろっています。

　たとえば、以下はFirebaseサービスの一例です。

- 開発：アプリケーションの開発コンポーネントを減らすバックエンドサービス群

---

注29　公式ドキュメント -Firebaseと Google Cloud
https://firebase.google.com/firebase-and-gcp

- Cloud Firestore：Google CloudのサーバーレスNoSQLサービス。クライアントとのリアルタイム接続をDB側で提供し、開発工数を大幅に削減する
- Firebase Authentication：マルチプラットフォームの認証サービス。Google CloudでSLA付きのIdentity Platformが提供されている
- Cloud Functions：Google CloudのFunction as a Service。さまざまなFirebaseサービスからトリガが可能になっている
- Firebase Cloud Messaging：ネイティブアプリケーションにプッシュ通知を送れるサービス

● **品質**：アプリケーションの品質を改善するサービス
- Google Analytics for Firebase：ネイティブアプリケーションの利用方法を分析できるサービス
- Performance Monitoring：ネイティブアプリケーションのパフォーマンスを分析できるサービス
- Crashlytics：ネイティブアプリケーションのクラッシュ情報を収集、分析するサービス

● **エンゲージメント**：アプリケーションのユーザー体験を改善するサービス
- Remote Config：ネイティブアプリケーションの設定をユーザーにより変更できるサービス。新しいコンテンツのリリースをアプリストアの承認を待たずに切り替えるなどの際に利用できる
- A/B Testing：Remote Configを利用してA/Bテストを行うためのサービス

これらのうち、Google Analytics for Firebase、Cloud Messaging、Crashlytics、Performance Monitoring、A/B Testingなどのデータは、BigQueryとワンクリックで連携し、データをエクスポートできます。BigQueryコンソールから、これらのサービスのデータをさらに細かく分析したり、Firebase以外のデータと紐づけて分析したりすることで、アプリケーションの改善やユーザー体験の向上に結びつけることができます。

上記で取り上げたサービスは本当に一部ですが、これらをGoogle Cloudの分析サービスと併せて利用することで、グロースハック手法として以下のようなユースケースが簡単に実現できるようになります。

### A/Bテストの結果を詳細に分析する

**A/Bテスト**は同じアプリケーションやWebサイト上で、複数のパターン（AとB）を用意し、それらをユーザー群ごとに出し分けて成果を調べるテストのことです。Firebase A/B TestingやRemote Configを用いてA/Bテストを実施できますが、重要なのは、実施前に検証対象となる仮説を明確にすることです。そのためには、さまざまなデータを分析して、多面的な観点から仮説を組み立てる必要があります。また、A/Bテストの検証では、A（変更あり）、B（従来どおり）で比較をする際に、Aの対象ユーザーの属性が偏っていなかったか、ほかの要因で変化していないかなど、さまざまな観点から効果検証が必要

です。データに基づいた仮説を組み立て、仮説に基づいて実施したA/Bテストの効果検証を正しく行うためには、FirebaseのデータをBigQueryにエクスポートしておくことが効果的です。BigQueryにはFirebase以外のデータも集約させることができるため、より多面的なデータから分析できます。

## ネイティブアプリクラッシュの詳細を分析する

　ネイティブアプリのクラッシュはCrashlyticsで取得できますが、BigQueryエクスポートでより細かく条件を指定して分析できます。これをもとに、クラッシュの条件を特定しやすくなり、アプリケーションの品質向上につなげることができます。とくに、デバイスが増え続けている近年では重要でしょう。ストリーミングエクスポートを行うことで、新バージョンのリリース直後にエラー率が上がっていないかを確認できます。また、新バージョンの改修、アプリストアでの承認には時間がかかるため、Remote Configを用いて一部ユーザーへは新機能を試験利用してもらい、エラーレートを確認しながら新機能を追加していくことも可能になります。

## 作成したセグメントに対し、プッシュ通知で行動を促す

　ユーザーの情報に基づき、あるキャンペーンに興味がありそうなユーザーの集団（セグメント）を抽出し、プッシュ通知でクーポンを送る方法は、アプリ上での購買促進の代表的な手法として広く知られています。Firebase Cloud Messaging、Remote Configなどのサービスでは、BigQueryのテーブルをユーザーセグメントとしてインポートでき、またそのセグメントを定期的に更新できます[注30]。この機能を利用すると、BigQueryでFirebase単体では保持していないさまざまなデータソース（例：会員属性情報、サーバーサイドのログなど）を統合して分析、そこからユーザーセグメントを作成し、プッシュ通知を送るまでの行動を一元的に実施できます。たとえば、ECサイトでカートに入れて未決済の商品があるユーザーセグメントにプッシュ通知を送る、Life Time Value（LTV）の高いユーザーを特定し優先的にクーポンを発行する、などさまざまなケースが考えられます。これらのシナリオ作成と実行がGUI（Firebase）とSQL（BigQuery）のみで実行できるので、データアナリストやデジタルマーケティング担当者だけでも素早く施策を実施できるようになるでしょう。また、プッシュ通知の送り過ぎはユーザー体験を損ない、通知オフの選択につながってしまいます。プッシュの開封状況をGoogle Analytics for Firebaseで分析することで、本当にユーザーに必要な通知を送付するように最適化できます。

## リアルタイム分析で検知した情報を、ネイティブアプリに連動する

　10章ではリアルタイム分析について説明します。リアルタイム分析の実際のユースケースとしては、リアルタイムに指標を追うこと以上に、リアルタイムで見えた傾向や検知さ

---

注30　公式ドキュメント - セグメントのインポート
　　　https://firebase.google.com/docs/projects/import-segments

れたイベントに基づいて即座にアクションをとることのほうが多いと言えます。たとえば、ECサイトで配送が開始された際にユーザーに通知を送りたければ、Pub/Subにイベントとして配送開始のログを流し、そこからCloud FunctionsでCloud Messagingを起動することで、ユーザーにリアルタイムに通知を送ることができます。また、Dataflowで複雑なリアルタイム集計条件を実装し、それに基づきプッシュ通知を実行する、なども同様のシナリオで実装できます。

　このように、Firebaseはモバイルアプリ開発の観点だけでなく、アプリケーションの成長やユーザー体験の向上を促すために、Google Cloudの分析ソリューションと組み合わせることができます。Firebaseをアプリケーションの分析にのみ利用している場合も多く見られますが、エクスポートやインポートの機能を使うことで、さまざまなビジネスユースケースが実現可能になるでしょう。

# 第9章 ビジネスインテリジェンス

本章では、データウェアハウスのデータを活用するビジネスインテリジェンスをGoogle Cloudでどのように実現するか説明します。まず、ビジネスインテリジェンスとは何か、そしてビジネスインテリジェンスを実現するツールに求められる要件を整理します。そして、それに対応するGoogle Cloudのツールを実際に各ツールの特徴を操作や画面イメージを用いながら説明します。最後に、それぞれのツールの選択方法についてまとめます。

## 9.1 BIとBIツール

### 9.1.1 BIとは

　**ビジネスインテリジェンス**（以下、**BI**）とは、企業活動における意思決定をデータに基づいて行うことです。昨今のビジネスにおいては、多岐にわたる意思決定が必要です。そのような意思決定は、経営層における上位のレベルから社員個人の行動計画まですべてのレベルに存在します。市場の変化やその中での自らの状況をデータという事実で示して客観的に把握することは、変化に挑むためのトライアンドエラーやPDCAのような施策がとりやすくなるため重要です。対照的に、経験と勘による意思決定は客観性が乏しく再現性が低くなるため、安定的な成果が出づらくなるでしょう。時として、経験と勘は重要ですが、組織的な活動の中でそれだけで意思決定を行うことは非常にリスクが高いと言えます。実際に、ここ10年ほどでデジタル分野を中心にビジネスを行う企業が、データに基づいたBIを駆使して多くの成功を収めているのは、読者のみなさんもご存知でしょう。

　一方、サービスやプロダクトが生み出すデータを、データウェアハウス（以下、DWH）やデータレイクにためることができても、それだけではデータによる意思決定を組織で活用する環境は簡単に実現できません。BIツールは、それらのデータを意思決定する人間が見える形にし、意思決定フローに沿って提供するために利用されます。

## 9.1.2 BIツールに求められる要件

それでは、BIツールに求められる要件を詳しく見てみましょう。企業におけるデータに基づいた意思決定のためにBIツールに求められる要件として、おもに以下の5つが挙げられます。

- **大量データの処理**：サービスのデジタル化により、扱うべきデータは大量になっている。必ずしもBIツールだけで大規模データを処理できる必要はないが、大規模データを処理することに長けたモダンなDWHと接続できることは必須
- **容易な可視化・分析操作**：BIツールでは、基本的にはデータを可視化することで人間の意思決定をサポートする。探索的な可視化では、トライアンドエラーの繰り返しによって分析軸を多面的に変えるため、使いやすいインターフェースやフィルタリング機能などを備えている必要がある
- **ダッシュボードレポーティング機能**：定常的に指標をモニタリングする場合、通常はチームなどの組織でそれを共有する。そのためにダッシュボードを構築・共有する機能や、その利用者がより自律的な分析を行うための動的な分析機能が備わっていることが望ましい
- **データ管理におけるセキュリティ**：データの共有が重要な一方で、必要な人にのみデータを公開する制御も非常に重要。人とデータセットのアクセス制御の組み合わせを詳細かつ効率よく調整できる管理機能が重要
- **データガバナンス**：データ活用が組織内で広く進むと、重要な指標の算出ロジックや定義の不透明化がしばしば発生する。組織のデータ分析のインターフェースとなり得るBIツールで、指標の定義を管理できることが重要

## 9.1.3 Google Cloudで利用できるおもなBIツール

Google Cloudは、さまざまなBIツールと組み合わせることができます。ここでは、Googleが提供している以下の3つのBIツールについて説明します。

- **コネクテッドシート**（Googleスプレッドシート）
- **Looker Studio/Looker Studio Pro**
- **Looker**

もちろん、これら以外にもTableau[注1]などのサードパーティのBIツールがBigQueryなどと連携して利用できます。

---

**注1** https://www.tableau.com/ja-jp

これら3つのサービスは、それぞれ解決するデータの課題が異なるため、ここからは、各サービスについて詳細に説明します。先述したBIツールの要件に対するそれぞれのプロダクトの特徴をつかんでください。

## 9.2 コネクテッドシート

コネクテッドシート[注2]は、一言で言うと、Googleスプレッドシートで大量のデータを扱うことができる機能です。通常、Googleスプレッドシートをはじめとする表計算ソフトウェアでは、扱えるデータのボリュームに限界があるため、分析のユースケースが限定されます。たとえば、Excelでは100万行程度、あるいは手元のクライアントコンピュータの性能によっては、事実上重すぎて処理が動作しないこともありえます。そうした課題を解決しながら、使い勝手はスプレッドシートのまま分析を行えるのがコネクテッドシートです。

コネクテッドシートは、BigQueryにデータ処理の部分をまかせることで、大量のデータを分析できます。つまり、データの操作をスプレッドシートで行う裏で、実際のデータ処理はBigQueryでハイパフォーマンスに実行しています。使い勝手はGoogleスプレッドシートそのものなので、データからグラフを作ったり、ピボットテーブルなどを使って分析したりといった多くの方が使い慣れた方法で、大量データの分析を実現できます。そして何より、データをスプレッドシートに抜き出しているわけではないので、DWHの最新データにいつでも更新できます。

一般的なBIツールは、いずれも使い方を習得するための時間が多少なりとも必要です。現実問題として、よほどその学習コストに投資対効果が感じられるものでないと、忙しいメンバーは習得のための時間を割いてくれないことが多いでしょう。その点で、コネクテッドシートを利用するという方法は、ExcelやGoogleスプレッドシートと同じ使い勝手でDWHのデータを分析できるので、データ活用推進の1つのきっかけにもなりえます。また、データ抽出をビジネス部門などから毎回依頼されているエンジニアやアナリストの負荷削減にもつながるでしょう。

では実際に、BigQueryの一般公開データセットを使って、実際にどのように大量データを分析できるか見てみましょう。BigQueryの一般公開データセットの中にニューヨークの生活苦情ダイヤルのデータセットnew_york_311があるので、それを使います。

---

**注2** コネクテッド シートが登場したとき、Google Workspace の上位エディションでのみ利用可能でしたが、2024 年 10 月時点、個人利用の Gmail アカウントを含む、すべてのエディションで利用できるようになりました。

## 9.2.1 データへのアクセス

　データへのアクセスを実際の操作を通じて見てみましょう。まず、図9.1のようにブラウザのアドレスバーに「spreadsheet.new」を入力し、新しいGoogleスプレッドシートを新規作成で開きます。ログインしていない場合は案内が表示されるので、それにしたがってログインしてください。また、本章で示す画面はChromeブラウザで実行したものですが、FirefoxやMicrosoft Edgeなどでも動作します[注3]。

図9.1　Googleスプレッドシートの新規作成

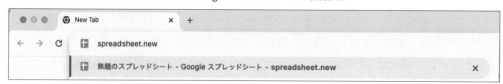

　次に、図9.2のように、開いたGoogleスプレッドシートのメニューから［データ］、そして［データコネクタ］を選択します。すると接続できるデータストアが表示されます。ここでは、BigQueryとLookerが選択肢として表示されています。［BigQueryに接続］を選択します。

---

注3　公式ドキュメント -Google Workspaceのサポート対象ブラウザ
　　 https://support.google.com/a/answer/33864?hl=ja

図9.2 BigQueryへ接続

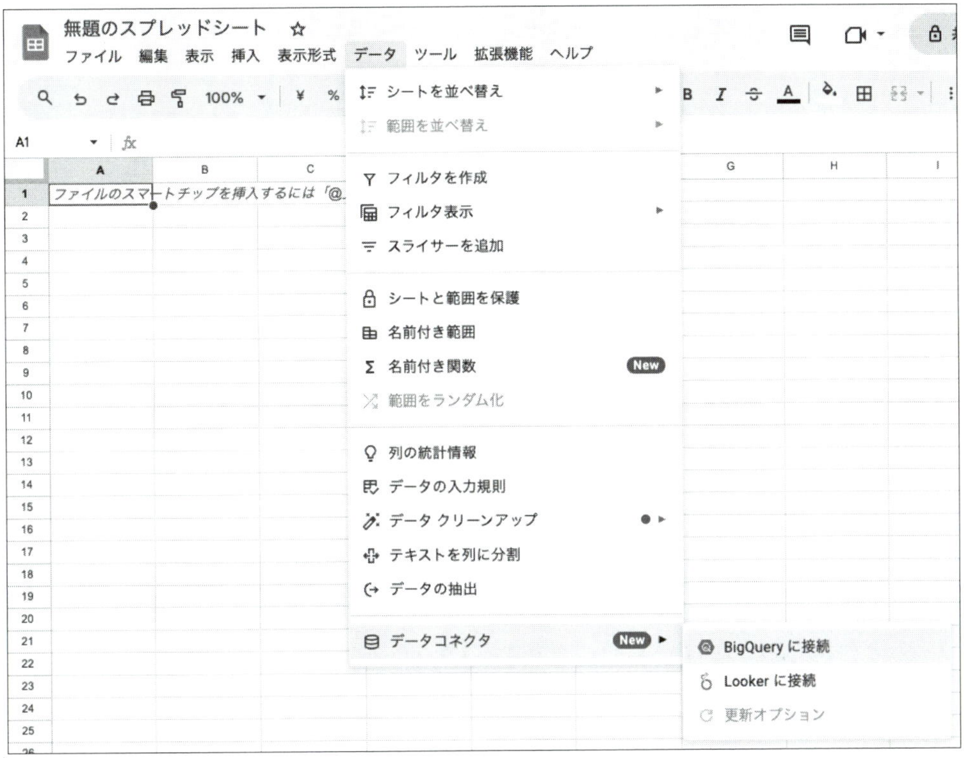

　図9.3に示すとおり、[データ接続の追加]というウィンドウが表示されるので、検索窓に自身の利用しているGoogle Cloudのプロジェクト名を入力し、表示された該当するプロジェクトをクリックします。

　次に、[公開データセット]→[new_york_311]→[311_service_requests]と選択して、[接続]をクリックします。

図9.3　プロジェクトおよびデータを選択

しばらくすると、図9.4のような画面が表示されます。中央やや下あたりに接続したテーブルの行数と列数が表示されています。［使用する］をクリックします。

図9.4　データ接続完了

そうするとデータがシート上に表示された状態になります。こちらはプレビューとして全データの中の500行が表示されています。ここで、期待したデータにアクセスできているかやデー

タの中身を確認できます。また、右上部にある［列の統計情報］をクリックすると各列にどのようなデータが含まれているか統計的に知ることができます。図9.5に示した例では、列の統計情報を取得後の画面右側に［agency］の統計情報が表示されています。

図9.5　データのプレビューと統計情報表示

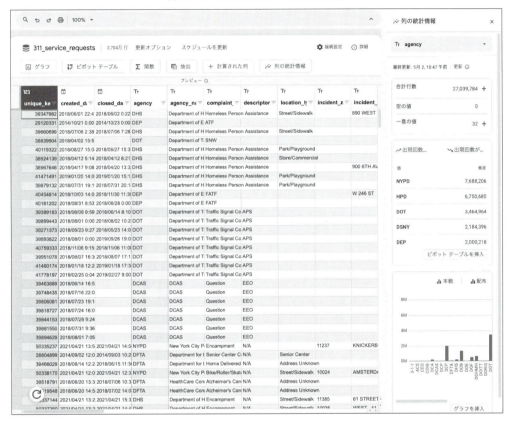

　以上がBigQueryへのテーブルの接続手順です。ここまで説明したとおり、分析に必要なデータが存在するテーブルの情報さえ知っていれば、利用者が高度なスキルを持っていなくてもデータにアクセスできることが理解できると思います。

### 9.2.2　ピボットテーブルでの分析

　次にGoogleスプレッドシートでの分析によく行われる**ピボットテーブル**での操作を見てみましょう。通常のピボットテーブルと違うのは、操作しているデータが大量であることです。
　ここでは、同じデータセットを用いて苦情の内容と地域の2つの軸でクロス集計をしてみます。

まず、先ほどの画面の中央やや上部にある［ピボットテーブル］をクリックします。ピボットテーブルを作成するシートを指定する画面が出ますので、ここでは［新しいシート］を選択して［作成］をクリックします。すると図9.6のような画面が表示されます。右側のピボットテーブルエディタを操作することでクロス集計をしていきます。

図9.6　ピボットテーブル初期画面

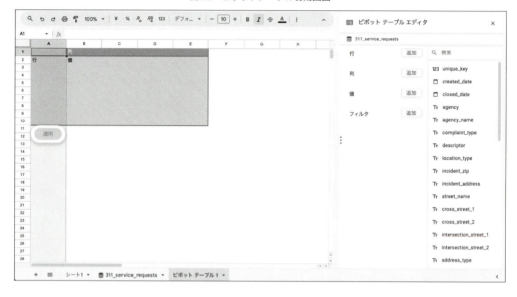

右側のピボットテーブルエディタ内にある［値］の右にある［追加］をクリックして［unique_key］を選択します。そして、それぞれのボックスのパラメータを以下のように選択します。

- 集計：COUNTA
- 表示方法：列集計に対する割合

次に、［行］の右にある［追加］をクリックして［borough］を選択します。こちらはそれぞれのパラメータを以下のとおりにします。

- 並べ替え：降順／unique_keyのCOUNTA
- 行数：すべて

ピボットテーブルの下あるいはピボットテーブルエディタの下部にある［適用］をクリックします。すると、図9.7のようにboroughごとに集計された件数の割合が表示されます。

図9.7　区ごとの件数割合の集計

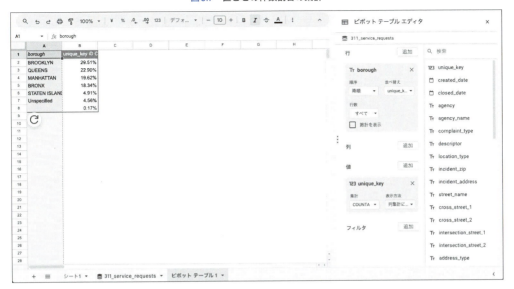

この結果から苦情報告件数のおよそ30%が、BROOKLYNエリアでの発生ということがわかり、それに続いてQUEENS、MANHATTANと件数が多いことがわかります。

では、次にそれぞれの地域で苦情の内容が同じ傾向なのか、違う傾向があるのかを見てみましょう。先ほどの画面で、今度は[列]に[complaint_type]を選び、パラメータを下記のとおりにします。

- 並べ替え：降順／unique_keyのCOUNTA
- 列数：10

また、先ほど設定した[値]の[unique_key]の以下を変更します。行での集計に変更することで、boroughごとかつcomplaint_typeごとの割合の集計に変えます。

- 表示方法：行集計に対する割合

そして再び[適用]をクリックします。すると図9.8のような結果が得られます。

図9.8 区ごとの苦情内容の件数割合

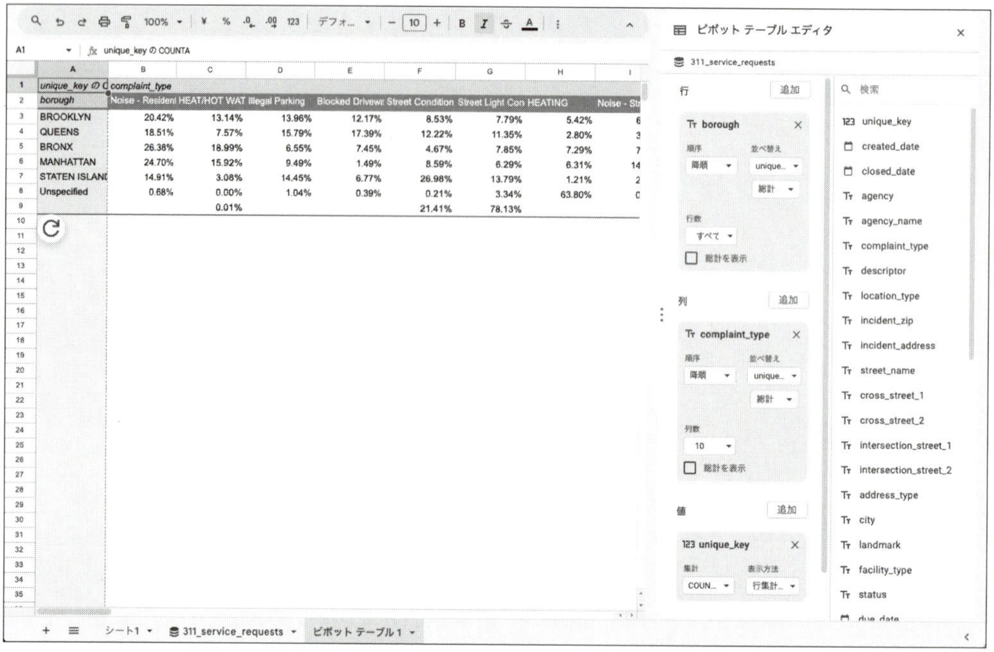

この結果から、BROOKLYN や BRONX や MANHATTAN では、騒音苦情や生活温水に関する苦情の割合が比較的多いのに対し、STATEN ISLAND では道路状態についての苦情の割合が多いなどが見てとれます。

このように任意の軸や複数の集計軸を使って柔軟にデータを見ることで、さまざまな観点からの分析を柔軟に行うことができます。これまでは、さまざまな観点からの分析は元データに近い未集計のデータを扱う必要があり、データサイズが大きくなりがちで専門的な BI ツールなどを扱って分析する必要がありました。

しかしながらコネクテッドシートを使うことで、BigQuery のデータ処理能力を最大限活用し、Google スプレッドシートで大量のデータを使った柔軟な分析が実現します。しかも、特別なスキルを必要としないため、データ分析を専門としない組織のメンバーもさまざまな観点からデータを容易に分析できます。

たとえば、行政の政策担当者が先ほどのような分析を行うことで、正しく詳細に事実を認識でき、地域ごとの正確な予算計画を立てることができるようになると考えられます。実際に国連プロジェクトサービス機関（UNOPS）では、COVID-19 のデータをコネクテッドシートと BigQuery を合わせて利用することで、80ヵ国以上のチームでデータを分析、入力しています[4]。

---

注4　https://workspace.google.com/blog/ja/customer-stories/how-organizations-make-data-driven-decisions-with-connected-sheets/

### 9.2.3　グラフの作成とダッシュボードとしての活用

　ピボットテーブルと同様に大量のデータをもとにグラフを作成することもできます。一例として、苦情種別ごとの件数の割合をグラフにしてみましょう。

　図9.5の画面に戻り、画面の左上部にある［グラフ］をクリックします。グラフを作成するシートを指定する画面が現れますので、ここでは［新しいシート］を選択して［作成］をクリックします。ピボットテーブルと同じように右側にエディタが出てきます。こちらにグラフの条件を設定することで任意のグラフを描画できます。以下のように設定し、苦情内容の割合を可視化してみます。

- グラフの種類：ドーナツグラフ
- ラベル：complaint_type
- 値：unique_key カウント
- 並べ替え：unique_key 降順

　すると図9.9のようなグラフが得られます。

図9.9　グラフの作成

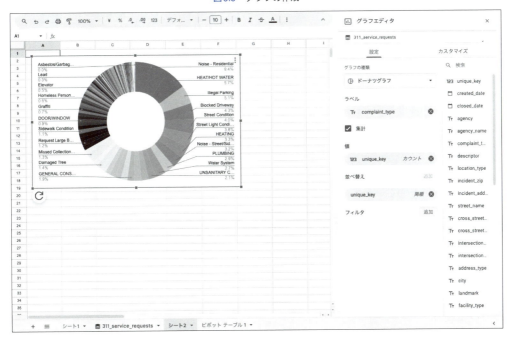

　こちらもピボットテーブルと同様、集計済みのデータセットから可視化するわけではなく、

たとえば、売上データを注文1件ごとのレコードレベルのようなより細かいデータに対して可視化できる点で強力です。さらに、グラフの作成を繰り返して複数のグラフをシートに配置し、ダッシュボードのようにシートを作成することもできます。これをGoogleスプレッドシートの共有機能を利用して、ダッシュボードをオンラインでほかのメンバーと共有するような運用ができます。

　一方、一般的なBIツールのダッシュボード機能にあるような複数のグラフに適用する共通フィルタやレポート送信機能などはないため、あくまで作られた情報を参照する用途でのみ使えます。そこから閲覧者個別の要件に合ったフィルタを複数のグラフに適用するような動的な分析や、メールやチャットなどのコミュニケーションツールにレポートを送信してアクションにつなげるような活用は簡単にできません。

## 9.2.4　データの更新

　参照しているBigQueryのデータが変更された場合などにコネクテッドシート上でデータを更新する方法には、手動で更新する方法と定期的な更新を設定する方法があります。ここまでで作ったようなテーブルやグラフをマウスオーバーすると左下に矢印が回転しているマークが現れ、さらにそこにマウスを合わせると［更新］ボタンと最終更新日が表示されます（図9.10）。［更新］ボタンを押すとBigQueryにクエリが発行されコネクテッドシート上のデータが更新されます。

図9.10　更新ボタンと最終更新日

　さらに、右側のメニューから［更新オプション］を選択すると、画面右側に更新オプション

が表示されます。図9.11のように更新対象のピボットテーブルやグラフが一覧で表示され、選択するとそれぞれを更新できます。右下の[すべて更新]で一括更新もできます。

図9.11　更新オプション

［更新スケジュール］の［今すぐ設定］をクリックすると、図9.12の画面で更新間隔および開始タイミングを設定できます。この設定によって定期的に最新のデータに保つことができます。更新のたびにBigQueryのクエリ料あるいはスロットの消費が発生する可能性があるため、更新頻度は想定コストと求められる鮮度を考慮して決めるのがよいでしょう。

図9.12　更新スケジュール

## 9.3 Looker Studio/ Looker Studio Pro

Looker Studioは、ブラウザベースかつサーバーレスなデータ分析レポートツールです。以前はデータポータルという名称で提供されていましたが、2022年10月にLookerの傘下でビジネスインテリジェンスプロダクトファミリーとして統合されました[5]。Googleアナリティクスなどさまざまなgoogleプロダクトのデータを扱うことができ、もちろんBigQueryに接続できます。

シンプルなUIでデータ探索やレポート作成・配信・共有ができ、組織でデータ可視化や分析を行うための十分な機能が備わっています。そして、Looker Studioは、以前から無料で利用できましたが、Lookerとの統合とともに有償版の**Looker Studio Pro**の提供も始まりました。Looker Studio ProはLooker Studioに対してよりエンタープライズ用途に適したプロダクトとなっています。

Looker Studio Pro特有の機能としては次のようなものがあります。

表9.1 Looker Studio Proで利用可能な機能

| Looker Studio Proの機能 | 概要 |
| --- | --- |
| 組織所属のコンテンツ | レポートなどは個々のユーザーではなく組織に属し、作成者の退職にした場合なども引き続き使用でき、その権限管理もIAMで行える |
| チームワークスペース | チームで共有できるワークスペースを持つことができ、チームメンバー間での共同作業やワークスペース単位でのアクセス管理ができる |
| 高度なレポート配信 | 1つのレポートに対して複数の設定を持たせた配信ができる。たとえば各営業担当者の担当地域でフィルタされたレポートを配信するなど。また、Google Chatへの配信や指定した条件を満たしたら通知を受け取るなどもできる |
| 個人レポートリンクでデータ探索 | 個人レポートのリンクを共有することで、元のレポートを変更させることなく、他のユーザーはそのレポートで自由に気兼ねなくデータ探索ができる |
| Looker Studioモバイルアプリ | 外出先などでモバイルアプリからレポートやデータにアクセスできる |
| Cloudカスタマーケアサポート | 問題が生じた場合などテクニカルサポートを受けることができ、本番環境などで安心して運用できる |

ほとんどの機能が個人ベースで利用するにしてもチームや組織で利用するにしても、運用性や利便性を高めることができます。たとえば、Looker Studioでは、退職者のレポートは何も

---

注5　公式ドキュメント - 統合ビジネス インテリジェンス プラットフォーム、Lookerの次なる進化の紹介
　　　https://cloud.google.com/blog/ja/products/data-analytics/looker-next-evolution-business-intelligence-data-studio

対応をしなければ利用できなくなりますが、Looker Studio Proではオーナーが組織になるため、そのリスクや対応のコストが不要です。また、Looker Studioではレポートごとに共有設定をする必要があったり、異なるフィルタ条件でのレポート配信のために同じレポートを複製したり、分析結果の共有に手間や工夫が必要だったりといった部分が、Looker Studio Proではワークスペースや高度なレポート配信により非常に楽になります。Looker Studioを使っていて、このような課題に心当たりがあればLooker Studio Proを検討するタイミングでしょう。では、先ほどと同じ公開データセットを使って、Looker Studioでできることを見てみましょう。

## 9.3.1 データへのアクセス

はじめに、BigQueryと接続する方法について説明します。`https://lookerstudio.google.com/` をブラウザのアドレスバーに入力してLooker Studioの画面にアクセスできます。表示された画面上のメニューから［作成］をクリックして［レポート］を選択し、レポート作成へ進むと、データソースを選択する画面が表示されます（図9.13）。さまざまなデータソースを選択できることがわかります。

図9.13　レポートの作成

［データのレポートへの追加］と表示された中の［BigQuery］を選択すると、図9.14のようにBigQueryへのアクセス承認の要求が表示され、［承認］をクリックして使用するアカウント情報を入力します。

図9.14　BigQueryへのアクセス権許可

　次に、接続するBigQueryのテーブルを指定します。図9.15のように、一番左の欄の中から［一般公開データセット］を選択し、以下の通り順に選択したうえで、右下の［追加］をクリックします。

- 課金プロジェクト：（利用しているGoogle Cloudプロジェクト）
- 一般公開データセット：new_york_311
- 表：311_service_requests

図9.15　表を選択

　図9.16のように、［このレポートにデータを追加しようとしています］と表示されますので、［レポートに追加］をクリックします。

図9.16　データを追加

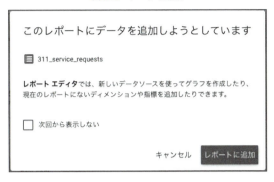

これでデータの接続は完了です。

## 9.3.2　グラフの作成

データ接続が完了すると図9.17のような画面になります。デフォルトでレポートの左上に表が作られています。表をクリックすると、右側に編集するためのエリアが現れます。ここから任意のグラフの選択や、そのグラフで表示する指標や軸を変更できます。

図9.17　レポートの初期画面

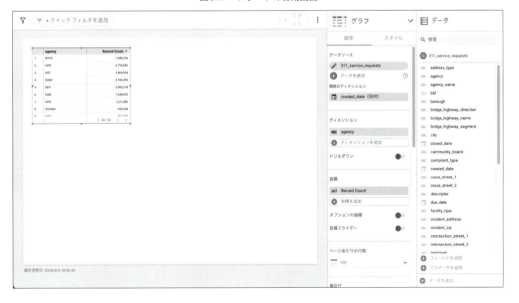

グラフを新たに作ってみます。まず、メニューバーにある［グラフを追加］を選択すると、

いくつか作成できるグラフが表示されます。ここでは、［期間］にある［期間グラフ］をクリックし、グラフを配置する場所をレポート上で選びます。すると図9.18のようなグラフが自動的に作成されます。

図9.18　グラフの新規作成

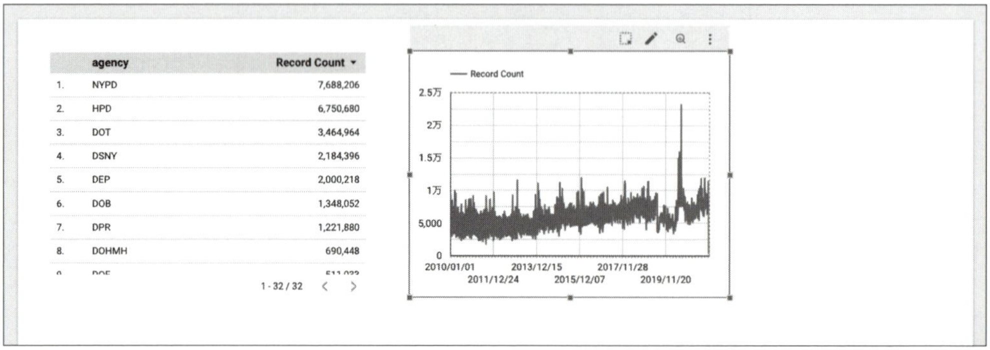

グラフの仕様は、グラフを選択した際に出てくる右側のエリア（図9.19）で変更できます。自分が可視化したい条件でグラフを作成します。

図9.19　グラフの設定エリア

ここで、**ディメンション**と**指標**を簡単に解説しておきます。これらは、言葉に違いはあっても、

ほとんどのBIツールに存在する概念です。

　ディメンションとは、分析に利用する軸です。ディメンションで指定した軸が持つ値ごとにデータを分けて見ることができます。ここでいうデータは、次に説明する"指標"を指します。たとえば、ディメンションに日時型のデータを選んだ場合は、月ごとや時間ごとのデータを分けて見ることができます。

　指標とは、そのグラフで見る数値です。接続しているデータセットのレコードの件数や、何か数値を持っているカラムを指定してその合計や平均を見ることができます。たとえば、注文レコードを持つテーブルの場合、その件数や売上金額のカラムを指標にすることで売上の合計や平均を見ることができます。

　基本的には、行いたい分析に応じてディメンションと指標を設定します。先ほどの画面の例では、ディメンションにcreated_dateを指定して、日単位で集計させています。指標には、Record Countを指定して、レコード件数を取得しています。ほかにも、特定の条件のデータのみに絞るフィルタやさらに複数の分析の軸を階層的に加える内訳ディメンションなどが設定できます。また、Looker Studioではさまざまな可視化ができます。中でも、特徴的なGoogleマップによる可視化について説明します。

　**Googleマップを用いたグラフ**では、緯度経度を用いた任意の位置にデータをプロットして可視化できます。図9.20は、ニューヨークの自動車事故のデータを発生位置をベースに可視化したものです。地図上にある丸い円がプロットされたデータで、円の大きさを事故件数でスケールさせています。可視化されたデータとGoogleマップの情報を合わせて見ることができるため、非常に強力です。この例では、事故の多い地域の道路や交差点を地図情報から確認でき、分析に役立てることができます。道路情報や地形など地図上の情報を参照できることはもちろん、地図の詳細にズーム、ストリートビューに切り替える、背景の地図を航空写真に選択するといった変更も任意にできます。

図9.20　Googleマップグラフ

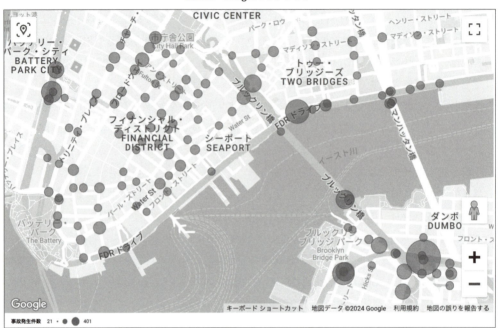

### 9.3.3　ダッシュボード

**レポート**に目的に沿ったグラフを配置して、**ダッシュボード**を作ります。レポートは共有機能を使って、社内のメンバーやチームに共有できます。Googleスプレッドシートなどの Googleプロダクトの共有方法とよく似ています。

ダッシュボードの右上に図9.21のような［共有］というボタンがあります。

図9.21　共有ボタン

［共有］の部分をクリックすると図9.22のような画面が現れますので、共有したいユーザーあるいはグループのメールアドレスを入力し、権限として編集者／共有者を選択して［送信］をクリックします。メンバー構成の変更やセキュリティ要件の変更などを想定すると、グループを活用して管理するのがよいでしょう。加えて、組織内のリンクを知るすべてのユーザーへのアクセス、リンクを知る組織外のユーザーへのアクセスなども設定として可能です。逆に、組織外のユーザーへの共有を制限するような設定を適用することもできます。詳しくは公式ド

キュメントを参照してください[注6]。

図9.22　ユーザー指定によるシェア

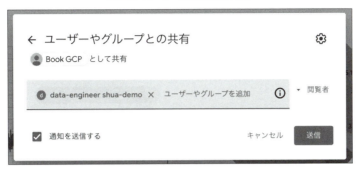

　また、Looker Studioのレポートでは、ダッシュボードの参照から動的な分析につなげるための機能が用意されています。一例として、ここではインタラクティブフィルタとドリルダウンについて説明します。

## インタラクティブフィルタ

　**インタラクティブフィルタ**は、ダッシュボードを構成するレポート内のあるグラフでディメンションを選択することで、同じレポート内のほかのグラフをそのディメンションでフィルタできる機能です。一般的なBIツールでクロスフィルタリングと呼ばれる機能です。

　インタラクティブフィルタは、対象のグラフの設定画面で簡単に使用できます。グラフを選択して表示される右側の設定領域にある［interactions］の［フィルタを適用］を有効にするだけです。たとえば、図9.23のようなダッシュボードがあるとします。左下には、地区ごとの苦情件数のグラフがあります。この時点では、このダッシュボードはすべての地区のデータを対象として可視化しています。

---

注6　公式ドキュメント -Looker Studio ユーザーの共有権限を設定する
　　　https://support.google.com/looker-studio/answer/9699595?hl=JA

図9.23　ダッシュボードサンプル

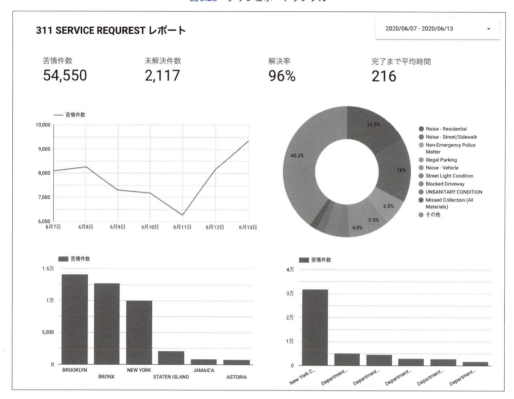

　右下のグラフ上で［BRONX］のバーをクリックして選択すると、ダッシュボード上のほかのグラフや数値が再計算されて、ほかのグラフや指標の内容が［BRONX］のみのデータを対象に可視化されます（図9.24）。日々の苦情件数の推移や苦情内容の構成割合の傾向が全体と異なることが見てとれます。

図9.24 BRONXでインタラクションフィルタ

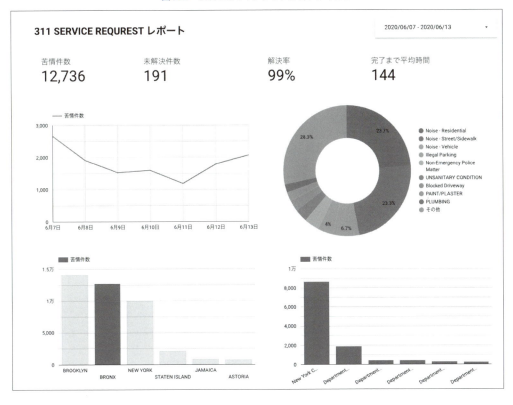

このように、ダッシュボード上にあるさまざまなディメンションを分析の軸にする動的な分析は、静的なダッシュボードから一歩進んだ分析を閲覧者自身で実現できます。

## ドリルダウン

**ドリルダウン**は、1つのグラフで階層的なディメンションを深堀りして動的に可視化する機能です。たとえば、月別に集計されていた数値を、即座に日別に集計して見たいといったケースで使用します。

ドリルダウンを設定するには、グラフを選択した際に右側の設定領域にある[ディメンション]の[ドリルダウン]をオンにします。そして、ドリルダウンするディメンションを指定します。ここでは例として、complaint_typeとdescriptorをディメンションに指定し、デフォルトのドリルダウンをcomplaint_typeにします（図9.25）。descriptorには、苦情内容のさらに詳細な内容が情報として入っています。

図9.25　ドリルダウンの設定

　実際にドリルダウンして分析する様子を見てみましょう。ここでは、特定の苦情内容（`complaint_type`）がどのような詳細内容（`descriptor`）になっているか、その内訳を確認します。

- 図9.26は、苦情内容（`complaint_type`）ごとの件数の割合の円グラフです。Noise Street/Sidewalkを選択し、グラフの外側右上にある［↓］（下矢印マーク）をクリックすることでドリルダウンができます。

図9.26　ドリルダウン対象の選択

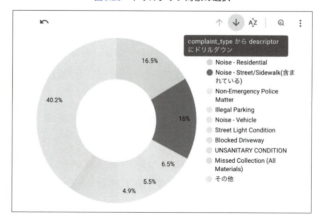

- ドリルダウンの結果、図9.27のようにNoise Street/Sidewalkのより詳細な苦情の内容の割合がグラフとして表示されます。道路に関する苦情のほとんどは、大きな音の音楽やパーティの騒音に関する苦情が占めていることがわかります。

図9.27　ドリルダウンあとのグラフ

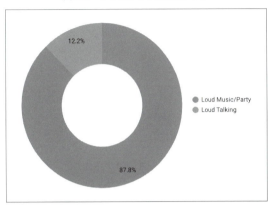

また、逆の操作のドリルアップもできるので、再びより大きな視点での分析にすぐに戻ることもできます。ほかにも、ドリルダウンを使って以下のような階層的な分析ができます。

- 商品：カテゴリ → 品目 → 品番
- 地域：都道府県 → 市区町村 → 町名番地

Looker Studioは、組織によるダッシュボードの運用や利用者に対してより自身の要件に合った詳細な分析を実行する手段を提供します。

## 9.4　Looker

Lookerは、Google Cloudが提供する企業でのデータ活用を強力にサポートするエンタープライズデータプラットフォームです。LookerもLooker Studio同様にブラウザからアクセスして利用でき、ユーザーがそのインフラ環境を運用する必要はありません。

Lookerの最大の特徴は、分析において重要なビジネス指標の定義や計算ロジックを中央集権的にキュレート／管理できる仕組みを提供しているところです。これにより組織のデータの一貫性と信頼性を高めることができ、ガバナンスのあるBI環境を実現します。近年、このような仕組みはセマンティックモデリングレイヤーと呼ばれ、データエンジニアリングにおいて

注目されています。

## セマンティックモデリングレイヤー

　セマンティックモデリングレイヤーは、データウェアハウスやデータベースに存在するデータと、データ分析者が実際に必要とするデータとのギャップを埋めるための層です。具体的には、データウェアハウスなどのデータスキーマから、分析者が直接利用できるディメンション（分析軸）と指標（測定値）を作成することを指します。

　たとえば、注文データの分析において、注文者のセグメントや注文日時をディメンションとして、売上を指標として定義するとします。この場合、注文者のセグメントは、注文テーブルと顧客セグメントテーブルを結合して導出する必要があります。また、注文日時はUTCベースのデータをJSTに変換する必要があり、売上はキャンセルされた注文を除外して集計するといったビジネスロジックを適用する必要があります。

　セマンティックモデリングレイヤーでは、これらの処理を事前に定義しておくことで、誰もが統一された方法でデータを分析できるようになります（図9.28）。

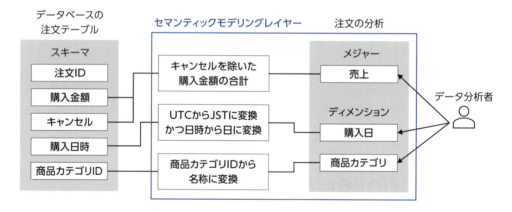

図9.28　セマンティックモデリングレイヤーの役割

　セルフBIツールの普及により誰もがデータ分析できるようになりましたが、指標の定義や計算方法が個人に依存すると、分析結果の解釈にばらつきが生じ、誤った意思決定につながるリスクが問題になってきたことを背景にセマンティックモデリングレイヤーが注目されています。セマンティックモデリングレイヤーは、このリスクを軽減し、組織全体で一貫性のあるデータ分析を可能にします。

　Lookerは、いち早くこの課題にアプローチし、データガバナンスを真にデータ活用の現場となるBIで実現するため、**LookML**というセマンティックモデリングレイヤーをコードで定

義する仕組みを提供しています。また、このLookMLをGitHubのようなGit方式のバージョン管理システムと連携することにより、分析に必要なビジネス上のディメンションや指標・数値の作成処理の実装を、一般的なアプリケーション開発と同じようにメンテナンスできます。これによってデータ管理のガバナンスを実現できます。

## その他のLookerの特徴的な機能

Lookerは、他にも以下のような特徴を持っています。

- **マルチクラウド**：Looker自体はGoogle Cloudのプロダクトの1つだが、ほかのクラウドサービスやデータベースシステムと接続して使用できる。さまざまなデータベースやDWHなどのデータソースにアクセスでき、サイロ化したデータを統合できる
- **データエクスペリエンス**：Lookerは、ほかのBIツールと同様に、データを可視化し、あるコンテキストに沿ったレポートやダッシュボードを構築して提供できる。それに加えて、埋め込み機能やLookerが提供するAPIを活用することで、ユーザー自身が持っているポータルサイトやツールにLookerで可視化されたデータやモデリングされたデータの活用を簡単に統合できる
- **ヘッドレスBI**：Lookerのセマンティックモデリングレイヤーは外部のBIからもコネクタを利用してアクセスでき、このような機能性は**ヘッドレスBI**と呼ばれる。2024年10月時点では、Looker Studio、Tableau Desktop、Microsoft Power BI Desktopで利用できる。分析者は、慣れたBIツールで生産性を妥協することなく、Lookerでモデリングされたデータでガバナンスとの両立を実現できる
- **他サービスとの連携しやすさ**：データの活用は、事実を把握するための可視化と意思決定から、その次のアクションまで進むことが望ましい。Lookerでは、データの機械学習での活用や分析に基づいたマーケティングなどの施策のための他サービスへの連携がスムーズにできるようになっている

## 9.4.1 Looker（Google Cloudコア）

2023年の3月に従来のLookerに加えて、Google CloudにホストされたLookerインスタンスをGoogle Cloudのコンソールから作成できるLooker（Google Cloud コア）が利用可能となりました。これにより従来のLookerは、公式ドキュメントなどでLooker（オリジナル）と呼ばれています。Looker（Google Cloud コア）は、利用規模やエンタープライズ用途の要件などに応じて選択できる3つのエディションが用意されており、料金も異なります。下位から、

Standardエディション、Enterpriseエディション、埋め込みエディション、が用意されており、上位のエディションは下位のエディションの機能を含みます。

機能性としては、Looker（オリジナル）と大きな違いはありませんが、一部エンタープライズで求められるようなセキュリティ要件に対応できる機能が備わっています。たとえば、Enterpriseエディション以上では、VPC Service Controls、プライベートIP、顧客管理の暗号鍵（CMEK）[7]が利用でき、Looker（オリジナル）では満たせなかったセキュリティ要件を満たせるようになる点もLooker（Google Cloud コア）を選択する理由になるでしょう。

以下のハンズオンでLookerの機能に触れてみると、データソースの登録から、ビジュアライズまでのタスクが少し多く感じるかもしれません。しかし、Lookerはセマンティックモデリングレイヤを備え、データの管理者が一度モデリングを整備をすれば、それらを再利用可能になり、結果としてデータガバナンスが保たれるという思想により作られているため、よりデータエンジニアには馴染みやすい発想になっています。これらを以下の機能紹介で詳しく確認してみましょう。

## 9.4.2　Lookerの機能概要

はじめに、図9.29に示すLookerのホーム画面から説明します。

図9.29　Lookerのホーム画面

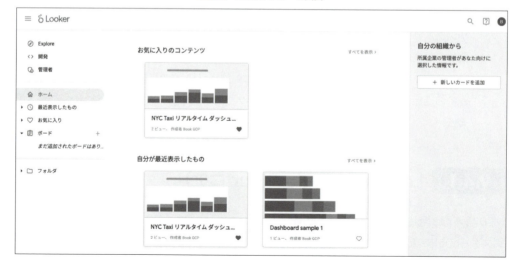

---

注7　公式ドキュメント - 顧客管理の暗号鍵（CMEK）
　　　https://cloud.google.com/kms/docs/cmek

左側のナビゲーションパネルから利用者の目的に応じた機能にアクセスできます。以下に利用するユーザーと実施できる内容の例を挙げます。

- **Explore**：おもにアナリストのアドホック分析やダッシュボード作成
- **開発**：おもにデータエンジニアのデータモデリング実装
- **管理者**：おもにシステム管理者の接続やセキュリティなど全体的な設定
- **フォルダ**：おもに一般ユーザーのすでに構築されたダッシュボードの探索や閲覧

以下はLookerで**ダッシュボード**を構築する際の基本的な流れです。もちろん、これらの作業は一度では終わらず、要件の追加や変更に応じて一部または全部が繰り返されます。

1. データが存在するデータベースへの接続設定
2. モデルとビューの定義
3. Gitに変更をPush
4. Exploreでのデータ探索と可視化
5. 可視化したデータでダッシュボードを構築
6. スケジュールや権限設定など共有に必要な設定

それでは、この流れに沿ってそれぞれのメニューからどのようにLookerを利用するのか見ていきましょう。

## 9.4.3 データへの接続設定

Lookerでは、はじめに分析対象のデータを扱うためのデータベースやDWHへの接続を構築します。

権限を持つユーザーは、ナビゲーションパネルの[管理者]そして[接続]を選ぶと、データベースへの接続を設定できます。新規接続の設定は図9.30のような画面で行います。ここで、さまざまな接続に関する設定をしますが、[言語]で接続先に選択できるデータベースの一覧を確認できます。Google Cloud以外のクラウドサービスやHadoopエコシステムなどさまざまなデータベースをデータソースとして選択できることがわかります。

図9.30　Lookerの接続DB選択画面

BigQueryを選択した場合、たとえば以下のような内容を設定します。

- 認証方法（サービスアカウントやOAuthなど）
- Google CloudのプロジェクトID
- デフォルトのデータセット名
- タイムゾーン

## 9.4.4　ビューとモデルの定義

Lookerで分析対象とするデータを構築するために、**ビュー**と**モデル**をファイルに記述して定義します。それぞれおもに以下の内容を記述します。

- ビュー

- 対象とするデータベース上のテーブルあるいはテーブルへのクエリ
- 分析に利用するディメンション（軸や切り口）やメジャー（Looker内では指標のことをメジャーと呼ぶ）
- モデル
- 利用するデータベース接続設定
- 分析対象とするビューとその結合方法

　この定義をファイルに記述して管理する機能を**LookML**と呼び、Lookerの中心的機能の1つです。LookMLの開発は、ナビゲーションパネルの［開発］から行うことができます。図9.31がLookMLの開発画面の例となり、左にファイルブラウザ、真ん中に選択したLookMLが表示されています。

図9.31　LookMLの開発画面

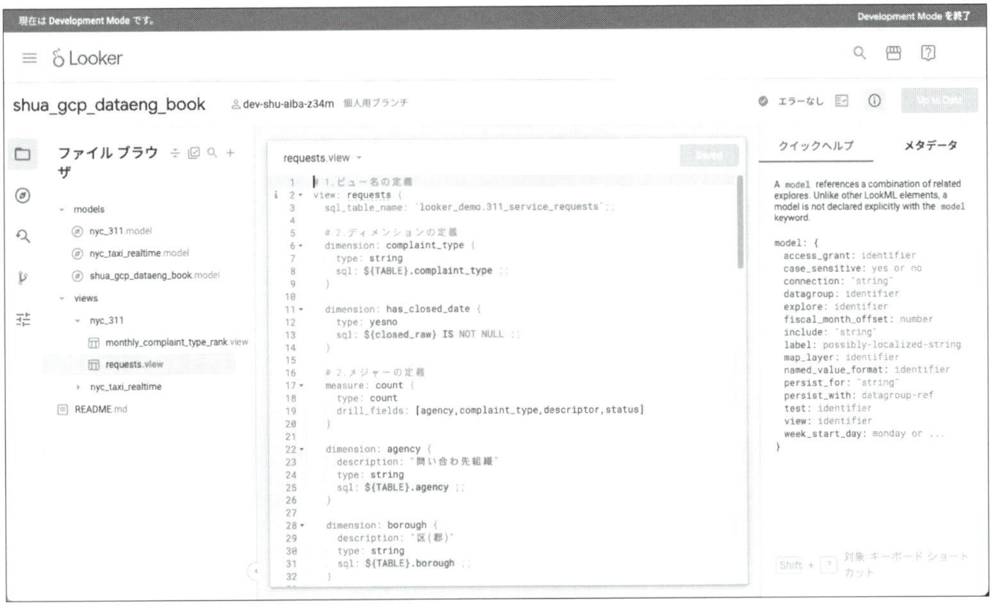

　Lookerには、**開発モード**という機能があります。LookML（後述）やダッシュボードを編集する際、現状のプロダクションの環境を変更しないユーザーローカルな環境に切り替えたいときに開発モードを使用します。このモードで編集するあらゆる変更は、明示的にプロダクションにデプロイするまでほかの人に影響を与えることはありませんので、安心かつ安全な開発ができます。開発モードの切り替えは、ナビゲーションメニューの［開発］を選択後に左下のラジオボタンで行えます（図9.32）。

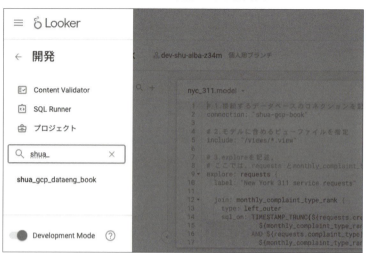

図9.32　Lookerの開発モードの切り替え

　図9.31の画面最上部に表示されている［**現在はDevelopment Modeです。**］が、開発モードであることを表しています。これは開発モード以外では表示されません。

　ここから**モデルファイル**と**ビューファイル**について、BigQueryの一般公開データセットnew_york_311を使って説明します。モデルファイルには、以下のような内容を定義します。

- 接続するデータベースコネクション
- モデルに含めるビューなどのファイル
- 単体のビューおよび複数の結合されたビューからなるExplore

　実際のモデルファイル（`nyc_311.model.lkml`）を見てみましょう。図9.33のようにLookMLのファイルは、ある程度決まった形式で複雑なロジックや文法を使うことなく記述できます。したがって、一般的なシステム開発が必要とする高度なプログラミングによる開発能力は問いません。

図9.33　モデルファイル画面

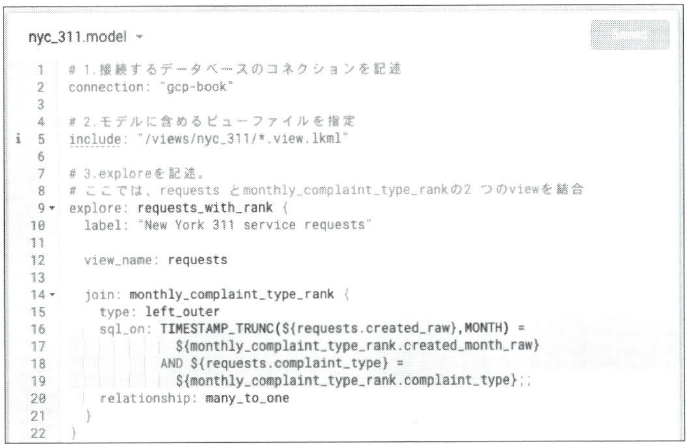

```
nyc_311.model ▾

1    # 1.接続するデータベースのコネクションを記述
2    connection: "gcp-book"
3
4    # 2.モデルに含めるビューファイルを指定
5  i include: "/views/nyc_311/*.view.lkml"
6
7    # 3.exploreを記述。
8    # ここでは、requests とmonthly_complaint_type_rankの2 つのviewを結合
9 ▾  explore: requests_with_rank {
10     label: "New York 311 service requests"
11
12     view_name: requests
13
14 ▾   join: monthly_complaint_type_rank {
15       type: left_outer
16       sql_on: TIMESTAMP_TRUNC(${requests.created_raw},MONTH) =
17               ${monthly_complaint_type_rank.created_month_raw}
18               AND ${requests.complaint_type} =
19               ${monthly_complaint_type_rank.complaint_type};;
20       relationship: many_to_one
21     }
22  }
```

リスト9.1が、コネクション設定です。コネクション名を記述します。

リスト9.1　モデルファイルの接続設定部分（nyc_311.model.lkmlの抜粋）

```
# 1.接続するデータベースのコネクションを記述
connection: "gcp-book"
```

リスト9.2は、このモデルに含めるビューを絶対パスあるいは相対パスで指定します。これを記述することで、モデルファイル内でそのビュー名を参照できるようになります。

リスト9.2　モデルファイルの他ファイル取り込み部分（nyc_311.model.lkmlの抜粋）

```
# 2.モデルに含めるビューファイルを指定
include: "/views/*.view"
```

リスト9.3では、分析者がデータ探索や可視化のためにアクセスできるexploreを定義します。ビューをベースに、ここでは2つのビューrequests、monthly_complaint_type_rankを結合したexploreを定義しています。もちろんexploreに単一のビューを設定することもできます。joinの内側のパラメータを見るとわかりますが、join操作で結合するキーや結合するテーブルの関係が多対一なのか一対一なのかなどの設定を含めることができます。

リスト9.3　モデルファイルのexplore定義部分（nyc_311.model.lkmlの抜粋）

```
# 3.exploreを記述。
# ここでは、requests とmonthly_complaint_type_rankの2 つのviewを結合
explore: requests_with_rank {
  label: "New York 311 service requests"

  view_name: requests
```

```
  join: monthly_complaint_type_rank {
    type: left_outer
    sql_on: TIMESTAMP_TRUNC(${requests.created_raw},MONTH) =
              ${monthly_complaint_type_rank.created_month_raw}
            AND ${requests.complaint_type} =
              ${monthly_complaint_type_rank.complaint_type};;
    relationship: many_to_one
  }
}
```

　次にビューファイル（`requests.view.lkml`）です。ビューファイルではおもに以下の内容を定義します。

- ビューの名称やクエリするテーブル
- 分析の軸となるディメンション
- 分析対象の指標となるメジャー

　図9.34にビューファイルの例を示します。

図9.34　ビューファイル画面

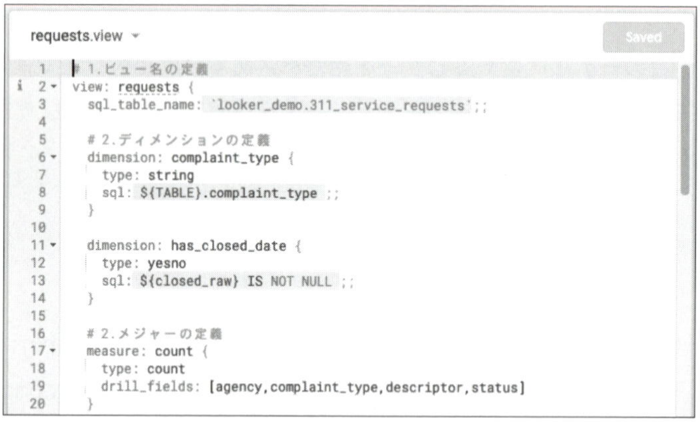

　リスト9.4でビューの名称を定義しています。ここでは、`requests`です。また、`sql_table_name`パラメータで参照するデータベースのテーブルを指定します。BigQueryの場合、<データセットID>.<テーブルID>といった形式で指定します。ここでは`311_service_requests`というテーブルを指定しています。接続の設定で指定したプロジェクトと異なるプロジェクトのテーブルを参照する場合は、<プロジェクトID>.<データセットID>.<テーブルID>の形式で指定します。

**リスト9.4　ビューファイルのビューの名称と参照テーブル設定部分（requests.view.lkmlの抜粋）**

```
# 1.ビュー名の定義
view: requests {
  sql_table_name: `looker_demo.311_service_requests`
    ;;
```

　ビューの名称とクエリ対象のテーブルを定義したら、フィールド（ディメンションとメジャー）を定義します。

　リスト9.5は、ディメンションを定義する部分です。最初にcomplaint_typeというディメンションを定義し、括弧内にいくつか必要なパラメータを用いて記述しています。さまざまなパラメータがありますが、たとえば、typeでこのディメンションの型を指定しています。型には、日時や数値、文字列など分析の用途を考慮して適切なものを定義します。sqlでは、ディメンションの定義をSQL形式で定義します。ここでは、アクセスしているデータベースのテーブル上のcomplaint_typeカラムとして定義しています。${TABLE}は、sql_table_nameで定義したテーブル名を参照する置換演算子です。

　sqlにはSQL記法でさまざまな定義を書くことができます。たとえば、次のディメンションhas_closed_dateでは、sqlに条件式を書いており、この判定結果がこのディメンションの値です。BigQueryが処理できるクエリであれば利用できます。このようにして、さまざまなビジネスロジックを反映した数値をコードで定義できます。

**リスト9.5　ビューファイルのディメンション設定部分（requests.view.lkmlの抜粋）**

```
# 2.ディメンションの定義
dimension: complaint_type {
  type: string
  sql: ${TABLE}.complaint_type ;;
}

dimension: has_closed_date {
  type: yesno
  sql: ${closed_raw} IS NOT NULL ;;
}
```

　リスト9.6は、メジャーの定義部分です。こちらもメジャー名とtypeを指定する部分は同様です。ただし、メジャーのtypeは型ではなく、分析対象としての数値の扱い方を指定するもので、たとえば、ここで使われている件数を数え上げるcountや合計のsum、平均のaverageなどがあります。

**リスト9.6　ビューファイルのメジャー設定部分（requests.view.lkmlの抜粋）**

```
# 3.メジャーの定義
measure: count {
```

```
  type: count
  drill_fields: [agency, complaint_type, descriptor, status]
}
```

　また、ここでは drill_fields を指定しています。これによって Explore で可視化した際によりデータを深堀りして探索できるドリルフィールドが使えます。「9.4.6　Explore とグラフの作成」にて後述します。

　メジャーもディメンションと同じように sql パラメータを利用して、任意の数値集計ロジックを定義できます。たとえば、異なる 2 つの数値の集計値を除算して比率を算出するなどです。ちなみに、ビューファイルは、データベースのテーブル情報をもとにある程度自動生成されるので、スクラッチですべて記述する必要はありません。

　ここまで LookML の基本的な記述方法を解説しました。分析に必要なテーブル、結合／分析の軸に必要なディメンション、指標となるメジャーをそれぞれ定義します。データ分析を実際に行うユーザーは定義されたデータモデルを利用します。したがって、基本的にそのようなユーザーがメジャーを各自で勝手に定義したり変更したりすることはできません。加えて、定義やロジックがコードで管理されるため、変更管理が厳密かつ内容の参照が容易になります。

## 9.4.5　Git に変更を Push

　**LookML は Git で管理**します。先述のとおり、Looker では、LookML の変更は開発モードで行い、その変更は本番環境に意図せず反映されることはありません。開発モードでの編集内容を Git のブランチで管理し、リポジトリの main ブランチにマージすることで本番環境に反映します。

　Looker では、モデルやビューの設定を複数まとめて管理するプロジェクトという単位があり、プロジェクトごとにリポジトリを用意します。

　開発モードで変更を加えると、Looker 画面上に [Commit Changes & Push] というボタンが表示されます。これをクリックすると、Git 上の個人ブランチにコードが Commit・Push されます。そのあと、ボタンが [Deploy to Production] に変わり、これをクリックすると変更が master ブランチにマージされプロダクション環境へデプロイされます。

　もちろん master へのマージ前にプルリクエストを作成することもでき、チーム開発において、モデルやビューの定義の変更に対して承認プロセスを含めて開発フローを作ることができます。これにより、"気づいたら勝手に売上指標の算出ロジックが変わっていて混乱した" といった事態を防ぎ、変更を追跡し、承認プロセスを守ることができます。これこそが、データガバナンスを効かせやすい理由の 1 つです。

## 9.4.6　Exploreとグラフの作成

次に、**Explore**でグラフを作成する手順を説明します。左のナビゲーションパネルにある［Explore］をクリックすると、選択できるモデルとExploreの一覧が表示されます。先ほどLookMLのモデルファイルの中で定義したExploreの`requests_with_rank`がラベル名New York 311 service requestsで表示されており（図9.35）、これを選択するとExplore画面に移ります。Explore画面では、定義されたディメンションやメジャーを用いて、グラフなどによる可視化や分析ができます。

図9.35　Exploreの選択

図9.36の画面はExploreによるグラフを使用したデータ可視化の例です。遷移した直後の初期画面では、グラフや表などの情報は表示されていません。後述するグラフ可視化の設定によりグラフや表などを出力します。

画面の左側にLookMLで定義したディメンションやメジャーが一覧表示されています。この画面で以下の4つを設定することでグラフを作成できます。

- 分析する対象のディメンション
- 分析する対象のメジャー
- ディメンションに対する特定条件のフィルタ
- ピボットするディメンション

分析に必要なディメンション、メジャー、フィルタ、ピボットを選び、右上の［実行］をクリックするとデータベースにクエリが発行され、図9.36のように取得したデータでグラフを作成します。

- ディメンション：Borough
- メジャー：Count

- フィルタ：Created Date 2021年6月
- ピボット：Status

図9.36　Exploreの画面

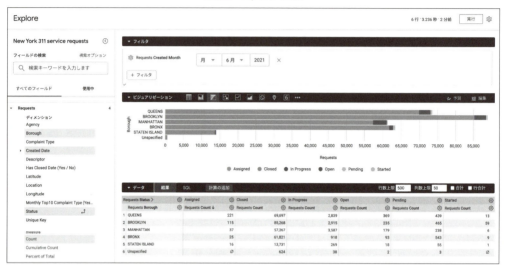

上段の［フィルタ］の部分にフィルタに使っているディメンションと条件があります。中段の［ビジュアリゼーション］の中にグラフが表示され、グラフの詳細を設定でき、グラフの種類、軸の設定、グラフのカラーの選択などができます。また、下段の［データ］で［結果］タブを選択すると、クエリの結果を閲覧できます。同じ下段の［SQL］タブを選択するとデータベースに発行されるクエリを確認できます（図9.37）。

図9.37　SQLの参照

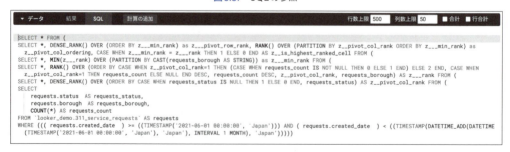

Lookerにはキャッシュの機構はありますが、Looker自体はデータを持たないので、キャッシュヒットを除いて、分析操作やダッシュボードの閲覧の際には接続しているデータベースやDWHにクエリが直接発行されています。その実際に発行されるクエリをここで確認できます。

また、図9.36のグラフの一部や表の数字を選択することで実際のデータを参照できるドリルダウンが利用できます。図9.38は、QUEENSグラフのIn Progressの部分をクリックしたあとの画面です。ビューのLookMLの`drill_fields`で指定していたディメンションの詳細なデータが閲覧できていることがわかります。このようにしてより詳細にデータを見たい場合もすぐにデータにアクセスできます。

このようにExploreを利用して、アドホックな分析やこのあと紹介するダッシュボードの構成要素となるグラフを作ります。作成したグラフは、保存することができ、**Look**と呼ばれます。それらは、あとから参照してより深い分析をしたり、後述のダッシュボードの構築に利用することもできます。

図9.38　ドリルダウン

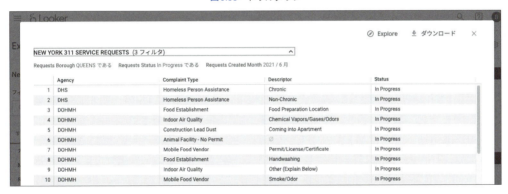

## 9.4.7　ダッシュボードの作成

いくつかのグラフを配置することで**ダッシュボード**を作ります。Lookerでは、ダッシュボードはフォルダに分けて管理します。おもなフォルダには以下の3つがあります。

- 共有用フォルダ
- ユーザー用フォルダ
- LookMLダッシュボード用フォルダ

共有フォルダには、ほかのユーザーと共有するためのフォルダです。基本的に組織で共有するフォルダはここに格納して運用します。ユーザー用フォルダは、ユーザーごとに用意された自由に利用できるフォルダです。作成中のダッシュボードや自分専用のダッシュボードなどを格納します。LookMLダッシュボード用のフォルダについては後述します。

図9.39はダッシュボードの画面です。ここでは、1つのグラフがダッシュボードにある状態

です。ここにグラフを加えてダッシュボードを作成していきます。左上の［追加］を選択するとExploreの画面に遷移し、新たに加えるグラフを作成できます。Lookerのダッシュボードでは、個々のグラフをタイルと呼びます。一例ですが、図9.40はダッシュボードのイメージです。

図9.39　ダッシュボード画面

図9.40　ダッシュボード完成画面

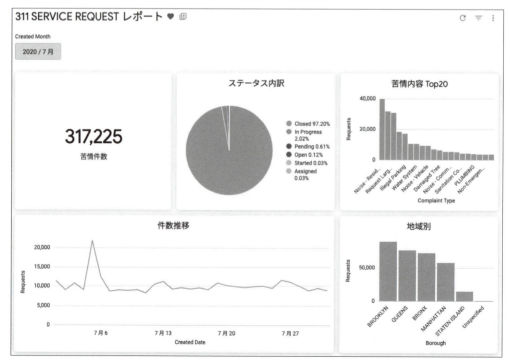

ダッシュボードは、Lookerにログインして閲覧／操作することもできますが、PDFや画像といった静的データに変換して共有できます。ダッシュボードのメニューから操作して、図9.41のような画面から定期的にダッシュボードの情報を他者に配信する設定を作成できます。シェアする手段は、Slackなどのチャットツールやメール、クラウドサービスのストレージサービスなどが利用できます。

図9.41　ダッシュボードスケジュール配信

**配信のスケジュール設定**

設定　フィルタ　詳細オプション

スケジュール名
311 SERVICE REQUEST レポート

繰り返し　　　　　　　　　　時間
毎日　　　　　　　　　　　　06:00

宛先
✉ メールアドレス

✉ メールアドレス
🔗 Webhook
🗄 Amazon S3
📁 SFTP
📦 Dropbox
☁ Google Cloud Storage
💧 Google Drive
📨 SendGrid
💬 Slack
📋 Teams - Incoming Webhook

これによってLookerのアカウントを保持していないメンバーもダッシュボードなどを確認でき、データ活用をより推進できます。

LookerではダッシュボードもLookMLで構築／管理できます。ダッシュボードのメニューから、作成したダッシュボードが記述されたLookMLを取得できます。これをプロジェクトに含めてGitで管理することで、重要なダッシュボードを管理できます。これらのダッシュボードは、LookMLダッシュボード用のフォルダから参照できます。

## 9.4.8 アクセス制御

Lookerでは、柔軟かつ細かいアクセス制御ができます。アクセス制御は次の3つで構成され、全体のアクセスを管理します。

- **データアクセス**：データにアクセスできるかどうかを制御する
- **機能アクセス**：特定の機能を利用できるかどうかを制御する
- **コンテンツアクセス**：特定のダッシュボードやそれを格納するフォルダのアクセスを制御する

データアクセスと機能アクセスをセットにしたのが**ロール**です。

データアクセスは、LookMLで定義したモデル（1つのモデルファイル）が基本的な単位となり、一連のモデルから構成されるモデルセットをロールに割り当てることで設定します。加えて、ユーザーが個々に持つ属性値（メールアドレス、ユーザー名、タイムゾーン、任意の属性値など）である**ユーザー属性**[注8]を利用することで行レベルのアクセス制御も可能となります。

機能アクセスは、操作権限の集合となる**権限セット**をロールに割り当てることで設定します。以下は、権限の一例です。その他のどのような権限があるか興味がある方は公式のドキュメントを確認ください[注9]。

- access_data：許可されたモデルに対するデータにアクセスできる
- download_with_limit：一定行数の制限下でクエリの結果をダウンロードできる
- create_alerts：ダッシュボードをベースにしたアラートを作成して、一定条件を満たした場合の通知を受けることができる
- develop：LookMLのローカルでの編集ができる
- deploy：LookMLのローカルでの変更をプロダクション環境に反映できる

ちなみに、デフォルトで以下の役割を想定した権限セットが用意されており、ロールの作成・編集時にこれらを利用することもできます。こちらも正確な権限については、公式ドキュメントを確認ください。

- 管理者：すべての権限を保持
- 開発者：LookMLの開発ができる
- ユーザー：ダッシュボードの開発やLookMLの参照ができる

---

注8 公式ドキュメント - 管理者設定 - ユーザー属性
　　https://cloud.google.com/looker/docs/admin-panel-users-user-attributes?hl=ja
注9 公式ドキュメント - 権限リスト
　　https://cloud.google.com/looker/docs/admin-panel-users-roles?hl=ja#permissions_list

- ビューア：ダッシュボードやLookの参照系の操作のみできる
- LookMLダッシュボードユーザー：LookMLで定義されたダッシュボードのみ参照できる
- LookMLを表示できないユーザー："ユーザー"の権限セットと比較して、LookMLなどに対する一部の参照ができない

ロールをユーザーあるいはグループに割り当ててアクセスコントロールを設定します（図9.42）。基本的には、ユーザー単位よりグループ単位での運用が推奨されています。社内で広くLookerを活用した場合、入社・退職・異動などにともなうユーザーの権限変更は頻繁に起こることが想定されますので、グループを活用することで運用負荷が軽減されます。

図9.42　ロールによるアクセスコントロールイメージ

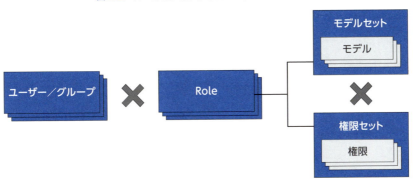

次にコンテンツアクセスですが、ダッシュボードやLookが格納されるフォルダに対する制御です。フォルダごとに以下の2つの権限をユーザー／グループに対して付与します。

- View：フォルダにあるダッシュボードとLookを参照できる
- Manage Access、Edit：フォルダにあるダッシュボードやLookの編集、フォルダに対するサブフォルダの作成やコンテンツの移動・削除などの操作ができる

ここまでに説明したとおり、3つのアクセス制御を利用することで、それぞれの組織のセキュリティルールに応じた詳細なアクセス制御の実装と運用が容易になります。

## 9.4.9 アクションへつなげるLookerの機能

### 埋め込み

Lookerでは、ダッシュボードをユーザーが運用しているポータルサイトなど任意のサイトにiframeを使って**埋め込む**ことができます。埋め込んだコンテンツのアクセス制御に関しては以下の3つとなります。

- プライベート埋め込み：アクセス時にLookerでのログインを前提とする
- 署名付き埋め込み：ユーザー独自のアプリケーションの認証機構を利用する（シングルサインオン認証）[注10]
- 公開埋め込み：認証なしでアクセス先を知っていれば誰でもアクセスできる（Lookのみ）

埋め込み共有を利用することで、企業内やサービス内のデータ活用を促進できます。ITリテラシが高くないユーザーへBIを展開する際に、異なるツールへのアクセスがわずらわしく、データ活用が進まないことがよくあります。普段利用している社内のポータルサイトや営業ツール、契約法人に提供しているシステムの画面などに埋め込むことで、データへのアクセスを容易にし、それらの業務ツールへのアクションへつなげます。

### アクション

**アクション**は、Lookerで行った分析結果をチャットツールなどサードパーティツールと連携できる機能です。分析には、基本的にその先のアクションがあります。アドホック分析の結果を他者と共有する、別のシステムとのデータ連携、機械学習の開発、マーケティングツールで施策を実行するなどです。これらをスムーズに遂行できるように用意されているのがアクションです。

アクションには、Looker側で用意されている連携機能を有効化して使う方式とカスタムで独自開発する方式があります。前者は、**Looker Action Hub**（以下、Action Hub）と呼び、提供済みの外部ツールやクラウドサービスとの連携しかできません。一方、独自で開発する場合は、対象ツールやサービスがデータ入力を受け付けるインターフェース（たとえば、APIなど）さえ持っていれば、どんなものでも連携できます。

Action Hubの利用は開発をともなわないのでエンジニアに頼らず構築でき、素早く低コストで分析結果をビジネスに貢献させる環境を実現できます。マーケティングや組織コミュニケーション、システム連携においてよく使われるサービスと連携する仕組みが提供されており、以

---

注10　ユーザーサイト側での認証後、iframe用の特殊なURLを生成します。

下はAction Hubで利用できるサービスの一例です。このほかに連携できるサービスについては公式ドキュメントを参照してください[注11]。

- Google Cloud Storage
- Google Drive
- SendGrid
- Slack
- Teams

これらを利用することでたとえば、マーケターがロイヤリティの高いユーザーをセグメント化するレポートを運用し、そのユーザーリストを外部のマーケティングツールに適当な頻度でインポートして、マーケティングオートメーションへつなげることができます。あるいは、施策や新規サービス、その機能などの評価レポートを運用し、それを社内コミュニケーションツールとして使っているSlackに定期的にレポートすることで、継続的な改善点を議論することもできます。

## アラート

**アラート**はダッシュボードなどのタイルに設定でき、メジャーや表計算の値が設定した条件を満たしたらメールなどで通知する機能です。対象のタイルの可視化スタイル（単一値のテキストタイルや時系列のグラフタイルなど）により、以下の3つのアラートのいずれかが利用できます。

- 単一値のアラート：可視化で利用される値（最初の行の値）に対してアラート条件を評価
- 時系列アラート：日付や時刻のディメンションに基づく未確認データすべてに対してアラート条件を評価
- カテゴリアラート：表計算などのすべての行か特定の行に対してアラート条件を評価

タイルの右上にあるベルのアイコンをクリックすると図9.43の画面が表示され、アラートが発出される条件、アラートの宛先、アラートの頻度、などが設定できます。

アラートを利用することでLookerを直接利用していなくても、重要な指標の異常や目標値の達成に気がつくことができ、受け取った通知からダッシュボードなどにアクセスして、関連データの確認やより深い分析へとアクションをつなげることができます。

---

注11　公式ドキュメント - 統合サービスのリスト
　　　https://cloud.google.com/looker/docs/admin-panel-platform-actions?hl=ja#list_of_integrated_services

図9.43 アラートの設定

## 9.5 BIツールと親和性の高いBigQueryの機能

　BigQueryには、BIツールでのデータ分析をより強力にする機能があります。ここでは、インメモリ分析機能のBigQuery BI Engineとマテリアライズドビューについて説明します。これらを適切に運用することでBIの生産性をより高めることができるでしょう。

### 9.5.1 BigQuery BI Engine

　**BigQuery BI Engine**（以下、**BI Engine**）は、高速なメモリベースの分析機能です。BigQueryにあるデータを通常のクエリ実行よりも高速に返すことができ、BIツールでの高速な分析を実現します。

　一般的にダッシュボードからデータを参照する際の性能を良くするために、特定の軸で集計されたデータマートを汎用的なデータセットから生成しておきます。これによってデータマー

ト生成のためのデータパイプラインの運用コストが高くなったり、特化したデータセットがゆえに分析の柔軟性が失われたりする問題があります。汎用的なデータセットを直接利用しても、分析操作のパフォーマンス面で問題があります。この双方を解決し得るのがBI Engineです。

　BI Engineの有効化の設定は、BigQueryのコンソールから簡単にできます。このとき、BI Engineが利用する予約メモリの容量を指定します。実際にクエリの実行にBI Engineが利用されたかは、APIから得られるクエリの［ジョブ情報］から確認できます。図9.44はBigQueryのコンソール画面の例です。FULL_INPUTはすべての入力ステージの処理がBI Engineで高速化されたことを示しています。

図9.44　BI Engineが利用されたクエリ

| クエリ結果 | | | | |
| --- | --- | --- | --- | --- |
| **ジョブ情報** | 結果 | グラフ | JSON | 実行の詳細 |
| ジョブ ID | | | :US.bquxjob_1fef631d_1 | |
| ユーザー | | | | |
| 場所 | US | | | |
| 作成日時 | 2024/10/25, 11:07:51 UTC+9 | | | |
| 開始時刻 | 2024/10/25, 11:07:51 UTC+9 | | | |
| 終了時刻 | 2024/10/25, 11:07:52 UTC+9 | | | |
| 期間 | 0秒 | | | |
| 処理されたバイト数 | 359.91 MB | | | |
| 課金されるバイト数 | 0 B | | | |
| スロット（ミリ秒） | 3859 | | | |
| ジョブの優先度 | INTERACTIVE | | | |
| レガシー SQL を使用 | false | | | |
| 宛先テーブル | 一時テーブル | | | |
| BI Engine アクセラレーション モード | FULL_INPUT | | | |
| ラベル | | | | |

　クエリに対して十分なメモリ容量が予約されていなかったり、最適化対象外のクエリや関数を利用していたりするなどの制約事項[注12]に当てはまる場合、BI Engineによって高速化できないことがあります。その場合は理由と併せて図9.45のよう示されます。この情報はAPIから得られるジョブ情報やINFORMATION_SCHEMAのジョブ情報でも参照できます。

　大きなテーブルを参照するクエリで、入力データのサイズが大きすぎる場合に、BI Engineが適用されないことがよくあります。このとき、ジョブ情報には INPUT_TOO_LARGE という理由が表示されます。これを回避するには、「2.4　BigQuery ユーザー向けのクエリの最適化」で解説されているパーティション分割やクラスタリングを適用し、クエリの入力データサイズを小さくしてください。

---

注12　公式ドキュメント -BI Engine でサポートされていない機能
　　　https://cloud.google.com/bigquery/docs/bi-engine-optimized-sql?hl=ja#unsupported-features

図9.45　BI Engineが利用できなかった場合

| BI Engine アクセラレーションモード | BI_ENGINE_DISABLED |
|---|---|
| BI Engine の理由 | JSON native type is not supported. |

　BI Engineのメモリ予約量に応じてコストがかかります。BigQueryエディションのコミットメントを契約している場合、契約スロット数に応じて一定量のBI Engineのメモリ量が無料で利用できます。それぞれの詳細については、BI Engineの料金に関する公式ドキュメントを参照してください[注13]。BI Engineの予約メモリ容量に対するメモリの利用量はCloud Monitoringで監視でき、キャパシティプランニングに利用できます。

　同時利用数の多いダッシュボードがある場合、BI Engineはメモリリソースを利用して動作するため、BigQueryがクエリ処理に消費するスロットを削減できる効果も見込めます。とくにオンデマンド課金の場合、追加費用が余計にかかるように思われるかもしれませんが、結果的にBigQuery全体のコストを下げる可能性もあります。

## 9.5.2　マテリアライズドビュー

　事前に計算され実体化されたビューは**マテリアライズドビュー**と呼ばれ、クエリ結果を高速に返すことができます。通常のビューは、ビューに対するクエリが実行されるたびに、ビューで定義されているクエリが実行されます。

　マテリアライズドビューは、元テーブルの変更やリアルタイムデータの追加に追従してビューを自動更新するのが特徴です。BIツールでのダッシュボードやレポートのような決まった集計処理が設計されていて、かつデータのリアルタイム性が求められるユースケースで大きな効果を発揮します。

　データの民主化が進むと、データを利用している現場の個々の要件で集計されたテーブルが必要になります。このときメインのデータパイプラインで要件を満たしたテーブル集計を実装するのは、スピード感を損ない煩雑さが増すことがあります。このような状況でマテリアライズドビューを活用することで、現場レベルで分析に最適かつ最新のデータセットを構築・管理できます。

　BigQueryの一般公開データセットnew_york_311を使って、マテリアライズドビューを試してみましょう。ここでは、Cloud Shellを用いてデータを準備し、BigQueryのコンソールを使ってマテリアライズドビューの挙動を見てみます。

---

注13　公式ドキュメント -BI Engine の料金
　　　https://cloud.google.com/bigquery/pricing?hl=ja#bi_engine_pricing

マテリアライズドビューは、それを作成する元のテーブルと同じ組織内に存在しなければなりません。図9.46のコマンドをCloud Shellで実行し、テーブルをコピーしておきます。

図9.46　テーブルのコピー

```
# mv_demoというデータセットを作成
$ bq mk --dataset $(gcloud config get-value project):mv_demo

# 一般公開データセットのテーブル311_service_requestsを上のデータセットへコピー
$ bq cp bigquery-public-data:new_york_311.311_service_requests \
$(gcloud config get-value project):mv_demo.311_service_requests
```

ここでは、日次の集計テーブルを作るシナリオを考えます。リスト9.7がマテリアライズドビューを作成するクエリです。created_dateをベースに日次で集計し、いくつかのカラムを分析軸として加えています。

リスト9.7　マテリアライズドビューを作成するクエリ（create_materializedview.sql）}

```
-- マテリアライズドビューを作成する際のDDLステートメント
CREATE MATERIALIZED VIEW
  `mv_demo.daily` AS
SELECT
  -- created_dateの値を日に切り詰め
  TIMESTAMP_TRUNC(created_date, DAY) AS created_date,
  agency,
  complaint_type,
  descriptor,
  borough,
  status,
  COUNT(1) AS count
-- 元テーブル参照
FROM
  `mv_demo.311_service_requests`
-- 時間ごとかつ利用想定の分析軸で集計
GROUP BY
  created_date,
  agency,
  complaint_type,
  descriptor,
  borough,
  status
```

BigQueryのコンソールを開き、画面左上のプロジェクトを確認します。リスト9.7のクエリを［クエリエディタ］に入力して［実行］すると、図9.47のようなアイコンで示されたマテリアライズドビューが、左側のテーブルなどの一覧に出現します。

図9.47　マテリアライズドビューのアイコン

　このマテリアライズドビューを参照するクエリを実行し、完了後に［実行の詳細］タブを選択すると図9.48のような結果が確認できます。経過時間を見ると、結果の取得に9秒かかっていることがわかります。ちなみに、同じ集計を元テーブルに対してクエリすると筆者の環境で約14秒かかったので、事前計算されたマテリアライズドビューは比較的早く結果が返っています。状況に応じてクエリの実行時間は変わりますが、基本的にマテリアライズドビューの方がクエリの実行は速いと言えます。

図9.48　マテリアライズドビューへのクエリ結果

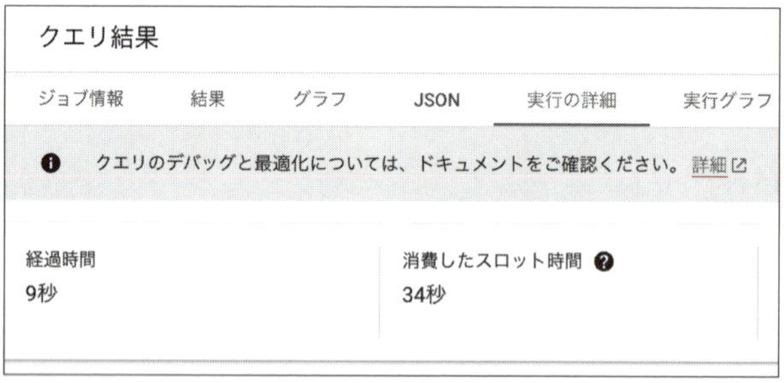

　さらに、ユーザーが発行したクエリ内でマテリアライズドビューを明示的に参照していなくても、クエリプランの最適化によってパフォーマンス優位性がある場合は、マテリアライズドビューを参照するように自動的に変更されます。たとえば、リスト9.8で示すように、先ほど作成したマテリアライズドビューの元テーブル`mv_demo.311_service_requests`に対して直接クエリします。リスト9.7のマテリアライズドビューの作成クエリにある`GROUP BY`の対象カラムを減らしただけの内容です。

リスト9.8　元テーブルを参照して集計するクエリ（select_original_table.sql）

```sql
SELECT
  TIMESTAMP_TRUNC(created_date, DAY) AS created_date,
  borough,
  COUNT(1) AS count
-- マテリアライズドビュー`mv_demo.daily`の元テーブル
FROM
  `mv_demo.311_service_requests`
GROUP BY
```

```
created_date,
borough
```

リスト9.8のクエリを実行し、結果の画面から［実行の詳細］タブを選択すると、図9.49のように実行したクエリの各ステージの詳細情報が表示されます。Inputのステージを開くとREADの項で読み込んだテーブル情報が表示され、2つめのREADのFROMのあとに`mv_demo.daily`が入力されていることがわかります。クエリはマテリアライズドビューを直接参照していないにもかかわらず最適化されています。このような最適化によって、通常よりもコストとパフォーマンスの向上が期待できます。

図9.49　マテリアライズドビューによる最適化クエリの詳細

マテリアライズドビューを活用することで、おもに以下のメリットが得られるでしょう。

- 汎用分析用のデータセットやマートテーブルのようなデータセットを生成するデータパイプラインの構造を簡略化
- 頻繁に行われる集計処理を実体化してコストとパフォーマンスを最適化
- リアルタイムな集計処理をシンプルに実装

まさにBIのワークロードに向いていると言えます。

# 9.6 Gemini in Looker

Googleが開発した大規模言語モデルGeminiを使用し、生成AIによるLookerの新しいユーザー体験の提供が2024年4月にラスベガスで行われたGoogle Cloud Next '24でアナウンスされました。ブレイクアウトセッションの1つである「Talk with your business data using generative AI」[注14]の中で以下のような機能が紹介されました。

- Conversational Analytics：Looker Studio Proを用いて、対話形式のチャットインターフェースから自然言語で問い合わせた分析要件に対してグラフを自動的に作成し表示する機能。売上を問い合わせ、それを月別そして年別と質問を追加してグラフを得ている様子がセッション内でデモされている
- LookML Assistant：自然言語で指示することでLookMLのコードを自動生成してくれる機能
- Advanced Viz. Assistant：グラフなどの可視化を自然言語によりカスタマイズできる機能
- Formula Assistant：自然言語で指示することで計算フィールドを自動生成してくれる機能
- Automatic Slide Generation：作成されたレポートをもとにグラフやそのインサイトのサマリを自動的にGoogle Slidesでプレゼンテーションの資料を生成してくれる機能
- Report Generation：チャット形式で分析内容を指示することで自動的にレポートを生成してくれる機能

このような生成AIの活用によってBIツールによる分析作業が大きく変化し、またより多くの人がBIツールを使えるようになれば、より一層企業におけるデータ分析の民主化は加速するでしょう。

# 9.7 まとめ

最後に、本章で説明してきたBIツールの特性を踏まえて、どういったユースケースに対して導入するのがよいかをまとめます（図9.50）。BIツールを検討する際の参考にしてください。

---

注14　https://cloud.withgoogle.com/next?session=ANA113

コネクテッドシートは、スプレッドシートという高度なスキルを要求しないインターフェースで大量データのアドホック分析ができることが最大の特徴です。一方、ダッシュボードのように使うことも可能ですが、共通フィルタ、レポート配信などの高度な機能がないため、大きな組織で民主的・横断的に運用するのには向いていないでしょう。営業や経理など、BIツールやSQLを扱うスキルがない組織のメンバーに展開することで、個人やチームのような比較的小規模組織の単位でセルフデータ分析を広めていくことができます。

Looker Studioは、本格的な分析やダッシュボードの構築・運用を無料で始められる点が大きな特徴です。チームや部署などの単位で共通した分析スキームを共有・活用したい場合に最適でしょう。また、セキュリティやサポートなどエンタープライズの要件が目立ってきたり、よりチーム共同での作業が重要になってきたりした段階でLooker Studio Proに大きなコストを必要とせず移行できる点も重要です。一方、運用範囲が広くなると組織間で分析や指標の不整合などデータ管理の問題が発生しやすくなる、ダッシュボードの乱立でアクセス管理が煩雑になるというガバナンスの課題が出てくる可能性があります。チームや部署レベルでのデータ活用など、人による運用で十分ガバナンスを管理できる、あるいはそこまでガバナンスが厳しく求められない状況ならば、Looker StudioおよびLooker Studio Proを積極的に選択できます。

Lookerは、データガバナンスとアクションへの連携が最大の特徴です。データ活用が組織に広がることで、指標の定義の不一致やダッシュボードの管理にコストがかかるような状況や、可視化してレポートするだけのデータ活用から一歩進んだアクションへの展開を組織的に促進したいといった課題が見えてきたら、Lookerの導入を検討するのがよいでしょう。データモデルの管理やアクセス制御などの運用コスト、データ活用の促進といったメリットを享受できるプラットフォームと言えます。現在すでに他のBIツールを導入していても、Lookerのデータモデリングレイヤーの機能性を活用して既存のBIツールを継続利用しながらガバナンスを高めることもできます。もちろんコストはほかに比べてかかるため、その課題解決の効果をPoC（Proof of Concept）などで検証することになるでしょう。

本章のまとめとして、それぞれのツールと適しているユースケースを説明しました。もちろん読者のユースケース次第では、複数のツールを併用する運用が最適な場合もあります。また、DWHであるBigQueryはGoogleのサービスだけではなく、Power BIやTableauといった主要なサードパーティBIサービスにも対応しています。重要な点は、みなさまの組織のビジネス成長におけるデータ活用の課題とデータ活用における運用の現実を見極めて最適なBI環境を設計する必要があるということです。本章が、その検討の一助になれば幸いです。

図9.50 Google CloudのBIツールの使い分け

## Column

### リモート関数による拡張

　BigQueryには、第2章で説明したユーザー定義関数以外に、**リモート関数**と呼ばれる関数を定義できます。

　リモート関数は、BigQuery上で定義を行いSQLから呼び出すと、その処理の内容として Cloud Functions（イベントドリブンで起動するFunction as a Service）、Cloud Run（サーバーレスなコンテナアプリケーション環境）など外部のリソースを呼び出し、そこで実行したジョブの結果をSQLの結果として受け取ることができます。

　表9.2に、ユーザー定義関数との違いをまとめました。

表9.2　ユーザー定義関数とリモート関数の違い

|  | ユーザー定義関数 | リモート関数 |
| --- | --- | --- |
| 言語 | SQL / JavaScript | 環境の対応する任意の言語<br>Java、Python、Go、Node.jsなど多数 |
| 外部HTTP通信 | 不可 | 可 |
| 料金 | BigQueryのコンピュート／スキャン料金に含まれる | Cloud Functions、Cloud Runのリソース料金が追加発生 |
| 実行の仕組み | BigQueryのスロット内部で実行 | リモート関数が実行されるタイミングで、BigQueryからリモート関数実行環境へデータを転送 |

　リモート関数のメリットの1つは、BigQueryの実行環境に縛られないため、任意の言語で処理を記載し、実行できる点です。もう1つは**外部HTTP(S)通信が可能**という点です。これが意味することは、REST APIなどの外部HTTP通信により最新のデータを外部サービスより取得、BigQueryに連携したいというインテグレーションを、一度リモート関数

として実装すれば、データアナリスト自身がSQLを使うだけでその作業を完結、任意の
タイミングでデータ取り込みを実行できるということです。また、SQL化できるというこ
とは、Dataformに制御を委ねられる、ということにもなり、データパイプラインの管理
をよりシンプルにすることができます（図9.51）。

図9.51　リモート関数実行のイメージ

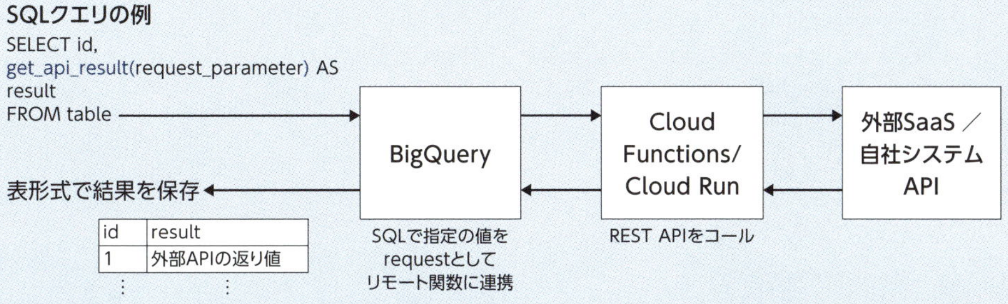

**SQLクエリの例**
```
SELECT id,
get_api_result(request_parameter) AS
result
FROM table
```
表形式で結果を保存

| id | result |
|----|--------|
| 1  | 外部APIの返り値 |
| ⋮  | ⋮ |

BigQuery
SQLで指定の値を
requestとして
リモート関数に連携

Cloud
Functions/
Cloud Run
REST APIをコール

外部SaaS／
自社システム
API

　たとえば、以下のようなPython関数をCloud Functionsで定義することで、HTTPの
リクエストの一部をBigQueryに連携できます。

```python
# このコードはイメージをつかむためのもので、実際には動作しない
## Cloud Functionsでは、functions_frameworkを使用
## http_fetchが関数として定義され、BigQueryより渡されたテーブルの値をrequestとして受け取る
## requestにはcallsというJSONアレイが含まれ、
## それぞれの要素がJSONエンコードされた1回のリモート関数呼び出しの引数となる
import functions_framework
import requests
from flask import jsonify


# requestライブラリでHTTPリクエストを実行
# 実際の実行では、callsをイテレートする必要がある
@functions_framework.http
def http_fetch(request):
  try:
    return_value = []
    request_json = request.get_json()
    calls = request_json['calls']
    r = requests.get('https://example.com', auth=('user', 'password'))
    return_json = jsonify( { "replies":  r.json } )
    return return_json
  except Exception as e:
    return jsonify( { "errorMessage": str(e) } ), 400
```

　BigQueryからリモート関数[15]を呼び出す際は、以下のフィールド名を含んだHTTP
レスポンスが返ることを想定しています。これらのフィールドがなければ、リモート関数
はエラーとなるので注意してください。

---

注15　公式ドキュメント リモート関数 - https://cloud.google.com/bigquery/docs/remote-functions

- replies：戻り値のJSON配列
- errorMessage：200以外のHTTPレスポンスコードが返される場合のエラーメッセージ

リモート関数の呼び出しは、リスト9.9に示すSQLの例を参考に書き換えてください。

リスト9.9　リモート関数の呼び出し例

```
CREATE OR REPLACE FUNCTION
  `プロジェクト名.データセット名`.リモート関数名(x STRING)
  RETURNS STRING REMOTE
WITH CONNECTION `プロジェクト名.データセット名`
OPTIONS ( endpoint = 'httpエンドポイント' );

SELECT
  `プロジェクト名.データセット名`.リモート関数名('yamada') AS name;
```

　リモート関数はHTTPのエンドポイント経由で呼び出されるため、Cloud Functionsを作成する際はトリガのタイプをHTTPSで作るようにしてください。
　実際に利用するには、以下のような手順となります

1. Cloud Functions/Cloud Run に実行したいリモート関数をデプロイ
2. BigQueryにて、外部接続（コネクション）を作成する

- コネクションはBigQueryで扱うサービスアカウントで、これを用いてリモート関数を呼び出す

3. BigQueryにて CREATE FUNCTION 関数でリモート関数を作成
4. SQLにて呼び出し

　この機能によって、APIからデータ取得するだけでなく、外部APIを呼び出してその返り値をBigQueryのテーブルに格納するといった利用方法も可能です。
　さまざまな連携が広がる機能ですので、ぜひ一度試してみてください。

# 第10章 リアルタイム分析

本章では、リアルタイム分析を Google Cloud でどのように実現するかを説明します。はじめに、そもそもどういったビジネスニーズでリアルタイム分析が必要となるのか、またその分析基盤に求められる要件についてふれます。次に、リアルタイム分析を実現する Google Cloud のサービス群として、Pub/Sub、Dataflow、BigQuery を説明します。最後に、それらを使って分析基盤を構築する方法を説明し、ニューヨークのタクシーのリアルタイム位置情報データを使って実際に簡単な分析基盤を構築してみます。

## 10.1 リアルタイム分析とユースケース

リアルタイム分析は、できるだけ早いアクションが求められるビジネスにおいて重要です。一般的に、データの発生から分析までの時間が、秒単位から分単位をリアルタイムと呼ぶことが多く、それに対して時間単位や日単位はバッチと呼ばれます。

リアルタイム分析の具体的なユースケースは以下のとおりです。

- デバイスの故障を予兆検知して、すぐに取り替えなどを判断する必要がある
- 初回訪問者の多いサービスで、サイト訪問時に閲覧したコンテンツに基づいてレコメンドを提示し、コンバージョンやリテンションを高める
- 渋滞などのリアルタイムな情報から即時に最適な交通ルートを計画し直す
- Eコマースでタイムセールの最中にクーポンや広告の配信最適化を行う
- ライブストリーミング配信中に視聴者の反応を分析し、動的にコンテンツなどプログラムを変える
- コンテンツの視聴数やコンバージョン数をユーザーにリアルタイムに見せることで顧客の行動を促進する

このようなユースケースに対応するには、従来のバッチベースの分析基盤とは異なるアーキテクチャで分析基盤を構築する必要があります。では、リアルタイム分析基盤にどのような要

件が求められるのでしょうか。

## 10.2 リアルタイム分析基盤に求められるもの

リアルタイムに限らず分析基盤には、おもに以下に挙げる4つの機能性が求められます。

- **収集**：データの発生源からデータの取り込みを行う
- **処理**：取り込んだデータを分析できる形へデータを整形・集計する
- **蓄積**：分析対象のデータを永続的に保存でき、またそれを構造的に管理できる
- **分析**：ユーザーにSQLなどで分析するためのインターフェースを提供する。あるいは、分析ツールに対してデータを提供するインターフェースを持つ

一般的に、リアルタイム分析基盤には、これらの機能に加えて以下のような要件が求められます。

- 発生するデータを安定的に収集し続ける（収集、メッセージング）
- 収集されたデータを一定のかたまりに順次区切りながらデータの整形・集計・保存などの処理をリアルタイムに行う（ストリーミング処理）
- 処理されたデータをリアルタイムに蓄積し、ユーザーに対して分析可能にする（蓄積）
- ワークロードの突発的な負荷変動に対応する（スケーラビリティ）

それではこれらの要件に対する、Google Cloudのサービスを見ていきましょう。

## 10.3 Google Cloudを利用したリアルタイム分析基盤のアーキテクチャ

ここでは、先ほど挙げたリアルタイム処理基盤に必要となる要件に対して、Google Cloudのサービスとそれらを組み合わせたアーキテクチャを紹介していきます（図10.1）。

Google Cloudでは、各要件に対しておもに以下のサービスが提供されています。

- 収集、メッセージング：**Pub/Sub**
- ストリーミング処理：**Dataflow**
- 蓄積・分析：**BigQuery**

図10.1 リアルタイム分析基盤アーキテクチャ

　**Pub/Sub**は、大量のメッセージをスケーラブルに受け取ることができ、非同期的にそれらを後続の処理系へ配信できるメッセージングサービスです。一般に、メッセージのキューイングを行う仕組みをストリーミング処理に介在させることで、メッセージが急激に増えた際にバッファとして機能し、メッセージの欠落を防ぎつつ全体のスループットを最適化することができます。データ量の急なバーストに耐え得るスケーラビリティやフルマネージドで運用が容易な点が大きなメリットです。

　**Dataflow**は、JavaやPythonなどで実装された処理をスケーラブルに分散実行できるサービスです。一般に、メッセージキューイングの後続には、実際のデータ処理（変換処理やクレンジング）を行うワーカーが配置されます。Dataflowはリアルタイムに整形・集計などのデータ処理をするパイプラインを構築でき、処理の負荷に応じて自動的にスケールアウトします。また、Pub/SubやBigQueryなどの製品と連携させるための入出力モジュールが豊富にあり、標準で提供されています。

　**BigQuery**には、ストリーミングにデータを挿入する機能が用意されており、リアルタイムにデータを蓄積・分析できるデータウェアハウス（以下、DWH）として利用できます。処理のコストとパフォーマンスは高く、SQLなどを通してデータへのアクセスと分析がしやすい点も大きなポイントと言えます。

　それでは、以降でこれらのサービスについてより詳しく説明します。

## 10.4　Pub/Sub

### 10.4.1　Pub/Subとは

　**Pub/Sub**は、メッセージキューイングを行うマネージドサービスです（図10.2）。メッセージの発信者であるパブリッシャーと受信者であるサブスクライバーを仲介するサービスで、両

者のメッセージを非同期にやりとりします。Pub/Subは、Googleが自社のサービスで利用している中核的なインフラストラクチャコンポーネントをベースとしています。Google広告やGoogle検索、Gmailなどのサービスは、そのインフラストラクチャで1秒あたり5億件以上のメッセージ、総計1TB/秒以上のデータ送信しています。

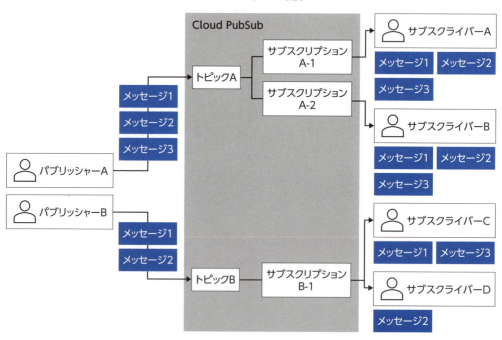

図10.2 Pub/Subの概要

**メッセージ**は、**パブリッシャー**と**サブスクライバー**がやりとりするデータのことで、データ本体と属性情報からなります。データ本体は任意のテキストかバイナリを使用できます。一方、属性はKey-Value型のデータ形式で任意のメタ情報を持たせることができます。Pub/Subでは、**トピック**と**サブスクリプション**を介してメッセージをやりとりします。トピックは、メッセージを受信する名前付きリソースです。サブスクリプションは、メッセージを配信するための名前付きリソースで、1つのトピックに紐づきます。

パブリッシャーは、指定したトピックに対してメッセージを配信します。サブスクライバーは、トピックに紐づいたサブスクリプションからメッセージを **Pull型**と**Push型**のいずれかの方法で取得します。Pull型がサブスクライバーから任意のタイミングでメッセージを取得する方式なのに対し、Push型は指定されたエンドポイントに対してPub/Sub側からメッセージを配信する方式です。これ以外にも後述するエクスポートサブスクリプションもあります。また、単一のサブスクリプションから、複数のサブスクライバーがメッセージを受信できます。その場合、

あるサブスクライバーが受信したメッセージは、ほかのサブスクライバーが通常それを受信することはありません。メッセージの受信時、サブスクライバーからの**Ack通信**（配信が成功したことを示す通信）を受け取ることによりメッセージの配信完了を判断しますが、一定時間Ack通信がなければ再送します。

　簡単にPub/Subの仕様を説明します。

- **グローバルデータアクセス**：Pub/Subは、グローバルエンドポイントに対しメッセージを送信した場合、利用できる最も近いリージョンにメッセージを保管する。この最も近いリージョンがリージョン障害により利用できない場合には次に近いリージョンに自動的に転送し、メッセージを配信できるようにしてくれる。それにより、可用性の担保をサブスクライバーやパブリッシャー側で接続先変更なしで享受できる
- **リージョン制限**：グローバルデータアクセス機能を踏まえて、データ保護の観点から利用するリージョンを指定したい場合は、ロケーション制限ポリシーを利用することで特定のリージョンのPub/Subのみを利用することもできる。たとえば東京リージョンのみ、東京と大阪リージョンのみ、などの設定ができる
- **メッセージ複製**：Pub/Subにキューされたメッセージは複数のディスクに複製され、メッセージがAck通信されるまで（あるいは有効期間が切れるまで）永続化される
- **クライアント側のシャードパーティション管理不要**：一般的なメッセージングを利用する際に、シャードやパーティションと呼ばれる接続先を必要とすることがある。これらの接続先をクライアント側で管理することなくスケールする
- **ユーザー側でのスケール管理**：サービス側での動的なスケールアウトにより、スループットなどを事前にプロビジョニングすることなくスケーラブルに運用できる

　Pub/Subを利用することで、ストリーミングデータをより信頼性高く、スケーラビリティを確保しながら扱うことができます。以下では、その中でもデータ基盤でPub/Subを利用するにあたり考慮するべきポイントに絞って説明します。

## 10.4.2　スキーマの適用

　一般に、メッセージングサービスを利用したストリーミング処理のアーキテクチャでは、想定していないメッセージの型が流れてきた際に、後続の処理でエラーが発生します。この問題は**スキーマドリフト**と呼ばれ、メッセージをパブリッシュする側が異なる開発チームであることなどを理由に発生します。

Pub/Subでは、メッセージ本体にオプションでスキーマを設定できます[注1]。Pub/Subスキーマは、Apache Avro[注2]かプロトコルバッファ形式で定義でき、メッセージのフィールドの名称や型などを指定し、作成したスキーマは複数のトピックに関連付けることができます。スキーマを適用することで、そのスキーマに準拠しないデータはパブリッシュできなくなるので、データガバナンスの向上に寄与します。

また、一般的にスキーマは運用中に変更が発生します。Pub/Subスキーマは、既存のスキーマに対してその変更をリビジョンとして管理でき、スキーマあたり20のリビジョンを保持できます。また、実際にスキーマの変更をトピックに適用する際に、トピックに許容するスキーマのリビジョンの範囲を指定できます。つまり、古いスキーマと新しいスキーマを同時に許容する期間を持たせることで、複数のパブリッシャーやサブスクライバーが新しいスキーマに移行する期間を設けることができます。すべてのパブリッシャーとサブスクライバーの新スキーマへの対応を待って、最新のスキーマのみ許容する設定にトピックを更新するようなことができます。

## 10.4.3 メッセージの重複と順序

Pub/Subはデフォルトで少なくとも1回の処理（At-least-once）を行う配信保証を備えます。Pull型サブスクリプションに限り、オプションを設定することで、メッセージの1回限りの配信（Exactly-once）を有効にできます。1回限りの配信が有効なサブスクリプションでは、Pub/Subで定義された一意のメッセージIDに基づき配信の重複は起こりません。

これ以外にも、Dataflowと組み合わせて処理することで、1回限りの処理（Exactly-once）を実現できます。Dataflowでは、ユーザーによって付与されたメッセージのユニークIDを重複排除に利用できます。したがって、Pub/Sub以外の処理系や独特のIDで重複排除をしたい場合はDataflowの利用を検討しましょう。Dataflowによる1回限りの配信（Exactly-once）の実装については、詳細なブログがあるのでこれを参照するとよいでしょう[注3]。

Pub/Subにおけるメッセージの配信順序については、デフォルトでは受信した順序と異なる順序で配信されることがあります。ただし、メッセージの順序指定機能[注4]を利用することで、

---

注1 公式ドキュメント - スキーマの概要
https://cloud.google.com/pubsub/docs/schemas?hl=ja

注2 https://avro.apache.org/

注3 公式ドキュメント -After Lambda: Exactly-once processing in Google Cloud Dataflow,
https://cloud.google.com/blog/products/gcp/after-lambda-exactly-once-processing-in-google-cloud-dataflow-part-1
https://cloud.google.com/blog/products/gcp/after-lambda-exactly-once-processing-in-cloud-dataflow-part-2-ensuring-low-latency
https://cloud.google.com/blog/products/gcp/after-lambda-exactly-once-processing-in-cloud-dataflow-part-3-sources-and-sinks

注4 公式ドキュメント - メッセージの順序指定
https://cloud.google.com/pubsub/docs/ordering?hl=ja

指定したキーに基づくメッセージの配信順序を有効にできます。ただし、順序指定はレイテンシの劣化とトレードオフになる点には注意が必要です。

### 10.4.4 エクスポートサブスクリプション

Pub/Subのサブスクリプションには、Pull型とPush型以外に**エクスポートサブスクリプション**と呼ばれる特殊なものがあります。Pub/Subのメッセージをデータ変換することなく、リアルタイムにBigQueryやCloud Storageに蓄積するだけというシンプルな要件のリアルタイムパイプラインの場合、以下で説明するサブスクリプションを利用することでシンプルなデータ収集パイプラインを構築できます。

**BigQuery サブスクリプション**[注5]は、対象のPub/Subトピックのデータを指定されたBigQueryのテーブルにリアルタイムに直接書き込みます。書き込みの際にスキーマを考慮したデータ格納が行われ、すぐに構造化されたデータで分析できる環境を構築できます。スキーマを利用した書き込みは、Pub/Subのスキーマを使う方法とBigQueryのテーブルスキーマを使う方法があります。スキーマを利用しない場合、対象のBigQueryのテーブルの**data**というカラムにメッセージデータが格納されます。

**Cloud Storage サブスクリプション**[注6]は、指定したバケット、ファイル名、ファイルフォーマットにしたがって、マイクロバッチでデータを格納します。データを格納する間隔は、最小1分、最大10分の間で指定します。ファイルフォーマットはテキストかApache Avro形式を選択できます。

BigQueryやCloud Storageに蓄積する前にデータ変換が必要な場合は、次節で説明するDataflowなどを利用するのがよいでしょう。

## 10.5 Dataflow

**Dataflow**は、大規模データの分散処理を実行できるフルマネージドサービスです。ユーザーは、**Apache Beam**[注7]のプログラミングモデルに則って、入出力やその間の処理を行うアプリケーションを実装して大量データを処理します。プログラミング言語には、Java、Python、Goが

---

注5 公式ドキュメント -BigQuery サブスクリプション
https://cloud.google.com/pubsub/docs/bigquery?hl=ja
注6 公式ドキュメント -Cloud Storage のサブスクリプション
https://cloud.google.com/pubsub/docs/cloudstorage?hl=ja
注7 https://beam.apache.org/

利用でき、バッチ処理とストリーミング処理の両方の処理に対応しています。

また、提供されているテンプレート機能やSQLを使うことで、より簡単にDataflowアプリケーションを構築・実行することもできます。実行されたアプリケーションは**ジョブ**と呼ばれ、複数のCompute Engine[注8]上でジョブが分散実行され、処理の並列化によるパフォーマンスおよび可用性やスケーラビリティを容易に確保できます。たとえば、Cloud Storageから大量のテキストデータを読み込み、整形や集計の処理を行ったうえでBigQueryに格納するようなバッチ処理や、Pub/Subから順次読み込んだデータを整形・集計してBigQueryに順次蓄積するストリーミング処理などが構築できます。

## 10.5.1 パイプライン

Dataflowでは、一連のデータ処理を**パイプライン**と呼びます。ユーザーは、おもにこのパイプラインの実装を行います。図10.3にパイプラインのイメージを示します。

図10.3　パイプラインのイメージ

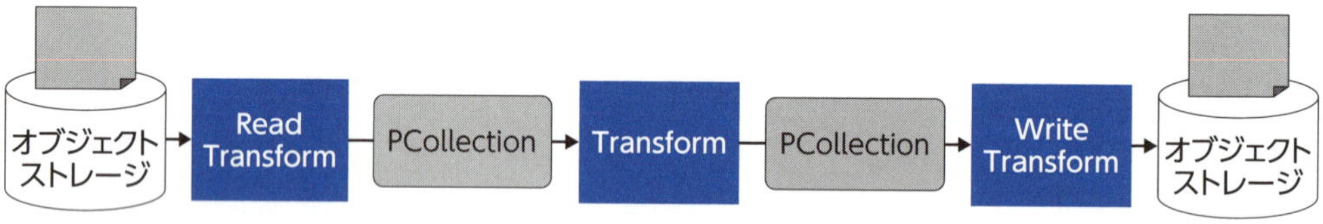

パイプラインは、**PCollection**と**Transform**からなります。PCollectionは、パイプラインで扱うデータです。Transformは、入力されたPCollectionに何らかの処理を施し、別のPCollectionを出力します。

処理の最初のPCollectionは、外部データソースから取得したデータから生成するのが一般的な方法です。たとえば、Cloud Storage上のファイル読み込みやPub/Subからのメッセージ読み込みなどです。そして、最後のPCollectionは、同様に外部のデータソースに出力されます。Apache Beamでは、このような外部サービスとのI/Oコネクタが標準でいくつか提供されています[注9]。

パイプラインの実装がどのようなものか、実際のコード**wordcount.py**を見てみましょう。リスト10.1は、テキストデータから単語数をカウントして出力するバッチのパイプラインのメインの部分になります。

---

注8　公式ドキュメント -Compute Engine
　　　https://cloud.google.com/compute

注9　https://beam.apache.org/documentation/io/connectors/

リスト10.1　バッチパイプラインの実装例（wordcount.pyの抜粋）

```
# パイプラインの作成
with beam.Pipeline(options=pipeline_options) as p:

    # テキストファイルを読み込んでlinesというPCollectionを生成
    lines = p | ReadFromText(known_args.input)

    # 文字を単語ごとにカウントするTransform処理
    counts = (
        lines
        # Split : 文を単語ごとに分割
        | 'Split' >> (
            beam.FlatMap(lambda x: re.findall(r'[A-Za-z\']+', x)).with_output_types(str))
        # PairWithOne : (単語, 1)というマップを生成
        | 'PairWithOne' >> beam.Map(lambda x: (x, 1))
        # GroupAndSum : 単語をキーにして、件数を集計
        | 'GroupAndSum' >> beam.CombinePerKey(sum))

    # PCollectionであるcountsをオブジェクトストレージに出力
    counts | WriteToText(known_args.output)
```

　はじめに、リスト10.2の部分で**Pipeline**のコンストラクタを呼び出してパイプラインを作ります。

リスト10.2　パイプラインを生成（wordcount.pyの抜粋）

```
with beam.Pipeline(options=pipeline_options) as p:
```

　そして、テキストデータを読み込んで`lines`という PCollection を作っています（リスト10.3）。通常、`known_args.input`には、読み込み対象のテキストファイルのパスが格納されています。たとえば、Cloud Storageのパスなどです。

リスト10.3　テキストファイルからのデータ読み込み（wordcount.pyの抜粋）

```
lines = p | ReadFromText(known_args.input):
```

　Dataflowでは、**Transform**に**PCollection**を入出力する処理を以下のような形式で記述します。

　　　[Output PCollection] = [Input PCollection] | [Transform]

　リスト10.4では、先ほどの**PCollection**を入力して3つの**Transform**処理を記述しています。

リスト10.4　単語ごとに数をカウント（wordcount.pyの抜粋）

```
counts = (
  lines
```

```
| 'Split' >> (
  beam.FlatMap(lambda x: re.findall(r'[A-Za-z\']+', x)).with_output_types(str))
| 'PairWithOne' >> beam.Map(lambda x: (x, 1))
| 'GroupAndSum' >> beam.CombinePerKey(sum))
```

リスト10.4では、|（パイプ）を用いて複数のTransformを数珠つなぎに記述しています。また、'文字列' >> とすることでTransformに名前を付けています。以下のような処理によって単語をカウントしています。

- **Split**：アルファベットからなる英文を単語ごとに分割し、単語文字列へフラット化
- **PairWithOne**：（単語，1）というタプルを生成
- **GroupAndSum**：単語をキーにして集計。同じ単語の1を合計（つまり、数をカウントする）

最後に、リスト10.5のようにして外部データソースへ出力します。

リスト10.5　テキストファイルへの出力（wordcount.pyの抜粋）

```
counts | WriteToText(known_args.output)
```

では実際に、このwordcount.pyでDataflowのジョブを実行してみます。前準備として、図10.4でBigQueryの一般公開データセットからbbc_newsのテキストデータをCloud StorageにCSVで出力しておきます。

図10.4　BigQueryの一般公開データセットをCloud Storageに出力

```
# 環境変数の設定
PROJECT_ID=$(gcloud config get-value project)

# USマルチリージョンに、[プロジェクト名]-gcpbook-ch10という名前のバケットを作成
gcloud storage buckets create -l US gs://$PROJECT_ID-gcpbook-ch10/

# BigQueryの一般公開データセットbbc_newsのfulltextテーブルの
# データをCloud Storageの指定バケットに出力
bq extract bigquery-public-data:bbc_news.fulltext \
gs://$PROJECT_ID-gcpbook-ch10/bbc_news_text.csv

# 出力ファイルの存在確認
# gs://[プロジェクト名]-gcpbook-ch10/bbc_news_text.csv と表示されたら正常
gcloud storage ls gs://$PROJECT_ID-gcpbook-ch10/bbc_news_text.csv
```

図10.5に示すコマンドを実行し、実行環境としてDataflowのAPIの有効化およびPython

仮想環境の準備と Apache Beam SDK をインストールします[注10]。

図10.5 Dataflow API 有効化と Apache Beam SDK のインストール

```
# Dataflow APIの有効化
gcloud services enable dataflow.googleapis.com

# virtualenvを使ってPython仮想環境を作成し、
# その仮想環境を有効化するコマンド
virtualenv .env
source .env/bin/activate

# Apache Beam SDKのライブラリをインストールするコマンド
pip install apache-beam[gcp]
```

　次に、Dataflow ワーカーである Compute Engine のインスタンスに Apache Beam のオペレーションやジョブを実行するための権限を、ワーカーサービスアカウントと呼ばれるアカウントに付与します。Compute Engine のデフォルトのサービスアカウントがワーカーサービスアカウントになるため、図10.6に示すコマンド実行して権限を付与します。

図10.6 Compute Engine サービスアカウントへの必要権限の付与

```
# 環境変数の設定
PROJECT_ID=$(gcloud config get-value project)
PROJECT_NUMBER=$(gcloud projects list --filter=$PROJECT_ID \
  --format="value(PROJECT_NUMBER)")
GCE_SERVICE_ACCOUNT=$PROJECT_NUMBER-compute@developer.gserviceaccount.com

# デフォルトのCompute Engineサービスアカウントに以下の権限を付与
# ストレージ管理者、Dataflow管理者、Dataflowワーカー
ROLES="storage.admin dataflow.admin dataflow.worker"
for argument in $ROLES; do
    gcloud projects add-iam-policy-binding $PROJECT_ID \
        --member=serviceAccount:$GCE_SERVICE_ACCOUNT \
        --role=roles/$argument
done
```

　リポジトリから **wordcount.py** を取得し、図10.7に示すコマンドでジョブを実行します。

---

**注10**　公式ドキュメント -venv を使用して依存関係を隔離する
　　　　https://cloud.google.com/python/docs/setup?hl=ja#installing_and_using_virtualenv

図10.7 Dataflowのジョブを実行するコマンド

```
# 実行するプロジェクト、リージョン、実行サービス、
# 入力となるCloud Storageのファイルのパス、
# 出力先ファイルのCloud Storageのパスをオプションに指定
python wordcount.py \
--project $PROJECT_ID \
--job_name=wordcount \
--region='us-central1' \
--runner DataflowRunner \
--input gs://$PROJECT_ID-gcpbook-ch10/bbc_news_text.csv \
--output gs://$PROJECT_ID-gcpbook-ch10/wordcount_out
```

出力される結果のサンプルは図10.8のようになります。単語とその数がリストされています。

図10.8 出力結果の参照

```
# 出力先のファイルの冒頭を抜粋して参照
gcloud storage cat gs://${PROJECT_ID}-gcpbook-ch10/wordcount_out* | head

('troubling', 2)
('conveyed', 1)
('Pollmann', 5)
('lesser', 2)
('Competitors', 2)
('handicap', 2)
("it'", 2)
('payable', 1)
('Futures', 4)
('rainbow', 2)
```

　上記のパイプラインは非常に単純なものでしたが、もちろんもっと複雑なパイプラインを実装することもできます。たとえば、1つのデータソースから取得したデータに対して、複数の異なる集計処理をしたうえで、異なるデータベースシステムやストレージシステムへ出力するといった処理も実装できます。

## 10.5.2 Dataflowにおけるストリーミング処理

　Dataflowでは、**バッチ**と**ストリーミング**の両方のパイプラインを構築できます（図10.9）。バッチは、処理対象のデータが決まっており、それを一括して処理する方式です。それに対して、ストリーミングは処理対象のデータが止むことなく発生し続け、それを順次処理していく方式です。

　ストリーミングデータに対して分析のための処理をするには、基本的には流れてくるデータを一定の範囲で分割し、集計などの処理を行います。その分割された範囲を**ウィンドウ**と呼び、

ウィンドウの分割方法でデータの集計結果が大きく変わります。

図10.9　バッチ処理とストリーミング処理の違い

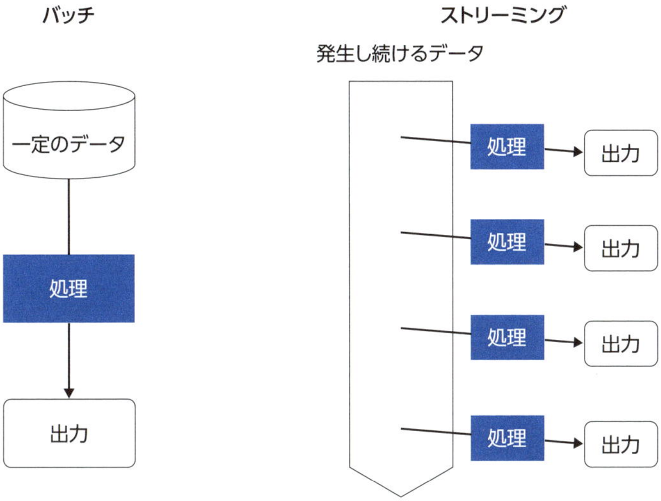

## ウィンドウ

　ウィンドウの分割方法には以下に挙げる3種類があります（図10.10）。それぞれ処理の要件に応じて最適なウィンドウを選択します。

- タンブリングウィンドウ
- ホッピングウィンドウ
- セッションウィンドウ

　**タンブリングウィンドウ**は、ストリーミングデータを一定の時間間隔で分割する単純な方式です。**ホッピングウィンドウ**は、タンブリングウィンドウと同様に一定の時間間隔で分割しますが、分割したウィンドウの開始時刻を前にずらすことができます。つまり、ウィンドウが前後で重なります。**セッションウィンドウ**は、ある程度途切れがない一連のデータをウィンドウに分割します。同じセッションで一定時間を超えてデータの発生が止まると、ウィンドウがいったん区切られます。そして、そのための閾値をギャップ期間と呼びます。また、データに存在する識別子をキーとすることで複数のセッションを扱うことができます。たとえば、Webサイトにログインしているユーザー ID を用いることで、ユーザーごとのセッションで集計などができます。

図10.10　ウィンドウの種類

　たとえば、リスト10.1のワードカウントの処理に60秒の幅のタンブリングウィンドウを適用したコードwordcount_streaming.pyはリスト10.6のようになります。beam.WindowIntoを使って、ウィンドウを生成する部分以外は、バッチの処理と違いはありません。これによりストリーミングに発生する文章を60秒間隔でワードカウントできます。

リスト10.6　ストリーミングジョブの実装（wordcount_streaming.py）

```
counts = (
  lines
  | 'Split' >> (
    beam.FlatMap(lambda x: re.findall(r'[A-Za-z\']+', x)).
    with_output_types(str))
  # beam.WindowInto()で60秒のタンブリングウィンドウを生成
  | beam.WindowInto(window.FixedWindows(60, 0))
  | 'PairWithOne' >> beam.Map(lambda x: (x, 1))
  | 'GroupAndSum' >> beam.CombinePerKey(sum))
```

　一般に、リアルタイム分析には、メッセージキューイングの仕組み（上述したPub/SubやKafkaなど）の後続に、データのクレンジング／変換やウィンドウ内部での集計を行う処理を行うワーカーを配置します。その際に、単純なメッセージごとの変換程度であれば、Function as a Serivce（Cloud Functions）やサーバーレスなサービス（Cloud Runなど）を用いて、メッセージごとにワーカーを起動させる方法を利用することもできます。しかし、たとえば1分間のウィンドウごとのゲームプレイヤーのランキング計算を行いたい場合には、複数のワーカー

間でのデータのやりとりが必要となり、複数の非常に複雑な実装が必要となります。このような処理を抽象化し、インフラとともにマネージドで提供してくれるのがDataflowを利用する価値です。

## ウォーターマークとトリガ

**ウィンドウ**を使ったストリーミングデータの処理では、2つの時間軸を考えます。1つは、**イベント**時間です。これはそれぞれのデータの発生を表す時間です。もう1つは、**処理時間**です。これは実際そのデータがDataflowで処理される時間を表します。そして、ウィンドウは、その2つのうちイベント時間を軸に分割されます。重要なのは、**イベント時間と処理時間は基本的には乖離する**という点です。その理由は、データの発生からDataflowの処理へ到着するまでにさまざまな遅延が存在するためです。デバイスからクラウドまでのネットワークの遅延はその1つです。

そうすると、ストリーミング処理をする際に、各ウィンドウに含まれるべきデータがすべて到着したかを判断する必要があります。すべてそろわないと集計や出力ができないからです。しかし、データ到着の遅延は完全に排除できないため、すべてのデータの到着を待つのは現実的ではありません。そこで、Dataflowはこのイベント時間以前のデータはすべて届いているという基準値を内部的に持ちます。これを**ウォーターマーク**と呼びます。

ウォーターマークの時間が、ウィンドウの終了時間を過ぎたらそのウィンドウの処理結果が出力されます。そのあとに、そのウィンドウ範囲に該当するデータが到着しても遅延データとして扱われます。遅延データは、デフォルトでは破棄され、Dataflow内で処理の対象になりません。

**トリガ**という機能を使うことで、遅延データを破棄するデフォルトの挙動をコントロールできます。トリガには、おもに以下の3つを設定します。

- イベント時間
- 処理時間
- データの数

トリガを活用することでより柔軟なデータ集計・出力の要件に対応できます。遅延データを破棄せずに、遅延データが順次発生したら出力するトリガなども設定できます。これにより、たとえば、遅延が発生することがあらかじめわかっているデータの集計を速報としてリアルタイムに出力しつつ、遅延データが届いたら過去のウィンドウに対して正確な集計をあらためて出力していくといったことができます。ウォーターマーク自体は、基本的にユーザーはコントロールできないので、データの処理要件に応じて、トリガを利用してデータの完全性と即時性

のバランスを設計するのがポイントです。トリガの詳細については、Apache Beam の公式ドキュメントを参照してください[注11]。

### 10.5.3 テンプレート

Google が提供する **Dataflow テンプレート** を使うと、コードを書くことなくデータパイプラインを実装できます。たとえば、以下のようなテンプレートが標準で用意されています。

- Pub/Sub のサブスクリプションからデータを取得して BigQuery のテーブルにストリーミングで格納
- Cloud Storage のファイルのデータを変更検知・新規検知し BigQuery のテーブルにストリーミングで格納
- JDBC でデータベースのテーブルから BigQuery へバッチで格納

これ以外にもさまざまなデータソースとデータシンクに対応したテンプレートが提供されています[注12]。

Google が提供するテンプレートは、Dataflow のコンソールから Web UI を用いて実行できます。図 10.11 は、Pub/Sub から BigQuery へストリーミングにデータを転送するテンプレートのパラメータ設定画面です。Pub/Sub のサブスクリプションや BigQuery のテーブルを指定するだけで簡単にジョブを実行できます。

独自のテンプレートも作成でき、よりビジネスニーズに近いパイプラインを構築／運用できます。たとえば、開発スキルを持ったメンバーが、組織内でよくあるデータ処理をテンプレートで実装し、非エンジニアのメンバーに提供するといった運用が考えられます。これにより開発スキルを持たないメンバーが定型的なデータパイプラインを自ら構築／運用できるようになります。

テンプレートは GitHub で公開されている Java による実装のみですが、ソースコードが公開されていますので、これを再利用して独自のテンプレートやパイプライン処理を作ることもできます。

---

注 11　https://beam.apache.org/documentation/programming-guide/#triggers
注 12　https://github.com/GoogleCloudPlatform/DataflowTemplates

図10.11　テンプレート設定画面

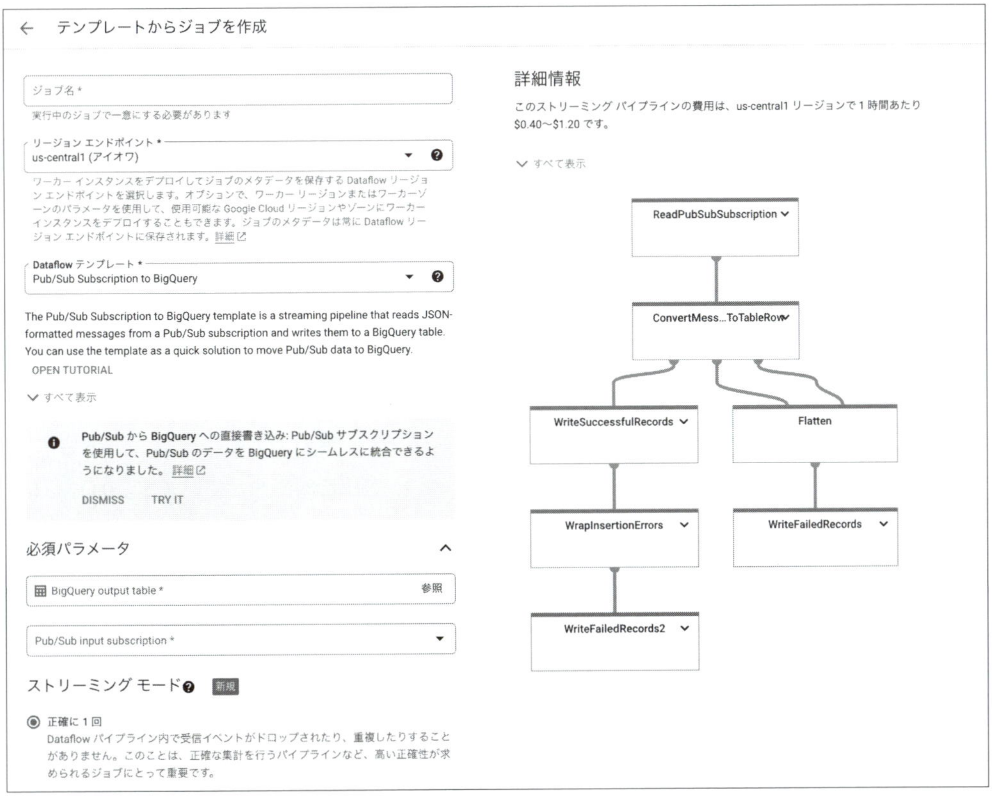

## 10.5.4 Dataflow Prime

**Dataflow Prime**はDataflowの新しい利用方法で、Apache Beamパイプラインをサーバーレスで実行できます。従来のDataflowのように、必要なリソースからマシンタイプを決定し、指定する必要がなくなります。また、これまではワーカー内でメモリが足りずメモリ不足エラー（OOM：Out of Memory）を起こすことがあれば、ワーカーのサイズを上げて再実行し、正常に実行できるまで手動でスケールアップを行う必要がありました。Dataflow Primeはワーカーのリソースが足りない場合、自動的により大きいワーカーで再実行してジョブを正常に稼働させます。

Dataflowは水平スケーリングを用いて、データの動的な変動に柔軟に対応して、堅牢なジョブ実行ができますが、Dataflow Primeではそれに加えて以下のような垂直方向のスケーリングを強化しています。

- **垂直自動スケーリング**：パイプラインをモニタリングすることでワーカーのメモリ不足

や過剰割当を検知し、ジョブのリソースニーズに応じてワーカーに必要なメモリサイズを調整し、メモリの不足に起因するエラーを防ぐ。この機能はストリーミングジョブのみでサポートされており、従来のDataflowでは利用できない

- **Right Fitting**：パイプラインのステップごとに最小限のメモリサイズを指定するリソースヒントと呼ばれる仕組みを利用して、バッチパイプラインのステップごとに適切なサイズのワーカーを作成でき、一連のパイプラインのステップで異なるメモリ要求に柔軟に対応できるため、メモリエラーの回避およびパイプライン全体のコスト最適化を実現する。リソースヒントでは、GPU有無も指定できる

また、コストについても従来のDataflowとは異なり、Data Compute Unit（以下、DCU）と呼ばれる計算リソースの消費に応じて課金されるシンプルなモデルになっています。DCUは、vCPU、メモリ、処理されたDataflow Shuffleデータ（バッチジョブの場合）、処理されたStreaming Engineデータ（ストリーミングジョブの場合）を統合的に含んでいます。1DCUは、1vCPU、4GBのワーカーで1時間実行されるDataflowジョブのリソースに相当します。

新たなジョブや既存ジョブでも要求メモリが予測しづらい、あるいは変動するジョブについては、Dataflow Primeを利用するのがよいでしょう。既存ジョブをDataflow Primeで実行する場合、コードの修正は不要で実行時に以下のオプションを設定します。たとえば、Apache Beam Python SDKバージョン2.29.0以降であれば、リスト10.7のオプションを付与します。

リスト10.7　Dataflow Primeでジョブを実行するオプション

```
--dataflow_service_options=enable_prime
```

Dataflow Templateで実行する場合は、テンプレートの実行画面で［Dataflow Primeを有効にする］を有効にするなどの方法で利用できます。

## 10.6 BigQueryのリアルタイム分析機能

本節では、BigQueryのリアルタイム分析に関連するトピックに絞って説明します。

### 10.6.1 BigQueryへのリアルタイムデータ取り込み

BigQueryにデータを取り込むためには、**Storage API**[注13] を利用します。Storage APIはストリーミング取り込みとバッチ読み込み両方に対応した、高スループットなデータ取り込み方法です。BigQueryにレコードをリアルタイムにストリーミングするだけでなく、任意の数のレコードをバッチ処理して、単一のアトミック操作でcommitすることもできます。ストリーミング用途以外にも、バッチロードの制限を超える場合の利用を検討してもよいでしょう。

2020年に一般提供となった、Storage APIの登場以前には、従来型のストリーミングAPI[注14]と呼ばれる別APIがありましたが、現在ではコスト面、パフォーマンス面、SDKの使いやすさからStorage APIが推奨されています。従来型のストリーミングAPIと比較してStorage APIに取り入れられた改善点は以下のとおりです。

- **1回限りの書き込み**：従来型のストリーミングAPIでは、ベストエフォートで最大1分間の重複排除しか対応できなかったが、Storage APIではストリームオフセットを用いることで1回限りの書き込みを実現できる
- **高スループット**：gRPCストリーミングを使用して、プロトコルバッファ形式のバイナリデータでAPIとやりとりできるため、USなどマルチリージョンでは3GB/秒のスループットを実現
- **統合型API**：Storage APIはストリーミング挿入だけでなく、バッチ読み込みも同じAPIで行えるため実装や運用の負担が下がる
- **低コスト**：従来型のストリーミングAPIと比較して、半分のコストでストリーミング挿入が実現できる
- **DMLのサポート**：従来型のストリーミングAPIでは、30分以内に書き込まれたデータへのUPDATE、DELETE、MERGEステートメントなどのデータ操作言語（DML）が利用できない。Storage APIをを利用することでDMLがすぐに利用できる

---

注13　公式ドキュメント -BigQuery Storage Write API の概要
　　　https://cloud.google.com/bigquery/docs/write-api?hl=ja
注14　公式ドキュメント - 以前のストリーミング API を使用する
　　　https://cloud.google.com/bigquery/docs/streaming-data-into-bigquery?hl=ja

先述したPub/Sub BigQueryサブスクリプションやDataflowで利用できるApache Beam
のBigQuery I/Oコネクターなどでも、Storage APIが利用されており、従来型のストリーミ
ングAPIと使い分けの必要はありません。従来型のストリーミングAPIを利用して自ら実装し
たBigQueryへのパイプラインがあるなら、SDKを変更し、乗り換えを検討してもよいでしょう。

## 10.6.2 マテリアライズドビューとBI Engine

BigQueryに取り込まれたデータは、分析するために抽出／整形などの処理を施す必要があ
ります。ここでは、それらの処理をするための機能を担う**マテリアライズドビュー**と
**BigQuery BI Engine**（以下、**BI Engine**）について説明します。

マテリアライズドビューは常に実体化されたビューを作る機能です。通常のビューと違い、デー
タを実際に保持しているのでクエリパフォーマンスは高くなります。また、ストリーミング挿
入に対応しているため、参照する元テーブルがリアルタイムに更新されても常に最新のデータ
を取得できます。たとえば、データに対する欠損データの排除や定型的な整形処理などをマテ
リアライズドビューで実装することで、リアルタイムにBigQueryに格納されるデータであっ
ても常に分析できる状態で保持できます。

BI EngineはBIツール向けのメモリ内分析サービスです。専用のメモリ容量を購入することで、
BIツールからリクエストされるデータ参照をメモリ内処理で高速化できます。ストリーミング
挿入されたデータをリアルタイムにBIツールから確認したいユースケースでは、BI Engineを
利用することでコスト面での効果を見込めます。通常、BIツールの多くは、BigQueryのクエ
リキャッシュやBIツールそのものが持つキャッシュを利用できます。しかし、リアルタイムで
最新データを見るには、これらのキャッシュ機構は利用できません。BigQueryのオンデマン
ド課金の場合、常にクエリが実行されることになります。BI Engine自体の課金は予約するメ
モリ容量に応じた固定コストのため、クエリ実行の際にBI Engineを有効にすることで、全体
のコストを下げることができます。BigQueryエディションを利用している場合には、クエリを
頻繁に実行しても料金を固定できますが、BI Engineを用いることで、より効率的にクエリの
並列処理数を増やしたり、スロットを節約できるでしょう。

それぞれ、「9.5　BIツールと親和性の高いBigQueryの機能」で解説していますので、そち
らも参照してください。

# 10.7 リアルタイムタクシーデータを用いたリアルタイム分析基盤の構築

本節では、Google Cloudの公開データセットであるニューヨークのタクシーのリアルタイム位置情報を使って、リアルタイムデータ基盤を実際に構築します。想定するユースケースは、タクシーの位置情報をリアルタイムに集計して分析マートテーブルをDWH上に構築し、分析ツールで参照するというものです。

先にイメージを持っていただくため、全体の構成と機能概要を図10.12に示します。

図10.12　リアルタイム分析基盤の構成

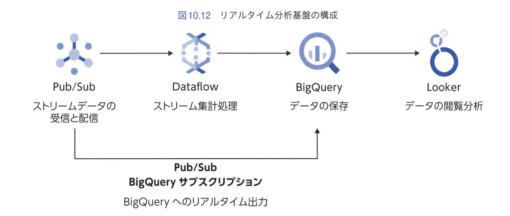

Pub/Subで公開データセットとして提供されている、ニューヨークのタクシーのリアルタイムな位置情報を利用します。このデータは、過去のデータから生成された擬似データをストリーミングに発生させているものです。次に、Dataflowでそのデータをストリーミングに取得して処理を行い、BigQueryにストリーミング挿入で書き込みます。BigQueryに書き込まれた集計データをLookerを使ってダッシュボードでリアルタイムに表示してみます。また、データ処理が不要な場合を想定して、Pub/SubのBigQueryサブスクリプションを利用して、そのままのデータをBigQueryへリアルタイムに取り込みます。

## 10.7.1 タクシーのリアルタイム位置情報の取得用サブスクリプションの作成

まず、Google Cloudコンソール画面の右上の[Cloud Shellをアクティブにする]をクリックし、Cloud Shellを起動します。

ニューヨークのタクシーの公開データは、Google Cloudが公開しているトピックに流れており、いつでも利用できます。これを取得するためのサブスクリプションを図10.13のコマンドで自身のプロジェクトに作成します。ここでは、`streaming-taxi-rides`をサブスクリプション名としています。

図10.13　サブスクリプション作成コマンド

```
# Pub/Sub API の有効化
gcloud services enable pubsub.googleapis.com

# ニューヨークのタクシーのリアルタイム位置情報の公開データセットトピック
# "projects/pubsub-public-data/topics/taxirides-realtime" から
# データを取得するサブスクリプション "streaming-taxi-rides"を生成するコマンド
gcloud pubsub subscriptions create streaming-taxi-rides \
--topic=projects/pubsub-public-data/topics/taxirides-realtime
```

`Created subscription`と表示されたら成功です。これでタクシーのリアルタイム位置情報が取得できるようになります。試しに、図10.14のコマンドを入力してデータが取得できるか確認してみてください。タイミングによっては一度でデータを取得できない場合があるため、その場合は何度か間をおいて試してみてください。

図10.14　データ取得コマンド

```
# 作成したサブスクリプションからデータを取得・表示するコマンド
# 見やすさのためにgcloudコマンドの出力をjqコマンドに渡しています
gcloud pubsub subscriptions pull projects/$PROJECT_ID/subscriptions/streaming-taxi-rides \
  --format="value(message.data)" | jq
```

図10.15のようなメッセージが取得できます。

図10.15　取得したデータの例

```
# 取得したデータの例（内容は取得対象により異なります）
{
  "ride_id": "cca9ed95-6831-4cab-bd3b-7ac494cead4f",
  "point_idx": 384,
  "latitude": 40.770590000000006,
  "longitude": -73.97581000000001,
  "timestamp": "2024-05-02T03:06:07.95982-04:00",
  "meter_reading": 14.627054,
  "meter_increment": 0.038091287,
  "ride_status": "enroute",
  "passenger_count": 2
}
```

ちなみに、メッセージの中身は以下のような仕様です。

- タクシーの乗車から降車までの位置情報がリアルタイム（乗車中でない場合のデータはない）
- 位置情報は平均して数秒に1回発生する（例外あり）
- 乗車ごとにユニークキーride_idが振られる
- ride_statusで以下のようにイベントが定義されている
  - ・pickup：乗車開始
  - ・enroute：乗車中
  - ・dropoff：降車

## 10.7.2 Dataflowで1分集計値をリアルタイムに BigQueryに格納

次にDataflowでPub/Subからストリーミングデータを取得し、1分ごとに集計して結果をBigQueryにリアルタイムに挿入してみます。

はじめに、環境を準備します（図10.16、図10.17に関しては、「10.5　Dataflow」の節ですでに実行している場合は不要です）。Dataflowでのジョブ実行のために、図10.16のコマンドでDataflowのAPIを有効化します。

図10.16　Dataflow API有効化

```
# Dataflow APIの有効化
gcloud services enable dataflow.googleapis.com
```

任意の作業ディレクトリを作成し、本章のソースコードをGitHubから取得しておきます。次に、図10.17に示したコマンドを実行し、そのディレクトリ配下にPython 3の仮想環境構築とアクティベートを行います。ここではPython 3を利用しますので、Pythonのバージョンを確認しておきます。筆者の環境では、3.10.12です。続いて、Apache Beam SDKライブラリをインストールします。

図10.17　Pythonの開発環境準備とライブラリのインストール

```
# virtualenvを使ってPython仮想環境を作成し、
# その仮想環境を有効化するコマンド
virtualenv .env
source .env/bin/activate
python --version

# Apache Beam SDKのライブラリをインストールするコマンド
pip install --upgrade apache-beam[gcp]
```

「10.5 Dataflow」で既出のwordcount同様、ワーカーサービスアカウントに必要な権限を付与するため、図10.18に示すコマンド実行します。

図10.18　Compute Engineサービスアカウントへの必要権限の付与

```
# 環境変数の設定
PROJECT_ID=$(gcloud config get-value project)
PROJECT_NUMBER=$(gcloud projects list --filter=$PROJECT_ID \
  --format="value(PROJECT_NUMBER)")
GCE_SERVICE_ACCOUNT=$PROJECT_NUMBER-compute@developer.gserviceaccount.com

# デフォルトのCompute Engineサービスアカウントに以下の権限を付与
# Pub/Sub サブスクライバー、BigQuery データ編集者、
# Dataflow 管理者、Dataflow ワーカー
ROLES="pubsub.subscriber pubsub.viewer bigquery.dataEditor dataflow.admin dataflow.worker"
for argument in $ROLES; do
    gcloud projects add-iam-policy-binding $PROJECT_ID \
      --member=serviceAccount:$GCE_SERVICE_ACCOUNT \
      --role=roles/$argument
done
```

　それでは、リポジトリから取得したDataflowのコードを利用して、Dataflowのジョブを実行してみましょう。はじめに、nyc_taxi_streaming_analytics1.pyを実行します。このコードは、Pub/Subからデータを取得し、1分ごとに乗車数と降車数をカウントした値をBigQueryにリアルタイムに挿入する処理です。

　実行する前に、このコードを抜粋して解説します。まず、リスト10.8は**パイプライン**を実装するための準備のようなものです。Pipeline Optionsで実行時にDataflowに渡すオプションを定義します。ここでは、実行時に取得した引数pipeline_argsを含めています。加えて、streamingパイプラインとしてジョブを実行するため、streaming=Trueも渡しています。これは、実行時に--streamingを付けることと同じ意味です。明らかに必要なオプションはこちらで指定しておくのがよいでしょう。

リスト10.8　ストリーミングパイプラインの生成（nyc_taxi_streaming_analytics1.pyの抜粋）

```
# パイプラインに渡すオプションインスタンスを生成
# streaming=Trueでストリーミングジョブを有効にするオプションを明示的に渡す
pipeline_options = PipelineOptions(pipeline_args, streaming=True)
pipeline_options.view_as(SetupOptions).save_main_session = save_main_session

# パイプラインの生成
with beam.Pipeline(options=pipeline_options) as p:
```

　リスト10.9のコードでは、指定されたPub/Subのサブスクリプションからデータを読み込んでメッセージのJSON文字列をPythonのディクショナリに変換しています。データの読み

込みは、冒頭でインポートしている**Apache BeamのビルトインI/Oライブラリ**を利用しています。JSON文字列をディクショナリに変換する部分は、beam.Mapでjson.loadsを呼び出しています。Mapを使うことで、関数の処理をPCollectionの個々のデータに適用しています。

リスト10.9　データの読み込みおよびディクショナリへの変換処理（nyc_taxi_streaming_analytics1.pyの抜粋）

```
rides = (
    p
    # ReadFromPubSubで指定されたPub/Subサブスクリプションからメッセージを取得
    | 'Read' >> ReadFromPubSub(subscription=subscription).with_output_types(bytes)
    # メッセージ文字列をPythonのディクショナリに変換
    | 'ToDict' >> beam.Map(json.loads)
)
```

リスト10.10のコードでは、カウントに必要な乗降車のデータのみに**フィルタ**しています。元のデータは、乗降車以外の乗車中enrouteのデータでも含まれています。

リスト10.10　乗降車データのみにフィルタする処理（nyc_taxi_streaming_analytics1.pyの抜粋）

```
# PCollectionの要素が乗車および降車のデータのみ返却する関数
def is_pickup_or_dropoff(element):
    return element['ride_status'] in ('pickup', 'dropoff')

rides_onoff = (
    rides
    # 乗降車データのみ抽出。走行中enrouteデータを除外
    | 'Filter pickup and dropoff' >> beam.Filter(is_pickup_or_dropoff)
)
```

beam.Filterは、引数に与えられた関数の処理を各レコードに対して行い、真偽値の結果をもって条件に合うものだけ次のPCollectionに含めます。つまりここでは、is_pickup_or_dropoff関数でride_statusがpickupかdropoffの場合に真が返るので、その場合のみレコードが残ります。その結果のパイプラインをrides_onoffとしています。

ここからは、いよいよストリーミングデータをウィンドウに分割して集計する部分です。リスト10.11に、60秒の**タンブリングウィンドウ**に分割して乗車・降車それぞれの数をカウントするコードを示します。

リスト10.11　タンブリングウィンドウで集計する処理（nyc_taxi_streaming_analytics1.pyの抜粋）

```
rides_onoff_1m = (
    rides_onoff
    # タンブリングウィンドウ生成
    | 'Into 1m FixedWindow' >> beam.WindowInto(window.FixedWindows(60))
    # 乗車ステータスごとに件数を集計
    | 'Group status by rides' >> beam.Map(lambda x: (x['ride_status'],1))
```

```
    | 'Count unique elements' >> beam.combiners.Count.PerKey()
    # ウィンドウの開始イベント時刻をデータに付与
    | 'Attach window start timestamp' >> beam.ParDo(AttachWindowTimestamp())
)
```

　まず、beam.WindowIntoでPCollectionをウィンドウ分割します。引数に60（秒）を与えてウィンドウ幅を指定しています。そして、次の2行で集計処理を指定します。beam.conbiners.Count.PerKeyを使って、Key-Value形式のデータに対して、keyごとにそのレコード数をカウントします。そのため、前の処理でbeam.Mapを使って、集計の軸であるride_statusと1のタプルに変換しています。最後に、この集計ウィンドウの開始イベント時間をデータに付加しています。ここで、beam.ParDoで呼んでいるAttachWnidowTimestampを見てみましょう。リスト10.12に該当部分を抜粋して示します。

リスト10.12　ウィンドウのイベント開始時間の付加部分（nyc_taxi_streaming_analytics1.pyの抜粋）

```
# ウィンドウの開始イベント時間を取得してPCollectionの要素に付加する処理を備えたクラス
class AttachWindowTimestamp(beam.DoFn):
    # PCollectionの各要素へ実施する処理
    # window=beam.DoFn.WindowParam を加えることで、ウィンドウに関する情報が取得できる
    def process(self, element, window=beam.DoFn.WindowParam):
        (status, count) = element
        # 当該ウィンドウの開始イベント時間を取得
        window_start_dt = window.start.to_utc_datetime()

        # PCollectionに含まれた要素にウィンドウのイベント開始時間を足して返却
        status_count = {"timestamp": window_start_dt.strftime('%Y-%m-%d %H:%M:%S'),
                        "ride_status": status,
                        "count": count}
        yield status_count
```

　beam.ParDoに渡す処理は、beam.DoFnを継承したクラスに実装します。実際の処理はprocess関数に書きます。引数elementは、PCollectionの各レコードです。次に、window=beam.DoFn.WindowParamとすることでwindowに対象の分割ウィンドウのさまざまな情報が得られます。ここでは、window.start.to_utc_datetime()でウィンドウの開始時刻を利用しています。これらを1つのディクショナリにして返却しています。

　そして、リスト10.13で示したコードがパイプラインの最後の出力の処理です。BigQueryへ処理したデータを書き出します。

リスト10.13　データの出力部分の実装（nyc_taxi_streaming_analytics1.pyの抜粋）

```
# WriteToBigQueryを使って、BigQueryへストリーミング挿入で結果を出力
rides_onoff_1m | 'Write 1m trips to BigQuery' >> WriteToBigQuery('trips_1m',dataset=datas
et,
project=bigquery_project,create_disposition=BigQueryDisposition.CREATE_NEVER)
```

こちらも Apache Beam のビルトイン I/O を利用しています。この **WriteToBigQuery** は、バッチロードとストリーミング挿入両方に対応しており、ストリーミングジョブでは、ストリーミング挿入がデフォルトです。

　ジョブを実行する前に、図 10.19 のコマンドを実行して、出力先となる BigQuery のデータセットとテーブルを作っておきます。

図10.19　データセットとテーブルの事前準備のコマンド

```
# BigQueryデータセットの作成
bq mk --dataset $PROJECT_ID:nyc_taxi_trip

# テーブルの作成
bq mk --time_partitioning_type=HOUR \
--time_partitioning_field=timestamp \
nyc_taxi_trip.rides_1m "timestamp:timestamp,ride_status:string,count:integer"
```

　それでは、いよいよ Dataflow ジョブを実行します。図 10.20 のコマンドでは、プロジェクト、ジョブ名、実行するリージョンを指定しています。また、**--runner** で実行サービスを Dataflow に指定しています。最後にコードの中で定義した 2 つのオプションを使っています。

図10.20　nyc_taxi_streaming_analytics1.py でジョブを実行するコマンド

```
# Dataflowのジョブを実行するコマンド
# 実行するプロジェクト、ジョブ名、リージョン、実行サービス、
# 入力となるサブスクリプション、出力のBigQueryデータセット名をオプションに指定
python nyc_taxi_streaming_analytics1.py \
--project $PROJECT_ID \
--job_name=taxirides-realtime \
--region='us-central1' \
--runner DataflowRunner \
--max_num_workers 2 \
--input_subscription "projects/$PROJECT_ID/subscriptions/streaming-taxi-rides" \
--output_dataset "$PROJECT_ID.nyc_taxi_trip"
```

　コンソールで正常にジョブが実行されているか確認します。コンソールの左上のメニューボタンをクリックし、[Dataflow] → [ジョブ] を選択すると、先ほど指定したジョブ名が確認できます。さらに詳細な情報は、ジョブ名をクリックして、[**ジョブグラフ**][**ジョブの指標**] タブから確認できます。

　クリックした直後は、図 10.21 のようなジョブのパイプラインが表示されます。ここで、**ジョブ**のパイプラインの全体構成やその構成要素となる各**ステージ**での詳細情報が確認できます。左側の数珠つなぎのフローがジョブ全体を表し、各四角がステージを表しています。ステージを選択すると、右側に詳細情報が表示されます。

図 10.21　ジョブグラフ

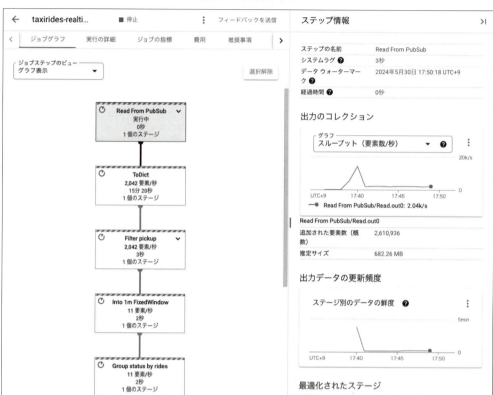

　上の例では、一番最初のステージの **Read From PubSub** の情報が表示されています。入出力のスループットやこのステージの現時点でのウォーターマークなどが確認できます。

　次に［ジョブの指標］タブを選択すると、ジョブ全体を俯瞰したさまざまなメトリクスの時系列データが閲覧できます（図10.22）。自動スケーリングを有効にしている場合、いつマシン数が増えたり減ったりしたかや、スループットの変動などが確認できます。

　BigQueryのコンソールに移動してリスト10.14のクエリを実行し、BigQueryに結果が出力されているか確認します。[your-project-id]の部分は自身のプロジェクトIDに置き換えてください。`datetime`カラムの値が、最新の時間でデータが取得できていると思います。Dataflowの処理が開始するまでに時間がかかるため、データが取得できるまで少し待つ必要があるかもしれません。

図10.22 ジョブの指標

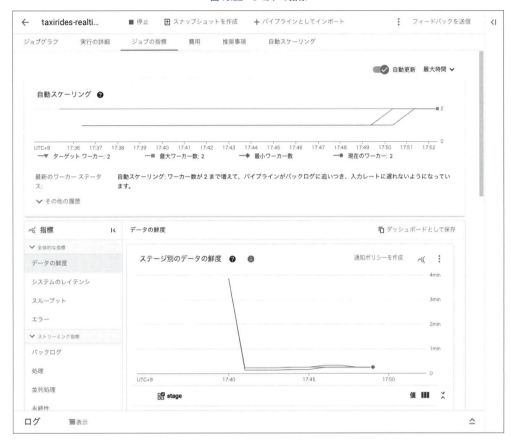

リスト10.14 ジョブの出力を確認するためのクエリ (check_result.sql)

```
SELECT
  -- 確認しやすさのため日本時間で表示
  DATETIME(timestamp,
    'Asia/Tokyo') AS datetime,
  ride_status,
  count
FROM
  -- [your-project-id]の部分は自身のプロジェクトIDに置き換え
  `[your-project-id].nyc_taxi_trip.rides_1m`
ORDER BY
  timestamp DESC
LIMIT
  10
```

## 10.7.3 セッションウィンドウを使った処理

次に、別のウィンドウによる別の集計をパイプラインに足すことで、複数に分岐するパイプラインを構築してみましょう。ここでは、セッションウィンドウを使って、同じride_idの乗車レコードをセッションとみなし、乗車と降車両方の情報を持ったレコードを作ります。

パイプラインをある部分から分岐してパイプラインを構築するには、リスト10.15のようなコードを書きます。コードは、先ほどのコードに追加する部分のみです。

リスト10.15　データの出力部分の実装（nyc_taxi_streaming_analytics2.py）

```python
trips_od = (
    # 乗降車に絞ったデータPCollection
    rides_onoff
    # セッションウィンドウで利用するためのセッションIDとなるride_idをキーに設定
    | 'Key-value pair with Ride_id' >> beam.Map(lambda x: (x['ride_id'],x))
    # セッションウィンドウ設定。ギャップ期間を5分に設定
    # もし同じ乗車データの位置情報が5分より大きな間隔をあけて到着した場合、
    # 別のセッションとして集計される
    | 'Into SessionWindows' >> beam.WindowInto(window.Sessions(5*60))
    | 'Group by ride_id' >> beam.GroupByKey()
    # セッション内でまとめた乗車および降車データを1つの要素に結合する
    # 処理は、CompileTripODクラスで実装
    | 'Compile trip OD' >> beam.ParDo(CompileTripOD())
)
```

rides_onoffは、乗降車のレコードのみに絞ったデータのPCollectionでした。ここでは、それを入力として、まずセッションウィンドウに分割します。**セッションウィンドウ**では、データがどのセッションのものか判断するためのキーが必要なため、はじめにbeam.Mapでride_idを添えたタプル形式に変換しています。そして、beam.WindowIntoでセッションウィンドウ分割を指定しています。ここでは、ギャップ時間として5分を指定しています。

そして、beam.GroupByKeyでセッション内に到着した乗車および降車のデータをまとめ、最後にbeam.ParDoで最終的なレコードを作るCompileTripODを呼び出しています。CompileTripODの詳細については、リポジトリのソースコードを参照してください。

さて、それではnyc_taxi_streaming_analytics2.pyで実装したジョブを実行していきましょう。図10.23のコマンドを実行し、格納先のBigQueryのテーブルを作成しておきます。

10.7 リアルタイムタクシーデータを用いたリアルタイム分析基盤の構築 435

図10.23 テーブルの事前準備のコマンド

```
# スキーマ定義の文字列
SCHEMA="ride_id:string,\
pickup_datetime:datetime,\
dropoff_datetime:datetime,\
pickup_location:geography,\
dropoff_location:geography,\
meter_reading:float,\
time_sec:integer,\
passenger_count:integer"

# 出力用テーブルの作成
bq mk nyc_taxi_trip.trips_od ${SCHEMA}
```

　ここでは、**ジョブの更新**を行って、既存ジョブを止めずに新しいパイプラインを実行してみます。図10.24で示したコマンドで実行します。前に実行したコマンドに `--update` が増えただけです。こうすることで同じジョブ名のジョブを新しい処理で更新できます。

図10.24 nyc_taxi_streaming_analytics2.pyでジョブを実行するコマンド

```
python nyc_taxi_streaming_analytics2.py \
--update \
--project $PROJECT_ID \
--job_name=taxirides-realtime \
--region='us-central1' \
--runner DataflowRunner \
--max_num_workers 2 \
--input_subscription "projects/$PROJECT_ID/subscriptions/streaming-taxi-rides" \
--output_dataset "$PROJECT_ID.nyc_taxi_trip"
```

　無事にジョブの更新が完了すると、新しいジョブが実行中になり、図10.25のように更新された古いジョブは、更新された旨が表示されて実行中ではなくなります。このように、ストリーミング処理を止めず、パイプラインの更新ができる点もDataflowの魅力の1つです。ただし、ジョブの更新は条件が決まっていますので、よく確認して実施する必要があります[注15]。

　新たなジョブを選択すると図10.26のようなジョブグラフが確認できます。先ほど1本だったパイプラインが、途中で分岐しているのがわかります。先ほどと同様に、テーブル`nyc_taxi_trip.trips_od`をSQLクエリで参照すると、データが挿入されているのが確認できます。

　このように単一のデータソースに対する処理において出力を複数に分岐できることで、複数の集計要件に対して何度もデータソースを読むコストを回避できたり、管理するパイプラインを削減することもできます。

---

**注15**　公式ドキュメント - ジョブの互換性チェック
　　　　https://cloud.google.com/dataflow/docs/guides/updating-a-pipeline#CCheck

図10.25 更新後のジョブ一覧

| 名前 | 種類 | 終了時間 | 経過時間 | 開始時間 | ステータス | SDK バージョン | ID |
|---|---|---|---|---|---|---|---|
| taxirides-realtime | ストリーミング | | 2分57秒 | 2024/05/03 13:57:08 | 実行中 | 2.56.0 | 2024-05-02_21_57_08-12098107667467978116 |
| taxirides-realtime | ストリーミング | 2024/05/03 13:59:41 | 24分11秒 | 2024/05/03 13:35:30 | 更新されました | 2.56.0 | 2024-05-02_21_35_29-12521550973895628818 |

図10.26 セッションウィンドウ処理を追加したジョブグラフ

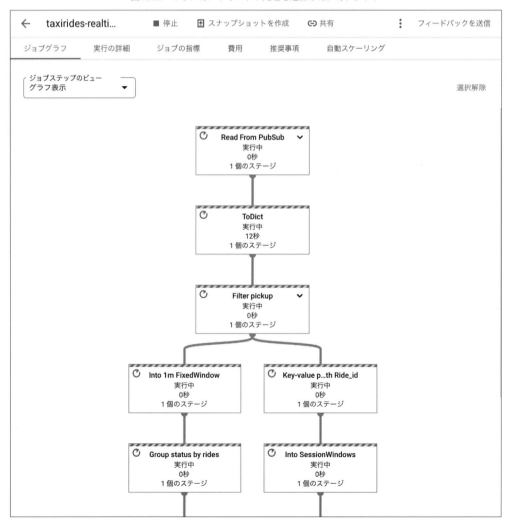

## 10.7.4 Pub/SubのBigQueryサブスクリプションでBigQueryに簡単に出力

　ここまでは、Pub/Subのデータに何かしらの処理が必要なケースを取り扱ってきましたが、単純にPub/SubのデータをリアルタイムにBigQueryのテーブルに格納したいというケースもままあると思います。もちろんDataflowでもそれはできますが、「10.4.4　エクスポートサブスクリプション」で説明したBigQueryサブスクリプションで実装してみましょう。

　まずは、図10.27のコマンドを実行し、格納先のBigQueryのテーブルを作成しておきます。

図10.27　テーブルの事前準備のコマンド

```
# スキーマ定義の文字列
SCHEMA="ride_id:string,\
point_idx:integer,\
latitude:float,\
longitude:float,\
timestamp:string,\
meter_reading:float,\
meter_increment:float,\
ride_status:string,\
passenger_count:integer"

# 出力用テーブルの作成
bq mk nyc_taxi_trip.trips_raw ${SCHEMA}
```

　また、Pub/SubのサービスアカウントにBigQueryデータ編集者のロールが必要なので図10.28のコマンドで付与します。

図10.28　Pub/Subサービスアカウントに必要権限の付与

```
# Pub/SubサービスアカウントにBigQuery データ編集者の権限を付与
PROJECT_ID=$(gcloud config get-value project)
PUBSUB_SERVICE_ACCOUNT=service-$(gcloud projects describe $PROJECT_ID \
  --format="value(projectNumber)")@gcp-sa-pubsub.iam.gserviceaccount.com
gcloud projects add-iam-policy-binding $PROJECT_ID \
    --member=serviceAccount:$PUBSUB_SERVICE_ACCOUNT \
    --role=roles/bigquery.dataEditor
```

　図10.29のコマンドで新しいサブスクリプションを作成し、作成したテーブルにトピックのデータを順次挿入していきます。

図10.29　Pub/SubのBigQueryサブスクリプション作成 }

```
# trips-rawという名前のBigQueryサブスクリプションの作成
# BigQueryのテーブルのスキーマの利用をオプションで指定
gcloud pubsub subscriptions create trips-raw \
    --topic=projects/pubsub-public-data/topics/taxirides-realtime \
    --bigquery-table=$PROJECT_ID:nyc_taxi_trip.trips_raw \
    --use-table-schema
```

　時間を置いてリスト10.16のクエリをBigQueryで実行すると挿入されたデータが出力され、リアルタイムにトピックのデータがBigQueryに挿入されていることがわかります。

リスト10.16　BigQueryサブスクリプションの出力を確認するクエリ（check_result_bqsubscription.sql）

```
SELECT * FROM nyc_taxi_trip.trips_raw LIMIT 10
```

　このように非常に簡単にPub/SubとBigQuery間のデータ連携が行えます。基本的にはトピックのデータをそのまま出力するだけなのでデータ変換の要件がない、あるいはデータ変換はBigQueryに格納されたあとでも問題ないケースなどで非常に便利な機能です。

## 10.7.5　Lookerでリアルタイム集計値を可視化

　それでは最後に、リアルタイムにBigQueryに格納されるデータを**Looker**でリアルタイムに参照してみます。Lookerについては、「9.4　Looker」にて説明していますのでそちらを参照してください。

　先ほどBigQueryに生成したテーブルを参照したLooker上のダッシュボードがあることを前提とします。Lookerでは、図10.30のようにダッシュボードの更新頻度を設定できます。ここでは、10秒ごとの更新に設定しています。

　Lookerはそれ自身でデータを持たず、設定した更新頻度に応じて最新のBigQueryの情報を参照します。これにより、図10.31に示すように、常に最新のビジネスで重要となる最新の値をダッシュボードで把握できます。一方で、これは裏でBigQueryに対してクエリを頻繁に発行することを意味しますので、そのコストは意識しておく必要があります。

図10.30　ダッシュボードの設定画面

図10.31　リアルタイムダッシュボード

　このようにリアルタイムなデータをより高い鮮度で分析できることで、データに基づいたリアルタイムな判断やアクションが必要なビジネス要件に応えることができるようになります。

ここではLookerを扱いますが、ほかのBIツールからBigQueryにデータを参照している場合でも、BigQuery上のデータはいつでも最新なので、データを更新するきっかけを作ってあげることでリアルタイムに参照できます。

## 10.7.6 環境の削除

意図しない課金を発生させないようにするため、ここで構築したプロジェクトを削除するか、以下の処理を忘れないようにしてください。

- Dataflow
  - ・ストリーミングジョブの停止
  - ・Cloud Storage上の一時ファイルの削除
- Pub/Sub
  - ・サブスクリプションの削除
- BigQuery
  - ・データセットの削除
- IAM
  - ・付与した権限の削除

図10.32のスクリプトを利用して環境を削除できますのでご活用ください。

図10.32 環境を削除するコマンド (cleanup.sh)

```
#環境変数の設定
PROJECT_ID=$(gcloud config get-value project)
PROJECT_NUMBER=$(gcloud projects list --filter=$PROJECT_ID \
  --format="value(PROJECT_NUMBER)")
REGION=us-central1
DATAFLOW_JOB_ID=$(gcloud dataflow jobs list --region=$REGION \
  --filter="NAME:taxirides-realtime" --status=active --format="value(id)")
PUBSUB_SERVICE_ACCOUNT=service-$PROJECT_NUMBER@gcp-sa-pubsub.iam.gserviceaccount.com
GCE_SERVICE_ACCOUNT=$PROJECT_NUMBER-compute@developer.gserviceaccount.com

# ストリーミングジョブの停止
gcloud dataflow jobs cancel --region=$REGION $DATAFLOW_JOB_ID

# Cloud Storage上の一時ファイルの削除
gcloud storage rm -r gs://$PROJECT_ID-gcpbook-ch10/
gcloud storage rm -r $(gcloud storage ls | grep dataflow-staging)

# サブスクリプションの削除
gcloud pubsub subscriptions delete streaming-taxi-rides
gcloud pubsub subscriptions delete trips-raw
```

```
# データセットの削除
bq rm -r -f $PROJECT_ID:nyc_taxi_trip

# サービスアカウントに付与した権限の削除
# Compute Engineのデフォルトサービスアカウント
ROLES="'storage.admin pubsub.subscriber pubsub.viewer bigquery.dataEditor dataflow.admin
dataflow.worker"
for argument in $ROLES; do
    gcloud projects remove-iam-policy-binding $PROJECT_ID \
        --member=serviceAccount:$GCE_SERVICE_ACCOUNT \
        --role=roles/$argument
done

# Pub/Subのサービスアカウント
gcloud projects remove-iam-policy-binding $PROJECT_ID \
        --member=serviceAccount:$PUBSUB_SERVICE_ACCOUNT \
        --role=roles/bigquery.dataEditor
```

# 10.8 まとめ

　本章では、リアルタイム分析基盤が必要なユースケースおよびその分析基盤に求められる要件を整理しました。リアルタイム分析が必要かを見定めるには、リアルタイムにデータを使ってアクションする課題があるかが最も重要なポイントです。そして、リアルタイムデータはその特性上、常にデータが発生し、バッチと異なりデータのボリュームが予測できない場合があるため、突発的なデータのバーストに安定して処理できる可用性とスケーラビリティが、データの収集、処理、蓄積、分析それぞれのプロセスにおいて重要であることを説明しました。

　また以下に挙げるGoogle Cloudでそれらを構成するサービスとアーキテクチャについて説明しました。

- 収集：Pub/Sub
- 処理：Dataflow
- 蓄積・分析：BigQuery

　さらに、これらを利用してニューヨークのタクシーのリアルタイム位置情報データを使ったリアルタイム基盤の構築の一例を説明しました。これを通じて上記の各サービスを具体的にどのように組み合わせて構築するのか理解していただけたかと思います。

　また、本章では一部のサービスで説明を行いましたが、収集の部分にオープンソースのメッセージングサービスであるApache Kafkaを用いたり、処理の部分にDataprocを用いて

Apache Spark StreamingやApache Flinkを用いたりする方法もあります。求められる要件、移行前の既存環境、また開発／運用するメンバーのスキルなどによって適切なものを選ぶとよいでしょう。

さらに、2024年の4月にラスベガスで行われたGoogle Cloud Next '24にてBigQuery Continuos QueryやManaged Service for Apache Kafka（2024年4月時点では、Apache Kafka for BigQuery）といったリアルタイム基盤で利用できる最新機能やプロダクトがアナウンスされました。それぞれ取り上げられたブレイクアウトセッションの内容から少しだけここで説明します。

「Build continuous data and AI pipelines with BigQuery continuous queries[注16]」というセッションで披露された**BigQuery Continuous Queries**は、BigQuery SQLでストリーミング処理ができる機能です。Pub/SubやBigQueryのテーブルに新たに到着したデータを即時に処理し、別のテーブルやデータストアに書き出すことができます。セッションの中では、UPS Capitalの事例やデモとして放置されたショッピングカートの購入促進やレコメンデーションをリアルタイムで行える様子などが取り上げられていますので、ぜひ参照してください。

Managed Service for Apache Kafka[注17]は、スポットライトセッション「What's next for data analytics in the AI era[注18]」の中で簡単に発表されました。Managed Service for Apache Kafkaは、オープンソースの分散メッセージングサービスであるApache Kafkaをベースととしたフルマネージドサービスです。vCPUやRAMを指定するなどの数クリックでApache Kafkaクラスターが構築可能で、オンプレミスで行っていたようなスケーリング、アップグレード、メンテナンスなどのインフラ管理を最小限にできます。Apache Kafkaと互換性があるため、既存の環境でApache Kafkaを使っているユーザーがアプリケーションの変更を最小限にしてGoogle Cloudへの移行を行いたい場合などに良い選択となります。基本的にApache Kafka互換の要件が重要でない場合や、新規で基盤を構築する場合などはPub/Subを選ぶとよいでしょう。

急速なビジネスの変化に対応するためのデータ活用は年々重要性を増し、必要不可欠となってきています。本章がみなさまの分析基盤がバッチからリアルタイムの世界へ進む一助となれば幸いです。

---

注16　https://cloud.withgoogle.com/next/session-library?session=ANA211
注17　公式ドキュメント -Apache Kafka を簡単に
　　　https://cloud.google.com/products/managed-service-for-apache-kafka?hl=ja
注18　https://cloud.withgoogle.com/next/session-library?session=SPTL202

> **Column**
>
> ## Dataflowのアーキテクチャと分散処理における
> ## コンピュート、ストレージ、メモリの分離
>
> Dataflowについては5章および本章で説明しましたが、ジョブを実行すると自動でワーカーが立ち上がり、ジョブが自動的にワーカー上で実行されるのを確認できたと思います。このDataflowというサービスの実態を、公開されているセッションの内容をもとに説明します[注19][注20]。Datflowのアーキテクチャの概要を図10.33に示します。
>
>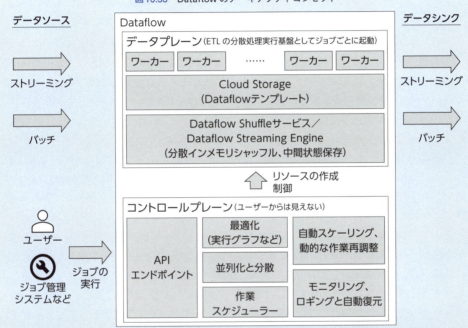
>
> 図10.33　Dataflowのアーキテクチャコンセプト
>
> Dataflowは**コントロールプレーン**と**データプレーン**の2つで構成します。コントロールプレーンはGoogleが管理するDataflowの実行を制御する基盤です。ユーザーからのAPIリクエストでジョブを受け付けると、通常は以下の流れで実行されます[注21]。
>
> 1. **実行グラフ最適化**：実行グラフを最適化する。パイプラインを表すステップのうち、データの依存関係のない処理を並び替え、効率化を行う
> 2. **Fusion（融合）の最適化**：次に、それぞれの実行計画の複数のステップや変換をまとめ、より効率化する。各処理のステップ間でのデータの引き渡しには、Apache Beamの中でデータの集合とされるPCollectionの形式に実体化される。

---

注19　https://www.youtube.com/watch?v=Zo_y34J16yg
注20　https://www.youtube.com/watch?v=7Q5VJzJMG3A
注21　https://www.youtube.com/watch?v=eM8PHKG0lcs

このオーバーヘッドを防ぐために、複数のステップや変換をまとめる

3. **Combine（結合）の最適化**：最後に、実行計画の中で集約オペレーションである GroupByKey などでシャッフルされる量を減らすべく、インスタンス内で部分的な Combine を行ってから集約オペレーションを行う最適化をする。最適化が終わってビルドされたコードは、Cloud Storage にテンプレート化されて一時保存される。これが一時ファイルとして指定する Cloud Storage のパスとなる

4. **並列化と分散**：パイプラインを各ワーカーに並列で割り当て、分散実行させる。わかりやすいところでは、Apache Beam の ParDo 変換（"Parallel" に基づく。MapReduce でいう Map 概念に相当）を用いた処理は、キーごとにさまざまなワーカーに割り当てられるが、これらの分散方法は自動で最適化される

3.の最適化が終わると、作業スケジューラーを介してデータプレーンとして**ワーカー**が立ち上げられます。4.のステップである並列化と分散では、ワーカーに対しコントロールプレーンから分散処理の指示が行われます。ワーカーはそれを受けてデータソースからデータを読み込み、分散処理を実行します。ジョブが終了すると、作業スケジューラーの指示によりワーカーは破棄されます。

ワーカーはユーザーのプロジェクトに Compute Engine として立ち上がり、Virtual Private Cloud（仮想プライベートネットワーク）を通して各種リソースに通信を行います。そのため、VPC の通信経路設定などをしておけば専用線経由でオンプレミスへのプライベート通信なども可能です。

そして、Dataflow では分散処理に欠かせないシャッフルを効率化するべく、**Dataflow Shuffle サービス**（バッチ）／**Dataflow Streaming Engine**（ストリーミング）という共有の機構を設けています。これは 2 章で説明した BigQuery のインメモリシャッフル機構と類似する仕組みで、これを利用することで、シャッフルを大幅に効率化しています。また、各ステージでの中間状態はここに保存されるため、一部ノードで障害があっても、自動復元の仕組みによりワーカーが立ち上がり、そこにこのインメモリシャッフル機構から高速にデータを読み出すことができます。

ジョブの実行中には、ジョブをより効率的に実行する 2 種類のチューニングが自動的に行われます。

1 つは、**動的作業調整**です。分散処理では一般的に発生する問題として、分散させた処理量に偏りがあり、一部のノードが処理に時間を要し、次のステップに進むトータルの時間が長くなることがあります。これに対し、Dataflow は図 10.34 に示すような動的作業調整を行います。これは、並列で処理している際に、ワーカー間の作業割り当ての不均衡や、予想よりも動作に時間がかかるワーカー、あるいは早く終わるワーカーを検知し、それらの間で作業の分割と再配分を行います。これらの調整を自動的に行い、ジョブ全体をより早く終わらせてくれます。

図10.34　Dataflow の動的作業調整

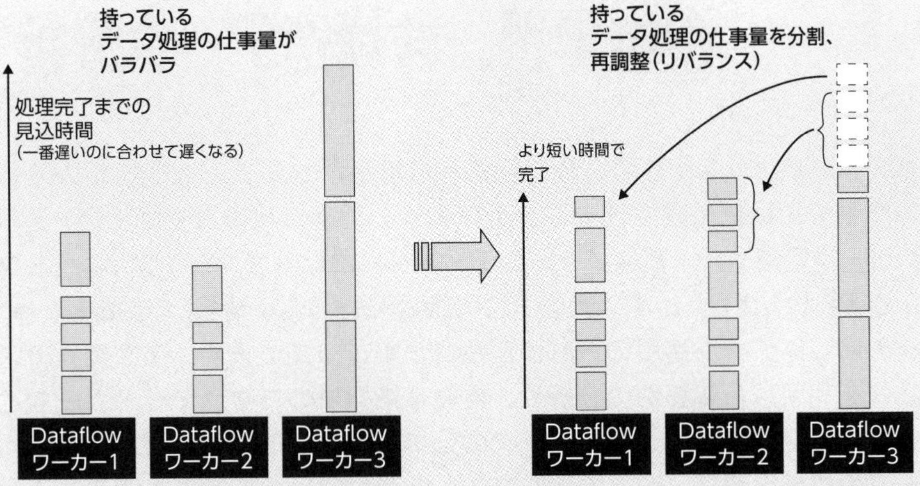

　もう1つは**自動スケール**です。Dataflow は分散処理を行う**スケールアウト型**のアーキテクチャですが、ジョブの特性を実行時に考慮して、ステップごとに最適なノード数までスケールアウトもしくはスケールインします。また、先述した動的作業調整の際には、追加でワーカーを起動することもあります。この条件はバッチ、ストリーミングでそれぞれ異なりますので、詳細はドキュメントを参照してください[22]。実際の運用では自動スケールを利用することで、データ量の増減があっても処理を一定時間に終了させたり、ストリーミングパイプラインをつまらせずに処理させたりすることができます。Dataflow Primeではこれに加え、メモリの垂直自動スケーリング、Right Fittingと呼ばれるリソースの自動最適化メカニズムが適用されます。

　通常、分散処理のスケールの調整では、ユーザー側で分散キーの範囲の割り当てを指定する**リシャード（リパーティション）**と呼ばれる概念の操作が必要です。Dataflowが特徴的なのは、これらの作業調整や自動スケールにおいて、**自動で透過的に**リシャードを行うことです。これはデータ処理を行うユーザーにとっては、チューニングや流れてくるデータ量が増減する際に、非常に大きなメリットになるでしょう。

　この透過的なリシャードは、ノードの障害時にも活躍し、ノードの障害があっても自動で起動し直し、透過的にジョブを実行し続けます。

　Dataflowの詳細については、過去のセッションやドキュメントを参照してください。

---

注 22　公式ドキュメント - 並列化と分散
　　　https://cloud.google.com/dataflow/docs/horizontal-autoscaling

# 第11章 発展的な分析 - 地理情報分析と機械学習、非構造データ分析

本章では、BigQueryを用いた発展的な分析手法として、地理情報の分析と機械学習を用いた予測処理を取り上げます。地理情報の分析は、IoTデバイスのデータ活用やサービス／マーケティングにおけるオンライン（ネットワークから得られる情報）とオフライン（実店舗から得られる情報）の融合といった、近年の新しいデータ活用の流れから注目が集まっています。小売業界での地理情報を利用した店舗別の分析や、自動車業界でのコネクテッドカーなどの移動体から得られるセンサーデータの分析といった取り組みがあります。もう一方の機械学習は、売上向上やコスト低減に向けた施策に予測モデルを活用したり、これまでに収集したデータを用いてコンテンツ／サービスの機能を自動化するなどの活用法が大きなメリットをもたらす点から注目されています。たとえば、ECサイトでは、商品のレコメンデーション、売上などの重要指標の予測、物流の在庫管理や配送ルートの最適化など、さまざまな目的で機械学習が活用されています。また、近年の生成AIブームに後押しされる形で、あらためて機械学習の活用が検討されるケースも増えてきました。Google Cloudのデータ分析基盤を中心としたシステムで、これらの発展的な分析がどのように実現できるのかを説明します。

## 11.1 Google Cloudによる発展的な分析

Google Cloud上のデータ分析では、BigQueryにデータを集約することが基本です。BigQueryには充実した分析のエコシステムが用意されており、中でもSQLを使って地理情報の分析と機械学習ができる点が特徴的な機能として挙げられます。本章では、BigQuery GISとBigQuery MLの利用方法を通じて、BigQuery上での地理情報分析と機械学習について説明します。

地理情報分析は、昨今のIoTデバイスの発展とデータ活用の流れから大きく注目されており、Google Cloudには、BigQueryで地理情報の分析を行うためのさまざまな機能を持つ

BigQuery GIS が用意されています。このあと、BigQuery GIS が提供する代表的な機能と具体的な利用方法について説明します。

　生成AIの登場により、あらためて機械学習に対する注目が増しています。BigQueryはデータ基盤としての役割を果たしながら、BigQuery MLにより、機械学習のワークロードもカバーできます。また、エンドツーエンドの機械学習プラットフォームであるVertex AIと連携しながら、構造化データのみならず非構造化データも取り扱い、より実践的な機械学習のワークフローを構築できます。

# 11.2 BigQueryによる地理情報分析

## 11.2.1 地理情報分析とは

　昨今、IoTの活用事例が増え、多数のデバイスからデータを取得する場面が増えています。ここでいうデバイスとは、モバイル端末、自動車の車載器、環境センサーなどの測定機器、あるいは、小売やレストランの店舗内の機器などです。これらのデバイスは地理的に広く分散して存在しているため、分析においてはそのデバイスの位置情報が重要な意味を持ちます。このような観点から、位置情報を基本とした、さまざまな地理情報を効率的に分析するニーズが増しています。

　データ分析システムの観点では、地理情報は、基本的には緯度と経度の組み合わせで構成されます（図11.1）。具体的には、単一の点や2点間をつなぐ線、あるいは、複数の点をつなぎ合わせたポリゴン（多角形）などの形態を表します。たとえば、デバイスの位置情報は単一の点になります。道路情報は2点間をつなぐ線、さらには、都市エリアの区画はいくつかの点をつなぎ合わせてできるポリゴンになります。

図11.1　地理情報のタイプ

| 点 | 線 | ポリゴン |
|---|---|---|
| ● デバイスの位置（GPS）<br>● 施設の位置 | ● 道路の中心線<br>● 河川 | ● 行政区画<br>● 建物の区画 |

地理情報は緯度経度からなる点の集合なので、それ自体を眺めていても意味のあるインサイトは得られません。地図上へのマッピングによる可視化や、意味のある地理的な単位での集計といった操作によって、はじめてビジネスに貢献する分析ができます（図11.2）。具体的には、次のような分析が考えられます。

図11.2　地理情報の可視化

| ID | 経度 | 緯度 |
|---|---|---|
| 1 | -73.9806 | 40.6983 |
| 2 | -73.9993 | 40.7393 |
| 3 | -73.9710 | 40.7053 |
| 4 | -73.9820 | 40.7358 |
| 5 | -73.9763 | 40.6838 |
| …… | | |

1つは、デバイスなどの移動体の位置や軌跡を可視化してインサイトを得る方法です。車の移動経路やユーザーの訪れた場所の軌跡などを地図上に可視化することで、その特性が非常に見えやすくなります。たとえば、同じ2つの地点間の複数の車両の移動軌跡を比較することで、運転する人や時間によってルートや到着時間に差が出ることなどがわかり、ナビゲーションや配送ロジックを最適化するための仮説を立てることができます。

もう1つは、ビジネス的に意味のある地理的な範囲で位置情報を集計する方法です。地理情報のデータをそのまま地図にプロットして可視化すれば、"このあたりはデータ（車や人など）が比較的多い"などのインサイトは得られますが、これだけでは定性的な分析にとどまります。そこで、一定の面積の区画や行政区画単位、あるいは、通行した道路などの付加情報を生の位置情報にラベル付けして、それを軸に集計する定量的な分析が重要になる場面も多くあります（図11.3）。

Google CloudのBigQueryには、地理関数やビジュアライゼーションツール、無料の一般公開データセットなどが標準機能として提供されており、地理情報をビジネスに活かすための分析がすぐに始められます。

図11.3　地理情報の集計

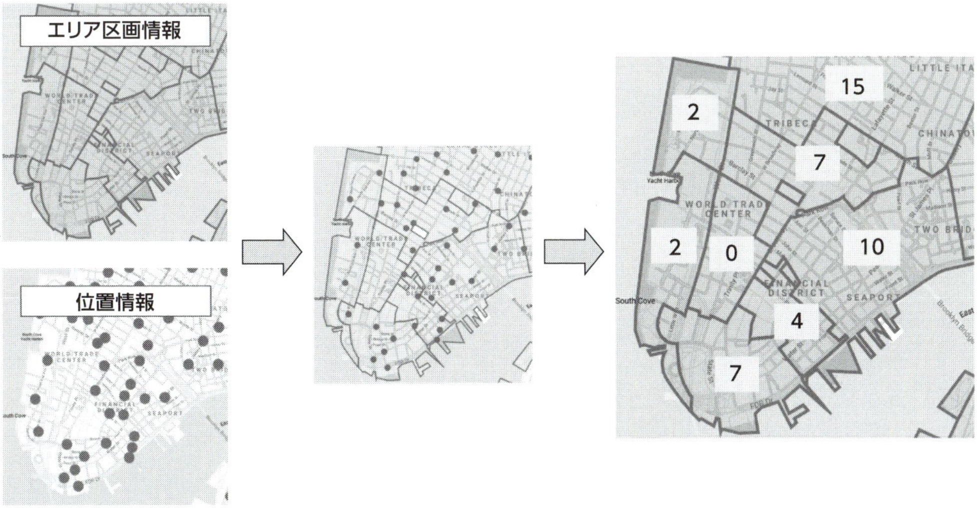

## 11.2.2　BigQuery GIS による地理情報分析の基本

　BigQueryには、**BigQuery GIS** と呼ばれる、位置情報データを操作・分析するための関数とデータ型が用意されています。**GIS** は **Geographic Information Systems** の略で、地理情報システムを意味します。SQLクエリ内でほかのビルトイン関数と同様に利用することで、地理情報に関連した演算が実装できます。また、地理情報を適切に可視化することで、分析結果からのインサイトが得られやすくなります。BigQuery では、地理情報を可視化する手段として **BigQuery Geo Viz** というツールを提供しています。**Google マップ** を背景にしてデータの可視化ができる強力なツールです。

　それでは、BigQueryの一般公開データセットを使って、地理情報を実際に可視化してみましょう。公開データセットには、地理情報を持つ多数のデータセットがありますが、ここではニューヨークのバイクシェアサービスのデータ NYC Citi Bike Trips を使い、地理情報を BigQuery で分析します。

　まず、公開データセットから NYC Citi Bike Trips を利用する方法を説明します。図11.4のように、BigQueryのコンソール画面で、左上の検索窓に「new york citibike」と入力して検索します。検索結果が0件の場合は、［すべてのプロジェクトを検索］をクリックします。すると、左側のリソース一覧に **bigquery-public-data** の new_york_citibike データセットが表示されて選択可能になります。

図11.4 BigQueryの一般公開データセット参照

　図11.5がデータセットの詳細な説明です。このデータセットは、ニューヨークの主要地域を横断して展開しているバイクシェアサービスが、2013年9月から日次で収集しているデータです。トリップと呼ばれる1回の利用ごとのデータテーブルと、バイクステーションのマスタデータテーブルからなります。トリップデータは、2013年7月から2018年5月までのデータが格納されています。

図11.5 NYC Citi Bike Tripsデータセット選択

それではまず、BigQuery GISを使って、バイクステーションのマスタデータから、どの辺りにどれぐらいの規模のステーションがあるのかを見てみましょう。バイクステーションのマスタデータは、**citibike_stations**テーブルに格納されています。ここでは、細かいカラムの定義などは説明を割愛します。詳しく知りたい方は、テーブルを選択して［スキーマ］タブで確認してみてください。

クエリエディタにリスト11.1のSQLクエリを記述して［実行］をクリックします。

リスト11.1　バイクステーションの位置情報をGEOGRAPHY型に変換するクエリ

```
-- バイクステーションの位置情報をGEOGRAPHY型に変換するクエリ
SELECT
    -- 数値型である緯度/経度の情報をST_GEOPOINT()に渡して、GEOGRAPHY型カラムgeometryを生成
    -- ST_GEOGPOINTは、BigQuery GISで標準提供された地理関数の1つ
    ST_GEOGPOINT(longitude,
        latitude) AS geometry,
    -- 分析に必要な情報としてcapacityを取得
    capacity
FROM
    -- 一般公開データセットのバイクステーションの情報が格納されたテーブル
    `bigquery-public-data.new_york_citibike.citibike_stations`;
```

すると、図11.6のような結果が表示されます。このSQLでは、`latitude`カラムと`longitude`カラムに格納された数値型の緯度経度の情報を`ST_GEOGPOINT`という関数を使って、GEOGRAPHY型のカラムに変換しています。このほかには、GeoJSON[注1]やWell-known Text（WKT）[注2]といった文字列情報からもGEOGRAPHY型に変換できます。

図11.6　バイクステーション情報のクエリ結果

| 行 | geometry | capacity |
|---|---|---|
| 1 | POINT(-73.98068914 40.69839895) | 58 |
| 2 | POINT(-73.99931783 40.73935542) | 77 |
| 3 | POINT(-73.97100056 40.70531194) | 12 |
| 4 | POINT(-73.98205027 40.73587678) | 56 |
| 5 | POINT(-73.97632328 40.68382604) | 62 |
| 6 | POINT(-73.98142006 40.72740794) | 80 |
| 7 | POINT(-73.91054 40.70461) | 16 |

この結果は、実際の地図上に可視化することで分析しやすくなります。BigQueryが標準提供するBigQuery Geo Vizを使うと、簡単に可視化できます。

---

注1　https://ja.wikipedia.org/wiki/GeoJSON
注2　https://ja.wikipedia.org/wiki/Well-known_text

クエリ結果が表示された画面で、[データを探索]から[GeoVizで調べる]をクリックします。図11.7のような画面が現れるので、[Authorize]を選択して、クエリを実行したユーザーと同じユーザーでログインします。

図11.7　BigQuery Geo Viz 初期画面

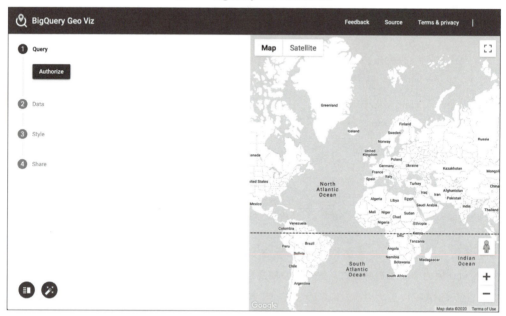

図11.8のクエリを入力する画面に移ったら、対象プロジェクトやクエリ、演算が行われるロケーションが正しいかを確認して[Run]をクリックします。

すると、図11.9のように右側の地図上に点がプロットされます。これは、geometryという名前を付けたカラムの値をこのツールが自動的に地図上にマッピングした結果です。

図11.8 BigQuery Geo Vizクエリ画面

図11.9 BigQuery Geo Viz地図プロット

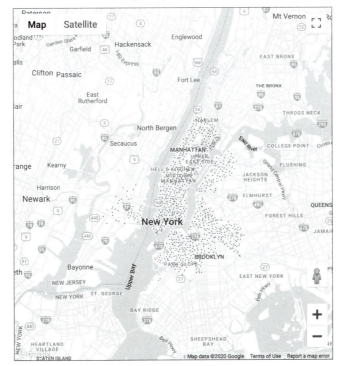

複数のGEOGRAPHY型のカラムが実行結果として返ってくる場合、どのカラムが地図に描画されているかを確認するには、左側の [Data] を選択します。図11.10のように、対象のカラム名とクエリの結果が表示されます。ここで描画の対象を任意のカラムに変更することもできます。

図11.10　BigQuery Geo Viz データの表示

さらに、データの描画方法がカスタマイズできます。たとえば、プロットされたサークルの大きさ、色、透明度などをほかのカラムの値に応じて変更できます。一例として、ここでは各ステーションの自転車格納ドックの数である **capacity** の数に比例して、サークルの大きさを変えてみます。

左側の [Style] を選択すると、いくつかの設定項目が現れます。ここでは [circleRadius] を選択し、図11.11に示すように以下の内容を設定します。

- Data-driven：有効
- Function：linear
- Field：capacity
- Domain：0 80
- Range：0 200

[Apply Style] をクリックすると、可視化された地図プロットが図11.12のように変わります。このようにすると、どのステーションが大きくてどのステーションが小さいか、それらがどこにあるのかが一目瞭然です。

図11.11 BigQuery Geo VizのcircleRadius設定

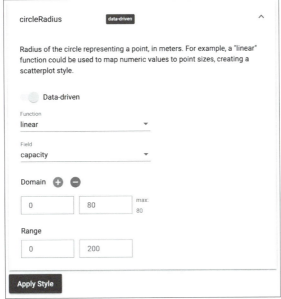

図11.12 BigQuery Geo Vizスタイル設定後の地図プロット

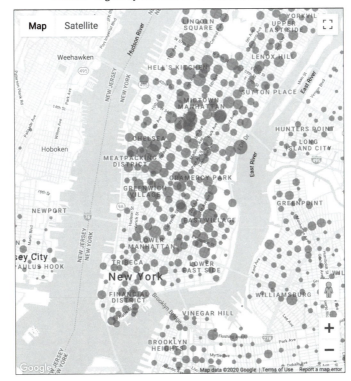

第 **11** 章　発展的な分析 - 地理情報分析と機械学習、非構造データ分析

また、GEOGRAPHY型は、点以外にも直線や複雑な形状をしたポリゴンの地理情報を扱うこともできます。続いて、geo_us_boundariesデータセットから、アメリカ合衆国の国勢調査の地理境界データCensus Bureau US Boundariesを使ってみます。

先ほどと同様に [geo us boundaries] というキーワードで公開データセットを検索して、表示された **geo_us_boundaries** データセットのzip_codesテーブルを選択すると、このテーブルはzip_code、および、zip_code_geomというカラムを持つことがわかります。このテーブルには、郵便番号（zip_code）とそれに対応する区画情報のポリゴン（zip_code_geom）が格納されています。リスト11.2のクエリをBigQuery Geo Vizで実行してみましょう。

リスト 11.2　ニューヨーク州とニュージャージー州の郵便番号エリアのデータのみ抽出するクエリし

```
-- ニューヨーク州とニュージャージー州の郵便番号エリアのデータのみ抽出するクエリ
SELECT
  zip_code, -- 郵便番号コード
  zip_code_geom -- 郵便番号に該当するエリアのポリゴン情報（GEOGRAPHY型）
FROM
  -- 一般公開データセットの郵便番号エリア情報が格納されたテーブル
  `bigquery-public-data.geo_us_boundaries.zip_codes`
WHERE
  -- サービス対象地域が含まれるニューヨーク州とニュージャージー州に限定
  -- 36: ニューヨーク州
  -- 34: ニュージャージー州
  state_fips_code IN ('36',
    '34');
```

このクエリでは、**state_fips_code** というカラムでニューヨーク州とニュージャージー州をフィルタして、各郵便番号に対応する区画の境界線にあたる地理ポリゴン情報を取得しています。実行が完了したら、左側の [Style] から [fillOpacity] を選択して、以下の値を設定します。

- Data-driven：無効
- Value：0.1

[Apply Style] をクリックすると、図11.13のような地図上の描画が得られます。

図11.13 行政区域境界可視化

このように、面に相当するポリゴン情報が地図上に可視化できます。次項で見るように、この地理情報を集計の範囲として利用できます。

### 11.2.3 BigQuery GISによる位置情報の集計処理

ここでは、BigQuery GISを使って位置情報を特定のエリアで集計する処理を説明します。先ほどのバイクシェアサービスで、どの地域が出発地としてよく使われているかを分析することにします。

さっそくですが、集計のためのクエリは、リスト11.3のようになります。

リスト11.3 郵便番号地域ごとの出発地利用数の集計クエリ

```
-- WITH句でJOINするためのテーブルの準備
WITH
    -- 2017/1/1の欠損データを除いたデータを抽出したトリップデータtrips
    `trips` AS (
    SELECT
        -- 出発ステーションの地理情報（GEOGRAPHY型）
```

第 **11** 章　発展的な分析 - 地理情報分析と機械学習、非構造データ分析

```
      ST_GEOGPOINT(start_station_longitude,
        start_station_latitude) AS start_geog_point
    FROM
      `bigquery-public-data.new_york_citibike.citibike_trips`
    WHERE
      -- 情報が欠損しているデータを排除
      bikeid IS NOT NULL
      AND DATETIME_TRUNC(starttime,
        year) = '2017-01-01' ),

  -- ニューヨーク州とニュージャージー州に絞った郵便番号エリアデータzip_codes
  `zip_codes` AS (
  SELECT
    zip_code,
    zip_code_geom
  FROM
    `bigquery-public-data.geo_us_boundaries.zip_codes`
  WHERE
    state_fips_code IN ('36',
      '34'));

-- メインSQLクエリ
SELECT
  -- 郵便番号文字列とそのポリゴン情報および当該エリアに出発地が含まれる利用回数の総数を取得
  zip_code,
  zip_code_geom,
  total_trips
FROM (
  -- tripとzip_codesを内部結合し、
  -- 結合条件で出発ステーションの位置情報が含まれる郵便番号情報を持つレコードのみに指定
  SELECT
    zip_code,
    -- トリップ件数をカウントして、利用総数を集計
    COUNT(1) AS total_trips
  FROM
    `trips`
  JOIN
    `zip_codes`
  ON
    -- 結合条件にST_WITHIN()を利用して、出発地点が含まれる郵便コードのエリアを判定
    -- 出発ステーション位置start_geog_pointが
    -- ある郵便番号エリアzip_code_geomに含まれているら真を返す

    ST_WITHIN(start_geog_point,
      zip_code_geom)
  -- 結合後に郵便番号コードで集計
  -- ちなみに、GEOGRAPHY型のカラムは集計カラムに指定できない
  GROUP BY
    zip_code)
-- 可視化のために郵便番号エリアのポリゴンを取得するため最後に再度zip_codesと結合
JOIN
  `zip_codes`
USING
  (zip_code);
```

このクエリで実行する処理の概要を説明します。まず、WITH句を使って、2つの一時テーブル（tripsとzip_codes）を定義します。一時テーブルtripsは、citibike_tripsテーブルから一定の条件（期間指定や無効データ排除）をフィルタして、必要な緯度経度の情報だけを取得したものです。一時テーブルzip_codesは、元のzip_codesテーブルから一定の条件（特定の州）と必要なカラムをフィルタしたものです。

　次に、2つの一時テーブルを結合します。結合の条件として、GIS関数を使い、tripsの緯度経度の情報がzip_codesにあるいずれかのエリアの内部にあるレコードのみを抽出しています。そのうえで、GROUP BY句でzip_codeごとの件数を集計します。

　最後に、GEOGRAPHY型のポリゴン情報を付加するために、集計テーブルに再度zip_codesをzip_codeで結合して、最も外側のSELECTでzip_code_geomを取得します。

　このコードのポイントは、内側の結合の条件で使われているST_WITHIN関数です。これはBigQueryの地理関数の1つで、ST_WITHIN(geog1, geog2)のように2つのGEOGRAPHY型の引数をとり、geog1の地理情報の範囲がgeog2の範囲に完全に含まれている場合に真を返します。この例では、出発地のステーションの緯度経度が、ある郵便番号に相当するエリアに含まれているかどうかを判定しています。この結合処理によって、tripsの各レコードに対して、該当の緯度経度を含むエリアの郵便番号が付与されて、それを集計の軸に使用できるようになります。

　クエリの結果が表示されたら、左側の[Style]から[fillOpacity]を選択します。以下の内容を設定して、[Apply Style]をクリックします。

- Data-driven：有効
- Function：linear
- Field：total_trips
- Domain：0 - 1000000
- Range：0 - 1

　すると、図11.14のような結果が得られます。利用数に応じてエリアの塗りつぶしを濃くしているので、どのあたりで利用が多いかがよくわかります。

図11.14　郵便番号エリア別の件数集計

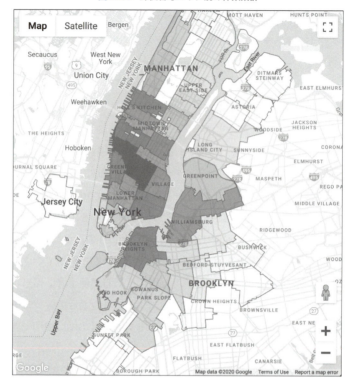

　この利用傾向と各ステーションの自転車数やドック数を比較して過不足を分析すれば、ステーションのキャパシティの最適化やステーション自体の増減計画の意思決定に活かすことができるでしょう。

## 11.2.4　BigQuery GISの活用のまとめ

　ここまでいくつかの地理関数を説明しましたが、ほかにも以下のような関数が用意されています。

- 2つのポリゴン間の距離を算出
- ポリゴンの面積を算出
- GEOGRAPHY型の情報をテキスト形式（GeoJSONやWell-Known Textなど）に変換

　センサーデバイスなどから取得できる位置情報は生の緯度経度のデータであることが多いので、そのままでは定量的に扱いづらい側面があります。ここで説明したように地理関数を活用して、業務的に意味のある地理情報のラベルを付与することで効率的な分析ができます。一例を挙げ

ると、次のようなラベル付けが考えられます。

- 等価な面積エリアで地理空間を分割する地理メッシュを位置情報にラベル付け
- 地図情報を使って最も近い道路や駅などを位置情報にラベル付け
- 自社の店舗マスタ情報を使って店舗位置から一定距離内にある位置情報に店舗をラベル付け

このようなラベル付けにより、位置情報がより有益で使いやすいデータに変わります。位置情報はその性質上、データ量が多くなりがちなため、このような処理をBigQueryの強力な処理性能で行えることは、分析基盤として強力なアドバンテージになります。

## 11.3 Google Cloud上での機械学習

　Google Cloud上のデータ分析では、BigQueryにデータを集約することが基本です。BigQueryは分析のエコシステムが充実しており、BigQuery自身の機能、さらにはGoogle Cloudのさまざまなプロダクトとの連携により、単なるデータの集計にとどまらない高度な分析が実施できます。中でも特徴的なものは、BigQuery上でSQLを用いて機械学習の処理を実施できる機能です。BigQueryが提供する機械学習に関連する機能は、BigQuery MLと呼ばれます。

　機械学習では、収集したデータを利用して学習モデルを構築します。そして、新たなデータを学習済みのモデルに適用することで予測や分類を行います。本章では、BigQuery MLを中心に、BigQuery上で機械学習を実践する方法を説明します。ただし、本書はデータ基盤の解説に主眼を置き、機械学習の解説を目的としていませんので、機械学習のモデルを詳細にチューニングする方法は取り扱いません。Google Cloud上の機械学習サービスの利用方法と、機械学習の取り組みの中でそれらをどのように活用するのかに焦点を当てます。機械学習の詳細に興味がある方は、オンライン教育サービスのCourseraの「Applying Machine Learning to your Data with GCP」[注3]や、「Machine Learning Crash Course」[注4]などを参照してみてください。

### 11.3.1 Google Cloud上での機械学習

　Google Cloudでは機械学習系のサービスは、おもにVertex AI上で提供されています。

---

注3　https://ja.coursera.org/learn/data-insights-gcp-apply-ml-jp
注4　公式ドキュメント - 機械学習集中講座
　　　https://developers.google.com/machine-learning/crash-course/

Vertex AIはエンドツーエンドの機械学習プラットフォームであり、モデルの学習からモデルの評価、推論といった、機械学習と聞けば一般的に思い浮かべる処理にとどまらず、ノートブックサービスやモデルの管理などのデータサイエンティストや機械学習エンジニアがモデル開発を効率的に行うための機能から、パイプライン、モニタリングなど、いわゆるML Opsと呼ばれる領域の機能、またマネージドな推論環境、といった機械学習に取り組む上で必要となる機能群を幅広く提供しています。

一方、冒頭でも触れたように、BigQueryではBigQuery MLと呼ばれる機械学習に関する機能を提供しています。BigQuery MLはBigQuery上でモデルの学習・評価・推論などの処理を行う機能ですが、最大の特徴は、すべての処理がSQLから実行できることです。これにより、BigQuery上で機械学習のモデル開発に関する一連の処理が完結します。機械学習に詳しくない方でも、機械学習における学習データの重要性を聞いたことのある方は多いでしょう。データ基盤としてデータが蓄えられているBigQuery上で、データ分析にとどまらず機械学習まで行えることには、多くのメリットがあります。

また、機械学習でモデルを開発し、実運用を行うには、学習を行う環境を用意するだけでは十分と言えません。学習後のモデルをデプロイし、モデルをサービングする環境（推論を受け付けるインターフェースと推論を行うリソースを合わせた環境）が必要です。BigQuery MLでは、BigQueryが予測リクエストをSQL形式で受け付けて推論結果を返すので、利用者はサービング環境を意識する必要がありません。SQLが書ければ、機械学習による予測結果が取得できます。

## 11.3.2 BigQuery MLとVertexAIの関係性

BigQuery MLとVertex AIは、モデルを学習して推論を行うという点では類似の機能を提供していますが、その使い勝手や提供するメリット、技術仕様による制約などが異なります。どちらかが優れているというわけではなく、ユースケースに応じて相互に補完する関係にあります。図11.15に示すように、双方の特性を理解して、BigQuery MLとVertex AIをうまく組み合わせれば、Google Cloudのメリットをより大きく活かした機械学習の実行環境が構築できます。

## 図11.15　BigQueryとVertex AIの関係性

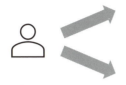

- SQLインターフェース
- データ基盤からシームレスに利用可能
- 可視化などの周辺エコシステムとの連携が充実

BigQuery

組み合わせることでより効果的に
さまざまなユースケースに対応可能

Vertex AI

- API、SDK経由での利用
- 機能ごとのコンポーネント単位での利用
- ノートブック、モデル管理などの機械学習の開発に必要な周辺ツールも充実

BigQuery MLとVertex AIを組み合わせて利用するユースケースの例を以下に挙げます。

- 画像や音声、動画などの非構造化データをVertex AIが提供する生成AIのAPIで構造化し、その結果をBigQuery上に保存して後続の分析につなげる
- BigQuery MLで学習したモデルをVertex AIのModel Registryに登録し、Vertex AIで作成したエンドポイントからオンラインサービングの機能を提供する
- Colab EnterpriseやVertex AI Workbench（Vertex AIで提供されるノートブックサービス）を用いて、慣れ親しんだノートブック環境からBigQuery上のデータにアクセスし、基礎分析から機械学習までの処理を一気通貫で行う

これらはあくまで一例です。BigQuery MLとVertex AIの機能を互いに補完することで、より実践的で使いやすい機械学習の実行環境が構築できます。

## 11.3.3　機械学習のプロセスとBigQuery MLのメリット

　BigQuery MLは、BigQuery上に保存されているデータに対して、SQLの拡張構文を利用して、機械学習のモデル構築から予測までの一連の流れをBigQuery上で行います。BigQuery MLの詳細な説明に入る前に、機械学習で学習モデルを構築する際の基本的な流れを確認しておきましょう。

　図11.16は、機械学習モデルを構築する際の典型的な流れを示します。はじめに、DWHなどのデータソースから機械学習モデル構築に必要となるデータを取り出して分析環境に移動します。分析環境内ではデータの特性を分析・理解したうえで、学習処理に適した形にデータを変換する前処理を行います。続いて、学習に使用するモデルを選択し、機械学習モデルの学習

を行います。機械学習のモデルには、モデルの構造を決定するパラメータがあり、これをチューニングすることでより良い学習モデルを目指します。最後に、学習された機械学習モデルの**評価**を行います。この一連のプロセスは一度で完了するものではなく、反復的に実施する必要があります。図11.16にあるように、モデルの評価結果に応じて、再度データの前処理を行ったり、機械学習モデルのパラメータを変えた学習を行ったりします。異なる機械学習アルゴリズムを選択し直すこともあります。

図11.16　機械学習モデルを構築するまでの流れ

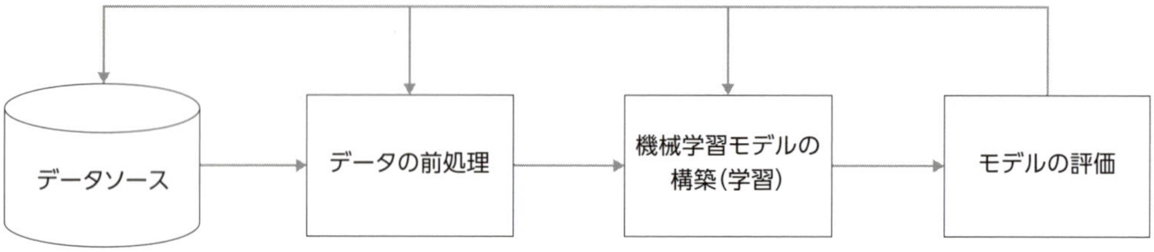

　一般的なデータ分析環境では、**データソースとデータの分析環境が分離**しており、それぞれに管理者を置くことがよくあります。たとえば、データソースとなるDWHやデータベースは情報システム部が管理していて、データ分析環境はインフラチームが管理しているといった具合です。データサイエンティストが分析作業を行う際は、まず、インフラチームに依頼して分析に必要なインフラのリソース確保とセットアップを実施してもらい、次に、情報システム部にデータ出力を依頼してデータを受け取り、ようやく分析をスタートすることになります。このような環境の分離は、前述の反復的なプロセスの妨げになります。BigQuery MLでは、データソースと分析環境が分離されていないため、**必要なときに必要なデータにアクセスしやすく、一連の作業をすべて同一の環境上で行う**ことができます。これは、作業の効率化の観点で極めて重要です。

　また、機械学習はモデルを作って終わりではありません。機械学習モデルを構築する目的は、機械学習モデルを利用した予測や分類を行うことです。学習済みの機械学習モデルに新しいデータを適用して、予測・分類することを推論と呼びます。一般的には定期的に発生する新規データに対して推論を行うため、機械学習モデルを構築した環境とは別に、推論用の環境を用意して、そこに機械学習モデルをデプロイします。これは、新規データを入力して推論結果を出力するデータパイプラインを構築することに相当します。学習した機械学習モデルと推論環境の関係は、図11.17のようになります。

　一方、BigQuery MLでは、図11.16、図11.17に示した**機械学習の一連の流れをすべてBigQuery上でシームレスに完結させる**ことができます。この特性は、トライアンドエラーを繰り返す反復的なプロセスを含む機械学習において非常に強力に作用します。データの前処理

11.3 Google Cloud 上での機械学習 465

からモデルの学習への流れだけではなく、モデル学習後に再度データの前処理を行う際や、継続的に得られる新しいデータに対して推論を行う際にも、データ基盤とデータ分析・機械学習の環境が一気通貫でつながっていることは大きなメリットになります。

図 11.17　モデルのデプロイと学習モデルの適用

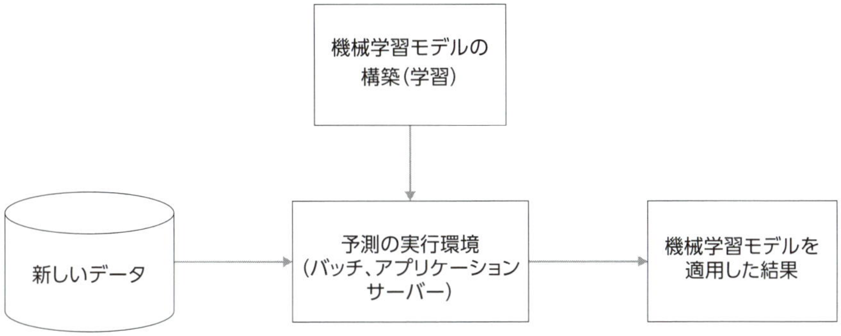

機械学習モデルの
構築(学習)

新しいデータ

予測の実行環境
(バッチ、アプリケーション
サーバー)

機械学習モデルを
適用した結果

### 11.3.4　BigQuery ML で実現する機械学習

BigQuery ML が登場した当初は、BigQuery 上で機械学習モデルの学習と評価、推論を行うというシンプルなものでしたが、その後、Vertex AI との連携が強化された結果、現在では機械学習プラットフォームとしての側面も強くなっています。たとえば、BigQuery ML で利用可能なモデルは大きく 4 つに分類されますが、この中には、Vertex AI と連携してモデルを利用するものもあります。具体的には以下の 4 つです。

- BigQuery ML に組み込みのモデルを学習するもの
- Vertex AI 上でモデルを学習するもの
- Google Cloud に限らず外部で学習されたモデルファイルを BigQuery にインポートしたもの
- Vertex AI にデプロイしたモデルを API 経由で利用するもの

表 11.1 に、BigQuery ML がサポートする機械学習のモデルと典型的なユースケースをまとめました。機械学習とひと口に言っても、さまざまなモデル (学習方法) があります。大きく分けると、正解データを用意してそれをもとにモデルを構築する "教師あり学習"、正解データは与えずにデータの構造から背後に潜むルールを見つけ出す "教師なし学習" などです。BigQuery ML では、教師あり学習に属するモデル、教師なし学習に属するモデルの両方をサポートしています。

第 **11** 章　発展的な分析 - 地理情報分析と機械学習、非構造データ分析

表11.1　BigQuery MLがサポートしている機械学習のモデルとそのユースケース

| 機械学習で解くタスクの種類 | 典型的なユースケース | BigQuery MLでサポートしているモデル |
| --- | --- | --- |
| 予測 | 需要予測や購入確率の予測 | 線形回帰、ロジスティック回帰、ブーストツリー、時系列予測、DNN |
| 分類 | 優良顧客の判別 | ロジスティック回帰（分類）、ブーストツリー、DNN |
| クラスタリング | 属性が似たユーザーの分類 | K-means |
| 行列分解 | 商品のレコメンデーション | Matrix Factorization |
| 次元削減 | データの可視化 | 主成分分析（PCA） |
| 時系列 | 商品の需要予測 | ARIMA |

　モデルそれぞれに、利用方法や注意点、コスト[注5]に対する考え方などが異なるので注意が必要です。とくにモデルの学習フェーズでは多くのデータとリソースを使います。予期せぬコストの発生を回避するためにも、実際に作業を行う際はコストの考え方について事前に正しく理解するように努めてください。BigQuery MLでどのようなモデルが利用でき、利用方法の詳細については公式ドキュメント[注6]から最新の情報を参照していってください。モデルにはその特性から想定される典型的なユースケースもあり、公式ドキュメント上でも整理されています。

　ここからは、具体例を用いて、構造化データと非構造化データの種別に応じたBigQuery MLの利用方法を説明していきます。

## 11.3.5　BigQuery ML での構造化データに対する機械学習

　**構造化データ**は最も基本的なデータ形式で、機械学習との親和性が高く直感的です。ここでは、構造化データの代表例として、リレーショナルデータベースのテーブルに相当する表形式のデータで説明します。機械学習の世界では、表形式データの各行を個別の標本（Example）、各列を特徴量（Feature）として取り扱います。言い換えると、1つのレコードを1つの学習データと考えることができます。

　構造化データとの関係性で説明を続けると、機械学習のモデルは、与えられたデータの行と列の組み合わせをもとにデータの特性を理解します。このプロセスを機械学習の用語では**学習**と呼び、このプロセスの結果として得られるモデルを**学習済みモデル**と呼びます。その後、学習済みモデルを利用して、学習には利用していない新しいデータ行を与えて、特定の列の値を

---

注5　公式ドキュメント -BigQuery ML の料金
　　　https://cloud.google.com/bigquery/pricing#bqml
注6　公式ドキュメント - サポートされているモデル
　　　https://cloud.google.com/bigquery/docs/bqml-introduction#supported_models

予測値として出力します。このプロセスを機械学習の用語では**推論**と呼びます。これにより、入力データから顧客や商品のカテゴリを予測したり、将来の商品の売上を予測したりすることができます。

　何らかのカテゴリを予測することを分類、数値データを予測することを回帰と呼び、機械学習のモデルによっては、分類のみに対応しているもの、回帰のみに対応しているもの、両方に対応しているものがあります。解くべき問題を分類として扱うのか、回帰として扱うのかは機械学習モデルを選択するうえでの重要なポイントです。

## 11.3.6　2項ロジスティック回帰による分類

　ここでは、BigQueryの一般公開データセットに含まれるGoogleアナリティクスのデータを利用して、ECサイトへの訪問者が商品を購入するかどうかを予測するモデルを構築します。機械学習のモデルとしては、BigQuery MLの2項ロジスティック回帰を利用します。ロジスティック回帰は"回帰"と名前が付いていますがカテゴリの出力もできます。分類と回帰の両方に対応している点で取り掛かりやすいモデルの1つです。

### データの確認

　まずは利用するデータを確認します。一般公開データセットに含まれるGoogleアナリティクスのデータは、`bigquery-public-data`プロジェクトのデータセット`google_analytics_sample`配下にある`ga_session_(366)`テーブルです。このデータはECサイトから収集されたGoogleアナリティクス360のデータです。サンプルデータの詳細は、Googleアナリティクスのヘルプページから確認できます[注7]。**ga_session_(366)** は、**ga_session_YYYY-MM-DD** の形式で日ごとにテーブルが分割されていますが、BigQueryのSQL文では、ワイルドカードを利用して複数のテーブルに一括でアクセスできます。このアクセスログのデータを機械学習モデルの学習や推論のデータとして利用します。

　本来、機械学習のモデルを作るときは、データの詳細を理解するプロセスを踏む必要があります。一般にEDA（Explanatory Data Analytics：探索的データ分析）と呼ばれるプロセスで、データの分布などの特徴をつかみ、機械学習のモデルの構築に活かします。ここでは精度の高いモデルを作ることが目的ではないため、EDAの詳細には踏み込みませんが、BigQueryにはEDAに役立つさまざまな統計関数が提供されています。興味のある方は、実際にどのようなデータなのか、いろいろな角度から分析して調べてみるとより理解が深まるでしょう。EDAが簡

---

注7　公式ドキュメント -BigQuery用のGoogleアナリティクス サンプル データセット
https://support.google.com/analytics/answer/7586738?hl=ja

単に実施できるという点も、BigQueryを利用する魅力の1つです。

2項ロジスティック回帰は教師あり学習に属するモデルで、学習データに目的変数と説明変数を設定する必要があります。**目的変数**とは、予測したい項目のことで、本節の例では、購入するかどうかを表す変数です。また、**説明変数**とは、目的変数を説明（予測）するための変数です。機械学習モデルを学習する際は、目的変数と説明変数をすべて利用します。その後の推論では、説明変数の値を入力して、目的変数の値を予測値として出力します。購入するかどうかを表す目的変数としては、購入する／しないを2択で表す方法や、購入しそうな度合いを数値で表すなど、さまざまな方法が考えられます。ここで扱う2項ロジスティック回帰は、購入するかしないかを2択で表現して、それを予測します。

## モデルの構築

2項ロジスティック回帰による機械学習モデルを構築します。これ以後のSQLクエリは、すべてBigQueryのコンソール上で実行します。

このケースでは、商品を購入したかどうかの情報はtransactionというカラムに含まれています。またこれを予測対象となる目的変数とします。商品を購入するなら1、しないなら0として扱います。また、説明変数には、直感的に購入に関係しそうな項目として、新規訪問者かどうか、セッション内のページビュー数、ブラウザ、OS、デバイス（モバイルデバイスか否か）、セッションが発生したアクセス元の国（IPアドレスに基づいた特定）を利用します。

リスト11.4は、BigQuery MLで2項ロジスティック回帰のモデルを学習するクエリの例です。リスト11.4、リスト11.5、リスト11.6は、bqmlという名称のマルチリージョン（US）のデータセットが作成されている前提で動作します。サンプルの実行前にこのデータセットを作成しておいてください。

リスト11.4　BigQuery MLによる機械学習モデルの構築

```
-- ロジスティック回帰のモデル構築
CREATE MODEL `bqml.model` -- CREATE MODELステートメントによるモデル名の宣言
OPTIONS(model_type='logistic_reg') AS -- モデルとしてロジスティック回帰を選択
SELECT
  -- total.transactionsを目的変数とする（labelという名前のカラムは目的変数として扱われる）
  -- IF関数を利用してNULLなら0，それ以外は1に変換する
  IF(totals.transactions IS NULL, 0, 1) AS label,
  -- その他のカラムを説明変数として扱う
  IFNULL(totals.newVisits, 0) AS new_visits,
  IFNULL(totals.pageviews, 0) AS page_views,
  IFNULL(device.browser, "") AS browser,
  IFNULL(device.operatingSystem, "") AS os,
  device.isMobile AS is_mobile,
  IFNULL(geoNetwork.continent, "") AS continent
FROM
```

```
-- 一般公開データに含まれるGoogle アナリティクスのデータ
`bigquery-public-data.google_analytics_sample.ga_sessions_*`
WHERE
  _TABLE_SUFFIX BETWEEN '20160801' AND '20170531';
```

　この SQL クエリは、SELECT ステートメントで学習データを抽出し、それを利用して、CREATE MODEL ステートメントで定義した機械学習モデルの学習処理を行います。ロジスティック回帰なので model_type で logistic_reg を設定しています。モデルの学習のためにさまざまなオプションを設定できます[注8]が、ここではとくに指定していません。また、label 列が目的変数です。label 列は CREATE MODEL ステートメント内で input_label_cols オプションを設定するためのエイリアスです。

　このクエリを実行すると、通常の SQL クエリを発行したときと同じように動作します。クエリが完了すると、学習モデルは一般のテーブルと同様に、CREATE MODEL ステートメントで指定したデータセット配下に作られます。

## モデルの評価

　モデルの学習が完了したら、学習モデルの評価を行います。リスト 11.5 は、モデルの評価を行うクエリの例です。

リスト 11.5　BigQuery ML による学習モデルの評価

```
-- 学習済みのモデルの評価
SELECT
  *
FROM
  -- ML.EVALUATE関数でリスト11.4で作成したモデルの評価
  ML.EVALUATE(MODEL `bqml.model`, (
-- 評価に利用するデータの抽出
-- 学習に利用した目的変数、説明変数と同一カラム名とする
SELECT
  IF(totals.transactions IS NULL, 0, 1) AS label,
  IFNULL(totals.newVisits, 0) AS new_visits,
  IFNULL(totals.pageviews, 0) AS page_views,
  IFNULL(device.browser, "") AS browser,
  IFNULL(device.operatingSystem, "") AS os,
  device.isMobile AS is_mobile,
  IFNULL(geoNetwork.continent, "") AS continent
FROM
  `bigquery-public-data.google_analytics_sample.ga_sessions_*`
-- 学習データとは異なる期間である点に注意
WHERE
  _TABLE_SUFFIX BETWEEN '20170601' AND '20170630'));
```

---

注8　公式ドキュメント -The CREATE MODEL statement for generalized linear models
　　　https://cloud.google.com/bigquery/docs/reference/standard-sql/bigqueryml-syntax-create-glm

モデルの評価には、`ML.EVALUATE`関数を利用します。第1引数に学習モデルを指定し、第2引数に評価に利用するデータを渡します。目的変数と説明変数は学習モデルと一致させる必要があるため、データ抽出のクエリはモデルの学習に利用したものと同一のものを利用します。変更する点はデータの抽出期間のみです。モデルの評価は、モデルの学習に使用していないデータを利用しないと意味がありませんので、学習データとは異なる期間を指定します。

このクエリを実行すると、モデルの評価結果が得られます。この例ではロジスティック回帰を利用しているため、図11.18のような出力結果が得られます。

図11.18 モデルの評価の画面

モデルの評価指標として、precision、recall、accuracy、f1_score、log_less、roc_aucの値が出力されています。それぞれの指標には、トレードオフの関係や、一方の数値が上がるともう一方の数値も上がるなどの対応関係を持つものがあります。たとえば、機械学習モデルで欠陥品を検知する場合、正常品を誤って欠陥品と判断する誤検知が多くてもよいので、できるだけ多くの欠陥品を取りこぼしなく検知したいのか、取りこぼしが多くてもいいので誤検知を少なくしたいのかなど、モデルの利用方法に応じて見るべき指標が変わります。それぞれの指標の意味については本書では割愛しますが、1つの指標だけでモデルの評価を行えばよいということはなく、それぞれの指標と機械学習モデルに求める役割の関係を意識して評価を行う必要があります。

また、学習モデルを評価してみると、学習データに対しては高い正解率を実現しているにもかかわらず、それ以外の評価データでは正解率が極端に低くなることがあります。これは、過学習という状態で、適切な学習が行われていないことになります。モデルの精度を要件に応じて高めつつ、過学習を避けることが必要です。実用性のあるモデルを実現するこのプロセスは、一般的にモデルのチューニングと呼ばれ、機械学習のプロセスの中でも最も重要なプロセスです。

## 推論

最後に、学習したモデルを利用して推論を行います。推論には`ML.PREDICT`関数を使います。`ML.EVALUATE`関数と同じく、第1引数に学習モデル、第2引数に推論を行うデータを与えます。推論では目的変数に対する予測結果を出力させるため、`label`のカラムは与えません。説明変

数はモデルを学習するのに利用したカラムと一致させる必要があります。リスト11.6は、推論を行うクエリの例です。

リスト11.6　BigQuery MLによる推論

```
-- BigQuery MLによる推論の実行
SELECT
  *
FROM
  -- ML.PREDICT関数を用いて学習済みモデルに対する推論を実行
  ML.PREDICT(MODEL `bqml.model`, (
-- 推論に用いるデータの抽出
-- 学習、評価と異なり、目的変数は不要
-- 説明変数は学習に用いたデータと同じカラム名
SELECT
  IFNULL(totals.newVisits, 0) AS new_visits,
  IFNULL(totals.pageviews, 0) AS page_views,
  IFNULL(device.browser, "") AS browser,
  IFNULL(device.operatingSystem, "") AS os,
  device.isMobile AS is_mobile,
  IFNULL(geoNetwork.continent, "") AS continent
FROM
  `bigquery-public-data.google_analytics_sample.ga_sessions_*`
-- 学習用データ、評価用データとは異なる期間である点に注意
WHERE
  _TABLE_SUFFIX BETWEEN '20170701' AND '20170801'));
```

このクエリを実行すると、図11.19のような予測結果が得られます。予測結果を詳しく見てみると、1（購入する）、0（購入しない）というラベルに対して、それぞれに確率値が付与されていることがわかります。より大きな確率を出力した方のラベルを最終的な予測結果として扱います。

図11.19　推論の結果の画面

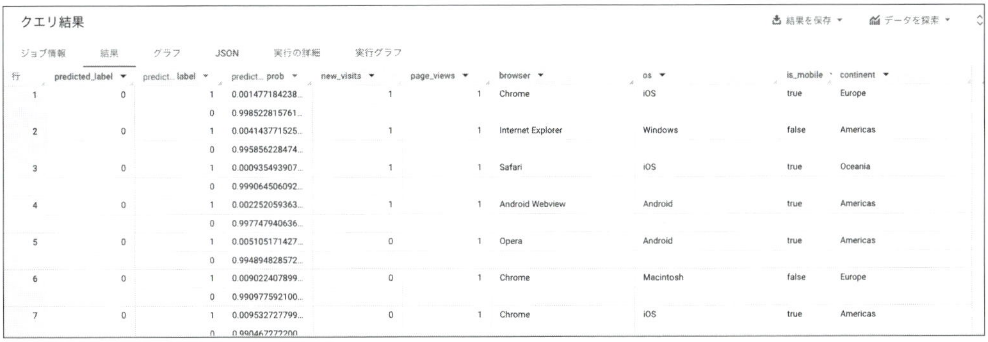

クエリ結果　　結果を保存　データを探索

ジョブ情報　結果　グラフ　JSON　実行の詳細　実行グラフ

| 行 | predicted_label | predict... label | predict... prob | new_visits | page_views | browser | os | is_mobile | continent |
|---|---|---|---|---|---|---|---|---|---|
| 1 | 0 | 1 | 0.001477184238... | 1 | 1 | Chrome | iOS | true | Europe |
| | | 0 | 0.998522815761... | | | | | | |
| 2 | 0 | 1 | 0.004143771525... | 1 | 1 | Internet Explorer | Windows | false | Americas |
| | | 0 | 0.995856228474... | | | | | | |
| 3 | 0 | 1 | 0.000935493907... | 1 | 1 | Safari | iOS | true | Oceania |
| | | 0 | 0.999064506092... | | | | | | |
| 4 | 0 | 1 | 0.002252059363... | 1 | 1 | Android Webview | Android | true | Americas |
| | | 0 | 0.997747940636... | | | | | | |
| 5 | 0 | 1 | 0.005105171427... | 0 | 1 | Opera | Android | true | Americas |
| | | 0 | 0.994894828572... | | | | | | |
| 6 | 0 | 1 | 0.009022407899... | 0 | 1 | Chrome | Macintosh | false | Europe |
| | | 0 | 0.990977592100... | | | | | | |
| 7 | 0 | 1 | 0.009532727799... | 0 | 1 | Chrome | iOS | true | Americas |
| | | 0 | 0.990467272200 | | | | | | |

ここまで、BigQuery上で、データの前処理からモデルの構築、そして、推論による予測結

果の取得までを行いました。本書の説明はBigQueryのコンソール上での実行を前提としていましたが、bqコマンドやAPI経由でもBigQuery MLは利用できます。たとえば、DataformやComposerを利用して、データ加工からモデル作成までのすべてを自動化したり、定期的にデータソースからデータを抽出して、推論を行ったうえでデータベースに出力したりするなど、データパイプラインの一部としてBigQuery MLによる機械学習を組み込むことができます。

## 11.3.7 AutoML

AutoMLはVertex AIの一部として提供される機能で、自分たちが持つデータの特性に応じた適切なモデルを自動で選択・学習できる機能です。新しいモデルをフルスクラッチで一から構築するには、機械学習の専門的な知識が必要ですが、AutoMLを利用すれば、学習に関わる一連のプロセスをAutoMLがすべて肩代わりして、精度の高いモデルを学習してくれます。学習に利用するデータさえ用意すればよいので、非常に便利な機能です。フルスクラッチでモデルを作る場合と比較して、学習データが少量で済むことも大きなメリットです[注9]。AutoMLが登場した当初は、構造化データを扱うモデルは、BigQueryのテーブルをVertex AIから操作していましたが、BigQuery MLとVertex AIの連携が進み、現在は、BigQuery MLからSQLを通じてAutoMLが利用できます。

2項ロジスティック回帰の例で見たように、BigQuery MLの組み込みモデルを使う場合、一連のプロセスを1ステップずつSQLで実装して進める必要がありました。一方、AutoMLには、学習に関する一連のプロセスをすべてまかせられるという大きな特徴があります。図11.20は、先ほどの図11.16、図11.17に対して、AutoMLがカバーする範囲を追記したものです。これを見るとわかるように、AutoMLは機械学習のステップのほぼすべてをカバーしてくれます。与えられたデータに対して前処理などを行ったうえで、精度が高くなるモデルやそのパラメータを選択し、学習処理を実行します。もちろん、学習したモデルを用いた推論もできます。AutoMLはテーブル形式の構造化データ以外に、画像やテキスト、ビデオなどの非構造化データにも対応しています[注10]。

---

注9 公式ドキュメント - データの準備
https://cloud.google.com/vertex-ai/docs/tabular-data/tabular101#data_preparation

注10 公式ドキュメント -AutoML初心者向けガイド
https://cloud.google.com/vertex-ai/docs/beginner/beginners-guide

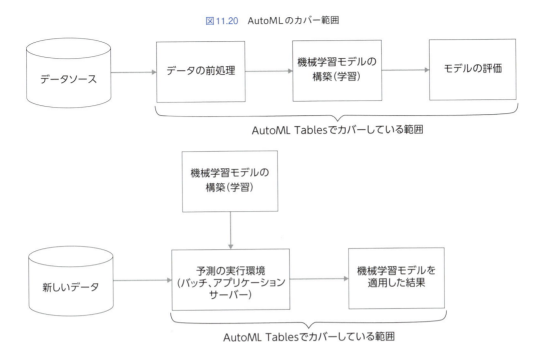

図11.20　AutoMLのカバー範囲

　機械学習において最も専門的な知識が求められるモデルの選択と学習をAutoMLにまかせられるようになるのは、モデルの学習を行ううえでは大きなメリットとなります。ただし、AutoMLは与えられたデータに対して最良と思われるモデルを見つけて学習しているだけですので、得られた学習モデルが利用用途に対して必要な水準に達しているかは、ユーザーが判断する必要があります。学習モデルが求められる水準に達しておらず、再び学習が必要だと判断した場合、学習データを追加するべきか（あるいは減らすべきか）もユーザーが決定する必要があります。そのため、モデルの学習結果を評価し、求める水準に達しているかを判断できるだけの機械学習に関するリテラシーが必要です。

## 11.3.8　構造化データに対するAutoMLの利用の流れ

　構造化データに対してAutoMLを利用してモデルを学習する方法は大きく分けて2つあります。Vertex AI経由で利用する方法と、BigQuery MLを介して利用する方法です。Vertex AI経由で利用する場合は、Webコンソール、APIとSDKでの利用方法が提供されています[注11]。本書では、BigQuery MLを介して利用する方法について具体的な手順を説明していきます。

---

注11　公式ドキュメント - 分類と回帰の概要
　　　https://cloud.google.com/vertex-ai/docs/tabular-data/classification-regression/overview?hl=ja

474　第**11**章　発展的な分析 - 地理情報分析と機械学習、非構造データ分析

組み込みモデルの2項ロジスティック回帰の例と同様に、BigQueryの一般公開データセットとして公開されているGoogleアナリティクスのサンプルデータを利用して、ECサイトでの行動履歴から商品を購入するかどうかを予測するモデルをAutoMLを用いて作成します。また、作成したモデルをデプロイして、新規データに対する予測結果を得られるようにします。

## データセットの作成とモデルの学習

AutoMLが機械学習の各ステップを肩代わりしてくれると言っても、データがなければ何も始まりません。AutoMLを利用するうえで、ユーザーが行う唯一の作業がデータセットの作成です。BigQueryのテーブルかビュー、Cloud Storage上のCSVファイル、そして、ローカルPCからのCSVファイルをデータセットとして利用できます。

ここでは、BigQuery MLを用いて、BigQueryのテーブルデータをデータセットとしてモデルの学習を行います。AutoMLは精度の高いモデルを作る条件やシステム上の制約から、データセットに関して、最低1,000行以上、受け付けるカラム数は100列までなど、いくつかの前提条件があります。詳細はドキュメントを参考にしてください[注12]。ここでは、2項ロジスティック回帰の例で用いた、BigQueryの一般公開データセットである、Googleアナリティクスのデータを使用します。そのため、データの抽出にはリスト11.4で利用したクエリが流用できます。リスト11.7は、データの準備から学習までを一気通貫で記述したSQLです。

**リスト11.7　データセット作成からAutoMLによるモデルの学習**

```sql
-- AutoMLのモデル作成
CREATE OR REPLACE Model `bqml.automl`
  -- AutoMLを選択すると、分類か回帰のどちらかを選ぶ
  -- 今回は分類を選択
  OPTIONS(model_type='AUTOML_CLASSIFIER',
          budget_hours=1.0)
AS SELECT
  -- total.transactionsを目的変数とする(labelという名前のカラムは目的変数として扱われる)
  -- IF関数を利用してNULLなら0、それ以外は1に変換する
  IF(totals.transactions IS NULL, 0, 1) AS label,
  -- その他のカラムを説明変数として扱う
  IFNULL(totals.newVisits, 0) AS new_visits,
  IFNULL(totals.pageviews, 0) AS page_views,
  IFNULL(device.browser, "") AS browser,
  IFNULL(device.operatingSystem, "") AS os,
  device.isMobile AS is_mobile,
  IFNULL(geoNetwork.continent, "") AS continent
FROM
  -- 一般公開データに含まれるGoogle アナリティクスのデータ
  `bigquery-public-data.google_analytics_sample.ga_sessions_*`
```

---

注12　公式ドキュメント - 表形式データの概要
　　　https://cloud.google.com/vertex-ai/docs/tabular-data/overview

```
WHERE
  _TABLE_SUFFIX BETWEEN '20160801' AND '20170531';
```

　2項ロジスティック回帰でのモデルの学習との違いは、model_typeとしてAUTOML_CLASSIFIERを指定している点です。具体的なモデル名を指定するのではなく、AutoMLに分類用のモデルの作成を指定している点がポイントです。表面的にはモデルを明示的に指定しているように見えますが、実際には、このSQLを実行すると、背後でAutoMLによってモデルの選択とチューニング、そして、学習処理が行われます。学習時のチューニングを意識することなく、AutoMLが与えられたデータをもとに精度の良いモデルを学習してくれます。

　また、コスト体系が異なることに注意してください。AutoMLの学習は学習に利用するノード単位での課金となります[注13]。AutoMLは学習に関するコストの上限を定めるTraining Budgetというパラメータを持ち、BigQuery MLであればbudget_hoursで設定します。リスト11.7では、budget_hours=1.0と設定しているので、AutoMLでTraining Budgetを1に設定していることに相当します。これにより、学習が最大で1時間行われることになります。ただし、実際には学習以外の処理も行われるため、全体としては1時間以上の処理になる場合もあります。

　モデル作成時に与えられるパラメータの詳細は、リファレンス[注14]で確認してみてください。2項ロジスティック回帰の例よりもモデルの学習に時間がかかるので、完了まで気長に待ってください。

## 学習済みモデルの評価と推論

　モデルの学習が正しく完了したあとの流れは、組み込みモデルの場合と同じです。学習のために実行したSQLで与えた名前（リスト11.7ではautoml）のモデルがデータセット配下に確認できるので、そのモデルに対して評価や推論を行います。リスト11.5やリスト11.6のモデル名を変更すれば、AutoMLで学習したモデルに対しても、2項ロジスティック回帰の場合と同じ使い勝手で評価や推論が実施できます。

　繰り返しになりますが、AutoMLを利用すると、学習時のモデルのチューニング作業は不要になりますが、AutoMLで作られたモデルが利用目的に合ったものであるかを判断する必要は依然として残ります。評価指標によってモデルの良し悪しを判断するプロセスは、忘れずに実施してください。

---

注13　公式ドキュメント -AutoML モデルの料金（表形式データ）
　　　https://cloud.google.com/vertex-ai/pricing?hl=ja#tabular-data
注14　公式ドキュメント -The CREATE MODEL statement for AutoML models
　　　https://cloud.google.com/bigquery/docs/reference/standard-sql/bigqueryml-syntax-create-automl

# 11.3.9 学習済みモデルを利用した非構造化データに対する機械学習

　ここまで、BigQueryのテーブルに保存された構造化データを使った機械学習の手順を説明してきました。一方、BigQueryは非構造化データを扱うためのオブジェクトテーブルがあります。また、生成AIをはじめとするVertex AIが提供する学習済みモデルのAPIを利用すれば、Vertex AIとの連携によって画像、音声、テキストなどの非構造化データに対する機械学習の処理も可能です[注15]。これは以下に挙げることがBigQueryで実現できることを意味します。

- Natural Language APIを利用し、テキストを入力として、センチメント分析の結果を得る
- Translation APIを利用し、テキストを入力として、任意の言語への翻訳結果を得る
- Vision APIを利用し、画像を入力として、画像へのタグ付け結果を得る
- Text-to-Speech APIを利用し、音声を入力として、文字起こしの結果を得る
- テキスト情報に対してGeminiやPaLMといった生成AIモデル（LLM）を適用する
- テキスト情報に対してEmbeddings APIを利用して、ベクトル化した結果を得る

　BigQueryではリモートモデル[注16]という機能を用いて、Vertex AIで用意されているモデルを推論に利用します。図11.21に、リモートモデルのイメージを示しました。これまで見てきた組み込みモデルやAutoMLで作成したモデルと同様に、BigQuery ML上で取り扱うモデルのように見えますが、実際には、Vertex AI上でホストされているモデルを呼び出して推論を行います。

　ここからは、非構造化データに対してBigQuery MLを使って処理を行う具体例を見ていきます。それぞれ、Vertex AIが提供する学習済みモデルを利用します。ここまでの例と違い、モデルの学習は行わず、推論のみが行われていることに注意してください。

---

注15　公式ドキュメント -BigQueryのAIとMLの概要
　　　https://cloud.google.com/bigquery/docs/bqml-introduction?hl=ja#supported_ai_resources
注16　公式ドキュメント -AIアプリケーションの概要
　　　https://cloud.google.com/bigquery/docs/ai-application-overview?hl=ja

図11.21 リモートモデルのイメージ

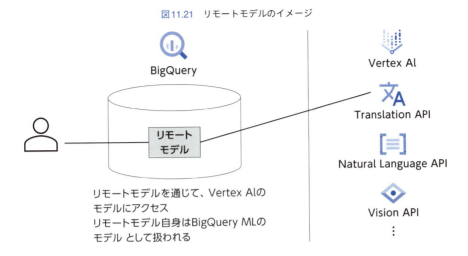

これ以降の手順では、Vertex AIのAPIが有効化されていることを前提とします。たとえば、Natural Langauge APIを有効化するには、Webコンソール上で[Natural Langauge API]を検索し、詳細の画面へと遷移します。その後[有効にする]のボタンを押すことで対象のAPIが有効化されます。図11.22に、Natural Languge APIを有効化するときの画面を示します。

図11.22 APIを有効化する例

**478　第11章　発展的な分析 - 地理情報分析と機械学習、非構造データ分析**

## 11.3.10　Natural Language APIを利用した自然言語処理

　まずはシンプルな例として、Vertex AIが提供するNatural Language APIを利用したテキスト処理を説明します。Natural Language APIは自然言語処理を行うAPIで、テキスト分類やセンチメント分析などのさまざまなタスクを実行できます。Natural Language APIの詳細については公式ドキュメント[注17]を参照してください。

　BigQuery MLから、Natural Language APIなど、Vertex AIの学習済みモデルのAPIを呼び出す手順を以下に示します。

1. Vertex AIへのクラウドリソース接続（以後、接続）を作成
2. 接続に紐づくサービスアカウントの設定
3. BigQuery MLでリモートモデルとしてVertex AIの学習済みモデルのAPIを指定して、モデルを作成
4. 作成したモデルを用いて推論を実行

　3. で指定するモデルを変えることで、Vertex AIが提供するさまざまなモデルの呼び出しに対応します。ここからは、それぞれの具体的な手順を見ていきます。

### Vertex AIへの接続の作成

　まずは、BigQuery MLからVertex AIのAPIを呼び出せるように、BigQueryクラウドリソース接続を利用して、Vertex AIに対する接続を作成します。この作業を行うには、事前にBigQuery Connection APIを有効化する必要があります。また、この作業を行うユーザーは、プロジェクトに対するBigQuery Connection管理者のロール（`roles/bigquery.connectionAdmin`）とクラウドストレージのバケットに対する閲覧者権限のロール（`roles/storage.viewer`）が付与されている必要があります。詳細については、クラウドリソース接続のドキュメント[注18]を参照してください。ここでは、これらの設定が終わっているものとして説明を続けます。

　Vertex AIに対する接続を作成する際は、次の手順にしたがいます。

- BigQueryのWebコンソール上で［追加］をクリック
- ［外部データソースへの接続］をクリック
- ［外部データソース］の［接続タイプ］から［Vertex AI リモートモデル、リモート関数、

---

注17　公式ドキュメント -Natural Language AI
　　　https://cloud.google.com/natural-language?e=48754805&hl=ja
注18　公式ドキュメント -Cloud リソース接続を作成して設定する
　　　https://cloud.google.com/bigquery/docs/create-cloud-resource-connection?hl=ja

BigLake（Cloud リソース）] を選択
- 任意の接続IDを入力。例として`bqml_to_vertexai`を設定
- ［接続を作成］をクリック

接続の作成が完了すると、データセットと並んで、［外部接続］配下に作成した接続が確認できます。図11.23のように、コンソールで接続の詳細情報を表示して、接続に紐づくサービスアカウントを確認したら、そのサービスアカウントに対して、Vertex AIユーザーのロール（`roles/aiplatform.user`）と Service Usageユーザーのロール（`roles/serviceusage.serviceUsageConsumer`）を与えます。

図11.23　作成した接続の詳細情報

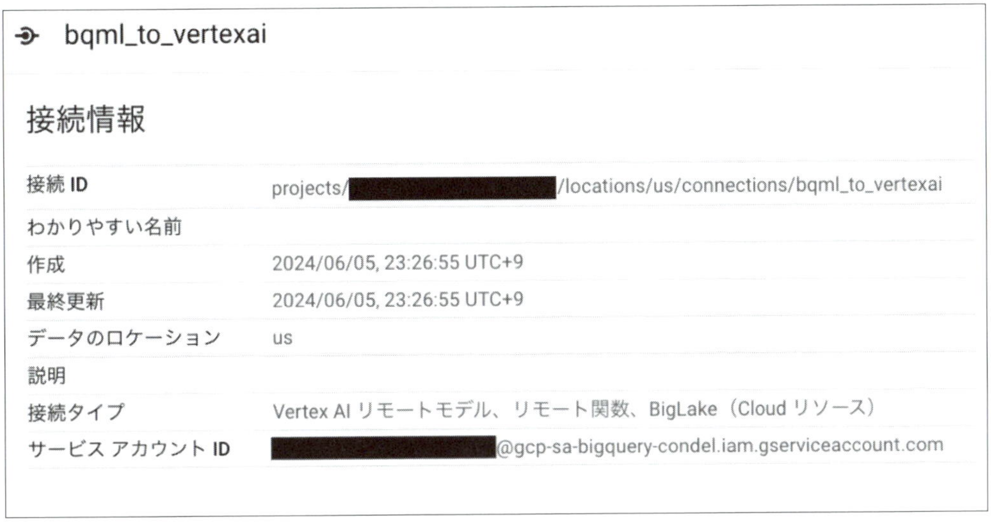

ここまでの操作で、BigQuery MLからVertex AIの学習済みモデルを利用するための事前準備が完了しました。

## モデルの作成

続いて、モデルを作成します。Vertex AIで提供される学習済みモデルを利用するには、リスト11.8のように、自分でモデルを学習する場合と同様に、CREATE文を用いてBigQuery上にモデルを作ります。

リスト11.8 Natural Langauge APIを利用するためのモデルの作成

```
-- Natural Language APIを利用するためのモデルの作成
CREATE OR REPLACE MODEL
`bqml.nlp`
-- 作成した接続を指定
REMOTE WITH CONNECTION `us.bqml_to_vertexai`
-- Natural Language APIを指定するために、CLOUD_AI_NATURAL_LANGUAGE_V1を指定
OPTIONS (REMOTE_SERVICE_TYPE = 'CLOUD_AI_NATURAL_LANGUAGE_V1');
```

　これまでに取り上げたモデル作成のSQLとは、REMOTE WITH CONNECTION以降が異なります。事前に作成したVertex AIに対する接続と、呼び出したいVertex AIのモデル名を与えたうえでモデルを作成しています。ここでは、Natural Language APIを利用するため、CLOUD_AI_NATURAL_LANGUAGE_V1を指定しています。これにより、リスト11.8で作られたモデルは、Vertex AIが提供するNatural Language APIを使用するように構成されます。

　REMOTE_SERVICE_TYPEの指定を変えることで、Vision APIやCloud Natural Languageなど、Vertex AIが提供するさまざまな学習済みモデルのAPIが利用できます。モデルごとのREMOTE_SERVICCE_TYPEの指定方法は公式ドキュメント[注19]を参照してください。

## モデルの適用

　最後にモデルを適用します。モデルの適用には、モデルごとに用意されている関数を用います。たとえば、ここではNaural Language APIに対応するようにML.UNDERSTAND_TEXT関数が提供されています。

　まずは動作確認を兼ねて、非常にシンプルな例を試してみます。

リスト11.9 Natural Language APIを呼び出して推論の実行

```
-- Natural Language APIの実行
SELECT * FROM ML.UNDERSTAND_TEXT(
  MODEL `bqml.nlp`,
  -- 分析対象となるカラムとして'text_content'を指定
  (SELECT '今日はすごく楽しい一日でした。' as text_content),
  -- タスクとしてセンチメント分析（ANALYZE_SENTIMENT）を指定
  STRUCT('ANALYZE_SENTIMENT' AS nlu_option)
);
```

　ML.UNDERSTAND_TEXT関数では、指定したBigQueryのテーブルのtext_content列をAPIに与える入力テキストとして扱います。リスト11.9では、今日はすごく楽しい一日でした。という単一の文章を与えています。そして、nlu_optionに実行するタスクの情報を与えます。

---

**注19**　公式ドキュメント -CREATE MODEL の構文
https://cloud.google.com/bigquery/docs/reference/standard-sql/bigqueryml-syntax-create-remote-model-service#create_model_syntax

リスト11.9では`ANALYZE_SENTIMENT`を与えて、センチメント分析を行うように指定しています。

リスト11.9の実行結果は、図11.24のようになります。実行結果に含まれる`ml_understand`
`_text_result`がAPIの戻り値です。Natural Language APIでセンチメント分析を行うと、
－1から1までの値をとる`magnitude`（値が大きいほどポジティブな感情）と`score`（値が大き
いほど感情の度合いが大きい）の2つの指標で結果が表されます。リスト11.9では明らかにポジ
ティブな文章を入力しているので、`magnitude`も`score`も1に近い値になっています。APIに
よる予測結果としても非常にポジティブな文章と判断されたことになり、直感と合致する結果が
得られたことがわかります。

図11.24　リモートモデルでNatural Language APIを呼び出した例

リスト11.9を実行することで、BigQuery MLを通じてNatural Language APIを呼び出せ
ることが確認できました。続いて、より実践的な例として、テーブルの特定のカラムに含まれ
るテキストに対して、一括でNatural Language APIを適用します。

この例では、BigQueryで提供される一般公開データセットにある、Stackoverflowのデー
タを使用します。Stackoverflowはプログラミングに関する質問応答サイトです。一般公開デー
タセット`stackoverflow`として、Stackoverflowのサイトのさまざまな機能のデータがテー
ブルとして公開されています。リスト11.10では、Stackoverfowの投稿に関するデータ
`stackoverflow_posts`を利用します。テーブルに投稿者のIDや、投稿内容、スコアなどさ
まざまな情報が含まれます。投稿内容が`body`カラムに含まれており、このカラムに対して一括
でラベル付けをしてみます。

リスト11.10　テーブル単位でNatural Language APIを呼び出して推論の実行

```
-- Natural Langauge APIをコール
SELECT * FROM ML.UNDERSTAND_TEXT(
  MODEL `bqml.nlp`,
  -- 入力とするテーブルデータの中の'body'を'text_content'とすることで、処理の対象として指定
  -- 今回はサンプルで10件のみ抽出
  (SELECT body AS text_content from `bigquery-public-data.stackoverflow.stackoverflow_
posts` limit 10),
  -- タスクとして、テキスト分類(CLASSIFY_TEXT)を指定
  STRUCT('CLASSIFY_TEXT' AS nlu_option)
);
```

リスト11.10を実行すると、図11.25のような結果が得られます。入力テーブルのbodyカラムが内容に応じてタグ付けされていることが確認できます。

図11.25　テーブルに対してNatural Language APIを適用した例

テーブルのデータに対して一括で処理できるので、たとえば、顧客からのアンケート情報をBigQueryに保存しておき、その情報に対して一括でセンチメント分析やテキスト分類を行うといった使い方ができます。ここではシンプルな例を取り上げましたが、さまざまなオプションを指定することで、より複雑な処理もできます。興味のある方は、`ML.UNDERSTAND_TEXT`関数のリファレンス公式ドキュメントを確認してみてください[20]。

## 11.3.11　VisionAPIによる画像のタグ付け

続いて、Cloud Vision API[21]を利用して画像データにタグ付けを行う例を説明します。全体の流れはNatural Language APIを利用した例と同じですが、大きな違いはデータソースとなる画像ファイルの実体がCloud Storage上にあることです。Google Cloudでは、画像ファイルはオブジェクトファイルとしてCloud Storage上に保存されることが一般的です。Cloud Storage上に保存された非構造化データに対しては、オブジェクトテーブルの仕組みを利用して、テーブルに保存されているデータと同様に取り扱うことができます。オブジェクトテーブルに

---

注20　公式ドキュメント -The ML.UNDERSTAND_TEXT function
　　　https://cloud.google.com/bigquery/docs/reference/standard-sql/bigqueryml-syntax-understand-text#syntax
注21　公式ドキュメント - オブジェクト テーブルの概要
　　　https://cloud.google.com/bigquery/docs/object-table-introduction?hl=ja

ついての詳細はについては、「4.3.3　オブジェクトテーブル - レイクのオブジェクトをクエリする」と公式ドキュメント[注22]を併せて確認してください。

## オブジェクトテーブルの作成

ここでは、Cloud Vision APIのサンプルとして利用される`gs://cloud-samples-data/vision/label`配下に保存された画像を使用します。たとえば`gs://cloud-samples-data/vision/label/setagaya.png`として、図11.26のような画像[注23]が含まれています。

図11.26　サンプル画像（https://unsplash.com/ から画像を借用）

まずオブジェクトテーブルを作成します。オブジェクトテーブルはクラウドストレージの画像自体を読む必要があるため、Cloud Storageへの接続を作成し、紐づくサービスアカウントに対してCloud Storageに関する権限を付与する必要があります。Natural Lanugage APIを利用する例（「11.3.10　Natural Language APIを利用した自然言語処理」）において、すでにVertex AIへの接続を作成したので、それを利用して追加で権限を付与することも可能です。

---

注22　公式ドキュメント - オブジェクト テーブルを作成する
　　　https://cloud.google.com/bigquery/docs/object-tables?hl=ja
注23　https://unsplash.com/photos/empty-pathway-in-between-stores-wfwUpfVqrKU で元画像を確認することができます。

ここでは、異なる接続の作り方を学ぶために、コマンドラインで一から作成します。図11.27はコマンドラインで接続を作成する例です。

図11.27　コマンドラインで接続を作成

```
# 接続の作成
# ${PROJECT_ID}にはプロジェクトIDを挿入
$bq mk --connection --location=us --project_id=${PROJECT_ID} \
    --connection_type=CLOUD_RESOURCE bqml_to_vision

# 作成した接続の確認
# 出力される結果にService Account IDが含まれ、それは次のコマンドで利用する
$ bq show --connection us.bqml_to_vision

# 接続に紐づくサービスアカウントへのロールの付与
# ${PROJECT_NUMBER}にはプロジェクト番号を挿入
# ${SERVICE_ACCOUNT_ID}にはサービスアカウントIDを挿入
$ gcloud projects add-iam-policy-binding "${PROJECT_NUMBER}" --member="serviceAccount:${SE
RVICE_ACCOUNT_ID}" --role='roles/aiplatform.user' --condition=None
$ gcloud projects add-iam-policy-binding "${PROJECT_NUMBER}" --member="serviceAccount:${SE
RVICE_ACCOUNT_ID}" --role='roles/storage.admin' --condition=None
$ gcloud projects add-iam-policy-binding "${PROJECT_NUMBER}" --member="serviceAccount:${SE
RVICE_ACCOUNT_ID}" --role='roles/serviceusage.serviceUsageConsumer' --condition=None
```

　一連のコマンドの後半部分では、作成した接続に紐づくサービスアカウントに、必要な権限を持ったロールを割り当てています。ここでは、Vertex AIのリソースを操作し、オブジェクトテーブルとしてクラウドストレージ上のデータを取り扱うため、Vertex AI、クラウドストレージ、そして、Service Usageに関する権限のロールを割り当てています。

　ここまでの作業で事前準備ができたので、BigQueryのコンソールに戻って、オブジェクトテーブルを作成します。

リスト11.11　オブジェクトテーブルの作成

```
-- オブジェクトテーブルの作成
CREATE EXTERNAL TABLE `bqml.vision`
WITH CONNECTION `us.bqml_to_vertexai`
OPTIONS(
  -- この例では"SIMPLE"を指定する
  object_metadata = 'SIMPLE',
  -- 入力画像を指定
  uris = ['gs://cloud-samples-data/vision/label/*']
);
```

　リスト11.11では、前述したサンプル画像が保存されたクラウドストレージのフォルダに対して、ファイル名をワイルドカードにすることで、フォルダ配下のすべてのファイルを参照の対象としています。リスト11.11のクエリを実行したあと、BigQueryのコンソール画面を確

認すると、図11.28のように、画像に関するメタデータが取り込まれたテーブルが作成されています。オブジェクトテーブル作成の詳細については、「4.3.3　オブジェクトテーブル - レイクのオブジェクトをクエリする」や公式ドキュメントを参照してください。

図11.28　オブジェクトテーブル

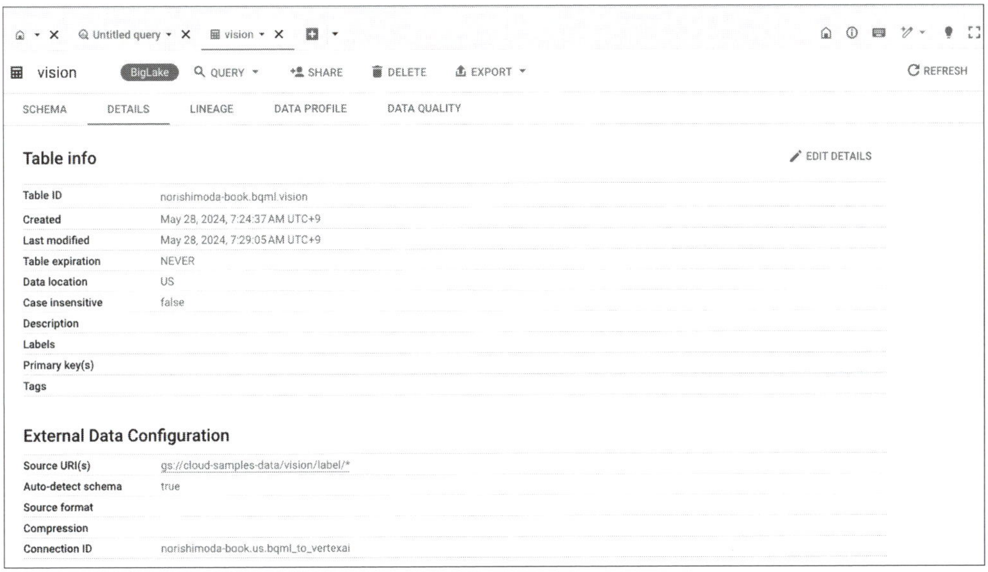

## モデルの作成と実行

　最後にVision APIを実際に呼び出してみます。Vision APIを利用するために、まずはAPIを有効化します。クラウドコンソール上部の検索画面から「Vision API」と入力してVision APIの詳細画面に移動します。次に［有効にする］をクリックすると、Vision APIが有効になります。

　続いて、Vision APIを呼び出すためのモデルをBigQuery上に作成します。リスト11.12はNatural Language APIと同じようなSQL文ですが、指定するREMOTE_SERVICE_TYPEが異なる点に注意してください。

リスト11.12　Vision APIをコールするためのモデルの作成 }

```
-- モデルの作成
CREATE OR REPLACE MODEL
`bqml.vision_model`
REMOTE WITH CONNECTION `us.bqml_to_vertexai`
-- Vision APIに対応する'CLOUD_AI_VISION_AI'を指定
OPTIONS (REMOTE_SERVICE_TYPE = 'CLOUD_AI_VISION_V1');
```

これですべての準備が完了しました。最後に、画像データに対してVision APIを適用してみます。

リスト11.13　Vision APIを呼び出して推論の実行

```sql
-- Vision APIによる推論の実行
SELECT *
-- Vision API を呼び出すための関数
FROM ML.ANNOTATE_IMAGE(
  -- 作成済みのリモートモデル
  MODEL `bqml.vision_model`,
  -- 作成済みのオブジェクトテーブル
  TABLE `bqml.vision`,
  STRUCT(['label_detection'] AS vision_features)
);
```

リスト11.13は、Vision APIに対応した画像処理用の`ML.ANNOTATE_IMAGE`関数を利用して、画像データを処理する例です。リスト11.11で作成したオブジェクトテーブルに対して、リスト11.12で作成したモデルを適用しています。Vision APIは画像のタグ付け以外にも、顔の検出、ロゴの検出、物体の検出などさまざまなタスクに対応しており、`vision_features`に`label_detection`以外のオプションを与えることで実行できます。詳細については公式ドキュメント[注24]を確認してください。

リスト11.13を実行すると、図11.29のような結果が得られます。

図11.29　Vision APIをコールしたあとの結果

それぞれの画像に対してラベルが付与されていることが確認できました。

---

注24　公式ドキュメント -The ML.ANNOTATE_IMAGE function
https://cloud.google.com/bigquery/docs/reference/standard-sql/bigqueryml-syntax-annotate-image

## 11.3.12 BigQuery MLからのGeminiの利用

　生成AIの基盤モデルについても、Vertex AIのその他のモデルと同様に扱うことができます。マルチモーダル対応のモデルであるGeminiや埋め込みベクトルを作るためのEmbeddings APIなど、Vertex AIで提供されている各種生成AIの基盤モデルについても、ここまで見てきたNatural Language APIやVision APIのようにBigQuery MLを通じて利用可能です。

　本書執筆時点では、最新のマルチモーダルのモデルの Gemini 1.5 Pro (gemini-1.5-pro-002)、Gemini 1.5 Flash (gemini-1.5-flash-002) が利用可能です。このあとの例ではテキストデータのみを扱うため、Gemini 1.0 Pro (gemini-1.0-pro。モデル指定時の省略表記としてgemini-pro) を利用しています。モデルの更新は頻繁に行われているため、利用可能なモデルの最新の情報については公式ドキュメント[注25]を参照してください。

　実行する手順については、接続を作成し、接続に紐づくサービスアカウントに適切なロールを与える必要がある点など、Natural Language APIやVision APIを利用する場合と変わりありません。ここでは、先ほど作成した接続 bqml_to_vertexai を利用するので、ここまでの例を実行する過程で必要な設定が完了している前提で説明を続けます。

### モデルの作成

　生成AIのモデルを利用する際も、まずは、BigQuery MLを利用してモデルを作ります。その際、ENDPOINT で具体的に利用するモデルを指定します。リスト11.14は、Geimniのバージョンの1つである gemini-pro を利用した例です。

リスト11.14　Geminiをコールするためのモデルの作成

```
-- モデルの作成
CREATE OR REPLACE MODEL
`bqml.genai`
-- 作成済みの接続を利用
REMOTE WITH CONNECTION `us.bqml_to_vertexai`
-- ENDPOINTにGeminiのモデルを指定
OPTIONs (ENDPOINT='gemini-pro');
```

　生成AIのモデルとしては、gemini-pro 以外にもさまざまなモデルが利用できます。利用可能なモデルの情報については、公式ドキュメント[注26]を参考にしてください。

---

注25　公式ドキュメント -The CREATE MODEL statement for remote models over LLMs（Gemini API text model）
https://cloud.google.com/bigquery/docs/reference/standard-sql/bigqueryml-syntax-create-remote-model#gemini-api-text-models

注26　公式ドキュメント -The CREATE MODEL statement for remote models over LLMs（ENDPOINT）
https://cloud.google.com/bigquery/docs/reference/standard-sql/bigqueryml-syntax-create-remote-model#endpoint

## モデルの実行

続いて、作成したモデルを通じて Gemini を利用します。Gemini を呼び出すには、はじめに Vertex AI API の有効化を行う必要があります。

クラウドコンソール上部の検索画面から［Vertex AI API］と入力して Vertex AI API の詳細画面に移動します。次に［有効にする］をクリックすると、Vertex AI API が有効になります。

リスト 11.15 は、プロンプトを 1 つ与えて Gemini に文章を生成させるという非常にシンプルな例です。

リスト 11.15　BigQuery ML を通じた Gemini の利用

```
-- BigQueryからGeminiの呼び出し
SELECT *
FROM
  -- 生成AIを利用するための関数
  ML.GENERATE_TEXT(
    -- 作成済みのモデルを利用
    MODEL `bqml.genai`,
    (
      -- 入力となるプロンプト。この例ではSQL分の中で直接与えている
      SELECT '生成AIについて教えて' as prompt
    ),
    -- 各種パラメータの設定
    STRUCT(
      0.4 AS temperature, 100 AS max_output_tokens, 0.5 AS top_p,
      40 AS top_k, TRUE AS flatten_json_output));
```

ML.GENERATE_TEXT 関数は、prompt 列をプロンプトとして扱います。プロンプトの内容に加えて、temperature をはじめとするさまざまなオプションを変更することで、多様な出力が返ってくることがわかります。リスト 11.15 を実行すると、図 11.30 のような出力が得られます。日本語にも対応している Gemini は、日本語でプロンプトを与えると日本語で出力が返ってきています。prompt にさまざまな命令を与えることで、入力に応じた多様な回答が返ってくるので試してみてください。

図 11.30　BigQuery ML から Gemini を呼び出した結果

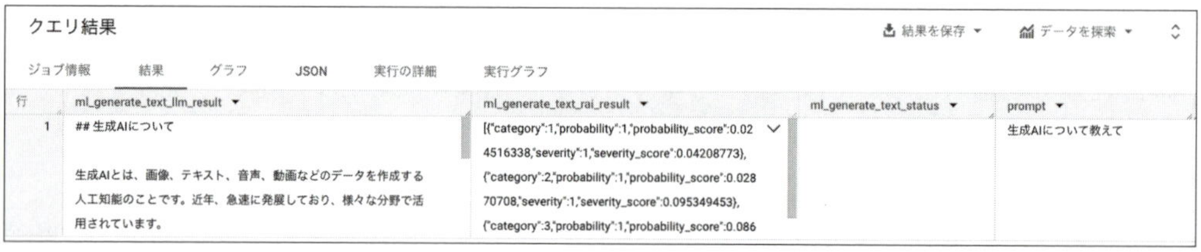

次に、より実践的な使い方として、テーブル内のデータに対して一括でGeminiを適用します。リスト11.16は、テーブルデータに対してGeminiを適用する例です。リスト11.10で利用したStackoverflowのデータを利用して、英語で書かれている内容を要約したうえで日本語化するプロンプトを与えています。

リスト11.16　テーブルに対して一括でGeminiを適用する例

```sql
-- BigQuery上のテーブルのデータに対するGeminiの一括適用
SELECT *
FROM
  -- 生成AIを利用するための関数
  ML.GENERATE_TEXT(
    MODEL `bqml.genai`,
    (
      -- プロンプトとテーブルからのデータを結合して'prompot'列として設定
      SELECT CONCAT('次の英語で書かれている文章の内容を要約して日本語で説明して：', body) AS prompt
      FROM (SELECT body FROM bigquery-public-data.stackoverflow.stackoverflow_posts limit 10)
    ),
    -- 各種のパラメータ設定
    STRUCT(
      0.4 AS temperature, 100 AS max_output_tokens, 0.5 AS top_p,
      FALSE AS flatten_json_output));
```

リスト11.16を実行すると、図11.31のような結果が得られます。テーブル形式のデータに対して、一括でGeminiが適用できたことが確認できます。

図11.31　テーブルデータに対してGeminiを一括で適用した結果の例

生成AIを利用するうえで最も大きな特徴は、プロンプトによる指示でさまざまなタスクを実行できることです。リスト11.15や11.16ではシンプルなプロンプトを実行していますが、単純に文章を出力するだけではなく、文章やログの分類や要約、あるいは、翻訳など、いろいろなプロンプトを工夫して試してみるとよいでしょう。

マルチモーダル対応のモデルであるGeminiは、テキスト以外にも動画や画像、音声などのデータを扱うことができます。データソースをオブジェクトテーブルとして用意してgemini-1.5-pro-002やgemini-1.5-flash-002、あるいはgemini-pro-visionといったモデルを利用すれば、画像や動画といったさまざまな種類のデータを扱うこともできます。

本書執筆時点では、BigQuery MLはGeminiやEmbeddingsへのチューニング機能を提供しています[注27]。生成AIを実践的に取り扱うための機能が随時追加されていますので、利用するタイミングであらためて公式ドキュメントを確認することをおすすめします。

チューニングは、プロンプトの工夫で実現することが困難な、学習モデルに含まれていないドメイン固有の知識への対応などに効果を発揮するアプローチの1つです。

分類や要約、質問応答どの用途で有用性が認められており、プロンプトの工夫で期待する結果を得られない場合は、チューニングを検討することも1つの手段となり得ます。

## 11.3.13 BigQuery MLの実践的な使い方

ここまでBigQuery MLの基本的な利用方法を説明してきました。バッチ処理でモデルを学習し、推論の際はBigQuery上のデータをシームレスに扱える点で、BigQuery MLが優れていることが理解できたと思います。しかしながら、機械学習を活用するユースケースはバッチ処理でのモデルの学習と推論にとどまりません。本節の最後にBigQuery MLのより発展的な方法について、Vertex AIとの連携を中心に説明します。

### 探索的なデータ分析

データサイエンスや機械学習のモデルを構築するうえで、データを理解するための試行錯誤は必須です。この試行錯誤をともなうデータ分析のことを**探索的なデータ分析**と呼びます。探索的なデータ分析を行ううえで重要となるのが、ノートブック環境です。データサイエンティストや機械学習エンジニアにとってのノートブック環境は、ソフトウェアエンジニアにとってのIDE（Integrated Development Environment：統合開発環境）と同じように非常に重要な道具です。

---

注27　公式ドキュメント -Gemini モデルの教師ありファインチューニングについて
https://cloud.google.com/vertex-ai/generative-ai/docs/models/gemini-supervised-tuning

探索的な分析を行う流れは以下のとおりです。図11.32に、BigQueryとノートブックサービスの関係性も示しています。

1. データウェアハウスやデータレイクなどから分析対象のデータを読み込む
2. 読み込んだデータを保持しながら、一部を切り取る、データそのものを加工する、データを可視化するといった行為を通じて、データの理解を深める
3. 深まったデータの理解をもとに、さらに必要となるデータを追加したり、追加の分析を繰り返したりしながら、分析の目標に対して作業を進める

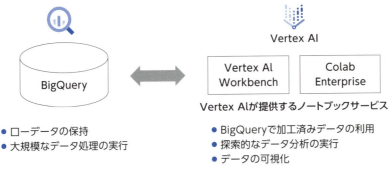

図11.32　BigQueryとノートブックサービスの関係性

探索的な分析を行う際は、ノートブックとデータウェアハウスの連携が非常に重要です。インスタンスのスペックに上限があるノートブック環境では大規模なデータ処理が難しくなりますが、この部分をデータウェアハウスで行うことにより、ノートブック上では、データから洞察を導き出すという、より本質的な作業に集中することができます。Vertex AIでは、マネージドなノートブックサービスとして、**Vertex AI Workbench**[注28] と **Colab Enterprise**[注29] が提供されています。それぞれ、BigQueryと連携することで、データソースとの緊密な連携を行いながらスムーズなデータ分析を可能にします。

## Vertex AI Workbenchの利用

Vertex AI Workbench も Colab Enteprirse も数クリックで利用を開始できます。ここでは、コンソールから Vertex AI Workbench を起動してみます。

Vertex AIのメニューから、ワークベンチのメニューに移動します。［新規作成］をクリック

---

注28　公式ドキュメント -Vertex AI Notebooks
　　　https://cloud.google.com/vertex-ai-notebooks/?hl=ja&e=48754805
注29　公式ドキュメント -Introduction to Colab Enterprise
　　　https://cloud.google.com/colab/docs/introduction

してインスタンス作成のフローを開始して、インスタンスに関するさまざまな設定を行います。デフォルトで設定されているものから、より性能の良いインスタンスに変更する、GPUのアタッチを行う、セキュリティや認証の設定を変更するなどの設定が可能ですが、試用のためそのまま［作成］をクリックします。インスタンスの起動が完了して、［JupyterLabを開く］をクリックすると、図11.33のような画面に遷移します。

図11.33　Workbenchの起動後の画面

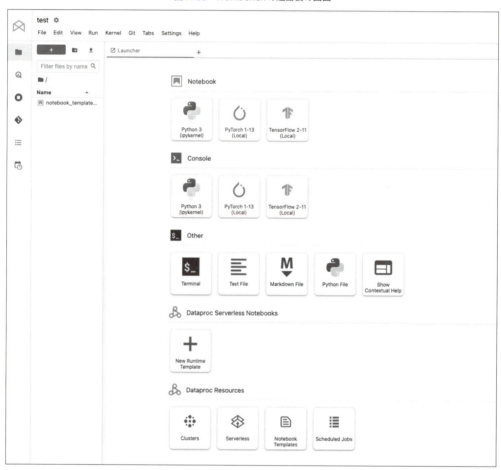

このあと、図11.33のパネルからノートブックを起動して作業を行います。オープンソースのJupyter Labをベースとしたマネージドサービスで、このノートブックからBigQueryにアクセスできるため、BigQueryからデータを抽出して、シームレスにノートブック上で分析作業を進めることができます。また、BigQuery上のデータをノートブック環境にダウンロード

せずに、そのままの形でDataFrameとして扱うことができるBigQuery DataFrames[注30]と呼ばれる機能があります。これにより、ノートブックの使い勝手とBigQueryのスケーラビリティのメリットの双方を享受することが可能です。

具体的には、Pythonのパッケージ `bigframes` を使うことで、Pandasやscikit-learnなど、データサイエンスや機械学習モデル開発で広く利用されるインターフェースを利用しながら、BigQuery上のデータにアクセスします。ノートブックのインスタンスのスペックを越えたデータ処理ができるため、とくに大規模なデータを取り扱う際は、BigQuery DataFramesは有用なソリューションとなるでしょう。さらに興味がある方は、チュートリアルやコードラボ[注31]を参考にさまざまな分析タスクをVertex AI WorkbenchやColab Enterpriseで実行してみてください。

なお、ノートブックサービスを起動している間はコストが発生します。利用が終わったら、インスタンスの停止、もしくは削除を忘れないでください。

## オンラインの推論

BigQueryでの推論は、一定のデータをまとめて処理するバッチ処理が前提です。一方、実サービスに機械学習モデルを組み込むことを想定した場合、バッチ処理での推論ではなく、オンライン処理による推論も必要です。オンラインでの推論は、レコード単位でのレイテンシを重視した処理が必要となり、バッチ処理での推論とは必要な技術特性が異なります。残念ながら、BigQuery MLではオンラインの推論機能は提供されていないため、オンラインの推論が必要になる場合は、BigQuery ML以外の機能を組み合わせる必要があります。そこで有力な選択肢の一つとなるのが、**Vertex AI Endpoint** です。

Vertex AI Endpointは機械学習モデルをデプロイする際に利用するサービスです。モデルのデプロイが完了すると、APIを経由してモデルが利用できるようになります。複数バージョンのモデルをデプロイする機能や、トラフィックに応じて自動でバックエンドのリソースをスケールさせるなど、オンラインの推論環境の構築に必要な機能がマネージドサービスとして提供されます。ここでは、「11.3.6　2項ロジスティック回帰による分類」で構築した2項ロジスティック回帰のモデルを利用して、Verte AI Endpointにモデルをデプロイし、APIを経由してモデルに推論を行わせるまでの手順を説明します。全体の流れは以下のようになります。

1. BigQueryにある学習済みのモデルをCloud Storageへエキスポートする
2. エキスポートしたモデルをVertex AI Model Registryに登録する

---

**注30**　公式ドキュメント -BigQuery DataFrames を使用する
https://cloud.google.com/bigquery/docs/bigquery-dataframes?hl=ja

**注31**　公式ドキュメント -Vertex AI Workbench:BigQuery のデータを使用して TensorFlow モデルをトレーニングする
https://codelabs.developers.google.com/vertex-workbench-intro#0

3. 登録したモデルをVertex AI Endpointsにデプロイする

はじめに、BigQuery上で学習済みのモデルの詳細画面を開いて、画面上部にある［モデルをエクスポート］をクリックします。次に、モデルをエキスポートするCloud Storageのバケット、もしくは、フォルダを指定して、ファイル名を入力してモデルをエクスポートします。図11.34に、モデルをエクスポートする際の画面を示します。

図11.34 　モデルをエクスポートする画面

続いて、Vertex AIのメニューから［Model Registry］に移動し、［インポート］をクリックしたら、［新しいモデルとしてインポート］を選択し、モデル名やクラウドストレージの取り込み先を設定します。［モデルの設定］メニューでは、モデルフレームワークとして［TensorFlow］、モデルフレームワークのバージョンとして［2.13］を選択します。また、先ほどの手順でエキスポート先に指定したクラウドストレージ上のパスを選択します。エキスポート先のフォルダには、モデルファイルを含む推論環境を構築するために必要なファイル一式が入っているので、個別のファイルではなく、フォルダを指定することに注意してください。その他にもさまざまな設定ができますが、ここではデフォルト設定のまま進めます。図11.35は、Model Registryにモデルを登録する際の画面です。

図11.35 Model Registryへの登録

次は、オンラインの推論環境を構築します。Vertex AIのメニューから［オンライン予測］へ移動し、［作成］をクリックしてエンドポイントを作成します。［モデル設定］のメニューにある［モデル名］では、先ほどVertex AI Model Registryに登録したモデルが確認できるので、これを選択します。［モデル名］の下にある［バージョン］は1を指定します。その他にもさまざまな設定ができますが、ここではデフォルト設定のまま進めます。最後にマシンタイプの設定を行います。ここではテストとしてデプロイを行いますので、［標準］カテゴリから［n1-standard-2］を選択します。推論環境として使用するものなので、実際に利用するときは、モデルの特性に応じてマシンタイプを選択することがポイントとなります。［完了］を押すとデプロイが始まり、15分程度時間がかかります。図11.36は、Endpointにデプロイする際の画面です。

図11.36　Endpoint へのデプロイ

デプロイが完了したら、実際にAPIを呼び出してみます。ここからの作業は、Cloud Shellのコマンド端末から実施します。図11.37は、リクエストのサンプルとなるJSONです。「11.3.6 2項ロジスティック回帰による分類」での推論と同等のことを行っているため、`instances`の各キーが、リスト11.6で利用しているものと同一であることを確認してください。ここでは、このJSONファイルを`input.json`という名前で保存します。

図11.37　APIリクエストの入力例

```json
{
    "instances": [
      {
        "new_visits":1,
        "page_views":1,
        "browswer":"Chrome",
        "os":"Chrome OS",
        "is_mobile":false,
        "continent":"Asia"
      }
    ]
}
```

最後に、図11.37のように、APIを呼び出すにあたって必要な情報を準備したうえで、Vertex AI Endpoint で作成したエンドポイントに対してAPIの呼び出しを行います。図11.38では

ENDPOINT_ID、PROJECT_ID、INPUT_DATA_FILEを設定したうえでAPIを呼び出しています。

図11.38　APIを呼び出す例

```
# エンドポイントの詳細情報から取得できるエンドポイントID
$ ENDPOINT_ID="YourEndpointID"
# GCPのプロジェクトID
$ PROJECT_ID="YourProjectID"
# 図11.37で作成した入力データのJSONファイル
$ INPUT_DATA_FILE="input.json"

# APIをコールするためのcurlコマンド
$ curl \
-X POST \
-H "Authorization: Bearer $(gcloud auth print-access-token)" \
-H "Content-Type: application/json" \
https://us-central1-aiplatform.googleapis.com/v1/projects/${PROJECT_ID}/locations/us-
central1/endpoints/${ENDPOINT_ID}:predict \
-d "@${INPUT_DATA_FILE}"
```

　図11.39のような出力結果が得られます。この例では、predicted_labelに0というラベルが予測されています。見た目は異なりますが、リスト11.6でBigQuery MLとして推論を行ったときと同じ結果が、1つのレコードに対して得られています。短いレイテンシで推論結果を得られるため、オンライン推論はアプリケーションに組み込んで利用できます。

図11.39　オンラインでの推論結果の例

```
{
  "predictions": [
    {
      "label_values": [
        "1",
        "0"
      ],
      "predicted_label": [
        "0"
      ],
      "label_probs": [
        0.0024696340787343728,
        0.99753036592126565
      ]
    }
  ],
  "deployedModelId": "1982746019833577472",
  "model": "projects/1072024076154/locations/us-central1/models/268510635107549184",
  "modelDisplayName": "bqml",
  "modelVersionId": "1"
}
```

　Vertex AI Endpointは推論環境が常に起動状態にあるので、明示的に削除しない限りコス

トが発生します。予期せぬコストの発生を防ぐために、テストが終わったあとはエンドポイントの削除を忘れないようにしてください。エンドポイントを削除する際は、エンドポイントの詳細情報からデプロイされたモデルを削除したあとに、エンドポイントそのものを削除します。

# 11.4 まとめ

　本章では、BigQueryにおける発展的な分析処理として、地理情報分析と機械学習を取り上げました。それぞれ、BigQueryに保存されたデータに対してSQLを利用することでシームレスに分析に取り組むことができます。専用のフレームワークやツールを新たに導入する必要がないため、BigQueryにデータが保存されていればすぐに試せる点も非常に魅力的です。また、より本格的に機械学習を行うための環境として、エンドツーエンドの機械学習プラットフォームであるVertex AIについて説明しました。Vertex AIは非常に広範囲なユースケースをカバーするサービスのため、本書ではごく一部の機能しか扱うことができません。使いこなすのはやや難しいかもしれませんが、機械学習の活用を本格的に検討する際は必須のサービスとなるでしょう。とくに、BigQueryとVertex AIを組み合わせて使うことで、より高度で実践的な機械学習の実行環境を比較的低コストで実現できます。地理情報の活用や機械学習などの発展的な分析には、大きな注目が集まっています。本章で説明した機能を活用して、Google Cloudに構築したデータ基盤上での新たな取り組みを始めてみてはいかがでしょうか。

---

**Column**

## Pub/Subのアーキテクチャ

　**Pub/Sub**はGoogle Cloudにおけるメッセージングサービスです。

　グローバルデータアクセス、Googleサービスを支えるスケーラビリティ、メッセージ複製、クライアント側のシャードパーティション管理やスケール管理が不要という特徴は10章で説明したとおりです。ここでは、それらの特徴がどのように実現されているのか、公式ドキュメントのアーキテクチャ解説[注32]をもとに読み解いてみます。

　図11.40に、Pub/Subの複数リージョンでのハイレベルアーキテクチャを示します。

　Pub/Subのアーキテクチャは**コントロールプレーン**と**データプレーン**から成り立ちます。コントロールプレーンには、**ルーター**があります。ルーターはPub/Subに接続してきたクライアント（パブリッシャー、サブスクライバーを総称した名称）の接続先を決定します。まず、Pub/Subにメッセージをパブリッシュ、あるいはサブスクライブするためには、

---

注32　公式ドキュメント -Pub/Sub のアーキテクチャの概要
　　　https://cloud.google.com/pubsub/architecture

Pub/SubのAPIエンドポイントに接続する必要があります。APIエンドポイント一覧[注33]には**pubsub.googleapis.com**というグローバルエンドポイントがあります。このグローバルエンドポイントに接続を試みると、自動的に"最もネットワーク的に距離の近い"、"利用可能な"リージョンのPub/Subデータプレーンに接続します。この接続先を決定するのがルーターの役目です。

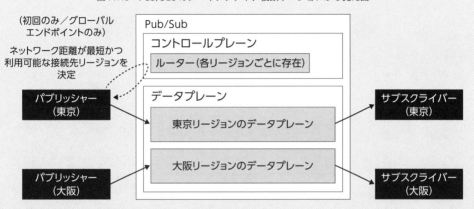

図11.40 Pub/Subのアーキテクチャ、複数リージョンから見た図

このとき、たとえば同じリージョンにいるクライアントは、基本的には同じリージョンに接続します。図11.40において東京リージョンのクライアントは、同じ東京リージョンのPub/Subに接続されているのがわかります。ただし最も近いリージョンのデータプレーンに接続できない場合、次にネットワーク距離の近いリージョンにクライアントを接続させます。たとえば、図11.40において東京リージョンのPub/Subデータプレーン障害があれば、自動的に大阪リージョンに接続するようルーターが動作します。これにより、クライアントの接続先を変更することなく、ユーザーに高い可用性を提供できます。また、グローバルエンドポイントを利用していても、リソースロケーション制限[注34]を行うことで、リージョンを横断した高可用性を担保しつつ特定の国や地域にのみデータがとどまることが保証されます。特定のリージョンしか利用しない場合は、リージョナルエンドポイント（例：asia-northeast1）を指定することもできます。

また、クライアントがデータプレーンに接続したあとは、データプレーンに接続できている間はルーターとの通信は不要です。したがって、事業者側では、すでに接続済みでメッセージの送信や受信を行っているクライアントに影響を与えることなく、Pub/Subのコントロールプレーンを透過的にメンテナンスやアップデートできるようになっています。

次にデータプレーンの詳細をもう少し見てみましょう。図11.41はPub/Subのデータプレーンのアーキテクチャです。

---

注33 公式ドキュメント -Pub/Sub APIs overview
https://cloud.google.com/pubsub/docs/reference/service_apis_overview#service_endpoints

注34 公式ドキュメント - メッセージ ストレージ ポリシーの構成
https://cloud.google.com/pubsub/docs/resource-location-restriction

# 第11章 発展的な分析 - 地理情報分析と機械学習、非構造データ分析

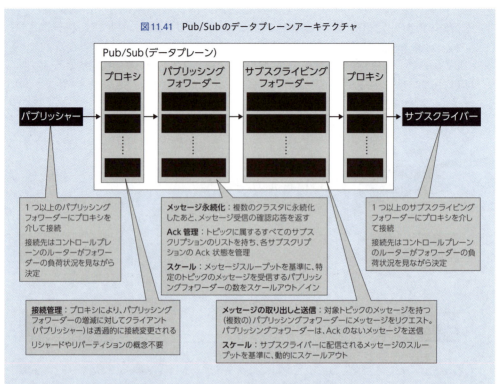

図11.41 Pub/Subのデータプレーンアーキテクチャ

　データプレーンはパブリッシングフォワーダー、サブスクライビングフォワーダー、プロキシの3つから構成されます。パブリッシャーからのデータ送信の流れを追ってみましょう。

　パブリッシャーは先述したとおり、ルーターによりデータプレーンに接続されます。このデータプレーンの接続先の実体が**パブリッシングフォワーダー**です。パブリッシングフォワーダーはメッセージの永続化とAck通信管理を担当するコンポーネントです。ルーターはパブリッシングフォワーダーの負荷状況を見ながら、パブリッシャーを1つ以上のパブリッシングフォワーダーに接続します。パブリッシングフォワーダーはパブリッシャーからのメッセージを受け取り、メッセージを複数のクラスタに永続化したあと、パブリッシャーにメッセージ受信の確認応答を返します。これにより、**メッセージ複製**という特徴が担保されています。また、パブリッシングフォワーダー自身が受け取る特定のトピックのメッセージのスループットが高いと判断した場合には、スケールアウトを行います。これにより、メッセージのパブリッシュのスケーラビリティが担保されています。

　パブリッシングフォワーダーがスケールアウトしたり、障害が起きたりするとパブリッシャー側の接続先を変更しなくてはなりません。この接続先の変更をアプリケーションから管理するのは非常に面倒です。この管理をパブリッシャー側で実装しなくて済むよう、実際には**プロキシ**がパブリッシャーとパブリッシングフォワーダーの間の接続を仲介しています。これにより、パブリッシングフォワーダーがスケールアウトしたり、障害が起きたりした際も、パブリッシャーはそれを意識することなくメッセージの送信を続けること

ができます。これが**クライアント側のシャードパーティション管理不要**という特徴につながります。

　プロキシの仕組みは、サブスクライバー（図11.41右）も同様です。サブスクライバーはルーターが決定した1つ以上の**サブスクライビングフォワーダー**にプロキシを介して接続されます。サブスクライビングフォワーダーの役目は、パブリッシングフォワーダーに永続化されたメッセージの取り出しと、サブスクライバーへの送信です。パブリッシングフォワーダーは、各トピックに属するすべてのサブスクリプションのリストを持っており、それぞれのサブスクリプションごとにメッセージのAck通信の状態を管理しています。サブスクライビングフォワーダーは対象のトピックのメッセージを持つ（複数の）パブリッシングフォワーダーに接続し、メッセージをリクエストします。パブリッシングフォワーダーは、Ack通信のないメッセージだけを送信できます。これにより、サブスクライバーは"どこまでのメッセージを読んだのか"を管理することなく、メッセージを読み出すことができます。

　サブスクライビングフォワーダーも、サブスクライバーに配信されるメッセージのスループットを基準にスケールアウトを行うため、**ユーザー側でのスケール管理**が不要という特徴につながります。1つ注意する点として、Pub/SubにはほかのGCPサービスと同様**割当（クオータ）**と呼ばれるソフトリミットがユーザー、インフラ保護の観点から設けられています。本番サービスを開始したり、負荷試験を行ったりする前には、IAM画面の［割当］から、このソフトリミットの緩和を設計に応じて申請するようにしましょう。これによりクラウド事業者側でキャパシティが担保されるようになります。

　本コラムではPub/Subのアーキテクチャについて解説しました。公式ドキュメントではより細かく、メンテナンスや永続化のしくみについて記述されています。興味がある方はぜひ読んでみてください。

# 索引

## 数字

1回限りの書き込み ……………………………………… 423

## A

A/Bテスト ……………………………………………… 346
Ack通信 ………………………………………………… 409
aead_key ………………………………………………… 307
Airflow Web UI ………………………………………… 224
Analytics Hub …………………………………… 22, 123
Analytics Lakehouse …………………………………… 19
Apache Airflow ………………………………………… 223
Apache Atlas …………………………………………… 133
Apache Beam …………………………………… 217, 411
Apache Hadoop ………………………………… 53, 131
Apache Hive …………………………………………… 131
Apache Hive Metastore ……………………………… 133
Apache Ranger ………………………………………… 133
Apache Spark …………………………………………… 131
At-least-once ………………………………………… 410

## B

batch ……………………………………………………… 76
BI ………………………………………………… 129, 349
BI Engine …………………………………… 23, 394, 424
BigLake ………………………………………… 138, 139
BigQuery ………………………………… 19, 139, 406, 407
BigQuery BI Engine ……………………… 110, 394, 424
BigQueryCheckOperator …………………………… 271
BigQuery Continuous Queries …………………… 442
BigQuery DataFrames ………………………………… 50
BigQuery data preparation ………………………… 219
BigQuery Data Transfer Service ………………… 66, 67
BigQuery DTS ………………………………………… 314
BigQuery Geo Viz …………………………………… 449
BigQuery GIS ……………………………………… 447, 449
BigQuery ML …………………………… 30, 139, 447, 461
BigQuery Omni ……………………………………… 174
bigquery-public-data ……………………………… 449
BigQuery Storage API ……………………………… 142
BigQuery Studio ……………………………………… 22
BigQuery Studio data canvas ……………………… 51
BigQuery Studioノートブック ……………………… 49
BigQueryエディション ………………… 44, 55, 57, 73
BigQueryカスタムコスト管理 ……………………… 76
BigQueryサブスクリプション …………………… 411
BigQueryサンドボックス …………………………… 21
BigQueryストレージ ……………………………… 138
BIツール ………………………………………………… 18
Built-in I/O …………………………………………… 217
Business Intelligence ……………………………… 129

## C

capacity ……………………………………………… 454
CDAP …………………………………………………… 239
CDC …………………………………………………… 9, 323
Change Data Capture ……………………………… 9, 323
CI/CD ………………………………………………… 203
citibike_stations …………………………………… 451
Cloud Asset Inventory ……………………………… 299
Cloud Billing ……………………………………… 76, 304
Cloud Composer …………………………………… 222, 269
Cloud Data Fusion ………………………………… 222, 239
Cloud Identity ……………………………………… 277
Cloud Identity and Access Management ……… 273
Cloud Identityアカウント ………………………… 304
Cloud Interconnect ………………………………… 288

| | |
|---|---|
| Cloud KMS | 306 |
| Cloud Logging | 224, 290, 291 |
| Cloud Monitoring | 224 |
| Cloud SQL | 224 |
| Cloud SQL ストレージ | 224 |
| Cloud Storage | 66, 138 |
| Cloud Storage サブスクリプション | 411 |
| Cloud Storage バケット | 223 |
| Cloud VPN | 288 |
| Colab | 49 |
| Colab Enterprise | 491 |
| Combine（結合）の最適化 | 444 |
| Cross-Cloud Interconnect | 173 |

## D

| | |
|---|---|
| DAG | 224, 225, 238 |
| Dataflow | 214, 217, 339, 406, 407, 411 |
| Dataflow Prime | 421 |
| Dataflow Shuffle サービス | 444 |
| Dataflow Streaming Engine | 444 |
| Dataflow テンプレート | 420 |
| Dataform | 22, 176, 189, 338 |
| Dataform Operator | 269 |
| Dataform 構成ファイル | 190 |
| Dataplex | 139, 150, 278 |
| Dataplex Catalog | 151 |
| Dataplex Discovery | 159 |
| Dataproc | 240 |
| Datastream for BigQuery | 324 |
| DELETE | 107 |
| Digital Transformation | 1 |
| Directed Acyclic Graph | 224 |
| Disaster Recovery | 63 |
| DML のサポート | 423 |
| Dremel | 53 |
| DWH | 17, 128 |

## E

| | |
|---|---|
| Egress コスト | 172 |
| ELT | 8, 175 |
| ELT の依存関係 | 196 |
| ETL | 8, 175 |
| ETL/ELT | 8 |
| ETL 用プロジェクト | 303 |
| Event Threat Detection | 299 |
| Exactly-once | 410 |
| Explore | 377, 385 |
| Extract-Load-Transform | 8 |
| Extract-Transform-Load | 8 |

## F

| | |
|---|---|
| Firebase | 340, 345 |
| Flexible Resource Scheduling | 215 |
| Format | 248 |
| Fusion（融合）の最適化 | 443 |

## G

| | |
|---|---|
| Gemini in BigQuery | 51 |
| Geographic Information Systems | 449 |
| GFS | 53 |
| GIS | 449 |
| google-cloud-bigquery | 109 |
| Google Cloud Storage | 131 |
| Google Cloud Workflows Operators | 270 |
| Google DataFusion Operator | 268 |
| Google File System | 53 |
| Google Kubernetes Engine クラスタ | 223 |
| Google Workspace アカウント | 277, 304 |
| Google アカウント | 276, 304 |
| Google アナリティクス 4 | 340 |
| Google マップ | 367, 449 |
| GroupAndSum | 414 |

## H

Hadoop Distributed File System ········· 53, 131
HDFS ··············································· 53, 131

## I

IAM ··············································· 273, 277
IAM Conditions ······························· 277, 284
IAM ロール ··············································· 277
INFORMATION_SCHEMA ····················· 30
INFORMATION_SCHEMA.SHARED_DATASET_
　USAGE ··············································· 124
interactive ··············································· 76

## J

JavaScript ファイル ··································· 190

## K

Key Management System ····················· 306

## L

Look ····················································· 387
Looker ······························ 350, 373, 438
Looker Action Hub ································· 392
Looker Studio ······························ 350, 362
Looker Studio Pro ························· 350, 362
LookML ····································· 374, 379

## M

MapReduce ············································ 53
MERGE ················································ 107

## N

Name ··················································· 248
Notebooks ·············································· 24

## O

Output Schema ····································· 248

## P

PairWithOne ·········································· 414
pandas_gbq ··········································· 109
Path ···················································· 248
PCollection ····································· 412, 413
Pipeline ················································ 413
Presto ·················································· 131
protoPayload.authenticationInfo.principalEmail
··························································· 292
protoPayload.metadata.jobChange.job.jobConfig
··························································· 292
protoPayload.metadata.jobChange.job.jobStats
··························································· 292
Pub/Sub ····························· 406, 407, 498
pubsub.googleapis.com ························· 499
Pull 型 ·················································· 408
Push 型 ················································ 408
Pyspark エディタ ······································· 30
Python ノートブック ····································· 30

## R

Read From PubSub ································ 432
Reference Name ···································· 248
Right Fitting ·········································· 422
RPO ····················································· 64
RTO ····················································· 63
Runner ················································· 217

## S

Schema on Write ··································· 129
Secret Manager ····································· 239
Security Command Center ····················· 299
Security Health Analytics ······················ 299
Sensitive Data Protection ····················· 308
Service Level Agreement ························· 61
SLA ····················································· 61
Spark ·················································· 139

| | |
|---|---|
| Split | 414 |
| SQLX ファイル | 190 |
| SQL 変換 | 23 |
| state_fips_code | 456 |
| Storage API | 423 |

## T

| | |
|---|---|
| Transform | 412, 413 |
| Type | 248 |

## U

| | |
|---|---|
| UPDATE | 107 |
| user_id | 307 |
| user_master | 308 |
| user_master_key | 307, 308 |

## V

| | |
|---|---|
| Vertex AI | 447, 461 |
| Vertex AI Endpoint | 493 |
| Vertex AI Workbench | 491 |
| VPC Service Controls | 273, 286 |

## W

| | |
|---|---|
| wordcount.py | 412, 415 |
| Workflows | 269 |
| Wrangler | 266 |

## あ

| | |
|---|---|
| アイドルスロット | 74 |
| アカウント | 276 |
| アクション | 392 |
| アクセス制御 | 237 |
| アクセスレベル | 289 |
| アスペクト | 153 |
| アスペクトタイプ | 153 |
| アセット | 156 |
| アセット管理と変更履歴 | 31 |

| | |
|---|---|
| 宛先接続プロファイル | 327 |
| 宛先テーブル | 34, 37, 38 |
| アドホック分析 | 18 |
| アラート | 393 |
| 洗い替え | 112 |
| 暗号化鍵管理の責任分界点 | 306 |
| 暗号化関数 | 307 |
| 暗号シュレッディング | 307 |

## い

| | |
|---|---|
| 一時的なキャッシュ結果テーブル | 34, 35 |
| 一般公開データセット | 23 |
| イベント | 419 |
| インスタンス | 242 |
| インスタンス名 | 242 |
| インタラクティブフィルタ | 369 |

## う

| | |
|---|---|
| ウィンドウ | 416, 417, 419 |
| ウォーターマーク | 419 |
| 埋め込み | 392 |
| 運用の健全性 | 116 |

## え

| | |
|---|---|
| エクスポートサブスクリプション | 411 |
| エディション | 242 |
| エディション管理プロジェクト | 303 |
| エンゲージメント | 346 |

## お

| | |
|---|---|
| オーケストレーション | 22 |
| オブジェクトテーブル | 140, 146 |
| オペレータ | 225 |
| オンデマンド課金 | 25 |
| オンデマンド料金 | 55 |
| オンプレミスホスト用の限定公開の Google アクセス | 288 |

## か

| | |
|---|---|
| 開発 | 345, 377 |
| 開発モード | 379 |
| 開発ワークスペース | 190, 191 |
| 外部HTTP(S)通信 | 402 |
| 外部結合解除 | 90 |
| 外部接続 | 24, 141 |
| 外部データソース | 186 |
| 外部テーブル | 141 |
| 学習 | 463, 466 |
| 学習済みモデル | 466 |
| カスタムIAMロール | 277 |
| 可用性 | 214, 239 |
| カラムベース | 79 |
| カラムベースのパーティション分割 | 80 |
| 環境 | 223 |
| 監査ログ | 290 |
| 管理アクティビティ監査ログ | 290 |
| 管理者 | 377 |

## き

| | |
|---|---|
| 機械学習 | 446, 447, 461 |
| 機能アクセス | 390 |
| 機密データの保護 | 283, 308 |
| 共有データセット | 123 |

## く

| | |
|---|---|
| クエリ | 24 |
| クエリのスケジューリング | 29 |
| クエリを発行するプロジェクト | 304 |
| クオータ | 501 |
| 組み込みアサーション | 202 |
| クラスタ化 | 32, 80 |
| グロースハック | 345 |
| グローバルエンドポイント | 499 |
| グローバルデータアクセス | 409 |
| クロスリージョンデータセットレプリケーション | 64 |

## け

| | |
|---|---|
| 結合順序変更 | 90 |
| 結合制限 | 126 |
| 原因分析 | 17 |
| 権限セット | 390 |
| 言語 | 377 |
| 検索インデックス | 86 |

## こ

| | |
|---|---|
| 高スループット | 423 |
| 構造化データ | 128, 466 |
| 顧客プロジェクト | 223 |
| コスト最適化 | 215 |
| コネクテッドシート | 350, 351 |
| コンテンツアクセス | 390 |
| コントロールプレーン | 443, 498 |
| コンパイル | 191 |

## さ

| | |
|---|---|
| サービスアカウント | 192, 193, 238, 277 |
| サービス境界 | 287 |
| 最大同時実行目標数 | 77 |
| 最大予約サイズ | 58 |
| サブスクライバー | 123, 408 |
| サブスクライビングフォワーダー | 501 |
| サブスクリプション | 408 |
| 差分プライバシー | 125 |

## し

| | |
|---|---|
| システムイベント監査ログ | 291 |
| 実行グラフ最適化 | 443 |
| 自動再クラスタリング | 82 |
| 自動スケール | 445 |
| 自動データ品質検証 | 167 |
| 指標 | 366 |
| シャッフル | 47 |
| 集計しきい値 | 125 |

| | |
|---|---|
| 集約シンク | 296 |
| 手動アサーション | 202 |
| 障害復旧 | 23 |
| 承認済みデータセット | 285 |
| 承認済みビュー | 284 |
| 承認済みルーティン | 285 |
| 消費したスロット時間 | 68 |
| ジョブ | 412, 431 |
| ジョブエクスプローラー | 116, 117 |
| ジョブグラフ | 431 |
| ジョブの更新 | 435 |
| ジョブの指標 | 431 |
| 処理時間 | 419 |

## す

| | |
|---|---|
| 垂直自動スケーリング | 421 |
| 推論 | 467, 470 |
| スキーマ | 129 |
| スキーマオンライト | 129 |
| スキーマオンリード | 131 |
| スキーマドリフト | 130, 409 |
| スキャンジョブ | 165 |
| 少なくとも1回の処理 | 410 |
| スケーラビリティ | 215, 238 |
| スケジューラー | 44 |
| スケジュールされたクエリ | 22 |
| ステージ | 431 |
| ストアドプロシージャ | 30 |
| ストリーミング | 416 |
| ストリーミング処理 | 9 |
| ストリーミング挿入 | 92 |
| ストリーム | 327 |
| ストレージエンジン | 136 |
| ストレージ層 | 138 |
| ストレージ層への統合的なアクセスレイヤー | 136 |
| スパース | 129 |
| スロット | 44 |

| | |
|---|---|
| スロットオートスケーリング | 58 |
| スロットスケジューリング | 68 |
| スロットレコメンダー | 77 |

## せ

| | |
|---|---|
| 請求先アカウント | 302 |
| 生成AI | 447 |
| セッション | 36 |
| セッションウィンドウ | 417, 434 |
| 説明変数 | 468 |
| セマンティックモデリングレイヤー | 373, 374 |
| セルフサービス型の分析基盤 | 28 |
| 線 | 447 |
| 専用線ホストプロジェクト | 302 |

## そ

| | |
|---|---|
| 操作 | 117, 118 |
| 増分テーブル | 202 |
| ソース接続プロファイル | 325 |
| ゾーン | 62, 156 |
| 組織 | 274 |
| 組織のポリシーサービス | 300 |

## た

| | |
|---|---|
| タイムトラベル機能 | 94, 95 |
| タスク | 225 |
| ダッシュボード | 368, 377, 387 |
| ダッシュボードレポーティング機能 | 350 |
| 探索的なデータ分析 | 490 |
| タンブリングウィンドウ | 417, 429 |

## ち

| | |
|---|---|
| 地理情報分析 | 446 |

## て

| | |
|---|---|
| 定期メールでの報告 | 18 |
| 定型分析 | 18 |

| | |
|---|---|
| 低コスト | 423 |
| ディメンション | 366 |
| データアクセス | 390 |
| データアクセス監査ログ | 290 |
| データウェアハウス | 5, 17, 128 |
| データエクスチェンジ | 124 |
| データエクスペリエンス | 375 |
| データカタログ | 151 |
| データガバナンス | 350 |
| データガバナンス層 | 138 |
| データ間の整合性 | 134 |
| データ基盤 | 1 |
| データキャンバス | 24 |
| データクリーンルーム | 125 |
| データ処理エンジン層 | 138 |
| データシンク | 10 |
| データセット | 24, 279 |
| データソース | 10 |
| データディスカバリ | 151 |
| データ転送 | 22 |
| データ統合 | 267 |
| データのサイロ化 | 7, 46 |
| データの自動発見と統合メタデータ管理 | 136 |
| データの発見性と理解 | 150 |
| データの品質テスト | 202 |
| データの前処理 | 219 |
| データパイプライン | 10 |
| データ品質 | 150 |
| データ品質チェック | 151 |
| データプレーン | 443, 498 |
| データプロファイリング | 165 |
| データプロファイル | 151 |
| データマート | 5, 18, 110 |
| データマスキング | 283 |
| データリネージ | 11, 151, 164, 240 |
| データレイク | 7, 131 |
| データを保管するプロジェクト | 303 |

| | |
|---|---|
| テーブルクローン | 102 |
| テーブルスナップショット | 94, 100 |
| テーブル単位のアクセス制御 | 280 |
| テーブルメタデータ | 132 |
| テクニカルメタデータ | 11, 152 |
| デジタルトランスフォーメーション | 1 |
| テナント プロジェクト | 223 |
| デバッグステートメントとデバッグ関数 | 30 |
| 点 | 447 |

## と

| | |
|---|---|
| 統合型API | 423 |
| 動的作業調整 | 444 |
| 特定のカラム（列）へのアクセス制御 | 281 |
| 特定の行へのアクセス制御 | 280 |
| トピック | 408 |
| ドメインに基づくデータ管理 | 151 |
| トリガ | 419 |
| 取り込み時間 | 79 |
| ドリルダウン | 371 |

## な

| | |
|---|---|
| 内部結合解除 | 89 |

## に

| | |
|---|---|
| 認可済みのUDF | 29, 307 |

## ね

| | |
|---|---|
| ネイティブアプリクラッシュ | 347 |
| ネットワーク | 44 |

## の

| | |
|---|---|
| ノード | 240 |

## は

| | |
|---|---|
| バージョン | 242 |
| パーティション分割 | 32, 79 |

パートナーセンター ……………………………… 22
パイプ ……………………………………………… 414
パイプライン …………………… 217, 240, 412, 428
パッケージ ………………………………………… 190
バッチ ……………………………………… 405, 416
バッチ処理 ………………………………………… 18
パブリッシャー ………………………… 123, 408
パブリッシングフォワーダー ………………… 500
半構造化データ ………………………… 129, 130

## ひ

非構造化データ …………………………………… 130
ビジネスインテリジェンス …………… 129, 349
ビジネスニーズに基づいたデータ管理 ……… 150
ビジネス向け Google グループ ……………… 304
ビジネスメタデータ ………………………… 11, 153
ピボットテーブル ………………………………… 355
ビュー ……………………………………………… 378
ビューファイル …………………………………… 380
評価 …………………………………………… 23, 464
品質 ………………………………………………… 346

## ふ

フィルタ …………………………………………… 429
フェアスケジューリング ………………………… 71
フェイルセーフ …………………………………… 99
フォルダ …………………………………… 274, 377
複数ステートメントクエリ ……………… 29, 36
物理バイト課金 …………………………………… 56
プリンシパル ……………………………………… 276
プロキシ …………………………………………… 500
プロジェクト ……………………………………… 274
プロバイダ間の専用線接続 …………………… 173
分散インメモリシャッフル ……………………… 46
分散ストレージ …………………………………… 45
分析ルール ………………………………………… 125

## へ

並列化と分散 ……………………………………… 444
ベースライン ……………………………………… 58
ヘッドレス BI ……………………………………… 375
変更 DML …………………………………………… 107
変更データキャプチャ …………………………… 323

## ほ

保持ポリシー ……………………………………… 295
保存済みクエリ …………………………………… 29
ホッピングウィンドウ …………………………… 417
ポリゴン …………………………………………… 447
ポリシー拒否監査ログ …………………………… 291
ポリシータグ ……………………………………… 23

## ま

マイクロバッチ …………………………………… 93
前処理 ……………………………………… 129, 463
マスタ ……………………………………………… 44
マテリアライズドビュー …………… 83, 396, 424
マテリアライズドビューの推奨機能 ………… 85
マネージドディザスターリカバリー ………… 65
マルチクラウド ………………………… 141, 375
マルチステートメントトランザクション ……… 30
マルチテナント ………………………… 44, 45
マルチテナント方式 ……………………………… 42

## め

メタデータ ……………………………… 10, 51, 152
メッセージ ………………………………………… 408
メッセージ複製 ………………………… 409, 500

## も

目的変数 …………………………………………… 468
モデル ……………………………………………… 378
モデルファイル …………………………………… 380
モニタリング ……………………………… 17, 23

## ゆ

| | |
|---|---|
| 有向非巡回グラフ | 224 |
| ユーザー属性 | 390 |
| ユーザー定義関数 | 29 |

## よ

| | |
|---|---|
| 容量管理 | 23 |
| 予算アラート | 305 |
| 予算機能 | 305 |
| 予約 | 58 |
| 予約費用の帰属機能 | 304 |

## ら

| | |
|---|---|
| ライブデータ | 116 |
| ラベル | 303 |

## り

| | |
|---|---|
| リアルタイム分析 | 405 |
| リージョン | 192, 242 |
| リージョン制限 | 409 |
| リクエスト元による支払い機能 | 304 |
| リシャード | 445 |
| リスティング | 124 |
| リスト重複 | 126 |
| リソース | 275, 278 |
| リソースの活用 | 116, 117 |
| リパーティション | 445 |
| リポジトリ | 190 |
| リポジトリID | 192 |
| リモート関数 | 29, 139, 402 |
| リリース構成 | 190, 191 |
| 履歴ベースの最適化 | 90 |
| リンク済みデータセット | 124 |

## る

| | |
|---|---|
| ルーター | 498 |
| ルーティン | 285 |

## れ

| | |
|---|---|
| レイク | 156 |
| レイクハウス | 8, 128, 136 |
| 列指向形式 | 129 |
| レポート | 368 |

## ろ

| | |
|---|---|
| ロール | 390 |
| ロケーション | 320 |
| 論理バイト課金 | 56 |

## わ

| | |
|---|---|
| ワーカー | 44, 444 |
| ワークスペースID | 194 |
| ワークフロー管理 | 10 |
| ワークフロー構成 | 190, 192 |
| ワークフロー制御 | 267 |
| ワークロードマネジメント | 68 |
| 割当 | 501 |

# 著者紹介

## 饗庭秀一郎 (あいばしゅういちろう)

Google Cloud の Customer Engineer。モビリティ系ベンチャー企業で BigQuery を用いた分析基盤の構築と運用や分析業務に携わった後、2020 年より現職。自分の興味が技術の仕組みや中身からいかにビジネスに活かすかに移るにつれ、キャリアも研究開発からシステム開発、データ分析、プリセールス技術支援へと変わってきました。現在は、特にデータ分析の領域に特化してお客様のビジネスを加速するクラウド活用のお手伝いをしています。BigQuery 以外で好きな Google Cloud のサービスは、Cloud Shell です。ユーザとして、Google Cloud に出会ったときからこの便利さに常に魅了されてきました。

## 下田倫大 (しもだのりひろ)

Google Cloud の AI/ML 事業開発担当。Web 系企業の研究開発職、データ分析企業のエンジニアマネジャーを経て 2017 年より Google Cloud に参画。テクノロジーを活用したデータの価値創出に興味があり、興味の赴くままに仕事をしていると、気づいたらクラウドプラットフォーマーに所属していた。現在は、Vertex AI を中心とした Google Cloud の AI/ML 領域の事業開発を担当していて、生成 AI の荒波に飲み込まれないように日々悪戦苦闘している。

## 西村哲徳 (にしむらてつのり)

Google Cloud の Customer Engineer。外資系ソフトウェアベンダーでデータベース関連の技術営業としてソリューション開発、国内大手企業の DB 移行プロジェクト、パフォーマンスベンチマーク専門のチームでの PoC などに従事。また、国内 SIer での DWH プロジェクトや CDP ベンダーでのマーケティング領域におけるデータ活用の提案など、製品からデータ活用までの様々な領域を経験。Google Cloud では Data Analytics Specialist を経て、現在はより守備範囲の広い Customer Engineer として日々お客様のビジネスに貢献できるよう活動しています。

## 寶野雄太 (ほうのゆうた)

Google Cloud の統括技術本部長。日系通信会社で PdM として意思決定のためのデータ基盤を作ったり、エンジニアとしてさまざまなサービスのマイグレーションをしているうち、データ活用の魅力に惹かれ入社。東京リージョン立ち上げからさまざまなお客様のデータ基盤構築立案、構築支援、BigQuery 東京リージョンのローンチなどに携わる。2019 年より現職。管理職となった現在も毎日適当なタテヨコデカテーブルを作っても淡々と結果が返ってくる BigQuery に助けられながら奮闘中。

## 山田 雄 (やまだゆう)

Google Cloud の Customer Engineer Data Analytics Specialist。国内大手企業にて Hadoop や BigQuery を使ったデータ基盤の開発 / 運用に従事したのち、BigQuery の魅力に惹かれ 2022 年 GoogleCloud に参画。データの価値をいかに効率よく上げられるかを日々考えている。好きなプロダクトは BigQuery と Dataplex。データマネジメントとデータガバナンスの話が大好き。生成 AI 活用のためにも、さらに Dataplex の活用を広げていきたいと思っている。

■ Staff

装丁デザイン●トップスタジオデザイン室（轟木亜紀子）
本文デザイン・DTP●株式会社トップスタジオ
担当●高屋卓也

改訂新版 Google Cloud ではじめる
実践データエンジニアリング入門

2021年3月 5日 初版　第1刷　発行
2025年1月22日 第2版　第1刷　発行

著　者　饗庭 秀一郎、下田倫大、西村哲徳、寳野雄太、山田 雄
発行者　片岡 巌
発行所　株式会社技術評論社
　　　　東京都新宿区市谷左内町21-13
　　　　電話　03-3513-6150　販売促進部
　　　　　　　03-3513-6177　第5編集部
印刷／製本　昭和情報プロセス株式会社

定価はカバーに表示してあります。

本書の一部または全部を著作権法の定める範囲を超え、無断で複写、複製、転載、あるいはファイルに落とすことを禁じます。

©Google LLC. 2025

造本には細心の注意を払っておりますが、万一、乱丁（ページの乱れ）や落丁（ページの抜け）がございましたら、小社販売促進部までお送りください。送料小社負担にてお取り替えいたします。

ISBN978-4-297-14661-0 C3055

Printed in Japan

■本書についての電話によるお問い合わせはご遠慮ください。質問等がございましたら、下記までFAXまたは封書でお送りくださいますようお願いいたします。

■問合せ先

〒162-0846
東京都新宿区市谷左内町21-13
株式会社技術評論社　第5編集部
『改訂新版 Google Cloudではじめる
実践データエンジニアリング入門』係
FAX：03-3513-6173

FAX番号は変更されていることもありますので、ご確認の上ご利用ください。

なお、本書の範囲を超える事柄についてのお問い合わせには一切応じられませんので、あらかじめご了承ください。